普通高等学校机械工程基础创新系列教材

系列教材主编　吴鹿鸣　王大康

机械设计课程设计

主　编　王大康

副主编　王科社　林光春

中国铁道出版社有限公司

2024年·北　京

内 容 提 要

“普通高等学校机械工程基础创新系列教材”是清华大学、重庆大学、北京科技大学、西南交通大学、北京工业大学等多所高校国家教学名师、名教授主编的，以国家教学成果奖、国家精品课程、国家精品资源共享课程、卓越工程师培养理念为编写思想和内容支撑，强调工程背景和工程应用的高校机类、近机类平台课教材，力求反映当今最新专业技术成果和教研成果，适应当前教学实际，特色鲜明，作为现有经典教材的补充。本书是其中的一分册。

本书分为3部分。第1部分（第1～8章）为机械设计课程设计指导，讲述从整机到零部件的设计；第2部分（第9～17章）为机械设计常用标准和规范，采用新近颁布的国家标准；第3部分（第18～19章）为参考图例及设计题目，可供课程设计选用。

本书重点突出、图形准确、语言严谨，适合作为普通高等学校机类、近机类专业“机械设计”和“机械设计基础”课程的配套教材，能满足机械设计课程设计的教学要求。本书繁简得当、严格精选、便于使用，也适合作为简明机械设计手册，供有关工程技术人员参考使用。

图书在版编目（CIP）数据

机械设计课程设计/王大康主编．—2版．—北京：中国铁道出版社有限公司，2022.2（2024.4重印）
普通高等学校机械工程基础创新系列教材
ISBN 978-7-113-28700-9

Ⅰ.①机…　Ⅱ.①王…　Ⅲ.①机械设计-课程设计-高等学校-教材　Ⅳ.①TH122-41

中国版本图书馆CIP数据核字（2021）第270928号

书　　名：机械设计课程设计
作　　者：王大康

策　　划：曾露平　李小军　　　　**编辑部电话：**（010）63551926
责任编辑：曾露平
封面设计：一克米工作室
封面制作：刘　颖
责任校对：孙　玫
责任印制：樊启鹏

出版发行：中国铁道出版社有限公司（100054，北京市西城区右安门西街8号）
网　　址：http://www.tdpress.com/51eds/
印　　刷：三河市国英印务有限公司
版　　次：2015年12月第1版　2022年2月第2版　2024年4月第2次印刷
开　　本：787 mm×1 092 mm　1/16　**印张：**16.5　**插页：**5　**字数：**410千
书　　号：ISBN 978-7-113-28700-9
定　　价：43.00元

普通高等学校机械工程基础创新系列教材

编委会

序

随着机械学科的不断发展和教育教学改革的不断深入，以及当今大学生基础程度和培养目标的差异，在既有的经典教材基础上，出版各具特色、不同风格的教材是十分必要的。基于此，中国铁道出版社组织编写了一套力求反映当今最新专业技术成果和教研成果、适应当前教学实际、特色鲜明的机类、近机类专业平台课教材，作为现有经典教材的补充。编写的“普通高等学校机械工程基础创新系列教材”（以下简称“创新系列教材”）充分考虑了当今工程类大学生培养目标和现有学生基础，与传统教材相比，更强调工程背景和工程应用，具有以下特色：

1. 理念先进，特色鲜明

“创新系列教材”以国家教学成果奖、国家精品课程、国家精品资源共享课程、国家“十二五”规划教材等成果为该系列教材的编写思想和内容支撑，从而保证了该系列教材内容的先进性。为贯彻落实教育部组织的“卓越工程师教育培养计划”，在制订该系列教材编写原则时，编委会特别强调要将卓越工程师培养理念、国家“十二五”规划教材遴选精神融入该系列教材。为此，与传统教材相比，该系列教材强化了工程能力和创新能力，重视理论与实践结合，突出机械专业的实操性，并结合“绿色环保”思想，从根本上培养学生的设计理念，为改革人才培养模式提供了基本的知识保障。

2. 将理论力学、材料力学、工程力学纳入该系列教材

力学，作为“机械设计制造及其自动化”等专业的主干学科，在架构完整的知识体系和培养具有机械工程学科的应用能力方面起着尤为重要的作用。然而，机械专业对力学课程的要求不同于力学专业，也不同于土木建筑等专业，也就对其教材提出了新的要求，所以本系列教材将其纳入，形成一套完整的、科学的机械专业基础课教材体系，克服了传统教材各自为政的弊端。

3. 采用最新国家标准

国家标准是一个动态的信息，近年来随着机械行业与国际接轨步伐加快，我国不断推出了一系列新的国家标准，为加快新标准的推行，该系列教材作为载体吸收了机械行业最新的国家标准。

“创新系列教材”融入了很多名师的心血和教育教学改革成果，希望能引起各校的关注与帮助，在实际使用中提出宝贵的意见和建议，以便今后进行修订完善，为我国机械设计制造及其自动化专业建设和高等学校教材建设作出积极的贡献。

中国工程院院士、浙江大学教授
谭建荣
2015 年 2 月

前　　言

本书是在第一版的基础上，根据教育部高等学校机械基础课程教学指导分委员会审定通过，并经教育部批准的高等学校“机械设计课程教学基本要求”和“机械设计基础课程教学基本要求”的精神重新修订而成的，其目的是培养学生的机械设计能力和创新设计能力。

本书注意更新和充实教学内容，突出创新能力的培养，符合教学改革及对人才培养的要求。本书力求重点突出、繁简得当、语言严谨、图形准确、严格精选、便于使用。鉴于我国许多标准都进行了修订，书中采用了新近颁布的国家标准。书中所列出的标准或规范是根据需要从原标准或规范中摘录下来的，而不是全部标准，请在使用时注意。

本书分为3个部分。第1部分为机械设计课程设计指导（第1～8章），包括绪论、机械传动装置的方案设计和总体设计、减速器传动零件设计、减速器的结构、减速器装配草图设计、减速器装配图设计、减速器零件图设计、编写设计计算说明书和准备答辩；第2部分为机械设计常用标准和规范（第9～17章），包括一般标准、常用材料、连接零件、滚动轴承、润滑与密封、联轴器、极限与配合、几何公差和表面粗糙度、渐开线圆柱齿轮精度、锥齿轮精度和圆柱蜗杆蜗轮精度、电动机；第3部分为参考图例及设计题目（第18～19章），包括参考图例、机械设计课程设计题目，可供课程设计选用。

本书一方面作为“机械设计”和“机械设计基础”课程的配套教材，满足机械设计课程设计的教学要求；另一方面可作为简明机械设计手册，供有关工程技术人员参考使用。

本书由王大康担任主编。参加本书编写的有北京工业大学高国华（第1～4章）、王大康（第9～17章），北京信息科技大学米洁（第5、8章）、王科社（第18、19章），四川大学林光春（第6、7章）。

由于编者水平有限，书中不妥之处在所难免，敬请读者批评指正。

编　者

2021年11月

目　　录

第1部分　机械设计课程设计指导

第1章　绪论 …… 2

1.1　机械设计课程设计的目的 …… 2

1.2　机械设计课程设计的内容和任务 …… 2

1.3　机械设计课程设计的一般步骤 …… 3

1.4　机械设计课程设计中应注意的问题 …… 5

1.5　计算机辅助设计 …… 6

1.5.1　产品规划阶段的CAD应用 …… 6

1.5.2　方案设计阶段的CAD应用 …… 6

1.5.3　详细设计阶段的CAD应用 …… 7

1.5.4　计算机辅助课程设计步骤及注意事项 …… 7

1.5.5　AutoCAD绘图 …… 9

思考题 …… 10

第2章　机械传动装置的方案设计和总体设计 …… 11

2.1　机械传动装置的方案设计 …… 11

2.2　方案设计应满足的要求 …… 11

2.3　电动机的选择 …… 15

2.3.1　选择电动机的类型和结构形式 …… 15

2.3.2　选择电动机的功率 …… 16

2.3.3　选择电动机的转速 …… 17

2.4　确定传动装置的总传动比和分配各级传动比 …… 19

2.5　计算传动装置的运动和动力参数 …… 21

思考题 …… 23

第3章　减速器传动零件设计 …… 24

3.1　减速器外传动零件设计 …… 24

3.1.1　V带传动 …… 24

3.1.2　链传动 …… 25

3.1.3　开式齿轮传动 …… 25

3.1.4　联轴器的选择 …… 25

3.2　减速器内传动零件设计 …… 26

3.2.1　圆柱齿轮传动 …… 26

3.2.2　锥齿轮传动 …… 27

3.2.3　蜗杆传动 …… 27

3.2.4　轴的初步计算和初选滚动轴承类型 …… 27

思考题 …… 28

第4章 减速器的结构 …… 30
4.1 齿轮、轴及轴承组合 …… 30
4.2 箱体 …… 30
4.3 减速器的附件 …… 32
第5章 减速器装配草图设计 …… 36
5.1 初绘减速器装配草图 …… 36
5.1.1 初绘装配草图前的准备 …… 36
5.1.2 初绘装配草图 …… 37
5.1.3 初步计算轴径及轴的结构设计 …… 40
5.2 轴、轴承及键的校核计算 …… 43
5.2.1 校核轴的强度 …… 43
5.2.2 验算滚动轴承寿命 …… 43
5.2.3 校核键连接的强度 …… 44
5.3 完成减速器装配草图 …… 44
5.3.1 轴系部件的结构设计 …… 44
5.3.2 减速器箱体的结构设计 …… 53
5.3.3 减速器附件的结构设计 …… 60
5.3.4 装配草图的检查及修改 …… 64
思考题 …… 66
第6章 减速器装配图设计 …… 67
6.1 绘制减速器装配图 …… 67
6.2 标注尺寸 …… 68
6.3 标注减速器的技术特性 …… 69
6.4 编写技术要求 …… 69
6.4.1 装配前的要求 …… 69
6.4.2 对安装和调整的要求 …… 70
6.4.3 对润滑的要求 …… 71
6.4.4 对密封的要求 …… 71
6.4.5 对试验的要求 …… 71
6.5 零件编号 …… 72
6.5.1 装配图中零、部件编号的基本要求 …… 72
6.5.2 装配图中序号的编写方法及规定 …… 72
6.6 编制标题栏和明细栏 …… 73
6.7 检查装配图 …… 74
思考题 …… 74
第7章 减速器零件图设计 …… 75
7.1 轴类零件图设计 …… 75
7.1.1 视图 …… 75
7.1.2 标注尺寸、表面粗糙度和几何公差 …… 75
7.1.3 技术要求 …… 77
7.2 齿轮类零件图设计 …… 77
7.2.1 视图 …… 77

7.2.2　标注尺寸、表面粗糙度和几何公差 …… 78
7.2.3　啮合特性表 …… 78
7.2.4　技术要求 …… 79
7.3　箱体零件图设计 …… 80
7.3.1　视图 …… 80
7.3.2　标注尺寸、表面粗糙度和几何公差 …… 80
7.3.3　技术要求 …… 81
思考题 …… 81
第8章　编写设计计算说明书和准备答辩 …… 83
8.1　设计计算说明书的内容 …… 83
8.2　设计计算说明书的要求与注意事项 …… 83
8.3　设计计算说明书的书写格式 …… 84
8.4　准备答辩 …… 84

第2部分　机械设计常用标准和规范

第9章　一般标准 …… 86
第10章　常用材料 …… 98
10.1　黑色金属材料 …… 98
10.2　有色金属材料 …… 104
10.3　非金属材料 …… 108
10.4　型钢及型材 …… 109
第11章　连接零件 …… 114
11.1　螺纹 …… 114
11.2　螺栓、螺柱、螺钉 …… 116
11.3　螺母、垫圈 …… 122
11.4　挡圈 …… 127
11.5　螺纹零件的结构要素 …… 130
11.6　键、花键 …… 133
11.7　销 …… 136
第12章　滚动轴承 …… 139
12.1　常用滚动轴承 …… 139
12.2　滚动轴承的配合（GB/T 275—2015 摘录） …… 150
第13章　润滑与密封 …… 153
13.1　润滑剂 …… 153
13.2　油杯、油标、油塞 …… 154
13.3　螺塞和封油圈 …… 157
13.4　密封件 …… 158
13.5　通气器 …… 161
13.6　轴承端盖、套杯 …… 162
第14章　联轴器 …… 164
第15章　极限与配合、几何公差和表面粗糙度 …… 172
15.1　极限与配合 …… 172

15.2 几何公差 …… 185
15.3 表面粗糙度 …… 190
第16章 渐开线圆柱齿轮精度、锥齿轮精度和圆柱蜗杆蜗轮精度 …… 193
16.1 渐开线圆柱齿轮精度 …… 193
16.1.1 定义与代号 …… 193
16.1.2 齿轮精度 …… 196
16.1.3 侧隙和齿厚偏差 …… 200
16.1.4 齿轮坯、轴中心距和轴线平行度 …… 205
16.1.5 齿面粗糙度 …… 207
16.1.6 轮齿接触斑点 …… 207
16.1.7 精度等级的标注 …… 208
16.2 锥齿轮精度（GB/T 11365—1989 摘录） …… 208
16.2.1 精度等级与检验要求 …… 208
16.2.2 锥齿轮副的侧隙规定 …… 211
16.2.3 图样标注 …… 213
16.2.4 锥齿轮精度数值表 …… 213
16.2.5 锥齿轮齿坯公差 …… 215
16.3 圆柱蜗杆、蜗轮精度（GB/T 10089—2018 摘录） …… 216
16.3.1 精度等级与检验要求 …… 216
16.3.2 蜗杆传动的侧隙规定 …… 219
16.3.3 图样标注 …… 220
16.3.4 蜗杆、蜗轮和蜗杆传动精度数值表 …… 221
16.3.5 蜗杆、蜗轮的齿坯公差 …… 223
第17章 电动机 …… 224
17.1 电动机技术性能 …… 224
17.2 电动机的机座型式和结构尺寸 …… 225
17.3 YE3系列（IP55）超高效率三相异步电动机的其他技术要求 …… 234

第3部分 参考图例及设计题目

第18章 参考图例 …… 236
18.1 减速器装配图 …… 236
18.2 减速器零件图 …… 236
第19章 机械设计课程设计题目 …… 248
题目1 设计用于带式运输机的传动装置 …… 248
题目2 设计用于简易卧式铣床的传动装置 …… 249
题目3 设计用于爬式加料机的传动装置 …… 250
题目4 设计用于搅拌机的传动装置 …… 251
题目5 设计用于拉削花键孔的简易拉床的传动装置 …… 252
参考文献 …… 253

第1部分 机械设计课程设计指导

第1章 绪　　论

1.1 机械设计课程设计的目的

机械设计课程设计是高等工业学校机类和近机类各专业本、专科学生第一次较全面的机械设计训练，是“机械设计”和“机械设计基础”课程重要的综合性与实践性教学环节。

机械设计课程设计内容主要涉及机械设计、机械原理、机械制图、机械制造基础、材料学、力学等基础课程的知识。学生通过完成一项机械设计任务，学习机械设计的方法和步骤，课程设计的内容包括：工程中常用传动装置和执行机构的分析选型，零部件的设计计算，绘制机械传动装置装配图和零件图，编写设计计算说明书，最终完成设计任务。

机械设计课程设计的目的是：

（1）培养学生综合运用所学的理论知识与实践技能，创造性地分析和解决工程实际问题的能力，并使所学知识得到进一步巩固、深化和扩展。

（2）使学生树立正确的设计思想，学习机械设计的一般方法和规律，掌握通用机械零件、机械传动装置或简单机械的设计方法和步骤，培养创造性思维能力和独立从事机械设计的能力。

（3）使学生完成机械设计基本技能的训练，学会使用各种设计资料（如标准、规范、手册和图册等），进行设计计算，绘图，经验估算，数据处理和编写设计计算说明书等。

机械设计课程设计为专业课课程设计和毕业设计奠定了基础。

1.2 机械设计课程设计的内容和任务

机械设计课程设计的题目通常选择一般用途的机械传动装置或简单机械。本书第19章提供了多种通用机械传动装置设计题目，供课程设计选用。这些设计题目所涵盖的知识面广、综合性强，具有代表性，对其他机械传动装置或简单机械的设计有一定的指导意义。

图1-1所示为带式运输机的传动装置，图1-2所示为抽油机的传动装置。传动装置中可以包括圆柱齿轮、锥齿轮或蜗杆传动的减速器、带传动、链传动、联轴器等零部件。

传动装置是一般机械不可缺少的主要组成部分，其设计内容包括“机械设计”课程中学过的各种机构和通用零部件，也涉及机械设计的一般技术问题，适合学生目前的知识水平，能达到课程设计的目的要求。

1. 机械设计课程设计的内容

（1）传动装置的方案设计和总体设计。

（2）各级传动零件的设计。

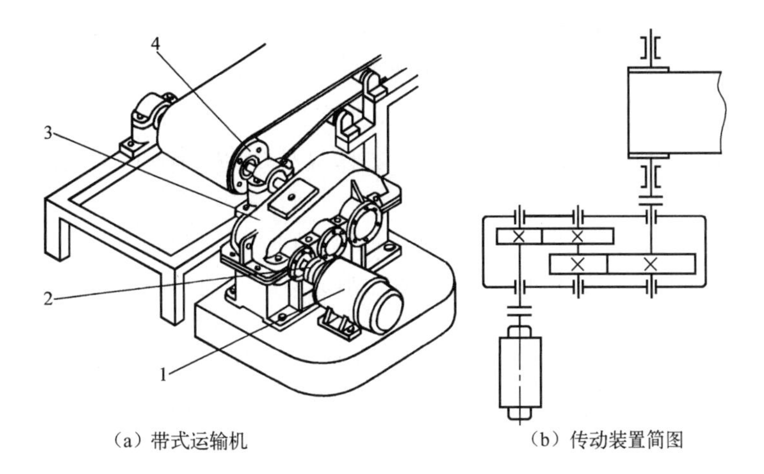

（a）带式运输机　　（b）传动装置简图

图1-1　带式运输机的传动装置

1—电动机；2—联轴器；3—减速器；4—驱动滚筒

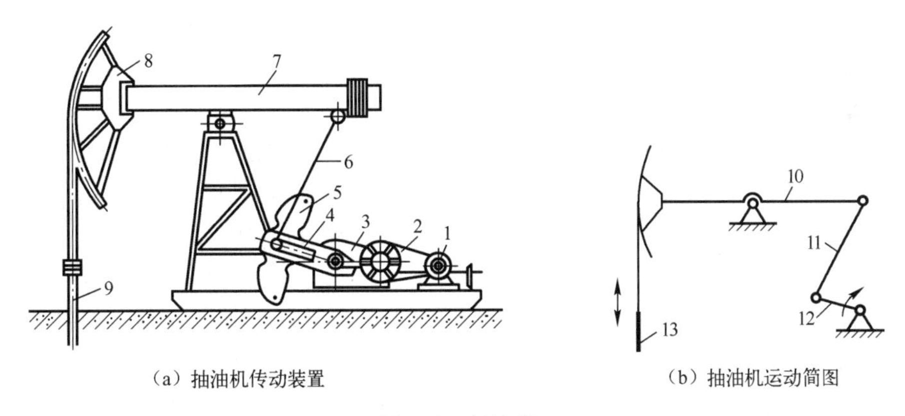

（a）抽油机传动装置　　（b）抽油机运动简图

图1-2　抽油机

1—电动机；2—V带传动；3—齿轮减速器；4—曲柄；5—配重；6—连杆；7—摇架；8—驴头；9—抽油杆；10—摇杆；11—连杆；12—曲柄；13—抽油管

（3）减速器装配草图的设计。

（4）减速器装配工作图和零件工作图的设计。

（5）设计计算说明书编写和答辩。

2. 要求学生在课程设计中完成的任务

（1）绘制减速器装配图1张。

（2）绘制零件（传动零件、轴、箱体等）工作图2～3张。

（3）编写设计计算说明书1份。

1.3　机械设计课程设计的一般步骤

机械设计课程设计与其他机械产品的设计过程相似。首先根据设计任务书提出的设计的原始数据和工作条件，从方案设计开始，通过总体设计、部件和零件的设计，最后以工程图纸和设计计算说明书作为设计结果。由于影响设计的因素很多，加之机械零件的结构尺寸不可能完全由计算来确定，因此课程设计还需借助画草图、初选参数或初估尺寸等手段，采用“边计算、边绘图、边修改”交叉进行的方法逐步完成。

机械设计课程设计以学生独立工作为主，教师只对设计中出现的问题进行指导。

机械设计课程设计的一般步骤如下：

（1）设计准备：包括认真阅读设计任务书，明确其设计要求，分析设计的原始数据和工作条件，复习机械设计课程的有关内容，准备好设计所需的图书、资料和用具，拟定课程设计工作计划。

（2）传动装置的方案设计和总体设计：包括拟定传动装置设计方案、选择电动机、确定传动装置总传动比和分配各级传动比、计算传动装置的运动和动力参数等。

（3）减速器传动零件设计：包括减速器外传动零件和减速器内传动零件的主要参数和尺寸计算。

（4）减速器装配草图设计：包括确定减速器各零件的相互位置、轴的设计、轴承的选择和轴承组合的设计、键连接和联轴器的选择、减速器箱体及附件的设计等。

（5）减速器工作图设计：包括绘制减速器装配图、绘制齿轮（或蜗轮）零件工作图、绘制轴零件工作图和绘制箱体零件工作图等。

（6）设计计算说明书的编写：包括整理和编写设计计算说明书。

（7）设计总结和答辩：包括设计总结和做好答辩前的准备工作、参加答辩。

机械设计课程设计结束时，由指导教师负责组织课程设计的总结和答辩。

机械设计课程设计的步骤通常是根据设计任务书，拟定若干方案并进行分析比较，然后确定一个正确、合理的设计方案，进行必要的计算和结构设计，最后用设计图纸和设计计算说明书来表达设计结果。

机械设计课程设计的设计步骤和各阶段工作量分配，见表1-1。

表1-1 机械设计课程设计的步骤和各阶段工作量分配

阶段	设计步骤	主要内容	约占总工作量比例
1	设计准备	① 研究设计任务书，分析设计题目，了解设计要求和内容 ② 观察实物或模型，进行减速器装拆实验等 ③ 准备好设计需要的图书、资料和用具，并拟定设计计划等	15%
	传动装置的方案设计和总体设计	① 拟定传动装置设计方案 ② 选择电动机 ③ 确定传动装置总传动比和分配各级传动比 ④ 计算传动装置的运动和动力参数	
	减速器传动零件设计	① 设计减速器外的传动零件 ② 设计减速器内的传动零件	
2	减速器装配草图设计	① 确定减速器各零件的相互位置 ② 设计减速器轴 ③ 选择滚动轴承和进行轴承组合设计 ④ 选择键连接和联轴器 ⑤ 设计减速器箱体及附件	40%

续上表

阶段	设计步骤	主要内容	约占总工作量比例
3	减速器工作图设计	① 绘制减速器装配图 ② 绘制齿轮（或蜗轮）零件工作图 ③ 绘制轴零件工作图 ④ 绘制箱体零件工作图	35%
4	设计计算说明书编写	整理和编写设计计算说明书	5%
5	设计总结和答辩	① 设计总结和做好答辩前的准备工作 ② 参加答辩	5%

1.4 机械设计课程设计中应注意的问题

机械设计课程设计是高等工科学校机械类及近机械类专业学生第一次较全面的设计训练。为了达到预期的教学要求，在机械设计课程设计中应注意以下几个问题。

（1）坚持正确的设计指导思想，提倡独立思考、深入钻研的学习精神。要按照机械设计课程设计的教学要求，从具体的设计任务出发，充分运用已学过的知识和资料，创造性地进行设计，决不能简单照搬或互相抄袭。

（2）产品设计是一个由抽象到具体、由粗到精渐进与优化的过程，许多细节需要在设计过程中不断完善和修改。在机械设计课程设计中应力求精益求精，认真贯彻“边计算、边绘图、边修改”的设计方法，对不合理的结构和尺寸必须及时加以修改。

（3）正确处理设计计算和结构设计之间的关系。机械零件的尺寸不可能完全由理论计算确定，而应综合考虑零件的强度、刚度、结构、工艺等方面的要求。通过理论计算出来的零件尺寸是零件必须满足的最小尺寸，而不一定就是最终采用的结构尺寸。例如轴的尺寸，在进行结构设计时，要综合地考虑轴上零件的装拆、调整和固定以及加工工艺等要求，并进行强度校核计算，然后考虑结构要求，最后确定轴的尺寸。因此，在设计过程中，设计计算和结构设计是相互补充、交替进行的。

此外，一些次要尺寸可根据经验公式确定，不需要进行强度计算，由设计者考虑加工、使用等条件，参照类似结构，用类比的方法确定，例如轴上的定位轴套、挡油环等。

（4）正确使用设计标准和规范，以利于零件的互换性和工艺性。在设计过程中，必须遵守国家正式颁布的有关标准和技术规范。标准和规范是为了便于设计、制造和使用而制定的，是评价设计质量的一项重要指标，因此，熟悉并熟练使用标准和规范是课程设计的一项重要任务。

（5）保证机械设计课程设计图纸和设计计算说明书的质量。要求设计图纸结构合理，表达正确，还应注意图面整洁，符合机械制图标准。要求设计计算说明书计算正确、条理清楚、书写工整、内容完备。

1.5 计算机辅助设计

计算机辅助设计（CAD）是随着计算机、外围设备、图形设备及软件的发展而形成的一门新技术，目前已广泛应用于工业部门的各个领域，成为提高产品与工程设计水平、降低消耗、缩短开发及工程建设周期、大幅度提高劳动生产率和产品质量的重要手段。CAD 技术及其应用水平已成为衡量一个国家的科学技术现代化和工业现代化水平的重要标志之一。

众所周知，人才培养是开展 CAD 应用工程的重要环节，只有广大工程技术人员掌握了 CAD 技术，才有可能使之转化为生产力，促进 CAD 应用工程向纵深发展。

在机械设计课程设计中，使学生熟悉 CAD 技术的基本知识，进而运用 CAD 技术完成传动方案设计、传动零件设计，以及图纸绘制等项工作，培养学生运用现代设计方法和手段是非常重要的。

在设计过程中，需要收集资料、确定方案、构形、选择材料、计算和优化参数尺寸、绘图、试验和改进设计等项工作。这是一个收集和处理信息，并对其进行分析、综合和决策的过程。因此，要求在设计的全过程中，运用计算机进行辅助设计。

1.5.1 产品规划阶段的 CAD 应用

产品规划阶段要求对所设计的产品进行需求分析、市场预测和可行性分析，确定设计要求和原始数据，并给出设计任务书或设计要求表，作为设计、评价和决策的依据。为此要求建立计算机预测系统。该系统由预测信息库、定量分析模型、经验判断与评价以及综合预测四部分组成。

（1）预测信息库　它是将企业及市场调查的有关统计资料，经整理后分门别类地存储在数据库中，以备查询和调用。

（2）定量分析模型　它是一个预测计算软件包，其中包括基本预测模型的建模、识别、参数估算和分析程序。

（3）经验判断与评价　它是一个人 - 机交流的过程，设计者可对计算机输出的定量分析结果进行分析、判断和评价。

（4）综合预测　由设计者对预测模型进行判断并输出结果，必要时将重新建立新的预测模型。

1.5.2 方案设计阶段的 CAD 应用

市场需求的满足或适应体现在产品的功能上。因此，在方案设计阶段要完成产品功能分析、功能原理求解和评价决策，以得到最佳功能原理方案，并可以通过建立一个人 - 机对话的交互式计算机系统来进行方案的综合。此阶段中 CAD 的主要工作内容有：

（1）建立解法目录信息库　将机械系统的功能元分类，可得到常用的物理功能元、逻辑功能元、数学功能元及其他功能元。列成设计的解法目录，存于计算机的信息库中，以便设计时调用。

（2）将各功能元局部解组成总方案　将各功能元局部解按排列组合规律重组可以得出

大量方案，这一工作可以由计算机高效率地完成。

（3）方案评价　利用计算机进行复杂的计算，将模糊概念定量化，从而得到精确的评价。

1.5.3　详细设计阶段的 CAD 应用

详细设计阶段要求将机械设计方案具体化为机器及零部件的合理结构，也就是要完成产品的总体设计、部件和零件的设计，完成全部生产图纸并编制设计计算说明书等有关技术文件。在此阶段中，零部件的总体布置、结构形状、装配关系、材料选择、尺寸大小、加工要求、表面处理等设计合理与否，对产品的技术性能和经济指标都有着直接的影响。此阶段中 CAD 的主要内容有：

（1）建立或调用产品设计数据库　产品设计数据库是用来存储设计产品时所需的信息，如有关材料、标准、线图、表格、通用零部件等。数据库可供 CAD 作业时检索或调用，也便于数据管理及数据资源的共享。目前国内许多机械 CAD 软件已将设计手册中的数据存入其中，提供给设计者使用。建立产品设计数据库是 CAD 应用工程的主要内容。

（2）建立多功能交互式图形程序库　图形程序库软件可以进行二维及三维图形的信息处理，该软件由基本软件、功能软件和应用软件构成。基本软件是系统绘图软件，它提供了绘制点、线、面的功能；功能软件是为提高绘图效率而建立的图形元素库，包括几何图形元素、结构图形元素、几何组合元素和通用零部件等，设计时只要输入位置和大小比例等参数，就可调用这些图形元素；应用软件是由设计者针对具体产品而编制的二次开发软件，它与数据库接口，可以建立、修改和调用数据库中的图形文件，通过几何变换转化为所需的平面图形或立体图形。

（3）建立设计方法库　设计方法库将各种通用计算公式及标准规范、常用零部件设计计算公式、最优化计算方法、有限元分析程序、计算机模拟（仿真）等现代设计方法存入设计方法库，以备产品设计时调用。

1.5.4　计算机辅助课程设计步骤及注意事项

为了加快 CAD 技术的推广和应用，对于具备计算机软硬件设施及指导教师的学校，应鼓励学生运用 CAD 技术进行课程设计。

1. 注意事项

在设计时，应注意下列事项：

（1）确定传动零件在图纸中的位置；

（2）传动零件的结构设计；

（3）轴系零件的结构设计；

（4）确定减速器附件的位置和设计；

（5）标注尺寸、公差与配合；

（6）填写标题栏、零件序号和明细表；

（7）编写技术特性表和技术要求；

（8）完成装配工作图；

（9）完成零件工作图。

2. 绘图步骤

图 1-3 所示为 CAD 设计绘图的步骤：

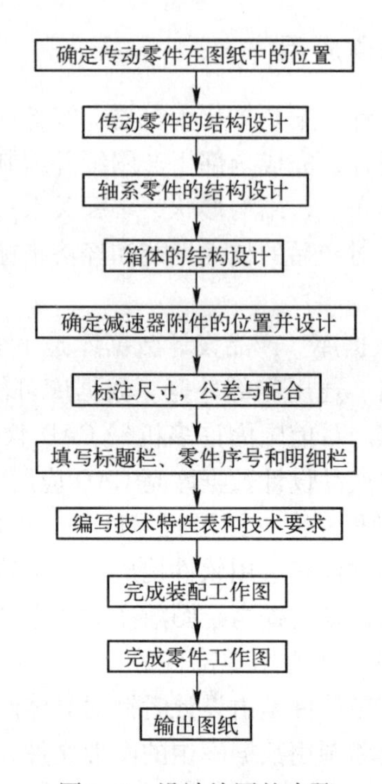

图 1-3　设计绘图的步骤

（1）为了达到课程设计的教学基本要求，建议学生在完成传动装置总体设计和通过手工绘图完成装配草图设计后，对于设计对象的整体与各组成部分的结构特点和设计要求，包括减速器整体和各零部件的详细结构有了深入的了解，再应用计算机进行装配工作图和零件工作图设计。设计时遵循先整体后局部、先内后外、先主后次、先合理布局后细部结构设计、先绘图后标注的设计绘图原则，以保证课程设计的质量。

（2）选择适用的机械 CAD 软件。目前应用较为广泛、绘图工具和工程数据库较为齐全的软件有：UGS、Pro/E、Solidworks、Inventor、开目 CAD 等，另外还有一些机械零件设计软件和机械设计课程设计软件可供选用。

（3）在使用机械 CAD 软件绘图时，必须符合国家标准的规定，要求图面清晰、结构合理、表达清楚、设计结果正确。

（4）在设计时，应对图形进行有效的管理，教师应根据输出设备的情况，对图层、字型、比例、线型等参数作出规定，并要求学生遵守。

（5）应用机械 CAD 软件进行设计与手工绘图相比具有许多不同的特点，因此，在使用前要认真阅读操作使用说明书。使用时要逐步摸索其使用技巧，充分发挥软件的功能，提高设计绘图的效率，如图形的生成、复制、镜像、平移、旋转、消隐等，使 CAD 软件成为设计的快捷工具。

1.5.5 AutoCAD 绘图

（1）二维绘图层、线型、颜色的设置：用 AutoCAD 绘图，首先要对层、线型、颜色进行设置，设置的统一要求见表 1–2。

表 1–2 层、线型、颜色的设置

标识号	描 述	图 例	线 型（按 GB/T 17450）	颜 色
01	粗实线 剖切面的粗剖切线	———	A（CONTNUOUS）	绿色（3 – GREEN）
02	细实线	———	B（CONTNUOUS）	白色（7 – WHITE）
	细波浪线	～～	C	
	细折断线	—\/—\/—	D	
03	粗虚线	— — —	E（Acad – iso02w100）	绿色（3 – GREEN）
04	细虚线	- - - - -	F（Acad – iso02w100）	黄色（2 – YELLOW）
05	细点画线 剖切面的剖切线	-·—·-	G（Acad – iso04w100）	红色（1 – RED）
06	粗点画线	—·—	J（Acad – iso04w100）	绿色（3 – GREEN）
07	细双点画线	-··—··-	K（Acad – iso05w100）	洋红（6 – MAGENTA）
08	尺寸线，投影连线，尺寸终端与符号细实线	←→	CONTNUOUS	蓝色（5 – BLUE）
09	参考图，包括引出线和终端（如箭头）		CONTNUOUS	蓝色（5 – BLUE）
10	剖面符号	///	CONTNUOUS	青色（4 – CYAN）等
11	文本（细实线）	ABCD	CONTNUOUS	白色（7 – WHITE）
12	尺寸值和公差	423 ± 1	CONTNUOUS	蓝色（5 – BLUE）
13	文本（粗实线）	KLMN	CONTNUOUS	绿色（3 – GREEN）
14	绘图辅助线层（细实线）		CONTNUOUS	洋红（6 – MAGENTA）
15	修改层		CONTNUOUS	红色（1 – RED）

注：括号内为 AutoCAD 中的序号和名称。

（2）字体与图纸幅面之间的选用关系：字体与图纸幅面之间的选用关系见表 1–3。

表 1–3 字体与图纸幅面之间的选用关系

图 幅	A0	A1	A2	A3	A4
汉字（正体）（建议用 HZFS. SHX 字体或仿宋 – GB2312）	$h=5$		$h=3.5$		
字母与数字（斜体或正体）（建议用 ISOPC. SHX 字体）					

h 为汉字、字母和数字的高度，字母与数字一般应为斜体，这里指图幅中一般汉字、字母和数字的大小，有些应大一号或小一号，如公差应小一号，零件序号等应大一号

（3）字体的最小字（词）距、行距以及间隔线或基准线与书写体间的最小间距：字体的最小字（词）距、行距以及间隔线或基准线与书写体之间的最小间距见表 1-4。

表 1-4　字体的最小字（词）距、行距以及间隔线或基准线与书写体之间的最小间距

<table>
<tr><th>字　体</th><th colspan="2">最小间距/mm</th></tr>
<tr><td rowspan="3">汉字（正体）
（建议用 HZFS. SHX 字体仿宋 - GB2312）</td><td>字距</td><td>1.5</td></tr>
<tr><td>行距</td><td>2</td></tr>
<tr><td>间隔线或基准线与汉字的间距</td><td>1</td></tr>
<tr><td rowspan="4">字母与数字（斜体或正体）
（建议用 ISOPC. SHX 字体）</td><td>字符距</td><td>0.5</td></tr>
<tr><td>词距</td><td>1.5</td></tr>
<tr><td>行距</td><td>1</td></tr>
<tr><td>间隔线或基准线与汉字的间距</td><td>1</td></tr>
<tr><td colspan="3">当汉字与字母、数字混合使用时，字体的最小字距、行距等应根据汉字的规定使用</td></tr>
</table>

（4）线宽（GB/T 17450—1998）：打印或绘图选取的线宽见表 1-5，一般选取第 5 组。

表 1-5　线宽（GB/T 17450—1998）

组　别	1	2	3	4	5	一般用途
线宽/mm	2.0	1.4	1.0	0.7	0.5	粗实线、粗点画线
	1.0	0.7	0.5	0.35	0.25	细实线、波浪线、双折线、虚线、细点画线、双点画线

思　考　题

1-1　机械设计课程设计的目的是什么？它包括哪些内容？

1-2　机械设计课程设计的主要步骤是什么？

1-3　如何正确处理设计计算和结构设计之间的关系？为什么要采用“边计算、边绘图、边修改”的设计方法？零部件的结构设计要考虑哪些问题？

1-4　在机械设计中为什么要采用标准和规范？

1-5　在机械设计的各个阶段中，如何运用计算机进行辅助设计？

1-6　为什么在应用计算机进行装配工作图和零件工作图设计之前，最好先通过手工绘图完成传动装置的装配草图设计？

1-7　如何运用 AutoCAD 等绘图工具进行机械设计课程设计？

第2章　机械传动装置的方案设计和总体设计

2.1　机械传动装置的方案设计

机械通常由原动机、传动装置、工作机和控制系统等组成。传动装置介于机械中原动机与工作机之间，用来将原动机的运动形式、运动及动力参数以一定的转速、转矩或作用力转变为工作机所需的运动形式、运动及动力参数，并协调两者间的转速和转矩。

传动装置设计是机械设计工作的一个重要组成部分，是具有创造性的设计环节。传动装置方案设计的优劣，对机械的工作性能、外廓尺寸、重量、经济性等都有很大影响。由于通常机械传动装置的设计方案不是唯一的，在相同设计条件下，可以有不同的传动装置方案，因此，需要根据设计任务书的要求，分析和比较各种传动装置的特点，确定最佳的传动装置方案。

在设计传动装置时，应发扬创新精神，使学生树立正确的工程设计观念，培养其独立工作能力。学生可依据设计任务书已给定的设计目标和工作要求，通过分析和比较传动装置参考方案，充分发挥个人的创造才能，提出自己的传动装置设计方案，也可以采用设计任务书中给出的传动装置参考方案。

2.2　方案设计应满足的要求

在设计机械传动装置的方案时，首先应满足工作机的功能要求，如所传递的功率及转速。此外，还应具有结构简单、尺寸紧凑、加工方便、成本低廉、传动效率高、使用维护方便、节能减排、容易回收等特点，以保证工作机的工作质量。要同时满足这些要求，通常是困难的，设计时要保证主要要求，兼顾其他要求。

图2-1所示是带式运输机的4种传动方案。方案a选用了V带传动和闭式齿轮传动。V带传动布置于高速级，能发挥它传动平稳、缓冲吸振和过载保护的优点，但该方案的结构尺寸较大，V带传动也不适宜用于繁重工作要求的场合及恶劣的工作环境。方案b结构紧凑，但由于蜗杆传动效率低，功率损耗大，不适宜用于长期连续运转的场合。方案c采用二级闭式齿轮传动，能适应在繁重及恶劣的条件下长期工作，且使用维护方便。方案d适合布置在狭窄的通道（如矿井巷道）中工作，但锥齿轮加工比圆柱齿轮加工困难，成本也较高。这4种方案各有其特点，适用于不同的工作场合。设计时要根据工作条件和设计要求，综合比较，选取最适用的方案。

表2-1列出了常用传动机构的性能及适用范围，表2-2列出了常用减速器的主要类型及特点，以供机械传动装置方案设计时参考。

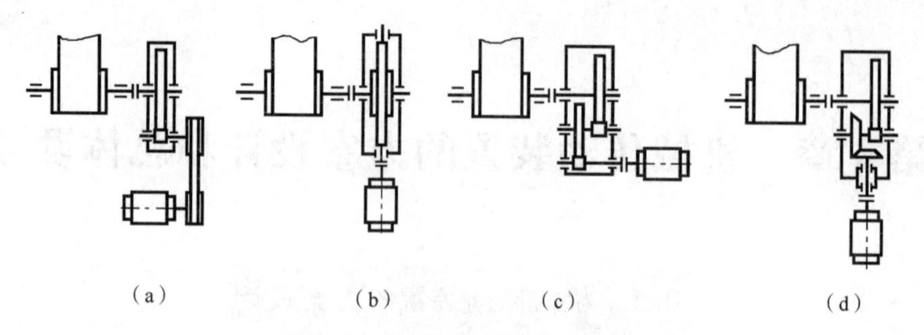

图 2-1　带式运输机的传动方案

表 2-1　常用传动机构的性能及适用范围

性能指标	传动机构						
	平带传动	V 带传动	圆柱摩擦轮传动	链传动	齿轮传动		蜗杆传动
功率 P/kW（常用值）	小（≤20）	中（≤100）	小（≤20）	中（≤100）	中（最大达 50 000）		小（≤50）
单级传动比：					圆柱	圆锥	
常用值	2～4	2～4	2～4	2～5	3～5	2～3	10～40
最大值	5	7	5	6	8	5	80
传动效率	中	中	较低	中	高		较低
许用线速度 $v/(\mathrm{m \cdot s^{-1}})$	≤25	≤25～30	≤15～25	≤40	6 级精度直齿≤18 非直齿≤36 5 级精度可达 100		滑动速度 v_s≤50
外廓尺寸	大	较大	大	较大	小		小
传动精度	低	低	低	中等	高		高
工作平稳性	好	好	好	差	一般		好
自锁能力	无	无	无	无	无		可有
过载保护	有	有	有	无	无		无
使用寿命	短	短	短	中等	长		中等
缓冲吸振能力	好	好	好	一般	差		差
制造及安装精度	低	低	中等	中等	高		高
润滑要求	不需	不需	少	中等	高		高
环境适应性	不能接触酸、碱、油类和爆炸性气体		一般	好	一般		一般

表 2-2　常用减速器的类型及特点

名　称	运 动 简 图	传动比范围		特点及应用
		一般	最大值	
一级圆柱齿轮减速器		≤5	8	轮齿可做成直齿、斜齿或人字齿。直齿用于速度较低或载荷较轻的传动；斜齿或人字齿用于速度较高或载荷较重的传动

续上表

名　称		运 动 简 图	传动比范围		特点及应用
			一般	最大值	
二级圆柱齿轮减速器	展开式	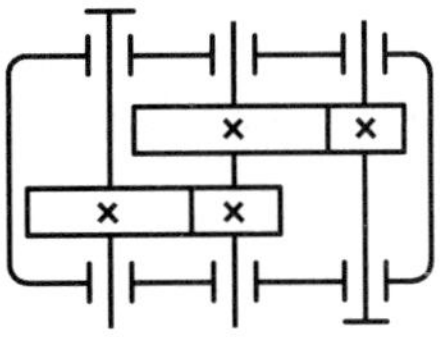	8～40	60	该减速器结构简单，但齿轮相对轴承的位置不对称，因此轴应具有较大刚度。高速级齿轮布置在远离转矩输入端，这样，轴在转矩作用下产生的扭转变形将能减缓轴在弯矩作用下产生弯曲变形所引起的载荷沿齿宽分布不均匀的现象 用于载荷较平稳的场合，轮齿可做成直齿、斜齿或人字齿
	同轴式	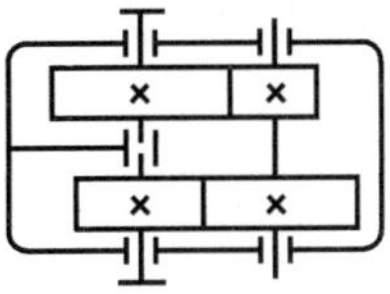	8～40	60	该减速器的长度较短，但轴向尺寸及重量较大。两对齿轮浸入油中深度大致相等。高速级齿轮的承载能力难以充分利用；中间轴承润滑困难；中间轴较长，刚性差，载荷沿齿宽分布不均匀
	分流式	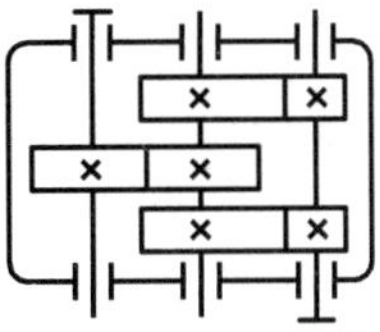	8～40	60	高速级可做成斜齿，低速级可做成人字齿或直齿。结构较复杂，但齿轮对于轴承对称布置，载荷沿齿宽分布均匀，轴承受载均匀。中间轴的转矩相当于轴所传递的转矩一半。建议用于变载荷场合
一级锥齿轮减速器		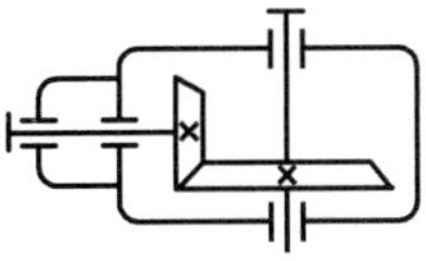	≤3	5	用于输入轴和输出轴两轴线相交的传动，可做成卧式或立式。轮齿可做成直齿、斜齿或曲齿
二级圆锥－圆柱齿轮减速器		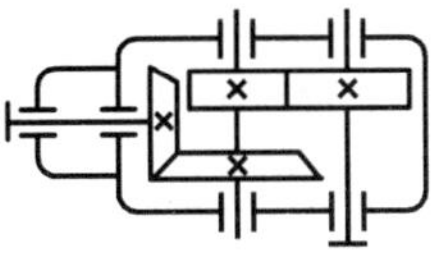	8～15	圆锥直齿 22 圆锥斜齿 40	锥齿轮应布置在高速级，以使其尺寸不致过大造成加工困难。锥齿轮可做成直齿、斜齿或曲齿，圆柱齿轮可做成直齿或斜齿
蜗杆减速器	蜗杆下置式	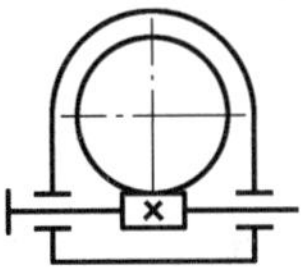	10～40	80	蜗杆与蜗轮啮合处的冷却和润滑都较好，同时蜗杆轴承的润滑也较方便。但当蜗杆圆周速度太大时，搅油损失大，一般用于蜗杆圆周速度 $v \leq 4 \sim 5$ m/s 时
	蜗杆上置式	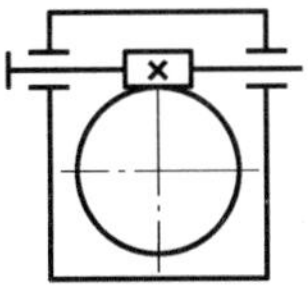	10～40	80	装拆方便，蜗杆的圆周速度允许高一些，但蜗杆轴承的润滑不太方便，需采取特殊的结构措施。一般用于蜗杆圆周速度 $v > 4 \sim 5$ m/s 时

续上表

<table>
<tr><th colspan="2" rowspan="2">名　称</th><th rowspan="2">运动简图</th><th colspan="2">传动比范围</th><th rowspan="2">特点及应用</th></tr>
<tr><th>一般</th><th>最大值</th></tr>
<tr><td rowspan="2">齿轮－蜗杆减速器</td><td>齿轮传动置高速级</td><td></td><td rowspan="2">60～90</td><td>180</td><td>齿轮传动布置在高速级，整体结构比较紧凑</td></tr>
<tr><td>蜗杆传动置高速级</td><td></td><td>320</td><td>蜗杆传动布置在高速级，其传动效率较高，适合较大传动比</td></tr>
<tr><td colspan="2">行星齿轮减速器</td><td></td><td>3～9</td><td>20</td><td>行星齿轮减速器体积小，结构紧凑，重量轻，但结构较复杂，制造和安装精度要求高</td></tr>
</table>

当采用由几种传动形式组成的多级传动时，要合理布置其传动顺序。下列几点可供参考：

（1）带传动的承载能力较小，在传递相同转矩时，其结构尺寸要比其他传动形式的结构尺寸大。但带传动平稳，能缓冲吸振，因此，宜布置在高速级。

（2）链传动运转不均匀，有冲击，不适宜高速传动，应布置在低速级。

（3）蜗杆传动可实现较大的传动比，结构紧凑，传动平稳，但传动效率较低，承载能力较齿轮传动低，当与齿轮传动同时应用时，宜将其布置在高速级，以减小蜗轮尺寸，节省有色金属；另外，在高速下，蜗轮和蜗杆有较大的齿面相对滑动速度，易于形成液体动力润滑油膜，有利于提高承载能力和效率，延长使用寿命。蜗杆传动适用于中、小功率及间歇运转的场合，不适用于闭式、连续、大功率的场合。

（4）锥齿轮（特别是大直径、大模数的锥齿轮）加工较困难，所以，通常用于需要改变轴的布置方向的场合，并尽量放在高速级并限制传动比，以减小大锥齿轮的直径和模数。

（5）斜齿轮传动的平稳性较直齿轮传动好，且结构紧凑，承载能力大，闭式传动润滑条件较好，常用于速度高、载荷大或要求传动平稳的场合。

（6）直齿轮、开式齿轮传动的工作环境一般较差，润滑条件不好，磨损严重，寿命较短，应布置在低速级。

（7）螺旋传动、连杆机构和凸轮机构等的设计布置常靠近执行元件。

在课程设计中，要求学生从整体出发，对多种可行方案进行分析比较，了解其优缺点，并画出传动装置方案图。

2.3　电动机的选择

通常在机械设计中，原动机多选用电动机。电动机输出连续转动，工作时经传动装置调整转速和转矩，可满足工作机的各种运动和动力要求，如不同的功率、转速、转矩和工作环境等。

电动机为标准化产品，由专门厂家按国家标准生产，性能稳定，价格较低，品种多。在机械设计课程设计时，应根据工作机的工作特性、工作环境和工作载荷等条件，选择电动机的类型、结构、容量（功率）和转速，并在标准产品目录中选出电动机的具体型号和尺寸。

2.3.1　选择电动机的类型和结构形式

电动机按电源分为交流电动机和直流电动机两种。一般工程上常用三相异步交流电动机。三相异步交流电动机具有结构简单、维修方便、工作效率较高、重量较轻、成本较低、负载特性较硬等特点，能满足大多数工业生产机械的电气传动需要。它是各类电动机中应用最广、需要最多的一类电动机。

常用 Y 系列笼型三相异步交流电动机分为 Y 系列（IP23）防护式笼型三相异步电动机和 Y 系列（IP44）封闭式笼型三相异步电动机。

（1）Y 系列（IP23）防护式笼型三相异步电动机，采用防淋水结构，能防止淋水对电动机的影响。该系列电动机具有效率高、耗电少、性能好、噪声低、振动小、体积小、重量轻、运行可靠、维修方便等特点。适用于驱动无特殊要求的各种机械设备，如：切削机床、水泵、鼓风机、破碎机、运输机械等。

（2）Y 系列（IP44）封闭式笼型三相异步电动机，采用封闭自扇冷式结构，能防止灰尘、铁屑或其他固体异物进入电动机内，并能防止任何方向的溅水对电动机的影响。适用于灰尘多，扬土、溅水的场合，如：农用机械、矿山机械、搅拌机、磨粉机等。

YR 系列绕线型三相异步电动机分为 YR 系列（IP23）防护式绕线型三相异步电动机和 YR 系列（IP44）封闭式绕线型三相异步电动机。该系列电动机具有起动转矩高、起动电流小的优点，广泛用于机械、电力、化工、冶金、煤炭、纺织等部门。适用于长期连续运行、负载率高、消耗电能相对较多的场合。

针对不同机械的要求还有：YX 系列高效率三相异步电动机，适用于长期连续运行、负载率高、消耗电能较多的场合。YH 系列高转差率三相异步电动机，适用于转动飞轮力矩大和冲击负载较高及反转次数较多的场合。YEJ 系列电磁制动三相异步电动机，适用于要求快速停止、准确定位的转动机构或装置。YB 系列隔爆型异步电动机，适用于易形成爆炸混合物的场合。YZR、YZ 系列起重冶金用三相异步电动机，适用于短时或断续运转、起动制动频繁、有时过载以及有较强振动和冲击的场合，适用于冶金及一般起重设备等类型的电动机。用户可根据不同工作要求，合理选用。

电动机的类型和结构形式应根据电源种类（交流或直流），工作条件（环境、温度、空间位置等），载荷大小、性质和过载情况，起动性能以及起动、制动、正反转的频繁程度等条件来选择。

常用 Y 系列三相异步电动机的技术数据和外形尺寸见表 17-1 和表 17-3。

2.3.2 选择电动机的功率

电动机的功率选择是否合适，对电动机的正常工作和经济性都有影响。功率选得过小，则不能保证工作机正常工作，甚至会使电动机因超载而损坏；而功率选得过大，则电动机的体积大、价格高，传动能力又不能充分利用，而且由于电动机经常欠载运行，其效率和功率因数都较低，增加电能消耗，造成能源的浪费。

电动机的功率主要根据电动机运行时的发热情况来决定。对于载荷比较稳定、长期连续运行的机械（如运输机），只要所选电动机的额定功率 P_{ea} 等于或稍大于电动机所需的工作功率 P_d，即当 $P_{ea} \geqslant P_d$ 时，电动机就能正常工作而不会过热，因此，通常不必校验电动机的发热和起动转矩。

电动机所需的工作功率为

$$P_d = \frac{P_w}{\eta} \tag{2-1}$$

式中：P_w——工作机所需功率，指输入工作机轴的功率，kW；

η——由电动机至工作机的总效率。

工作机所需功率 P_w，应由工作机的工作阻力和运动参数（线速度或转速）计算求得。在课程设计中，可由设计任务书给定的工作机参数按下式计算

$$P_w = \frac{Fv}{1\,000} \tag{2-2}$$

或

$$P_w = \frac{Tn_w}{9\,550} \tag{2-3}$$

式中：F——工作机的工作阻力，N；

v——工作机的线速度，如运输机输送带的线速度，m/s；

T——工作机的阻力矩，N · m；

n_w——工作机的转速，如运输机滚筒的转速，r/min。

传动装置的总效率 η 应为组成传动装置的各个运动副效率的连乘积，即

$$\eta = \eta_1 \cdot \eta_2 \cdot \eta_3 \cdot \cdots \cdot \eta_n \tag{2-4}$$

式中：η_1，η_2，η_3，…，η_n 分别为各种传动副（齿轮、蜗杆、带或链）、滚动轴承、联轴器和传动滚筒的效率。各种传动副、滚动轴承、联轴器和传动滚筒的效率概略值参见表 2-3。

计算总效率 η 时应注意的问题：

（1）表 2-3 中列出的效率数值为一范围，如工作条件差、加工精度低、用润滑脂润滑或维护不良时可取低值，反之可取高值，通常可取中间值。

（2）轴承的效率是指一对轴承的效率。

（3）当动力经过每一个运动副时，都会产生功率损耗，故计算效率时应逐一计入。

（4）蜗杆传动效率与蜗杆的材料、参数等因数有关，设计时可先初定蜗杆头数，初选其效率值，待蜗杆传动参数确定后再精确地计算效率。

表 2-3　机械传动和摩擦副的概略值

种　类		效率 η
圆柱齿轮传动	很好跑合的 6 级精度和 7 级精度齿轮传动（油润滑）	0.98～0.99
	8 级精度的一般齿轮传动（油润滑）	0.97
	9 级精度的齿轮传动（油润滑）	0.96
	加工齿的开式齿轮传动（脂润滑）	0.94～0.96
	铸造齿的开式齿轮传动	0.90～0.93
锥齿轮传动	很好跑合的 6 级和 7 级精度的齿轮传动（油润滑）	0.97～0.98
	8 级精度的一般齿轮传动（油润滑）	0.94～0.97
	加工齿的开式齿轮传动（脂润滑）	0.92～0.95
	铸造齿的开式齿轮传动	0.88～0.92
蜗杆传动	自锁蜗杆（油润滑）	0.40～0.45
	单头蜗杆（油润滑）	0.70～0.75
	双头蜗杆（油润滑）	0.75～0.82
	四头蜗杆（油润滑）	0.80～0.92
	环面蜗杆（油润滑）	0.85～0.95
带传动	平带无压紧轮的开式传动	0.98
	平带有压紧轮的开式传动	0.97
	平带交叉传动	0.90
	V 带传动	0.96
链传动	滚子链	0.96
	齿形链	0.97
复滑轮组	滑动轴承（$i=2\sim6$）	0.90～0.98
	滚动轴承（$i=2\sim6$）	0.95～0.99

种　类		效率 η
摩擦传动	平摩擦轮	0.85～0.92
	槽摩擦轮	0.88～0.90
	卷绳轮	0.95
联轴器	十字滑块联轴器	0.97～0.99
	齿式联轴器	0.99
	弹性联轴器	0.99～0.995
	万向联轴器（$\alpha\leqslant3°$）	0.97～0.98
	万向联轴器（$\alpha>3°$）	0.95～0.97
滑动轴承	润滑不良	0.94（一对）
	润滑正常	0.97（一对）
	润滑良好（压力润滑）	0.98（一对）
	液体摩擦	0.99（一对）
滚动轴承	球轴承（稀油润滑）	0.99（一对）
	滚子轴承（稀油润滑）	0.98（一对）
卷筒		0.96
减（变）速器	一级圆柱齿轮减速器	0.97～0.98
	二级圆柱齿轮减速器	0.95～0.96
	行星圆柱齿轮减速器	0.95～0.98
	一级锥齿轮减速器	0.95～0.96
	圆锥-圆柱齿轮减速器	0.94～0.95
	无级变速器	0.92～0.95
	摆线-针轮减速器	0.90～0.97
螺旋传动	滑动螺旋	0.30～0.60
	滚动螺旋	0.85～0.95

2.3.3　选择电动机的转速

电动机的选择，除了选择合适的电动机系列和功率外，还要选择适当的电动机转速。功率相同的同类型电动机，可以有几种不同的转速供设计者选用，如三相异步电动机的同步转速一般有 3 000 r/min（2 极）、1 500 r/min（4 极），1 000 r/min（6 极）及 750 r/min（8 极）四种。电动机同步转速越高，磁极对数越少，其重量越轻、外廓尺寸越小、价格越低。

选用电动机的转速与工作机转速相差过多时，势必使总传动比加大，致使传动装置的外廓尺寸和重量增加，价格提高；而选用较低转速的电动机时，则情况正好相反，即传动装置的外廓尺寸和重量减小，而电动机的尺寸和重量增大，价格提高。因此，在确定电动机转速时，应进行分析比较，权衡利弊，选择最优方案。

在课程设计中，建议选用同步转速为1 500 r/min或1 000 r/min的电动机。

在设计计算传动装置时，通常用电动机所需的工作功率 P_d 进行计算，而不用电动机的额定功率 P_{ed}。只有当有些通用设备为留有储备能力以备发展，或为适应不同工作的需要，要求传动装置具有较大的通用性和适应性时，才按额定功率 P_{ed} 来设计传动装置。传动装置的输入转速可按电动机额定功率时的转速，即满载转速 n_m 计算，这一转速与实际工作时的转速相差不大。

【例2–1】 如图2–2所示带式运输机，运输带的有效拉力 $F=4\,000$ N，带速 $v=0.8$ m/s，传动滚筒直径 $D=500$ mm，载荷平稳，在室温下连续运转，工作环境多尘，电源为三相交流，电压380 V，试选择合适的电动机。

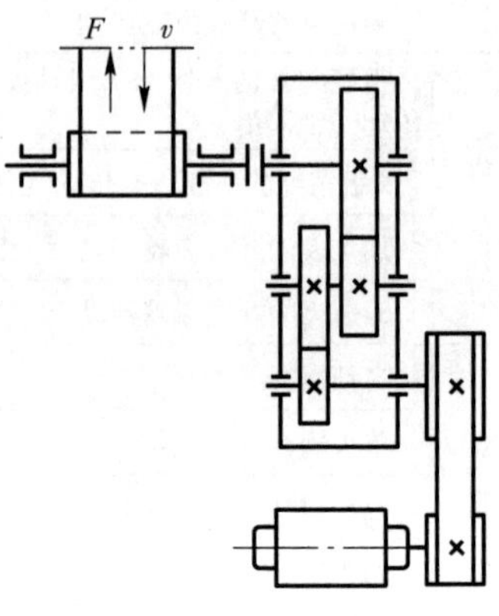

图2–2 带式运输机

解 （1）选择电动机类型

按工作要求选用Y系列（IP44）防护式笼型三相异步电动机，电压380 V。

（2）选择电动机容量

按式（2–1），电动机所需工作功率为

$$P_d=\frac{P_w}{\eta}$$

按式（2–2），工作机所需功率为

$$P_w=\frac{Fv}{1\,000}$$

传动装置的总效率为

$$\eta=\eta_1\cdot\eta_2^4\cdot\eta_3^2\cdot\eta_4\cdot\eta_5$$

按表2–3确定各部分效率：V带传动效率 $\eta_1=0.96$，滚动轴承传动效率（一对）$\eta_2=0.99$，闭式齿轮传动效率 $\eta_3=0.97$，联轴器效率 $\eta_4=0.99$，传动滚筒效率 $\eta_5=0.96$，代入得。

$$\eta=0.96\times0.99^4\times0.97^2\times0.99\times0.96=0.825$$

所需电动机功率为

$$P_d=\frac{Fv}{1\,000\eta}=\frac{4\,000\times0.8}{1\,000\times0.825}=3.88\ \text{kW}$$

因载荷平稳，电动机额定功率 P_{ed} 略大于 P_d 即可。由表17–1Y系列（IP44）电动机的技术数据，选电动机的额定功率 P_{ed} 为4 kW。

（3）确定电动机转速

滚筒轴工作转速

$$n_w=\frac{60\times1\,000v}{\pi D}=\frac{60\times1\,000\times0.8}{\pi\times500}=30.56\ \text{r/min}$$

通常，V带传动的传动比常用范围为 $i_1=2\sim4$；二级圆柱齿轮减速器的传动比为 $i_2=8\sim40$，则总传动比的范围为 $i=16\sim160$，故电动机转速的可选范围为

$$n_d = i \cdot n_w = (16 \sim 160) \times 30.56 = 489 \sim 4\,890\ \text{r/min}$$

符合这一范围的同步转速有 750 r/min、1 000 r/min、1 500 r/min 和 3 000 r/min。现以同步转速 3 000 r/min、1 500 r/min 及 1 000 r/min 三种方案进行比较。由表 17-1 查得的电动机数据及计算出的总传动比列于表 2-4。

表 2-4　电动机数据及总传动比

方　案	电动机型号	额定功率 P_{cd}/kW	电动机转速 n/(r·min^{-1})		电动机质量 m/kg	参考价格 /元	总传动比 i_a
			同步转速	满载转速			
1	Y112M—2	4	3 000	2 890	45	910	94.54
2	Y112M—4	4	1 500	1 440	43	918	47.11
3	Y132M1—6	4	1 000	960	73	1 433	31.40

表 2-4 中，方案 1 电动机重量轻，价格稍便宜，但总传动比大，传动装置外廓尺寸大、制造成本高、结构不紧凑，故不可取。而方案 2 与方案 3 相比较，综合考虑电动机和传动装置的尺寸、重量、价格以及总传动比，可以看出，如为使传动装置结构紧凑，选用方案 3 较好；如考虑电动机重量和价格，则选用方案 2。现选用方案 2，即选定电动机型号为 Y112M—4。

2.4　确定传动装置的总传动比和分配各级传动比

传动装置的总传动比 i_a 由选定的电动机满载转速 n_m 和工作机轴的转速 n_w 确定，即

$$i_a = \frac{n_m}{n_w} \tag{2-5}$$

总传动比 i_a 为各级传动比 i_0，i_1，i_2，i_3，…，i_n 的连乘积，即

$$i_a = i_0 \cdot i_1 \cdot i_2 \cdot i_3 \cdots i_n \tag{2-6}$$

如何合理分配各级传动比，是传动装置设计中的一个重要问题。传动比分配得合理，可以减小传动装置的外廓尺寸、重量，达到结构紧凑、降低成本的目的，亦可以得到较好的润滑条件。分配传动比主要应考虑以下几点：

（1）各级传动比均应在推荐范围内选取，不得超过最大值。各种传动机构的传动比常用值参见表 2-1。

（2）各级传动零件应做到尺寸协调、结构匀称，避免相互间发生碰撞或安装不便。如图 2-3 所示，由于高速级传动比 i_1 过大，致使高速级大齿轮直径过大而与低速轴相碰。又如图 2-4 所示，由 V 带和一级圆柱齿轮减速器组成的二级传动中，由于带传动的传动比过大，使得大带轮外圆半径大于减速器中心高，造成尺寸不协调，安装时需将地基挖坑，为避免出现这种情况，应合理分配带传动与齿轮传动的传动比。

（3）尽量使传动装置的外廓尺寸紧凑或重量较轻。图 2-5 为二级圆柱齿轮减速器的两种传动比分配方案。在总中心距和总传动比相同（$a = a'$，$i_1 \cdot i_2 = i'_1 \cdot i'_2$）的情况下，图 2-5a 方案中 i_2 较小，使得低速级大齿轮的直径也较小，从而获得结构紧凑的外廓尺寸。

（4）对于卧式二级齿轮减速器，各级齿轮都应得到充分润滑。为了避免因各级大齿轮

都能浸到油，致使某级大齿轮浸油过深而增加搅油损失，通常尽量使各级大齿轮直径相近，应使高速级传动比大于低速级，如图 2-5(a) 中所示。此时，高速级大齿轮能浸到油，低速级大齿轮直径稍大于高速级大齿轮，浸油只稍深而已。

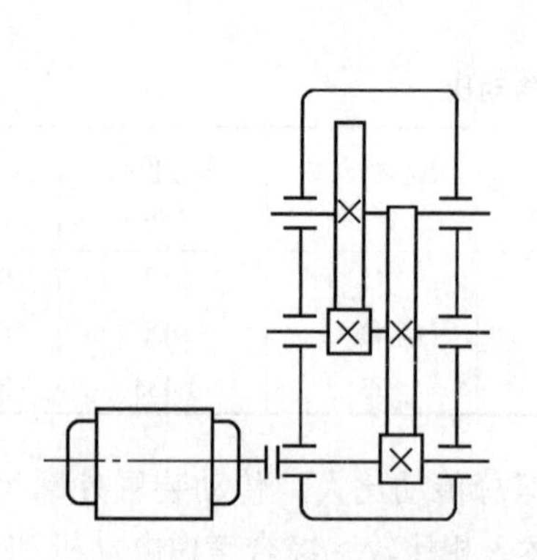

图 2-3 高速级大齿轮与低速轴干涉

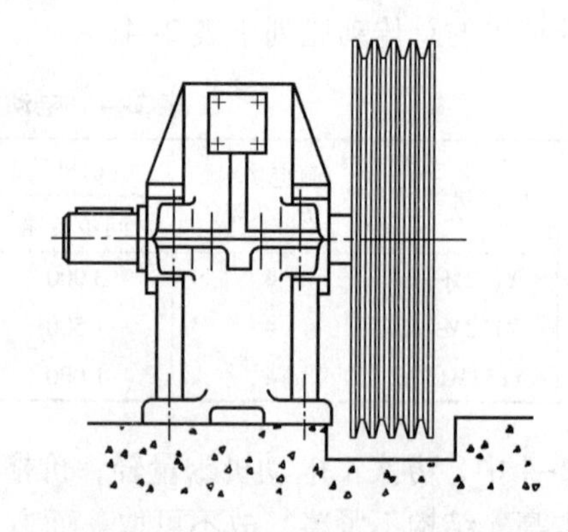

图 2-4 带轮过大造成安装不便

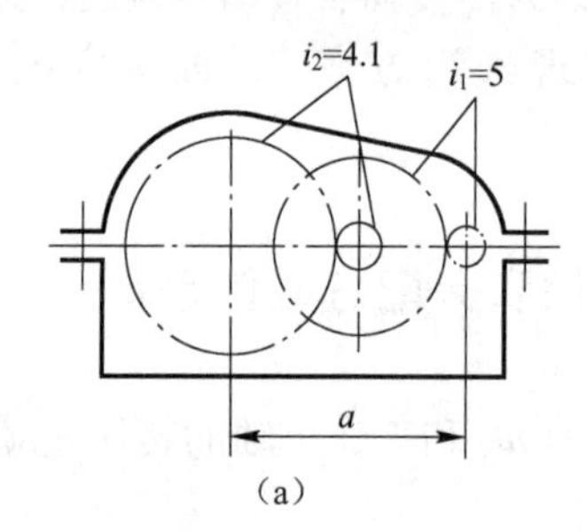

(a)

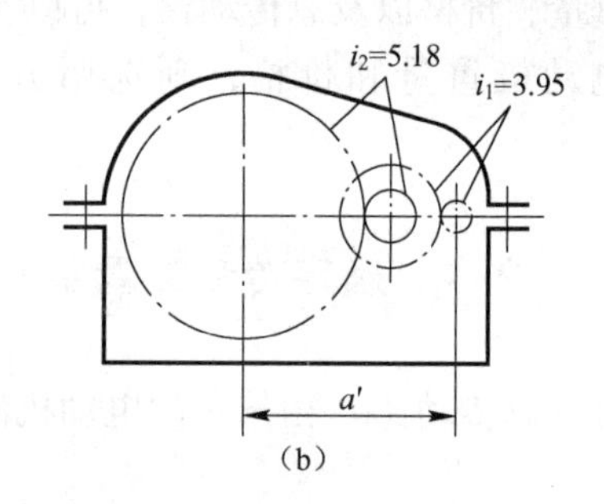

(b)

图 2-5 不同的传动比分配对外廓尺寸的影响

对于展开式二级圆柱齿轮减速器，在两级齿轮配对材料、性能及齿宽系数大致相同的情况下，即齿面接触强度大致相等时，两级齿轮的传动比可按下式分配

$$i_1 \approx (1.3 \sim 1.5) i_2 \tag{2-7}$$

或

$$i_1 \approx \sqrt{(1.3 \sim 1.5) i} \tag{2-8}$$

式中 i_1、i_2——高速级和低速级齿轮的传动比；

i——二级齿轮减速器的总传动比。

对于同轴式减速器，常取 $i_1 \approx i_2 = \sqrt{i}$。

(5) 对于圆锥—圆柱齿轮减速器，为了便于加工，大锥齿轮尺寸不应过大，为此应限制高速级锥齿轮的传动比 $i_1 \leqslant 3$，一般可取 $i_1 \approx 0.25i$。

(6) 对于齿轮—蜗杆减速器，当齿轮传动置于高速级时，可取齿轮传动的传动比 $i_1 < 2$；当齿轮传动置于低速级时，可取齿轮传动的传动比 $i_2 \approx (0.03 \sim 0.05) i$。

按照上述要求，计算得到各轴的运动和动力参数数据后，应汇总列于表中（参见表 2-5 的格式），以备查用。

【例 2-2】 数据同例 2-1，试计算传动装置的总传动比，并分配各级传动比。

解 (1) 总传动比为

$$i_a=\frac{n_m}{n_w}=\frac{1\ 440}{30.56}=47.12$$

（2）分配传动装置各级传动比

由表 2-1 取 V 带传动的传动比 $i_0=3$，则二级齿轮减速器的传动比 i 为

$$i=\frac{i_a}{i_0}=\frac{47.12}{3}=15.71$$

取二级圆柱齿轮减速器高速级的传动比

$$i_1=\sqrt{1.4i}=\sqrt{1.4\times 15.71}=4.69$$

则低速级的传动比为

$$i_2=\frac{i}{i_1}=\frac{15.71}{4.69}=3.35$$

注意：以上传动比的分配只是初步的。传动装置的实际传动比必须在各级传动零件的参数（如带轮直径、齿轮齿数等）确定后才能计算出来，故应在各级传动零件的参数确定后计算实际传动比。对于带式运输机的传动装置，一般允许总传动比的实际值与设计要求的规定值有 ±（3% ~ 5%）的误差。

2.5　计算传动装置的运动和动力参数

在选定电动机型号和分配传动比之后，应将传动装置中各轴的功率、转速和转矩计算出来，为传动零件和轴的设计计算提供依据。在计算时应注意以下几点：

（1）按工作机所需要的电动机工作功率 P_d 来计算，各轴的转速可根据电动机的满载转速 n_m 及传动比进行计算。

（2）因为存在轴承功率损耗，同一根轴的输入功率（或输入转矩）与输出功率（或输出转矩）的数值是不同的。

（3）计算各轴运动及动力参数时，应先将传动装置中各轴从高速轴到低速轴依次编号，定为 0 轴（电动机轴）、1 轴、2 轴、…；相邻两轴间的传动比表示为 i_{01}，i_{23}，…；相邻两轴间的传动效率为 η_{01}，η_{02}，η_{03}，…；各轴的输入功率为 P_1，P_2，P_3，…；各轴的转速为 n_1，n_2，n_3，…；各轴的输入转矩为 T_1，T_2，T_3，…。

电动机轴的输出功率、转速和转矩分别为

$$P_0=P_d,\quad n_0=n_m,\quad T_0=9\ 550P_0/n_0$$

传动装置中各轴的输入功率、转速和转矩分别为

$$P_1=P_0\cdot\eta_{01}\ (\text{kW}),\quad n_1=\frac{n_0}{i_{01}}\ (\text{r/min}),\quad T_1=9\ 550\frac{P_1}{n_1}=T_0\cdot i_{01}\cdot\eta_{01}\ (\text{N}\cdot\text{m})$$

$$P_2=P_1\cdot\eta_{12}\ (\text{kW}),\quad n_2=\frac{n_1}{i_{12}}\ (\text{r/min}),\quad T_2=9\ 550\frac{P_2}{n_2}=T_1\cdot i_{12}\cdot\eta_{12}\ (\text{N}\cdot\text{m})$$

$$P_3=P_2\cdot\eta_{23}\ (\text{kW}),\quad n_3=\frac{n_2}{i_{23}}\ (\text{r/min}),\quad T_3=9\ 550\frac{P_3}{n_3}=T_2\cdot i_{23}\cdot\eta_{23}\ (\text{N}\cdot\text{m})$$

…　…　…　…

注意：由于存在轴承功率损耗，同一根轴的输出功率（或输出转矩）与输入功率（或输入转矩）的数值不同，因此，在对传动零件进行设计时，应该用输出功率（或输出转矩）。另外，因为存在传动零件功率损耗，一根轴的输出功率（或输出转矩）与下一根轴的输入功率（或输入转矩）的数值也不相同，因此，计算时也必须加以区分。

【例 2-3】 数据同前两例条件，传动装置运动简图如图 2-2 所示。试计算传动装置各轴的运动和动力参数。

解 0 轴（电动机轴）：

$$P_0 = P_d = 3.88\ \text{kW}$$

$$n_0 = n_m = 1\,440\ \text{r/min}$$

$$T_0 = 9\,550\frac{P_0}{n_0} = 9\,550\frac{3.88}{1\,440} = 25.73\ \text{N}\cdot\text{m}$$

1 轴（高速轴）：

$$P_1 = P_0 \cdot \eta_{01} = P_0 \cdot \eta_1 = 3.88 \times 0.96 = 3.72\ \text{kW}$$

$$n_1 = \frac{n_0}{i_{01}} = \frac{1\,440}{3} = 480\ \text{r/min}$$

$$T_1 = 9\,550\frac{P_1}{n_1} = 9\,550\frac{3.72}{480} = 74.01\ \text{N}\cdot\text{m}$$

2 轴（中间轴）：

$$P_2 = P_1 \cdot \eta_{12} = P_1 \cdot \eta_2 \cdot \eta_3 = 3.72 \times 0.99 \times 0.97 = 3.57\ \text{kW}$$

$$n_2 = n_1 / i_{12} = 480/4.69 = 102.35\ \text{r/min}$$

$$T_2 = 9\,550\frac{P_2}{n_2} = 9\,550\frac{3.57}{102.35} = 333.11\ \text{N}\cdot\text{m}$$

3 轴（低速轴）：

$$P_3 = P_2 \cdot \eta_{23} = P_2 \cdot \eta_2 \cdot \eta_3 = 3.57 \times 0.99 \times 0.97 = 3.43\ \text{kW}$$

$$n_3 = \frac{n_2}{i_{23}} = \frac{102.35}{3.35} = 30.55\ \text{r/min}$$

$$T_3 = 9\,550\frac{P_3}{n_3} = 9\,550\frac{3.43}{30.55} = 1\,072.23\ \text{N}\cdot\text{m}$$

4 轴（滚筒轴）：

$$P_4 = P_3 \cdot \eta_{34} = P_3 \cdot \eta_2 \cdot \eta_4 = 3.43 \times 0.99 \times 0.99 = 3.36\ \text{kW}$$

$$n_4 = \frac{n_3}{i_{34}} = \frac{30.55}{1} = 30.55\ \text{r/min}$$

$$T_4 = 9\,550\frac{P_4}{n_4} = 9\,550\frac{3.36}{30.55} = 1\,050.34\ \text{N}\cdot\text{m}$$

1～3 轴的输出功率（或输出转矩）分别为各轴的输入功率（或输入转矩）乘以轴承效率（0.99）。例如 1 轴的输出功率 $P'_1 = P_1 \times 0.99 = 3.72 \times 0.99 = 3.68\ \text{kW}$，输出转矩 $T'_1 = T_1 \times 0.99 = 74 \times 0.99 = 73.3\ \text{N}\cdot\text{m}$，其余类推。

运动和动力参数的计算结果应加以汇总，列出表格，如表 2-5 所示，供后面的设计计算使用。

表 2–5　各轴运动和动力参数

轴　名	功率 P/kW		转知 T/(N·m)		转速 n/(r·min^{-1})	传动比 i	效率 η
	输　入	输　出	输　入	输　出			
电动机轴		3.88		25.7	1 440	3	0.96
1 轴	3.72	3.68	74.01	73.3	480	4.69	0.96
2 轴	3.57	3.53	333.11	330	102.35	3.35	0.96
3 轴	3.43	3.40	1 072.23	1 062	30.55	1	0.98
滚筒轴	3.36	3.33	1 050.34	1 039	30.55		

思　考　题

2–1　传动装置的主要功用是什么？传动方案设计应满足哪些要求？

2–2　画出所设计传动装置的传动简图，标出各轴的转动方向、轮齿螺旋线方向，以及各轴的转速、功率和转矩。

2–3　常用的机械传动形式有哪几种？各有何特点？各适用于何种场合？

2–4　在多级传动中，为什么带传动一般布置在高速级，而链传动布置在低速级？

2–5　为什么锥齿轮传动常布置在机械传动的高速级？

2–6　蜗杆传动在多级传动中应布置在高速级还是低速级？为什么？

2–7　减速器的主要类型有哪些？各有什么特点？你所设计的传动装置有哪些特点？

2–8　工业生产中用得最多的是哪一种类型的电动机？它具有什么特点？

2–9　选择电动机包括哪几方面的内容？根据哪些条件来选择电动机类型？

2–10　电动机的容量主要根据什么条件确定？如何确定所需的电动机工作功率 P_d？

2–11　电动机的转速如何确定？选用高转速电动机与低转速电动机各有什么优缺点？电动机的满载转速与同步转速是否相同？设计中采用哪一转速？

2–12　传动装置的总效率如何确定？计算总效率时要注意哪些问题？

2–13　合理分配各级传动比有什么意义？分配传动比时要考虑哪些原则？

2–14　传动装置的总传动比如何确定？分配的传动比和传动零件实际传动比是否一定相同？当工作机的实际转速与设计要求的误差范围不符时如何处理？

2–15　传动装置中同一轴上的功率、转速和转矩之间有什么关系？传动装置中各相邻轴间的功率、转速、转矩关系如何确定？

第3章　减速器传动零件设计

机械装置是由各种类型的零部件组成的，其中决定其工作性能、结构布置和尺寸大小的主要是传动零件，而支承零件和连接零件也需要根据传动零件来设计和选取，所以，一般应先设计传动零件。传动零件的设计包括选择传动零件的材料及热处理方法，确定传动零件的主要参数、结构和尺寸。

在机械设计课程设计中，需要根据传动装置的运动和动力参数的计算结果及设计任务书给定的工作条件对减速器内、外的传动零件进行设计。为了使设计减速器时的原始条件比较准确，通常应先设计减速器外的传动零件，然后再设计减速器内的传动零件。各类传动零件的设计方法可参考有关教材，这里不再重复。下面仅就设计传动零件时应注意的问题作简要的提示。这些工作也是为设计装配草图而必须做好的前期工作。

3.1　减速器外传动零件设计

当所设计的传动装置中，除减速器以外还有其他传动零件（如V带传动、链传动、开式齿轮传动等）时，通常首先设计计算这些零件。在这些传动零件的参数（如带轮的基准直径、链轮齿数、开式齿轮齿数等）确定后，外部传动的实际传动比便可确定，然后修改减速器的传动比，再进行减速器内传动零件的设计，这样可以减小传动装置的传动比累积误差。

通常，由于课程设计学时的限制，装配工作图只画减速器部分，一般不画外部传动零件。因此，减速器以外的传动零件只需确定主要参数和安装尺寸，而不进行详细的结构设计。

3.1.1　V带传动

设计V带传动所需的已知条件主要有：原动机种类和所需传递的功率；主动轮和从动轮的转速（或传动比）；工作要求及外廓尺寸；传动位置的要求等。

设计内容包括：确定V带的型号、基准长度 L_d、根数 z；带轮的材料、基准直径 d_{d1}、d_{d2}；作用在轴上力的大小和方向；传动中心距 a 以及带传动的张紧装置等。

在带轮尺寸确定后，应检查带传动的尺寸在传动装置中是否合适。例如装在电动机轴上的小带轮直径与电动机的中心高是否相称；其带轮轮毂孔直径和长度与电动机的轴直径和长度是否匹配；大带轮外圆是否与其他零部件干涉等。如有不合适的情况，应考虑改选带轮基准直径 d_{d1}、d_{d2}，重新设计计算。在带轮直径确定后，应验算带传动的实际传动比。

在确定轮毂孔直径和长度时，应与减速器输入轴轴头的直径和长度相适应，轮毂孔直径一般应符合标准规定，见表9-6。带轮轮毂长度与带轮轮缘宽度不一定相同，一般轮毂长度 l 可根据轴孔直径 d 的大小确定，常取 $l=(1.5\sim2)d$。而轮缘宽度则取决于带的型号和根数。

3.1.2　链传动

设计链传动所需的已知条件主要有传递的功率 P、主从动链轮的转速 n_1、n_2（或传动比 i）、原动机的种类、工作条件等。

设计内容包括：确定链轮齿数 z_1、z_2、链号、链节数 L_p、排数 m、传动中心距 a 和链轮的材料和结构尺寸、张紧装置以及润滑方式等。

大小链轮的齿数最好选择奇数或不能整除链节数的数，一般限定 z_{min}，为使大链轮尺寸不致过大，应使 $z_{max} \leqslant 120$，从而控制传动的外廓尺寸；速度较低的链传动齿数不宜取得过多。当大链轮安装在滚筒轴上时，其直径应小于滚筒直径。当采用单排链传动而计算出的链节距过大时，可改用双排链或多排链。为避免使用过渡链节，链条的链节数一般为偶数。链轮的结构可参考相关资料确定。

3.1.3　开式齿轮传动

设计开式齿轮传动所需的已知条件主要有：传递功率 P、转速 n_1、n_2（或传动比 i）、工作条件和尺寸限制等。

设计内容包括：选择材料及热处理方法，确定齿轮传动的参数（齿数、模数、螺旋角、变位系数、中心距、齿宽等），齿轮的其他几何尺寸和结构尺寸以及作用在轴上力的大小和方向等。

针对开式齿轮传动的工作特点，开式齿轮传动只需计算轮齿的弯曲疲劳强度，考虑到齿面磨损对轮齿弯曲强度的影响，应将强度计算求得的模数加大 10% ~ 20% 。

开式齿轮传动一般用于低速传动，为使支承结构简单，通常采用直齿。由于润滑及密封条件差，灰尘大，故应注意材料的配对选择，使之具有较好的减摩和耐磨性能。

开式齿轮轴的支承刚度较小，为减轻齿轮轮齿偏载的影响，齿宽系数应取小些，一般取 $\varphi_a = b/a = 0.1 \sim 0.3$，常取 $\varphi_a = 0.2$。尺寸参数确定后，应检查传动的外廓尺寸。如与其他零件发生干涉或碰撞，则应修改参数重新计算。

3.1.4　联轴器的选择

（1）选择联轴器的类型

联轴器类型应根据机械传动装置所要完成的功能来选择。当电动机和减速器安装在公共底座上时，两轴间的同轴度容易保证，其联轴器无需具有很高的位移补偿功能，但该联轴器连接的是高速轴，为了减小起动载荷和其他动载荷，它应具有较小的转动惯量和良好的减震性能，因此，多采用带弹性元件的联轴器（如弹性柱销联轴器、弹性套柱销联轴器和梅花形弹性联轴器等）。

连接减速器和工作机间的联轴器，由于它处于低速轴，因此，该联轴器对转动惯量和减震性能的要求不高。当减速器和工作机安装在同一底座上时，也可采用上述几种类型的联轴器；当工作机和减速器不是安装在公共底座上时，则该联轴器要求有较高的位移补偿功能，因此，可采用无弹性元件的挠性联轴器（如齿轮联轴器、滑块联轴器等）。

（2）选择联轴器的型号

联轴器的型号按计算转矩 T_{ca} 进行选择，要求所选型号的联轴器所允许的最大转矩 T 大于计算转矩 T_{ca}，并且通过该型号联轴器连接的两轴直径均应在所选型号联轴器毂孔最大、最小直径的允许范围内。

3.2 减速器内传动零件设计

在减速器外的传动零件设计完成后，应检验所计算的运动及动力参数有无变动。如有变动，应作相应的修改，再进行减速器内传动零件的设计计算。齿轮传动和蜗杆传动的设计步骤与公式可参阅有关教材。下面仅对设计中应注意的问题作简要提示。

3.2.1 圆柱齿轮传动

圆柱齿轮传动设计中应注意以下问题：

（1）齿轮材料及热处理方法的选择。齿轮材料的选择，要考虑齿轮毛坯的制造方法。当齿轮的顶圆直径 $d_a \leqslant 400$ mm 时，一般采用锻造毛坯；当 $d_a > 400 \sim 500$ mm 或结构形状复杂时，因受锻造设备能力的限制，可采用铸钢制造；当齿轮直径与轴的直径相差不大时，应做成齿轮轴，选择材料时要兼顾齿轮与轴的一致性要求；同一减速器内各级大小齿轮的材料最好对应相同，以减少材料品种牌号和简化工艺要求。

用热处理的方法可以提高材料的性能，尤其是提高硬度，从而提高材料的承载能力。按齿面硬度可以把钢制齿轮分为两类，即软齿面齿轮（齿面硬度≤350 HBW）和硬齿面齿轮（齿面硬度>350 HBW）。另外，提高齿面硬度还可以减小减速器的体积。目前国际上齿轮制造向着高精度、高性能的方向发展，从而使机械传动装置向体积小、重量轻、传动功率大的方向发展。

（2）齿轮传动的几何参数和尺寸应分别进行标准化、圆整或计算其精确值。例如：模数应标准化；中心距和齿宽应该圆整；分度圆、齿顶圆和齿根圆直径、螺旋角、变位系数等啮合尺寸必须计算其精确值。要求长度尺寸精确到小数点后二位或三位（单位为 mm），角度精确到秒（″）。为便于制造和测量，中心距应尽量圆整成尾数为 0 或 5。对直齿圆柱齿轮传动，可以通过调整模数 m 和齿数 z，或采用角变位来达到；对斜齿圆柱齿轮传动，可以通过调整螺旋角 β 来实现中心距尾数的圆整。在此过程中，还应考虑减轻重量，降低成本等。

齿轮的结构尺寸都应尽量圆整，以便于制造和测量。轮毂直径和长度，轮辐的宽度和孔径，轮缘长度和内径等，按设计资料给定的经验公式计算后，进行圆整。

（3）齿宽 b 应是一对齿轮的工作宽度，为补偿齿轮轴向位置误差，应使小齿轮宽度大于大齿轮宽度，若大齿轮宽度取 b_2，则小齿轮齿宽取 $b_1 = b_2 + (5 \sim 10)$ mm。

（4）齿轮的结构。通过齿轮传动的强度和几何尺寸计算，只能确定其基本参数和一些主要尺寸，如齿数、模数、齿宽、螺旋角、分度圆直径和中心距等，而轮缘、轮辐、轮毂等结构形式和尺寸大小，需要通过结构设计来确定。

齿轮的结构形式主要由毛坯材料、几何尺寸、加工工艺、生产批量、经济性等因素确定，齿轮常用的结构分为以下四种基本形式：即齿轮轴、实心式齿轮、腹板式齿轮、轮辐式齿轮。通常先按齿轮的直径大小，选择合适的结构形式，然后再根据推荐的经验公式进行结构设计。

3.2.2　锥齿轮传动

（1）直齿锥齿轮的锥距 R、分度圆直径 d（大端）等几何尺寸，应按大端模数和齿数精确计算至小数点后三位数值，不能圆整。

（2）两轴交角为 90°时，分度圆锥角 δ_1 和 δ_2 可以由齿数比 $u=z_2/z_1$ 算出，其中小锥齿轮齿数 z_1 可取 17～25。u 值的计算应足够精确，δ 值的计算应精确到秒（″）。

（3）大、小锥齿轮的齿宽应相等，按齿宽系数 $\varphi_R=b/R$ 计算出的齿宽 b 数值应圆整。

3.2.3　蜗杆传动

（1）蜗杆副材料的选择与滑动速度有关，一般是在初估滑动速度的基础上选择材料。蜗杆副的滑动速度 v_s，可由下式估算

$$v_s=5.2\times10^{-4}n_1\sqrt[3]{T_2} \tag{3-1}$$

式中：n_1——蜗杆转速，r/min；

T_2——蜗轮轴转矩，N·m。

待蜗杆传动尺寸确定后，应校核滑动速度和传动效率，如与初估值有较大出入，则应重新修正计算，其中包括检查材料选择是否恰当。

（2）为了便于加工，蜗杆和蜗轮的螺旋线方向应尽量取为右旋。

（3）模数 m 和蜗杆分度圆直径 d_1 要符合标准规定。在确定 m、d_1、z_2 后，计算中心距应尽量圆整成尾数为 0 或 5。为此，常需将蜗杆传动做成变位传动，即对蜗轮进行变位，变位系数应在 $-1\leqslant z\leqslant1$ 之间。如不符合，则应调整 d_1 值或改变蜗轮 1～2 个齿数。

（4）蜗杆分度圆圆周速度 $v\leqslant4$～5 m/s 时，一般将蜗杆下置；$v>4$～5 m/s 时，则将其上置。

3.2.4　轴的初步计算和初选滚动轴承类型

（1）轴的初步计算

在装配草图设计前，需要初步确定减速器中各轴外伸段的直径和长度，轴的结构设计要在初步计算出的轴径基础上进行。轴径 d（mm）可按扭转强度初算，计算式为

$$d\geqslant C\sqrt[3]{\frac{P}{n}} \tag{3-2}$$

式中：P——轴所传递的功率，kW；

n——轴的转速，r/min；

C——与轴材料有关的系数，见表 3-1。

注意：若为齿轮轴，轴与齿轮的材料应相同。

当轴上有键槽时，应适当增大轴径以考虑键槽对轴强度的削弱。当直径 $d\leqslant100$ mm 时，单键增大 5%～7%，双键增大 10%～15%。当直径 $d>100$ mm 时，单键增大 3%，双键增

大 7%，然后将轴径圆整为标准直径。若外伸轴段与其他传动零件（如联轴器）相连接，则该段轴的直径应按标准选定。求得的直径作为承受转矩作用轴段的最小直径。

表 3-1　轴常用材料的 *C* 值

轴的材料	Q235，20	Q255，Q275，35	45	40Cr，35SiMn，2Cr13，38SiMnMo，42SiMn
C	160 ~ 135	135 ~ 118	118 ~ 106	106 ~ 98

轴外伸段可做成圆柱形或圆锥形。在单件生产和小批量生产中优先采用圆柱形。在成批和大量生产中通常做成圆锥形，因为零件采用圆锥面配合，装拆方便，定位精度高，其轴向定位不需要轴肩，并能产生适当过盈。

（2）初定轴外伸段的长度

轴外伸段的长度与外接零件及轴承盖的结构要求有关。当采用螺钉连接的凸缘式轴承盖时，外接零件的定位轴肩从轴承盖伸出长度必须满足在不拆下外接零件时，也能方便地拧下端盖螺钉，以便打开箱盖。联轴器的轮毂距轴承盖外端面的距离即为轴的伸出长度。若外接零件（带轮、链轮等）的轮毂直径较小，不影响轴承盖螺钉的拆卸时，则轴的伸出长度可取小一些，一般取 15 ～ 20 mm 即可；否则，其伸出长度应大于轴承盖螺钉的长度，当采用嵌入式轴承盖时，因为没有螺钉拆卸问题，其伸出长度可取小些，取 5 ～ 10 mm，详见图 5-4。

在设计轴的结构之前，应确定轴承端盖和轴承调整垫片的厚度。轴承端盖的厚度 e 值，可按表 13-21 计算并圆整。调整垫片的厚度取 $t = 2$ mm。

（3）初选滚动轴承型号，确定轴承的安装位置

根据上述轴的径向尺寸，可初步选出滚动轴承型号及具体尺寸，通常同一根轴上的轴承取相同的型号，使两轴承座孔的尺寸相同，可以一次镗孔保证两孔具有较高的同轴度。然后再根据轴承的润滑方式定出轴承在箱体座孔内的位置，箱体内壁距轴承内侧端面的距离，轴承采用脂润滑时取 10 ～ 15 mm；油润滑时取 3 ～ 5 mm。最后，画出轴承外廓，轴颈和轴承定位和固定的结构。

思　考　题

3-1　在传动装置设计中，为什么一般要先设计传动零件？为什么传动零件中一般是先设计减速器外的传动零件？

3-2　设计 V 带传动所需的已知条件主要有哪些？设计内容主要有哪些？应进行哪些检查以判断带传动的设计结果是否合适？

3-3　设计链传动所需的已知条件主要有哪些？设计内容主要有哪些？应进行哪些检查以判断链传动的设计结果是否合适？

3-4　设计开式齿轮传动为什么要进行齿根弯曲强度计算？应如何考虑齿面的磨损？

3-5　在齿轮传动的参数和尺寸中，哪些应取标准值？哪些应该圆整？哪些必须精确计算？

3-6　如对圆柱齿轮传动的中心距数值圆整成尾数为 0 或 5 的整数时，应如何调整 m、z、β 等参数？

3-7　齿轮的材料和齿轮结构两者间有什么关系？直径大于 500 mm 的齿轮应该选用什么材料？为什么？

3-8　齿轮的热处理方法有哪些？你设计的齿轮选用哪种热处理方法？为什么？

3-9　在什么情况下齿轮与轴应制成齿轮轴？

3-10　锥齿轮传动的锥距 R 能不能圆整？为什么？

3-11　蜗杆传动的蜗杆、蜗轮材料如何选择？

3-12　如何估算蜗杆的滑动速度 v_s？设计结果的滑动速度与初估值不一致时，应如何修正计算？

第4章　减速器的结构

减速器是由封闭在箱体内的齿轮传动或蜗杆传动所组成的独立部件。减速器常安装在原动机与工作机之间，用以降低从原动机输入到工作机的转速并相应地增大输入转矩。这种方式在机器设备中被广泛采用。

减速器的种类繁多，其结构随其类型和工作要求不同而异，但基本结构有很多相似之处，主要由箱体、轴系零件（齿轮、轴及轴承组合）和附件三部分组成。图4-1所示为一级圆柱齿轮减速器的典型结构图。下面按齿轮、轴及轴承组合，箱体，附件三方面对减速器的结构进行介绍。

4.1　齿轮、轴及轴承组合

图4-1中小齿轮与轴制成一体，即采用齿轮轴结构，这种结构用于齿轮直径与轴的直径相差不大的情况。如果轴的直径为 d，齿轮齿根圆的直径为 d_f，则当 $d_f - d \leqslant 6m$（m 为齿轮模数）时，应采用齿轮轴结构。而当 $d_f - d > 6m$ 时，采用齿轮与轴分开为两个零件的结构（如低速轴与大齿轮），此时齿轮与轴的周向固定采用平键连接，轴上零件利用轴肩、轴套和轴承盖作轴向固定。图4-1中，两轴均采用深沟球轴承，用于承受径向载荷和不大的轴向载荷的场合。当轴向载荷较大时，应采用角接触球轴承、圆锥滚子轴承或深沟球轴承与推力轴承的组合结构。图4-1中，轴承是利用齿轮旋转时溅起的稀油进行润滑，箱座中油池的润滑油，被旋转的齿轮溅起飞溅到箱盖的内壁上，沿内壁流到分箱面坡口后，通过导油槽流入轴承。当浸油齿轮圆周速度 $v \leqslant 2$ m/s 时应采用润滑脂润滑轴承，为避免可能溅起的稀油冲掉润滑脂，可采用挡油环将其分开。为防止润滑油流失和外界灰尘进入箱内，在轴承端盖和外伸轴之间装有密封元件，图4-1中采用唇形密封圈，适用于环境多尘的场合。

4.2　箱　　体

箱体是减速器的重要组成部件。它是支承传动零件的基座，应具有足够的强度和刚度。

箱体通常用灰铸铁制造，灰铸铁具有很好的铸造性能和减振性能。对于受重载荷或冲击载荷的减速器也可以采用铸钢箱体。对于单件或小批量生产的减速器，为了简化工艺、降低成本，可采用钢板焊接箱体。

图4-1中的箱体是由灰铸铁制造的，为了便于轴系部件的安装和拆卸，箱体制成沿轴心线水平剖分的形式，上箱盖和下箱座用螺栓连接成一体。轴承座的连接螺栓应尽量靠近轴承座孔；轴承座旁的凸台，应具有足够的承托面，以便放置连接螺栓，并保证旋紧螺栓时需要的扳手空间；为保证箱体具有足够的刚度，在轴承座附近加支承肋。为保证减速器安置在基础上的稳定性，并尽可能减少箱体底座平面的机械加工面积，箱体底座一般不采用完整的平面，图4-1中减速器下箱座底面是采用两矩形加工基面。

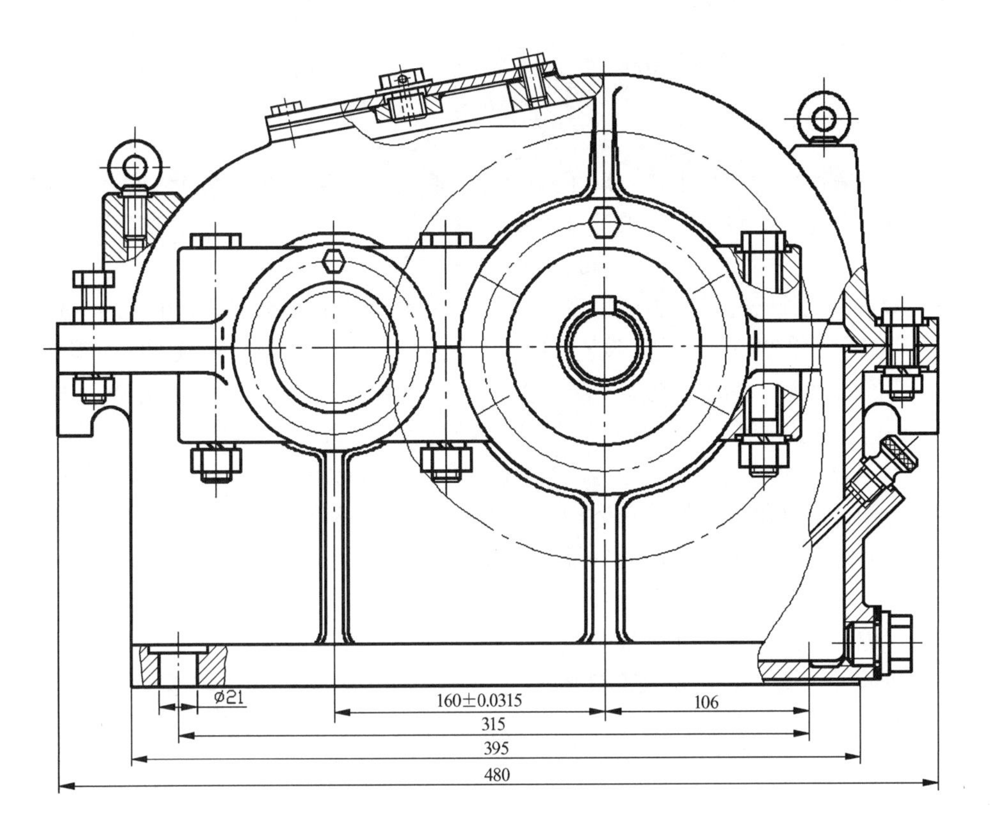

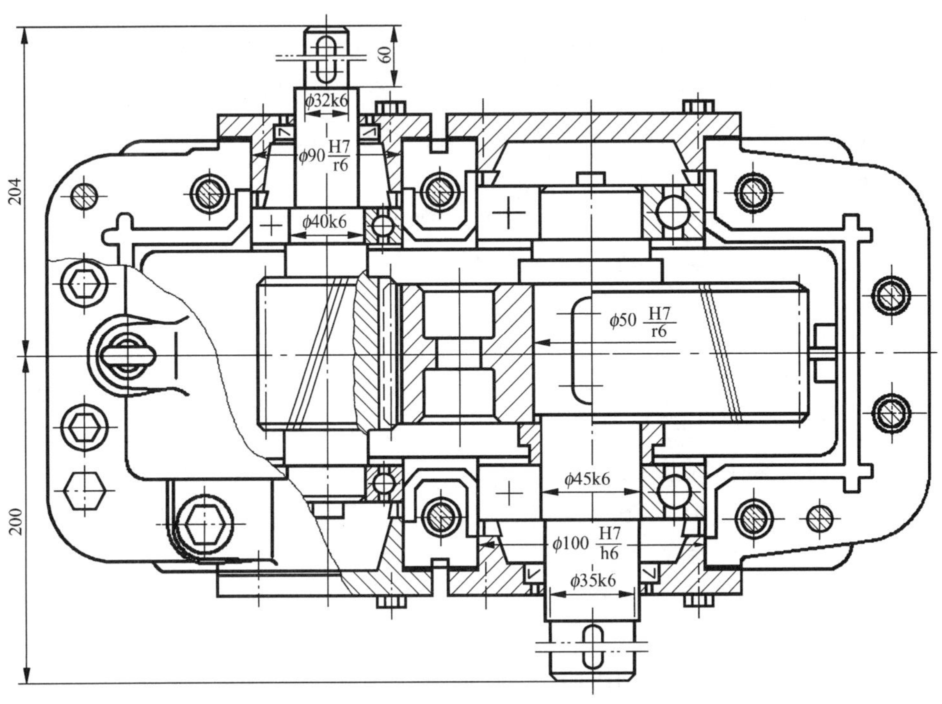

图 4-1　一级圆柱齿轮减速器的结构图

4.3 减速器的附件

为了保证减速器的正常工作，除了对齿轮、轴、轴承组合和箱体的结构设计应给予足够重视外，还应考虑到为减速器润滑油池注油、排油、检查油面高度、检修拆装时箱盖与箱座的精确定位、吊运等辅助零部件的合理选择和设计。

（1）检查孔及检查孔盖　为了检查传动零件的啮合情况、接触斑点和侧隙，并向箱体内注入润滑油，应在箱体的适当位置设置检查孔。图4-1中检查孔设在箱盖顶部能够直接观察到齿轮啮合部位的地方。平时，检查孔的检查孔盖用螺钉固定在箱盖上，并用垫片加以密封。图4-1中检查孔为长方形，其大小应适当（以手能伸入箱内为宜），以便检查齿轮副啮合情况。

（2）通气器　减速器工作时，箱体内温度升高，气体膨胀，压力增大。为使箱内受热膨胀的空气能自由排出，以保持箱体内外压力平衡，不致使润滑油沿分箱面或轴伸密封件等缝隙渗漏，通常在箱体顶部装设通气器。图4-1中采用的通气器是具有垂直相通气孔的通气螺塞，通气螺塞旋紧在窥视孔盖板的螺孔中。通气器的类型很多，如工作环境为多尘的场合，可采用带有滤网的通气器，其防尘效果较好。

（3）轴承盖　为了固定轴系部件的轴向位置并承受轴向载荷，轴承座孔两端用轴承盖封闭。轴承盖有凸缘式和嵌入式两种（参见表13-21和表13-22）。图4-1采用的是凸缘式轴承盖，利用六角头螺栓固定在箱体上；在外伸轴处的轴承盖是透盖，透盖中装有密封件。凸缘式轴承盖的优点是拆装、调整轴承比较方便，但和嵌入式轴承盖相比，零件数目较多，尺寸较大，外观不够平整。

（4）定位销　为了精确地加工轴承座孔，同时为了在每次拆装箱盖时仍保持轴承座孔制造加工时的位置精度，应在轴承孔精加工前，在箱盖与箱座的连接凸缘上配装定位销。图4-1采用的两个定位圆锥销，安置在箱体纵向两侧连接凸缘上。对称箱体应呈非对称布置，以免错装。

（5）油面指示器　为了检查减速器内油池油面的高度，以便经常保持油池内有适量的油量，一般在箱体便于观察、油面较稳定的部位，装设油面指示器。图4-1中采用的油面指示器是杆式油标。

（6）放油螺塞　换油时，为了排放污油和清洗剂，应在箱座底部、油池的最低位置处开设放油孔，平时用螺塞将放油孔堵住，放油螺塞和箱体接合面间应加防漏用的封油圈。

（7）启盖螺钉　为了加强密封效果，通常在装配时，在箱体剖分面上涂以水玻璃或密封胶，因而在拆卸时往往因粘结紧密难于开箱。为此常在箱盖连接凸缘的适当位置，加工出2个螺孔，旋入启箱用的圆柱端或半圆端的启盖螺钉。旋动启盖螺钉可将箱盖顶起。启盖螺钉的大小可同于分箱面连接螺栓。

（8）起吊装置　当减速器质量超过25 kg时，为了便于搬运，需在箱体设置起吊装置，如在箱体上铸出吊耳、吊钩或安装吊环螺钉等。图4-1中箱盖装有两个吊环螺钉，用于吊起箱盖；箱座两端的凸缘下面铸出四个吊钩，用于吊运整台减速器。

二级圆柱齿轮减速器铸造箱体结构如图4-2所示，圆锥-圆柱齿轮减速器铸造箱体结构如图4-3所示，蜗杆减速器铸造箱体结构如图4-4所示。减速器箱体结构尺寸按表4-1确定。

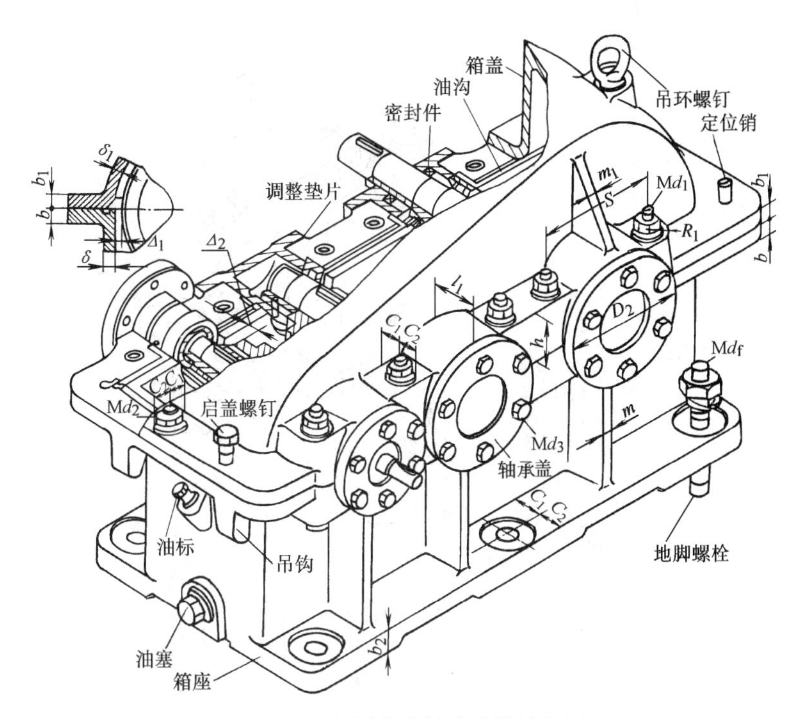

图 4–2　二级圆柱齿轮减速器结构图

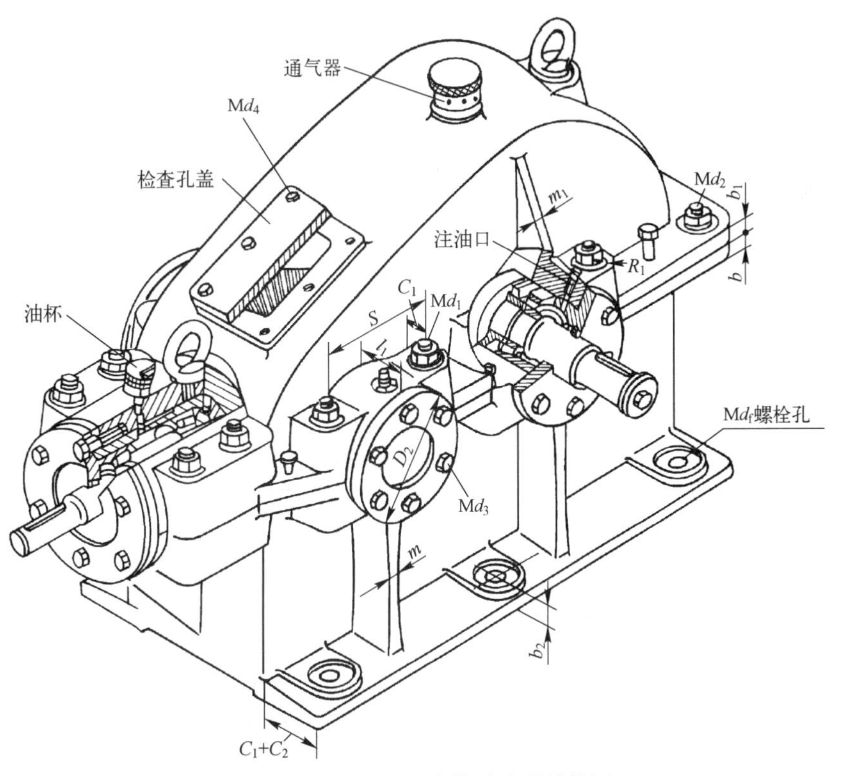

图 4–3　圆锥 – 圆柱齿轮减速器结构图

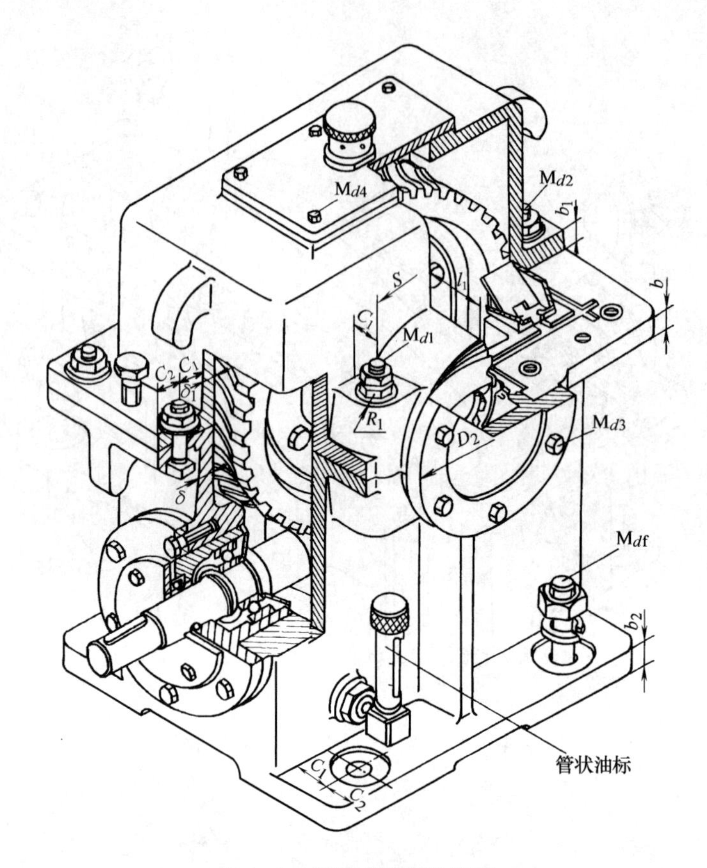

图 4-4 蜗杆减速器结构图

表 4-1 减速器铸造箱体结构尺寸

<table>
<tr><th rowspan="2">名　称</th><th rowspan="2">符　号</th><th colspan="4">减速器的型式与尺寸关系</th></tr>
<tr><th colspan="2">齿轮减速器</th><th>锥齿轮减速器</th><th>蜗杆减速器</th></tr>
<tr><td rowspan="4">箱座壁厚</td><td rowspan="4">δ</td><td>一级</td><td>$0.025a+1\geqslant 8$</td><td rowspan="3">$0.025a+1\geqslant 8$</td><td rowspan="3">$0.04a+3\geqslant 8$</td></tr>
<tr><td>二级</td><td>$0.025a+3\geqslant 8$</td></tr>
<tr><td>三级</td><td>$0.025a+5\geqslant 8$</td></tr>
<tr><td colspan="4">考虑铸造工艺，所有壁厚都不应小于 8。对于多级减速器 a 为低速级齿轮中心距，对圆锥圆柱齿轮减速器，按圆柱齿轮的中心距 a 计算</td></tr>
<tr><td>箱盖壁厚</td><td>δ_1</td><td colspan="4">$(0.8\sim 0.85)\delta\geqslant 8$</td></tr>
<tr><td>箱座凸缘厚度</td><td>b</td><td colspan="4">1.5δ 箱座底凸缘周长</td></tr>
<tr><td>箱盖凸缘厚度</td><td>b_1</td><td colspan="4">$1.5\delta_1$</td></tr>
<tr><td>箱座底凸缘厚度</td><td>b_2</td><td colspan="4">2.5δ</td></tr>
<tr><td>地脚螺栓直径</td><td>d_f</td><td colspan="4">$0.036a+12$</td></tr>
<tr><td>地脚螺栓数目</td><td>n</td><td colspan="3">$n=$(箱座底凸缘周长)/(400～600) $\geqslant 4$</td><td>4</td></tr>
<tr><td>轴承旁连接螺栓直径</td><td>d_1</td><td colspan="4">$0.75d_f$</td></tr>
<tr><td>箱盖与箱座连接螺栓直径</td><td>d_2</td><td colspan="4">$(0.5\sim 0.6)d_f$</td></tr>
</table>

续上表

名　称	符　号	减速器的型式与尺寸关系						
		齿轮减速器			锥齿轮减速器			蜗杆减速器
连接螺栓 d_2 的间距	l	150～200						
轴承端盖螺钉直径	d_3	$(0.4\sim0.5)d_f$(或按表 13-21 选取)						
检查孔盖螺钉直径	d_4	$(0.3\sim0.4)d_f$						
定位销直径	d	$(0.7\sim0.8)d_2$						
安装螺栓直径	d_x	M8	M10	M12	M16	M20	M24	M30
d_f、d_1、d_2 至外箱壁距离	$C_{1\min}$	13	16	18	22	26	34	40
d_f、d_1、d_2 至凸缘边缘距离	$C_{2\min}$	11	14	16	20	24	28	34
沉头座直径	D	20	24	26	32	40	48	60
轴承旁凸台半径	R_1	C_2						
凸台高度	h	根据低速级轴承座外径确定，以便于扳手操作为准						
外箱壁至轴承座端面距离	l_1	$C_1+C_2+(5\sim8)$						
大齿轮顶圆（蜗轮外圆）与内壁距离	Δ_1	$>1.2\delta$						
转动零件端面与内壁距离	Δ_2	$>\delta$						
箱盖、箱座肋厚	m_1、m	$m_1\approx0.85\delta_1$　　$m\approx0.85\delta$						
轴承端盖外径	D_2	$D+(5\sim5.5)\ d_3$,(或按表 13-21 选取)						
轴承端盖凸缘厚度	t	$(1\sim1.2)d_3$						
轴承旁连接螺栓距离	S	尽量靠近，以 d_1 和 d_3 互不干涉为准，一般取 $S\approx D_2$						

第5章 减速器装配草图设计

装配图是表达各零件的相互关系、位置、形状和尺寸的图样，也是机器组装、调试、维护和绘制零件图等的技术依据。由于装配图的设计和绘制过程比较复杂，因此，应先进行装配草图设计。在设计过程中，必须综合考虑零件的工作条件、材料、强度、刚度、制造、装拆、调整、润滑和密封等方面的要求，以期得到工作性能好、便于制造、成本低廉、节能减排的机器。

装配草图的设计内容包括：确定轴的结构及其尺寸；选择滚动轴承型号；确定轴的支点距离和轴上零件力的作用点；设计和绘制轴上的传动零件和其他零件的结构；设计和绘制箱体及其附件的结构；验算轴和键连接的强度及轴承寿命等，为装配图和零件图的设计打下基础。在绘图过程中要注意：传动零件的结构尺寸是否协调和是否有干涉。

在装配草图的设计过程中，绘图和计算是交互进行的，经过反复修改，以获得较好的设计效果。应该把发现的问题消灭在设计阶段，避免由于害怕返工或单纯追求图纸的表面美观，而不愿意修改已发现的不合理之处。设计时通常采用“边计算、边画图、边修改”的设计方法。

装配草图设计可按初绘装配草图；轴、轴承和键连接的校核计算；完成装配草图三个阶段进行。

5.1 初绘减速器装配草图

5.1.1 初绘装配草图前的准备

在绘制装配草图前应做好以下准备工作：

（1）通过参观或装拆实际减速器，观看有关减速器的录像，阅读减速器装配图，了解各零、部件的功用、结构和相互关系，做到对设计内容心中有数。

（2）确定传动零件的主要尺寸，如齿轮或蜗轮的分度圆和齿顶圆直径、宽度、轮毂长度、传动中心距等。

（3）按已选定的电动机类型和型号查出其轴径、轴伸长度和键槽尺寸。

（4）按工作条件和转矩选定联轴器的类型和型号，两端轴孔直径和孔宽及其有关装配尺寸的要求。

（5）按工作条件初步选择轴承类型和型号。

（6）确定滚动轴承的润滑和密封方式。

（7）确定减速器箱体的结构方案，并计算出它的各部分尺寸。

（8）确定装配图的视图数，选择比例尺，合理布置图面。

绘图时，按照规定应先绘出图框线及标题栏，图纸上所剩的空白图面即为绘图的有效面积。在绘图的有效面积内，应综合考虑视图、尺寸线、零件标号、技术要求等所占空间，确定绘图比例尺。布图时，应根据传动件的中心距、顶圆直径及轮宽等主要尺寸，估计出减速器的轮廓尺寸，合理布置图面。

5.1.2　初绘装配草图

传动零件、轴和轴承是减速器的主要零件，其他零件的结构尺寸随之而定。绘图时先画主要零件，后画次要零件；由箱体内零件画起，内外兼顾，逐步向外画；先画零件的中心线及轮廓线，后画细部结构。画图时要以一个视图为主，兼顾其他视图。

1. 二级展开式圆柱齿轮减速器

（1）确定传动零件的轮廓和相对位置

如图 5-1 所示，首先在俯视图上画出各齿轮的中心线、分度圆、齿顶圆和齿轮宽度。为了保证全齿宽啮合并降低安装要求，一般小齿轮比大齿轮宽 5 ～ 8 mm。设计二级齿轮减速器时，为避免干涉，应使二级齿轮端面间距以及高速级大齿轮齿顶与低速轴表面之间的距离 $\Delta_3=8\sim15$ mm。

（2）确定箱体内壁和外廓

为避免齿轮与箱体内壁相碰，齿轮与箱体内壁之间应有一定距离，一般取大齿轮顶圆和箱体内壁之间间距 Δ_1，齿轮端面与箱体内壁之间留有一定距离 Δ_2，Δ_1 和 Δ_2 取值参见表 4-1。在主视图中画出大齿轮所在部位的外箱壁，如图中尺寸 R。小齿轮顶圆与箱体内壁的距离暂不规定，待完成装配图时由主视图上的箱体结构的投影关系确定。

根据润滑要求，较大的大齿轮顶圆距箱座内底面的距离应大于 30 ～ 50 mm，较小的大齿轮浸没一个齿高 h，h_0 为油面位置。箱座的底板厚度为 δ，在主视图上可进一步画出箱体内外壁线，H 为减速器中心高，中心高取标准值或圆整。

在俯视图的分箱面上，设有箱体连接螺栓和轴承旁连接螺栓。分箱面的凸缘宽度尺寸 $A=\delta+C_1+C_2$，C_1、C_2 是分箱面连接螺栓 d_2 扳手空间尺寸，见表 4-1。轴承座的宽度 $B=\delta+C_1+C_2+(5\sim8)$ mm，C_1、C_2 是轴承旁连接螺栓 d_1 的扳手空间尺寸，见表 4-1。

在主视图中画出右侧分箱面凸缘结构，凸缘厚度 b 和 b_1，见表 4-1。在俯视图中画出分箱面三个侧面的外边线，图中的 e 为轴承盖凸缘的厚度。根据主视图的高度和俯视图的宽度可确定侧视图的尺寸。

2. 圆锥 - 圆柱齿轮减速器

对于圆锥 - 圆柱齿轮减速器，如图 5-2 所示，按所确定的中心线位置，首先画出锥齿轮的轮廓。取大锥齿轮轮毂长度 $l=(1.1\sim1.2)d$，d 为锥齿轮轴孔直径。大锥齿轮背部端面与轮毂端面间轴向距离较大，为使箱体宽度方向结构紧凑，大锥齿轮轮毂端面与箱体内壁间的距离应小些，取 $\Delta_4=(0.6\sim1.0)\delta$，$\delta$ 为箱座壁厚。小圆锥齿轮背锥面距箱盖内壁的距离为 Δ_1。

靠近大锥齿轮一侧的箱体轴承座内端面确定后，在俯视图上以小锥齿轮中心线作为箱体宽度方向的中线，确定箱体另一侧轴承座内端面的位置。箱体采用对称结构，便于制造，并且可以使中间轴及低速轴掉头安装，以便根据工作需要改变输出轴位置。

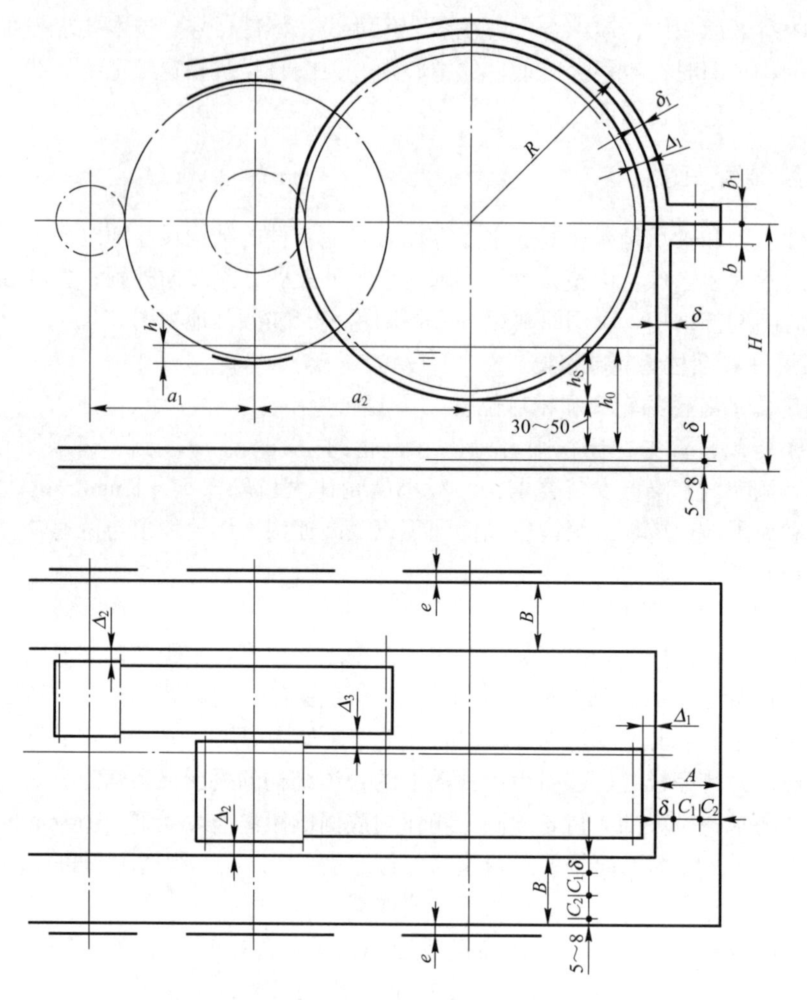

图 5-1　二级展开式圆柱齿轮减速器装配草图

小锥齿轮轴承座外端面位置及结构暂不考虑，待设计小锥齿轮轴系部件时确定。

其他参考展开式圆柱齿轮减速器说明，进一步画出主视图箱体外壁和右侧分箱面凸缘结构，画出俯视图中分箱面三个侧面的外边线，以及轴承盖凸缘外端面线。

3. 蜗杆减速器

对于蜗杆减速器，如图 5-3 所示，按照蜗杆和蜗轮中心线位置，首先画出蜗杆和蜗轮的轮廓尺寸。蜗轮外圆距箱体内壁留有间距 Δ_1，主视图上可确定上、左、右三个侧面的箱体壁的位置。蜗杆轴承座外端面凸台长度为 $\Delta_4 = 5 \sim 8$ mm。为了提高蜗杆轴的刚度，应尽量缩小其支点距离，为此，蜗杆轴承座常伸到箱体内部。内伸部分的端面确定，应使轴承座与蜗轮外圆之间留有一定距离 Δ_1，且保证轴承座靠近蜗轮部分铸出的斜面处 $e = 0.2\ (D_2 - D)$。为了增加轴承座的刚度，在其内伸部分的下面还应有加强肋。蜗杆减速器箱体宽度 B 是在侧视图上绘图确定的，一般取 $B \approx D_2$。

对于下置蜗杆减速器，为保证散热，常取蜗轮轴中心高 $H = (1.8 \sim 2)a$，a 为传动中心距。

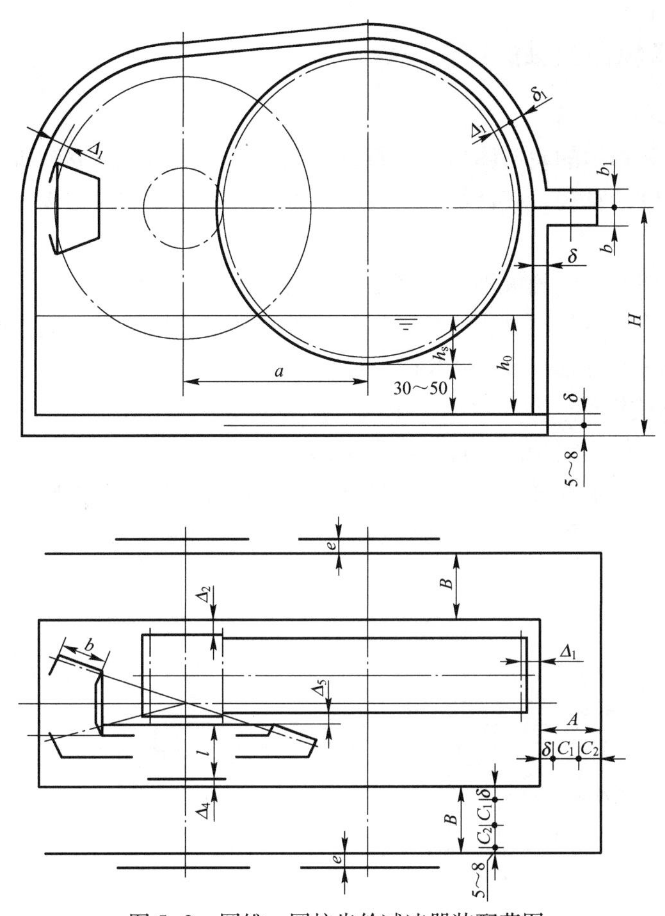

图 5-2　圆锥 - 圆柱齿轮减速器装配草图

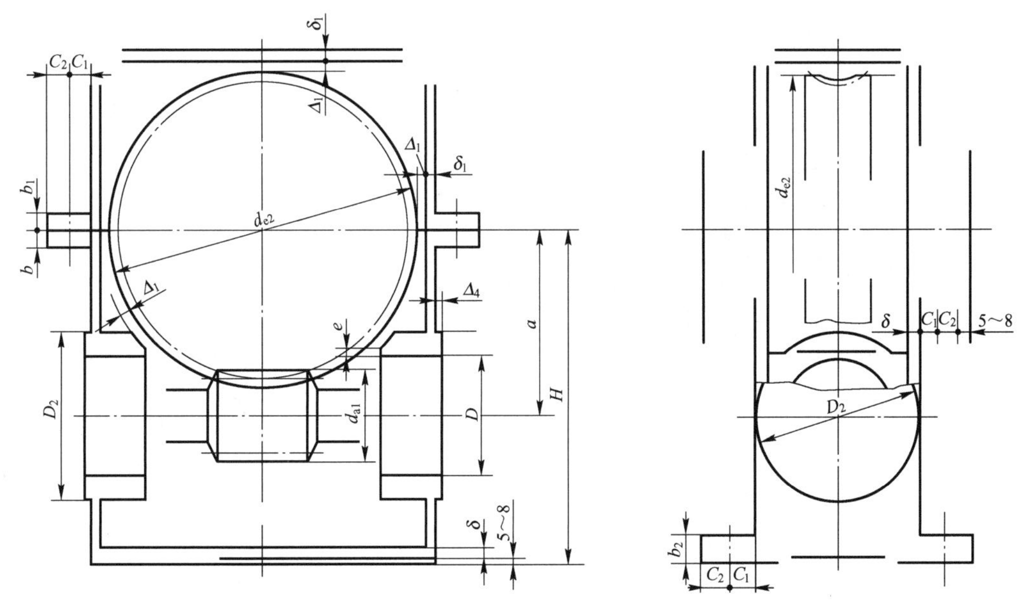

图 5-3　蜗杆减速器装配草图

5.1.3 初步计算轴径及轴的结构设计

1. 初步计算轴径

画出传动零件和箱体的轮廓图后，进行轴的设计。通常，先根据轴所传递的转矩，按扭转强度来初步计算轴的直径，其计算公式及参数可查阅有关教材。初步计算轴径时要注意以下问题：

当轴上开有键槽时，应增大轴径以考虑键槽对轴强度的削弱。

当外伸轴通过联轴器与电动机连接时，计算轴径和电动机轴径均应在所选联轴器孔径的允许范围内，否则应改变轴径 d，以取得一致。

2. 进行轴的结构设计

轴的结构设计包括确定轴的合理外形和全部结构尺寸。

轴的结构应满足：轴和轴上零件要有准确的工作位置；轴上零件应便于装拆和调整；轴应具有良好的制造工艺性等。通常把轴做成阶梯形，如图 5-4 所示。

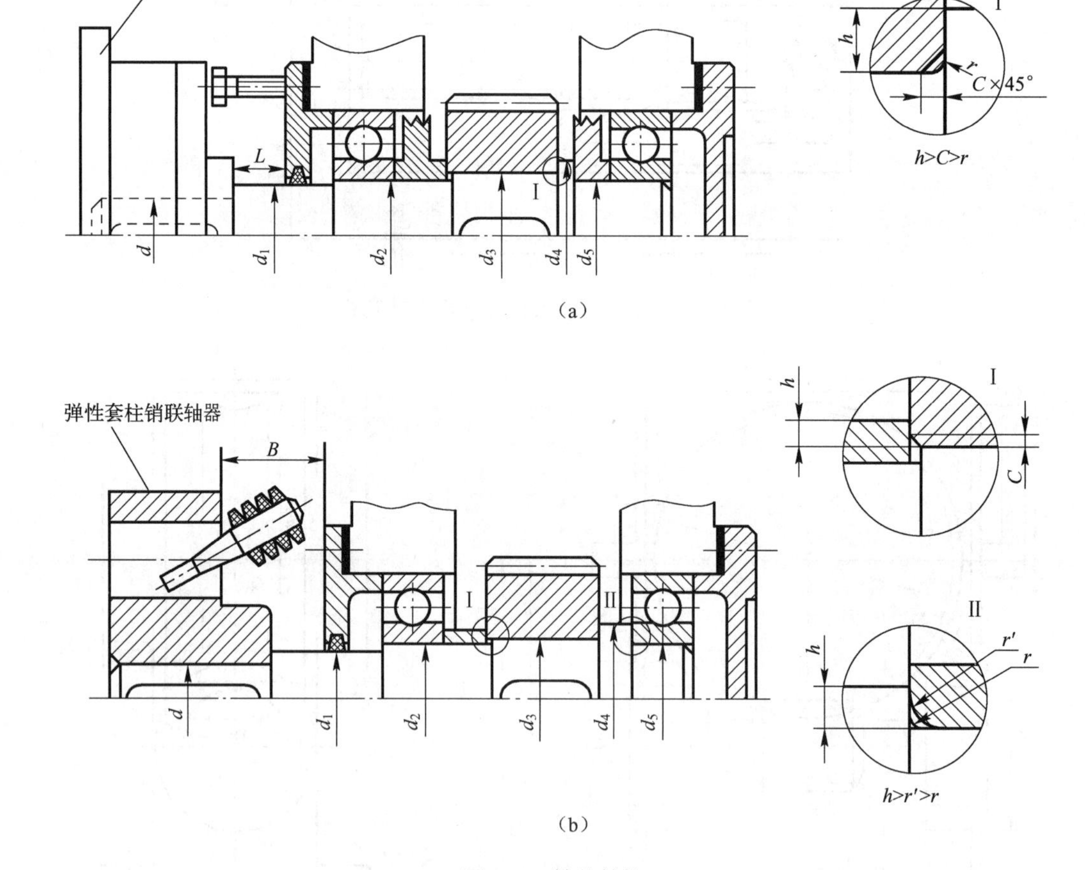

图 5-4 轴的结构

（1）确定轴的径向尺寸

相邻轴段直径变化处的轴肩分为定位轴肩和非定位轴肩。定位轴肩应使轴上零件定位可靠，以承受一定的轴向力，定位轴肩的高度 $h=(0.07\sim0.1)d$，d 为与零件配合处轴段的轴径。非定位轴肩仅是为了装拆方便或区别加工表面，其直径变化值应较小，一般1～2 mm，甚至可采用同一公称直径而取不同的偏差值。轴肩圆角半径 r 应小于轴上零件倒角 C 或圆角半径 r'，如图 5-4 中Ⅰ、Ⅱ所示。当用定位轴肩固定滚动轴承时（见图 5-5），轴肩高度可查表 12-1至表 12-5，以便于拆卸轴承。

当轴表面需要磨削加工或切削螺纹时，轴径变化处应留有砂轮越程槽（见图5-6）或退刀槽，其尺寸见表 9-16 或表 11-23。

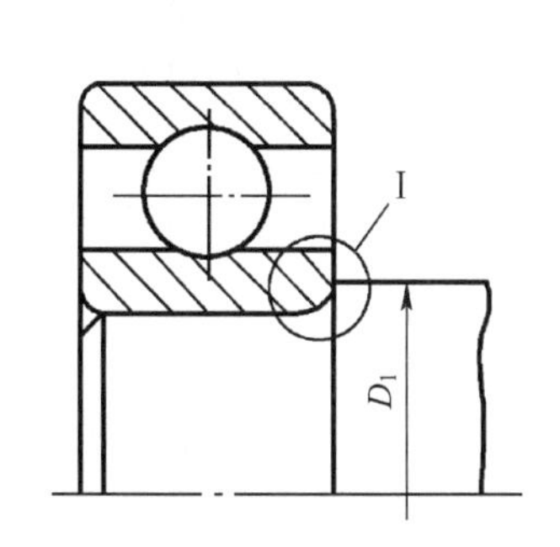

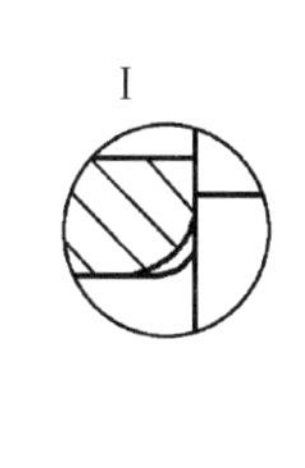

图 5-5　滚动轴承内圈的向固定

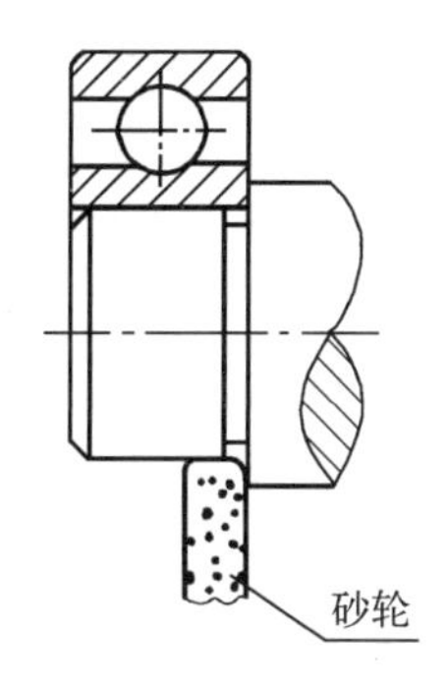

图 5-6　砂轮越程槽

（2）确定轴的轴向尺寸

轴上安装传动零件的轴段长度应由所装零件的轮毂长度确定。由于存在制造误差，为了保证零件轴向固定和定位可靠，应使安装零件的轴段长度比零件轮毂长度长 $\Delta l=1\sim3$ mm（见图 5-7）。同理，轴端零件的固定也如此（见图 5-8）。

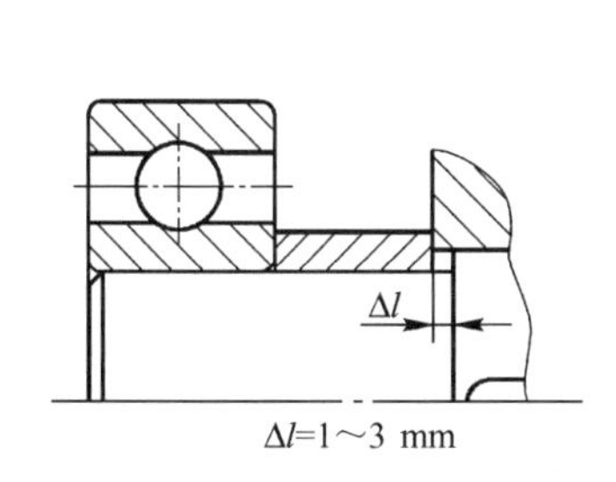

图 5-7　传动零件的轴向固定

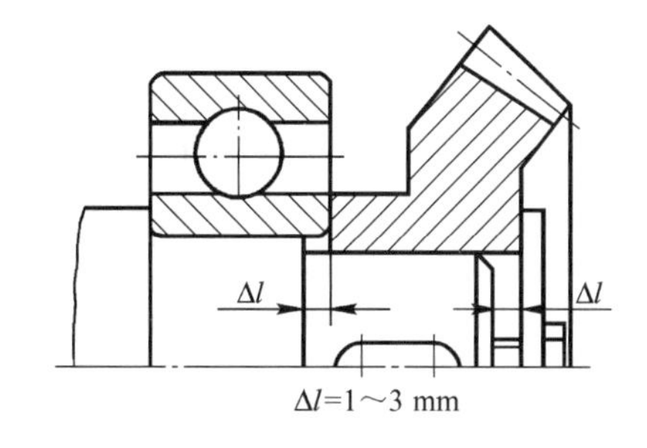

图 5-8　轴端零件的轴向固定

安装键的轴段，应使键槽靠近直径变化处，以便在装配时，轮毂上的键槽与轴上的键容易对准。通常键的长度比零件轮毂的长度短 5～10 mm，并圆整为标准值（表 11-29）。

减速器箱体内壁至轴承内侧之间的距离为 Δ_5，如图 5-9 所示。如轴承采用润滑脂润滑，则需要安装挡油环，$\Delta_5=8\sim12$ mm，如图 5-9（a）所示，其尺寸见表 13-17。如采用箱体内润滑油润滑，$\Delta_5=3\sim5$ mm，如图 5-9（b）所示。

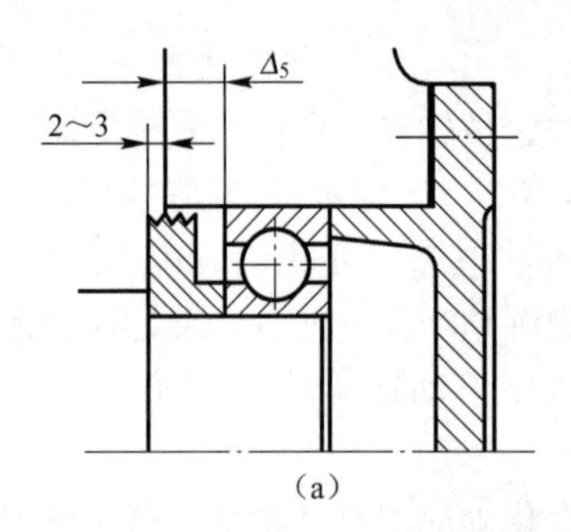

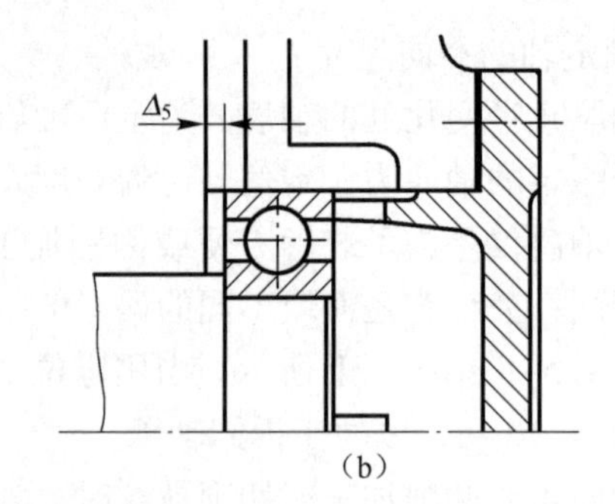

图 5–9　轴承距箱壁的距离

轴的外伸长度取决于外接零件及轴承盖的结构。如轴端装有联轴器，则必须留有足够的装配距离，如图 5–4（b）所示。采用不同的轴承盖结构，也将影响轴的外伸长度，当采用凸缘式轴承盖时，轴的外伸长度必须考虑拆装轴承盖螺钉所需的长度，以便在不拆下外接零件的情况下，能方便地拆下端盖螺钉，打开箱盖，如图 5–4（a）所示。当采用嵌入式轴承盖时，外伸长度可取较小值。

（3）小锥齿轮轴的结构设计

小锥齿轮轴多采用悬臂支承结构，如图 5–10 所示为锥齿轮轴系的正装结构。为使轴系具有较大的刚度，两轴承支点跨距 l_1 不宜太小，应大于悬臂长度 l_2，一般取 $l_1 \approx 2l_2$，或取 $l_1 = 2.5d$（d 为轴径直径），并尽量缩短 l_2，使受力点靠近支点。

为保证圆锥齿轮传动的啮合精度，装配时需要调整大小圆锥齿轮的轴向位置，使两轮锥顶重合。因此常将小锥齿轮轴装在套杯里，构成一个独立组件。用套杯凸缘内端面与轴承座外端面之间的一组垫片（图 5–10 中垫片 1）调整小锥齿轮的轴向位置。垫片 2 用于调整套杯内轴承的间隙。套杯的凸肩用于固定轴承，为便于轴承拆卸，凸肩高度应按轴承安装尺寸要求确定，套杯尺寸见表 13–23。

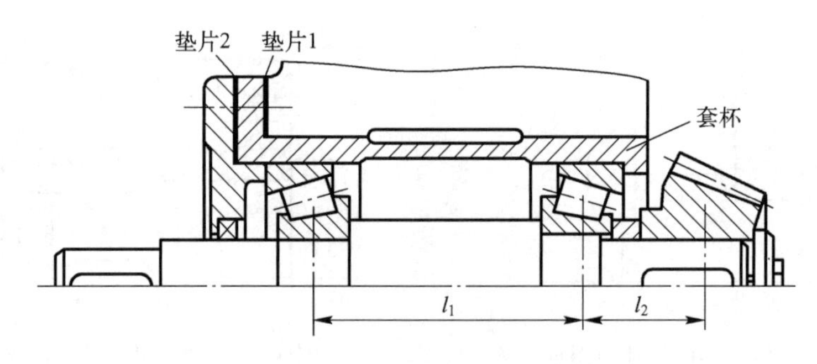

图 5–10　小锥齿轮轴系结构

当小圆锥齿轮轴系采用角接触轴承时，轴承有正装和反装两种布置方式。正装结构的支点跨距小，刚性较差，但通过垫片调整轴承游隙比较方便，故应用较多。反装结构支点跨距大，刚性好。轴承游隙是靠轴上圆螺母来调整的，操作不方便，且需在轴上制出螺纹，产生应力集中，削弱轴的强度，故应用较少。当要求两轴承布置结构紧凑而又需要提高轴系刚度时采用这种结构。

3. 初步选择轴承型号

轴承型号和具体尺寸可根据轴的直径初步选出，通常同一根轴上取同一型号的轴承，使轴承孔可一次镗出，保证加工精度。

4. 画出轴承盖的外形

除画出轴承盖外形外，并要完整地画出一个连接螺栓，其余只画出中心线。轴承盖的结构尺寸见表 13-21 和表 13-22。

5. 确定轴上力的作用点及支点距离

轴的结构确定后，根据轴上传动零件和轴承的位置可以定出轴上力的作用点和轴的支点距离。径向轴承的支点可取轴承宽度的中点位置；角接触轴承的支点可取离轴承外圈端面的 a 处（见图 5-11），a 值可由轴承标准查取。

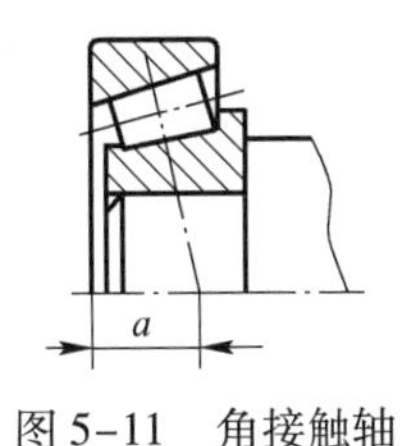

图 5-11　角接触轴承的支点位置

确定出轴上的力作用点及支点距离后，便可进行轴和轴承的校核计算。

5.2　轴、轴承及键的校核计算

5.2.1　校核轴的强度

对于一般减速器的轴，通常按弯扭合成强度条件进行计算。

根据初绘草图阶段所确定的轴的结构和支点及轴上零件的力作用点，画出轴的受力简图，计算各力大小，绘制弯矩图和转矩图。

轴的强度校核应在轴的危险截面处进行，轴的危险截面应为载荷较大、轴径较小、应力集中严重的截面（如轴上有键槽、螺纹、过盈配合及尺寸变化处）。进行轴的强度校核时，应选择若干可疑危险截面进行比较计算。

当校核结果不能满足强度要求时，应对轴的设计进行修改，可通过增大轴的直径、修改轴的结构、改变轴的材料等方法提高轴的强度。

当轴的强度有富裕时，如与使用要求相差不大，一般以结构设计时确定的尺寸为准，不再修改；或待轴承和键验算完后综合考虑整体结构，再决定是否修改。

对于受变应力作用的较重要的轴，除做上述强度校核外，还应按疲劳强度条件进行精确校核，确定在变应力条件下轴的安全裕度。

蜗杆轴的变形对蜗杆蜗轮副的啮合精度影响较大，因此，对跨距较大的蜗杆轴除做强度校核外，还应做刚度校核。

5.2.2　验算滚动轴承寿命

轴承的寿命一般按减速器的工作寿命或检修期（2 ～ 3 年）确定。当按后者确定时，需定期更换轴承。

通用齿轮减速器的工作寿命一般为 36 000 h（小时），其轴承的最低寿命为 10 000 h；蜗杆减速器的工作寿命为20 000 h，其轴承的最低寿命为5 000 h，可供设计时参考。

经验算，当轴承寿命不符合要求时，一般不要轻易改变轴承的内孔直径，可通过改变轴承类型或直径系列，提高轴承的基本额定动载荷，使之符合要求。

5.2.3 校核键连接的强度

对于采用常用材料并按标准选取尺寸的平键连接，主要校核其挤压强度。

校核计算时应取键的工作长度为计算长度，许用的挤压应力应选取键、轴、轮毂三者中材料强度较弱的，一般是轮毂的材料强度较弱。

当键的强度不满足要求时，可采取改变键的长度、使用双键、加大轴径以选用较大截面的键等途径来满足强度要求，亦可采用花键连接。

当采用双键时，两键应对称布置。考虑载荷分布的不均匀性，双键连接的强度按1.5个键计算。

对上述各项校核计算完毕，并对初绘草图做必要修改后，进入完成装配草图设计阶段。

5.3 完成减速器装配草图

这一阶段的主要任务是对减速器的轴系部件进行结构细化设计，并完成减速器箱体及其附件的设计。

5.3.1 轴系部件的结构设计

以初绘草图阶段所确定的设计方案为基础，对轴系部件（包括箱内传动零件、轴上其他零件和与轴承组合有关的零件）进行结构设计。设计步骤大致如下。

1. 传动零件的结构设计

齿轮的结构形式与其几何尺寸、毛坯、材料、加工方法、使用要求等因素有关。通常先按齿轮直径选择适当的结构形式，然后再根据推荐的经验公式和数据进行结构设计。

按毛坯的不同，齿轮结构可分为锻造齿轮、铸造齿轮等类型（见表5-1）。

（1）锻造齿轮

由于锻造后钢材的力学性能好，所以，对于齿顶圆直径 $d_a \leqslant 500$ mm 的齿轮通常采用锻造齿轮。如表5-1所示，根据齿轮尺寸大小的不同，可有齿轮轴、实心式齿轮、辐板式齿轮等几种结构形式。锻造齿轮的辐板式结构又分为模锻和自由锻两种形式，前者用于批量生产。

（2）铸造齿轮

由于锻造设备的限制，通常齿顶圆直径 $d_a > 400$ mm 的齿轮采用铸造，见表5-1。铸造齿轮的结构要考虑铸造工艺性，如断面变化的要求，以降低应力集中或铸造缺陷。

表 5-1　齿轮的结构

齿坯	图　　形	结构尺寸/mm
锻造齿轮	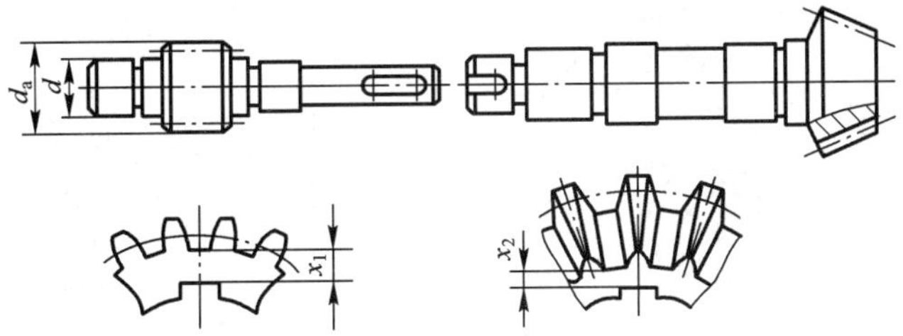	圆柱齿轮： 当 $d_a < 2d$ 或 $x_1 \leqslant 2.5m_t$ 时，应将齿轮做成齿轮轴 锥齿轮： 当 $x_2 \leqslant 1.6m$（m 为大端模数）时，应将齿轮做成齿轮轴
	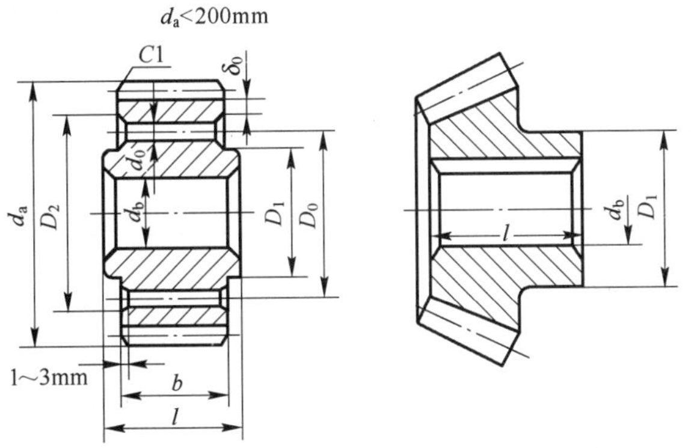 d_a<200mm	$D_1 = 1.6d_h$ $l = (1.2 \sim 1.5)d_h, l \geqslant b$ $\delta_0 = 2.5m_n$，但不小于 8 ~ 10 mm $n = 0.5m_n$ $D_0 = 0.5(D_1 + D_2)$ $d_0 = 10 \sim 29$ mm，当 d_0 较小时不钻孔
	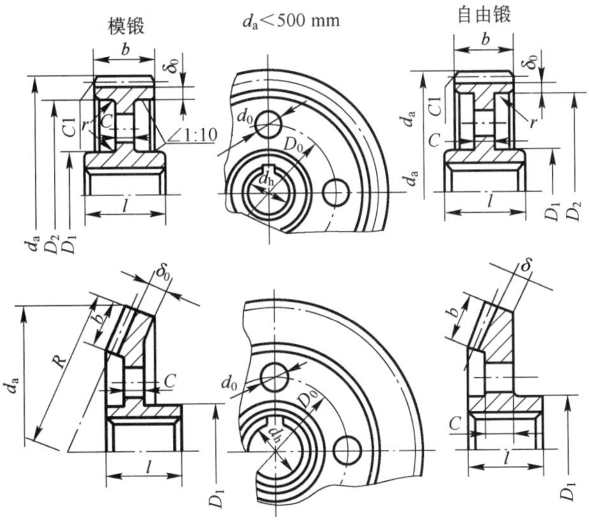 模锻　d_a<500 mm　自由锻	$D_1 = 1.6d_h$ $l = (1.2 \sim 1.5)d_h$，$l \geqslant b$ $\delta_0 = (2.5 \sim 4)\ m_n$，但不小于 8 ~ 10 mm $n = 0.5m_n$ $r \approx 0.5C$ 圆柱齿轮： $D_0 = 0.5(D_1 + D_2)$ $d_0 = 15 \sim 25$ mm $C \begin{cases} = (0.2 \sim 0.3)b，模锻 \\ = 0.3b，自由锻 \end{cases}$ 锥齿轮： $\delta = (3 \sim 4)m$（m 为模数），但不小于 10 mm $C = (0.1 \sim 0.17)R$ D_0、d_0 按结构确定

续上表

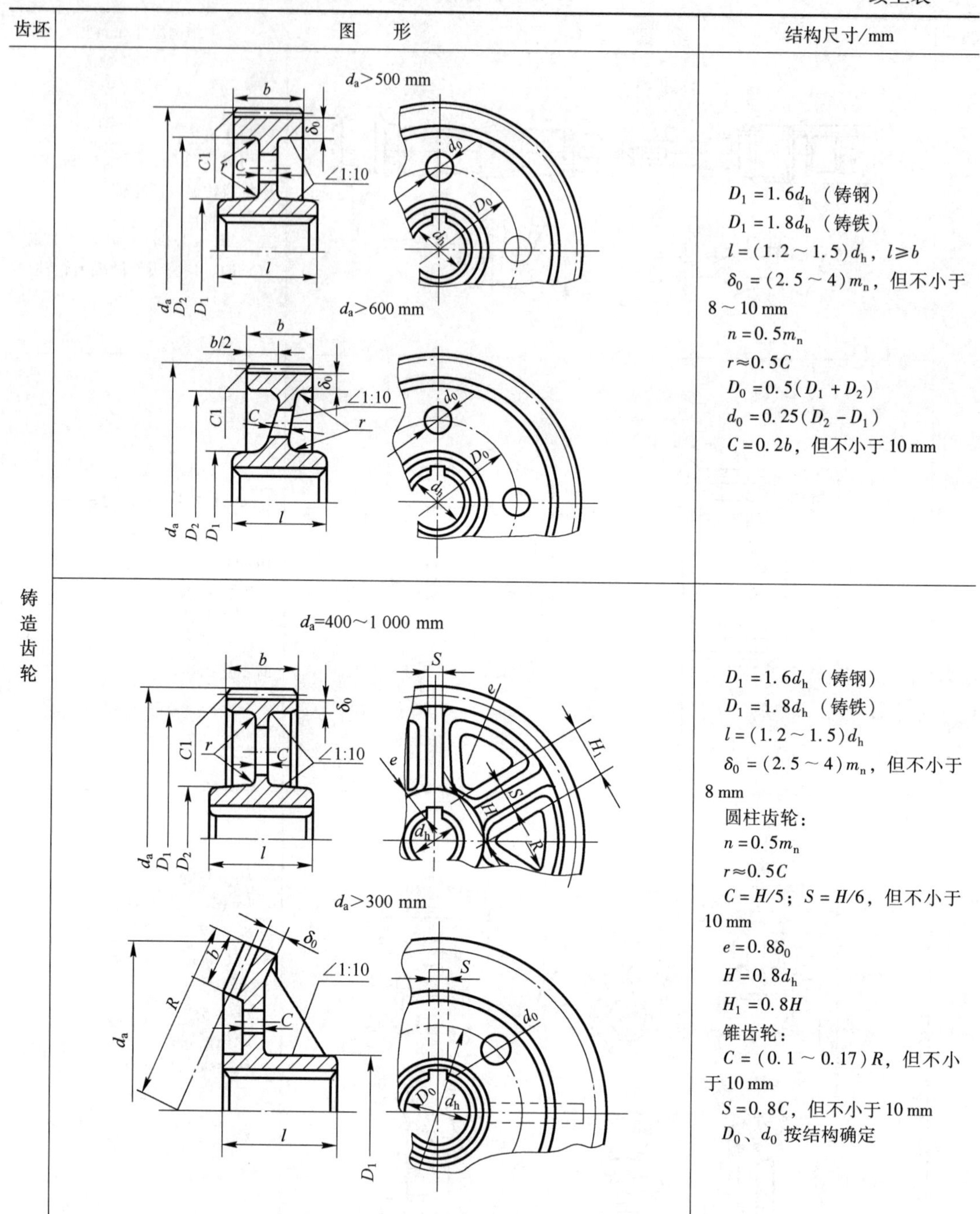

齿坯	图　形	结构尺寸/mm
铸造齿轮	d_a>500 mm d_a>600 mm	$D_1=1.6d_h$（铸钢） $D_1=1.8d_h$（铸铁） $l=(1.2\sim1.5)d_h$，$l\geqslant b$ $\delta_0=(2.5\sim4)m_n$，但不小于 8～10 mm $n=0.5m_n$ $r\approx0.5C$ $D_0=0.5(D_1+D_2)$ $d_0=0.25(D_2-D_1)$ $C=0.2b$，但不小于 10 mm
	d_a=400～1 000 mm d_a>300 mm	$D_1=1.6d_h$（铸钢） $D_1=1.8d_h$（铸铁） $l=(1.2\sim1.5)d_h$ $\delta_0=(2.5\sim4)m_n$，但不小于 8 mm 圆柱齿轮： $n=0.5m_n$ $r\approx0.5C$ $C=H/5$；$S=H/6$，但不小于 10 mm $e=0.8\delta_0$ $H=0.8d_h$ $H_1=0.8H$ 锥齿轮： $C=(0.1\sim0.17)R$，但不小于 10 mm $S=0.8C$，但不小于 10 mm D_0、d_0 按结构确定

（3）蜗杆的结构

一般蜗杆与轴制成一体，称为蜗杆轴（见图 5-12），仅在 $d_{f1}/d>1.7$ 时才将蜗杆齿圈与轴分开。图 5-12（a）所示为车制蜗杆的结构，轴径 $d=d_{f1}-(2\sim4)$mm；图 5-12（b）所示为铣制蜗杆的结构，轴径 d 可大于 d_f，故蜗杆轴的刚度较大。

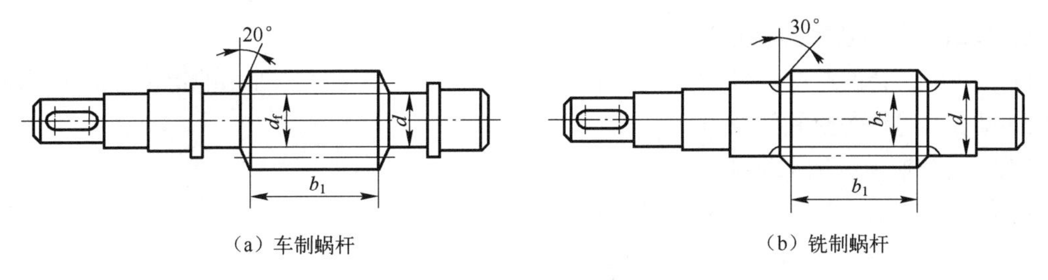

（a）车制蜗杆　　（b）铣制蜗杆

图5-12　蜗杆的结构

（4）蜗轮的结构

常用的蜗轮结构有整体式（见图5-13d）和组合式。整体式适用于铸铁蜗轮和直径小于100 mm的青铜蜗轮；当蜗轮直径较大时，为节约有色金属，可采用轮箍式（见图5-13a）、螺栓连接式（见图5-13b）和镶铸式（见图5-13c）等组合结构。其中轮箍式是将青铜轮缘压装在铸铁轮芯上，再进行齿圈的加工。为了防止轮缘松动，可在配合面圆周上加台肩和紧定螺钉，螺钉为4～6个；螺栓连接式在大直径蜗轮上应用较多。轮缘与轮芯配装后，采用加强杆螺栓连接。这种形式装拆方便，磨损后易更换齿圈；镶铸式适用于大批量生产。将青铜轮缘镶铸在铸铁轮芯上，并在轮芯上预制出榫槽，以防轮缘在工作时滑动。

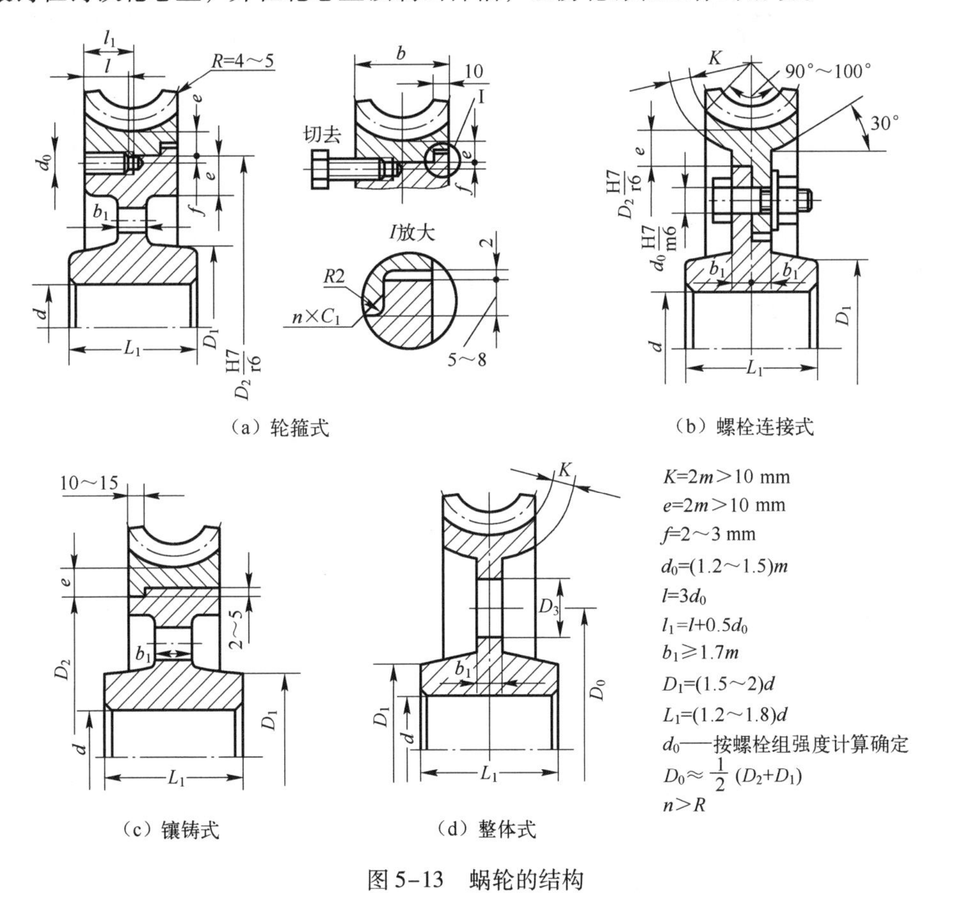

（a）轮箍式　　（b）螺栓连接式

（c）镶铸式　　（d）整体式

图5-13　蜗轮的结构

2. 滚动轴承组合的结构设计

滚动轴承组合的结构设计主要包括轴承的支承刚度、同轴度，轴承的定位和固定，轴承的安装调整、润滑密封等几个方面。

（1）滚动轴承的细部结构

各类滚动轴承的简化画法见本书第 12 章。

（2）滚动轴承的支承刚度和同轴度

滚动轴承支承必须具有足够的刚度，为此在减速器箱体设计时，应增加轴承支座处的壁厚，并设置加强肋。为保证同一轴上各轴承座孔的同轴度，同轴线的各孔应一次镗出。因此，应选用相同外径的轴承。若轴承外径很难一致，两端的孔径仍可相同，而在较小轴承的外径之外加一套杯。

（3）滚动轴承的轴向固定

滚动轴承的轴向固定是指内圈与轴、外圈与座孔间相对位置的固定，由此保证轴和轴上零件在减速器内有确定的位置，并能承受轴向力。轴承轴向固定的方法较多，见表 5-2 和表 5-3。

表 5-2　轴承内圈的轴向固定装置

结构形式	特　点
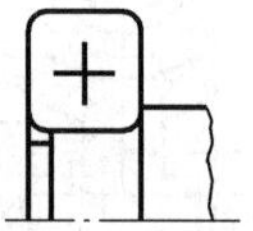	轴肩单向固定。能承受较大的轴向力，结构简单、紧凑
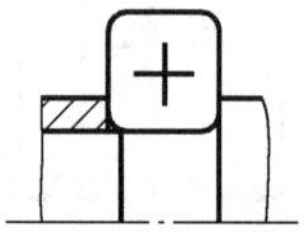	轴套—轴肩双向固定。轴套结构尺寸自行设计
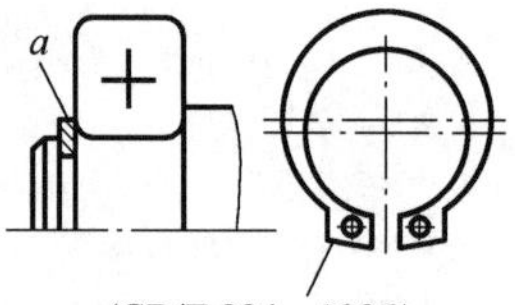 a *a*(GB/T 894—1986)	弹性挡圈固定。主要用于轴向载荷较小及转速不高的场合
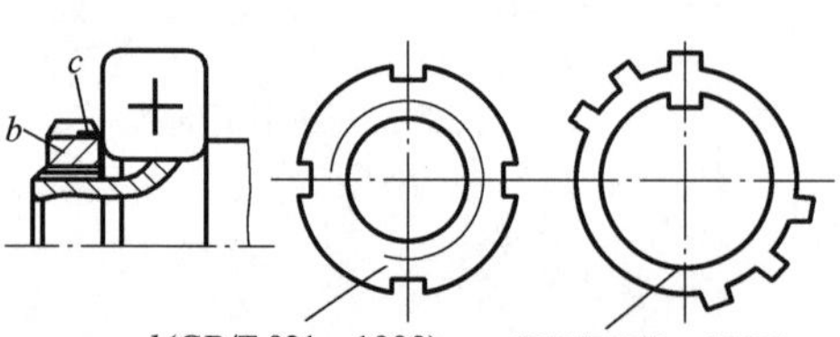 c b *b*(GB/T 821—1988)　*c*(GB/T 858—1988)	圆螺母加止动垫圈。止动垫圈起防松作用，连接可靠，但轴上需制出螺纹及止动槽，对轴的强度有所削弱，用在中间轴段时影响尤大。可用于转速较高，轴向力较大等场合

续上表

结构形式	特　点
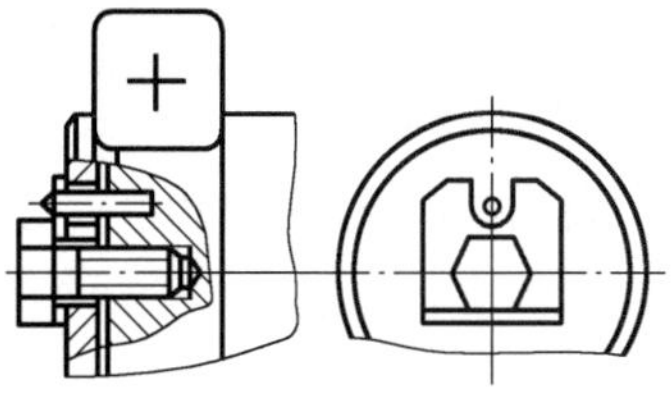	螺栓（或螺钉）紧固轴端挡圈，止动板和销钉起防松作用。该固定方式有多种防松方法，可用于承受中等轴向力

表 5-3　轴承外圈的轴向固定装置

结构形式	特　点
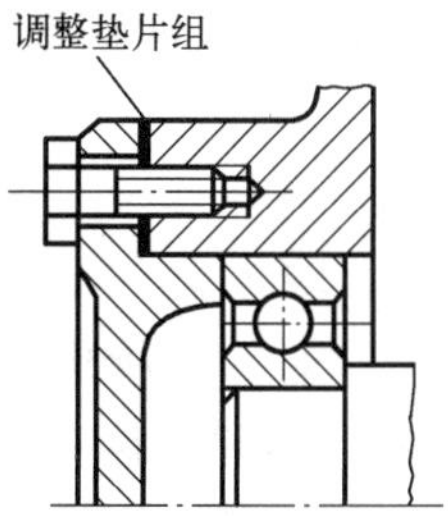 调整垫片组	凸缘式轴承盖，可以在较大转速下承受大轴向载荷。用垫片组调整轴承的轴向间隙，调整方便，固定可靠
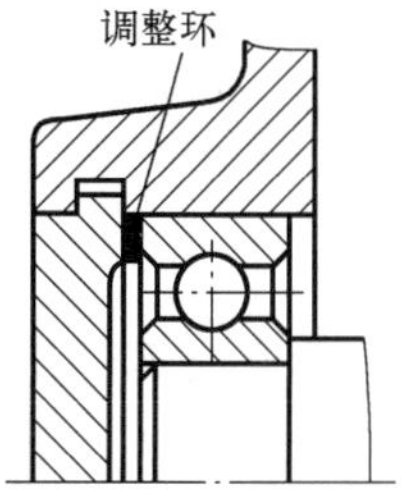 调整环	嵌入式轴承盖，只能用于剖分式轴承座。轴承间隙用调整环调整，调整时需打开座盖，因而较麻烦，一般用于游隙不可调式轴承
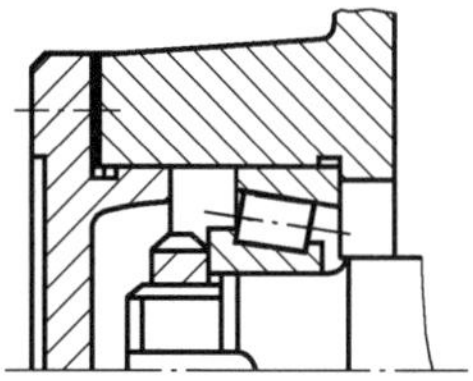	反装的角接触滚子轴承，外圈用座孔挡肩作轴向固定，利用圆螺母移动轴承内圈调整轴承游隙。调整时需打开轴承盖，由于内圈与轴颈的配合较紧，故调整不方便
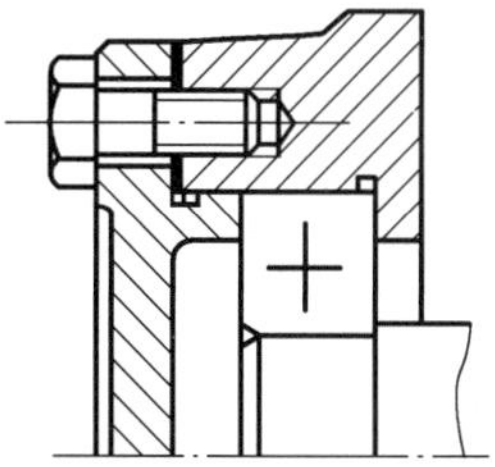	利用座孔挡肩作轴向固定，这种结构不便于座孔镗制

续上表

结构形式	特　点
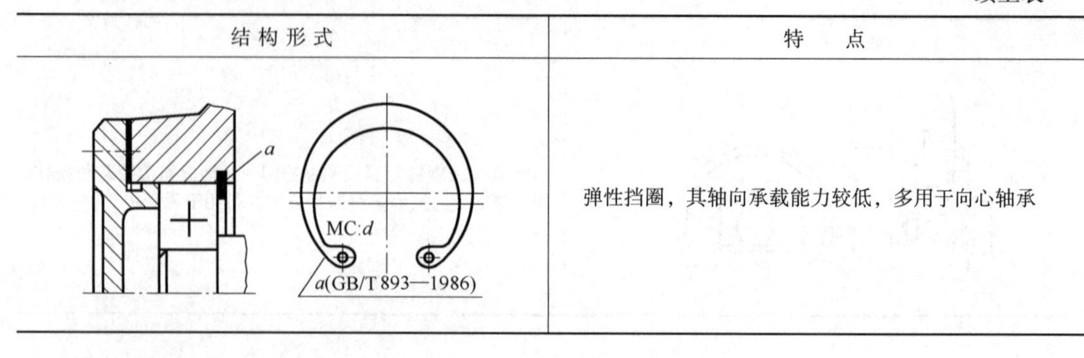	弹性挡圈，其轴向承载能力较低，多用于向心轴承

（4）轴承的支承形式及调整方式

一般齿轮减速器常用两端单向固定的轴系固定方式（见图5-10），并利用凸缘式轴承端盖与箱体外端面之间的一组垫片调整轴承间隙。对于嵌入式轴承端盖，应在轴承外圈与端盖之间装入不同厚度的调整环来调整轴承的轴向间隙。

（5）轴承端盖、套杯、调整垫片组

轴承端盖　用来固定轴承，承受轴向力及调整轴承间隙。轴承盖的结构分为凸缘式和嵌入式两种，每种形式中按是否有通孔又分为透盖和闷盖。轴承盖所用的材料一般为灰铸铁 HTl50 或普通碳素钢 Q125、Q235。凸缘式轴承盖安装、拆卸、调整轴承间隙都较为方便，易密封、故得到广泛应用。但外缘尺寸较大，还需有一组螺钉来连接；嵌入式轴承盖结构简单、紧凑、无需螺钉、外径小，使箱体外表比较光滑，能减少零件总数和减轻箱体总重量，但装拆和调整轴承间隙都较麻烦，密封性能较差，座孔上需加工环形槽。

轴承盖设计时应注意下列问题：

① 凸缘式轴承盖与座孔配合处较长时，为了减少接触面，应在端部铸造或车出一段较小的直径，使配合长度为 l，为避免拧紧螺钉时端盖歪斜，一般取 $l=(0.1\sim0.15)D$，D 为轴承的外径，如图 5-14 所示。

② 当轴承采用箱体内的润滑油润滑时，为使润滑油由油沟流入轴承，应在轴承盖的端部加工出 4 个缺口（见图5-14），装配时该缺口不一定能对准油沟，故应在其端部车出一段较小的直径，以便让油先流入环状间隙，再经缺口进入轴承腔内。

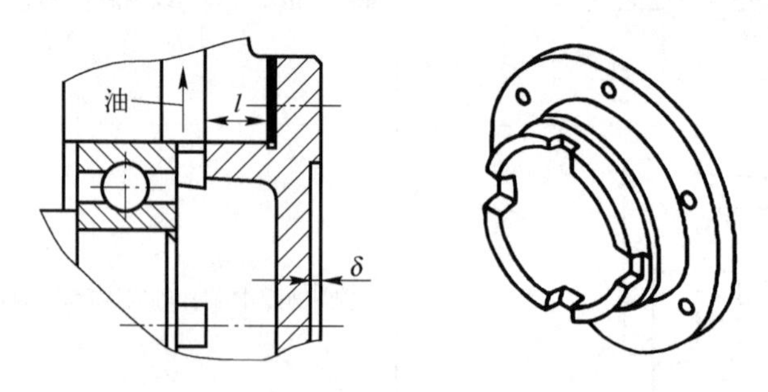

图 5-14　油润滑轴承凸缘式轴承端盖结构

③ 轴承端盖毛坯为铸件时，应注意铸造工艺性，要有合适的拔模斜度和铸造圆角，各部分厚度应尽量相等。

④ 为减少加工面，应使轴承盖的外端面凹进 δ 深度。

凸缘式、嵌入式轴承盖的结构和尺寸详见第 13 章表 13–21 和表 13–22。

轴承套杯　其主要作用是：

① 当几个轴承组合在一起用于同一支点时，采用套杯，便于轴承的固定和拆装。

② 套杯用于小锥齿轮轴结构中，可调整轴的轴向位置。

③ 当同一轴上两端轴承外径不相等时，可用套杯使两轴承座孔直径保持一致，以便一次镗孔，从而有效保证了同轴度。

套杯结构可参考表 13–23 设计。

调整垫片　调整垫片用于调整轴承间隙及轴的轴向位置。它由一组多片厚度不同的垫片组成。可根据需要组成不同的厚度。垫片材料多为软钢片（08F）或薄铜片。

（6）滚动轴承的润滑与密封

① 滚动轴承的润滑。

脂润滑　当滚动轴承的速度因数 $dn \leqslant 2 \times 10^5$ mm · r/min 时，可采用润滑脂润滑，润滑脂的填充量为轴承缝隙的 1/2 ～ 1/3。常用润滑脂的牌号、性能和用途见第 13 章表 13–2。当轴承采用脂润滑时，为防止箱内润滑油进入轴承，造成润滑脂稀释而流出，通常在箱体轴承座内端面一侧装设有挡油环，如图 5–15 所示。

当斜齿轮布置在轴承附近，而且斜齿轮直径小于轴承外径时，由于斜齿轮有沿齿轮轴向推油作用，使齿轮啮合过程挤出的润滑油大量喷入轴承，尤其在高速时更为严重，增加了轴承的阻力，因此，当轴承采用润滑油润滑时，也应在斜齿轮与轴承之间装设挡油环（见图 5–16）。图 5–16 中 a 处的挡油环为冲压件，适用于成批生产；图 5–16 中 b 处的挡油环车制而成，适用于单件或小批量生产。

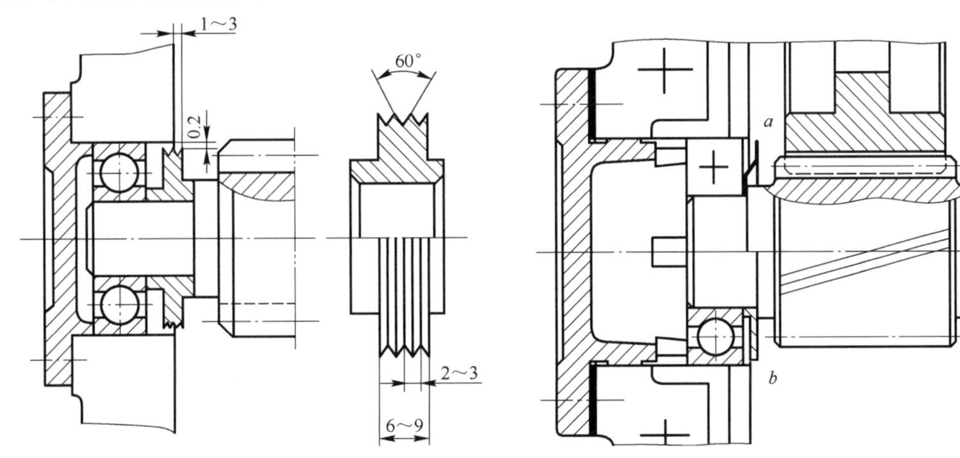

图 5–15　挡油环的位置及尺寸　　图 5–16　挡油环的位置

油润滑　当滚动轴承的速度因数 $dn > 2 \times 10^5$ mm · r/min，且浸油齿轮能够将油溅到箱体内壁上时，轴承可采用油润滑，为使箱盖内壁上的油进入轴承，要在上箱盖分箱面处制出坡口、在箱座分箱面上制出油沟、以及在轴承盖上制出缺口和环形通路，从而实现轴承的油润滑，油路和油沟结构及尺寸如图 5-17 所示。

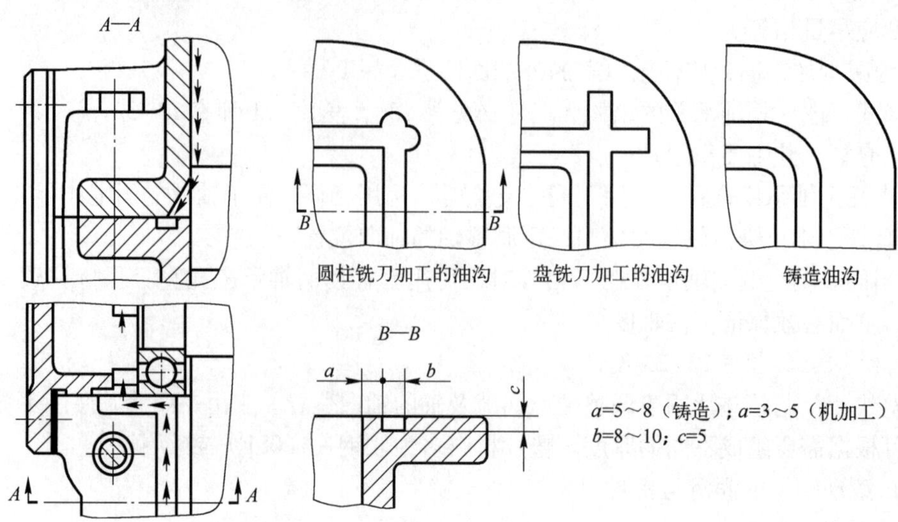

图 5-17　油路和油沟结构及尺寸

采用油润滑时，油的黏度可根据轴承的速度因数 dn 值和工作温度 t(℃)值由图 5-18 确定。粘度确定后可参考第 13 章表 13-1 确定润滑油牌号，润滑油的选择应优先考虑传动件的需要。

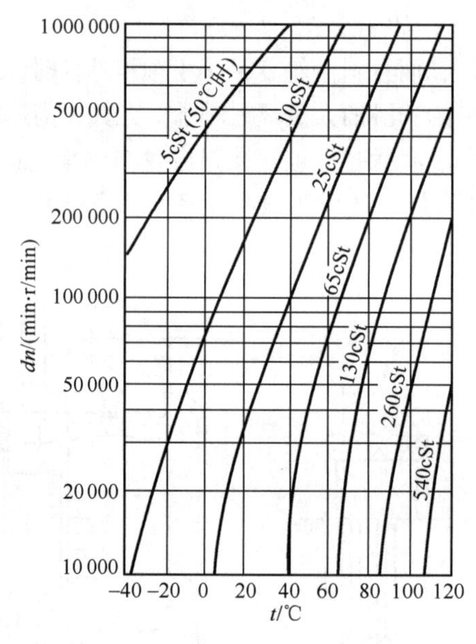

图 5-18　滚动轴承润滑油粘度选择

当齿轮圆周速度 $v > 3$ m/s、且润滑油粘度不高时，飞溅的油能形成油雾从而轻松实现对轴承的润滑，此时不必制出油沟。

② 滚动轴承的密封。

在减速器输入轴或输出轴外伸处，为防止润滑剂向外泄漏及外界灰尘、水分和其他杂质渗入，导致轴承磨损或腐蚀，应该设置密封装置。密封类型很多，密封效果也不相同。常见密封形式及其性能说明参见表 5-4，密封件结构尺寸见第 13 章表 13-11 ～ 表 13-16。

表 5-4　轴承密封

密封类型	密封形式	图　示	适用场合	说　明
接触式密封	毡圈密封	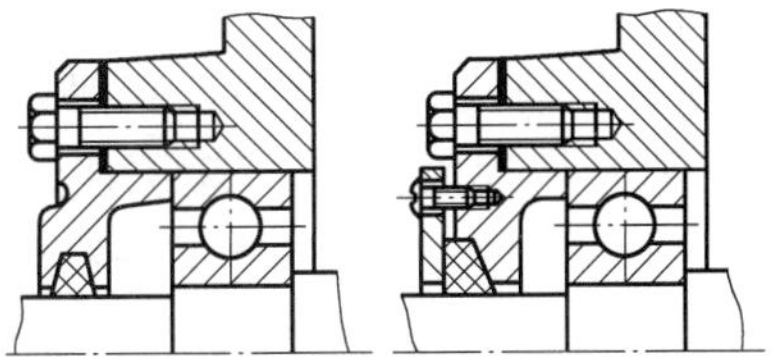 (a)　(b)	脂润滑，要求环境清洁，轴颈圆周速度 v 不大于 4 ～ 5 m/s，工作温度不超过 90 ℃	矩形断面的毛毡圈被安装在梯形槽内，它对轴产生一定的压力从而起到密封作用
	唇形密封圈	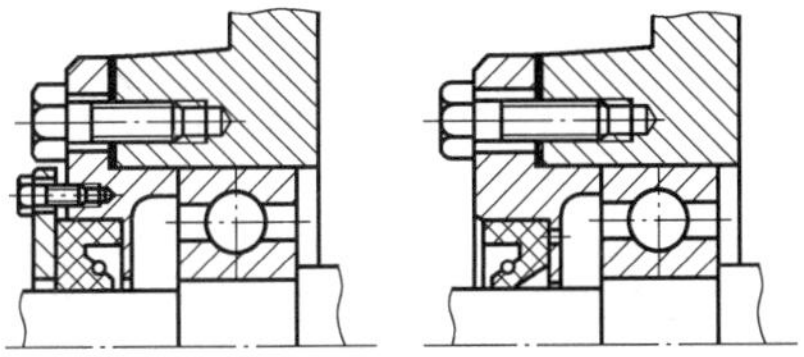 (a)　(b) 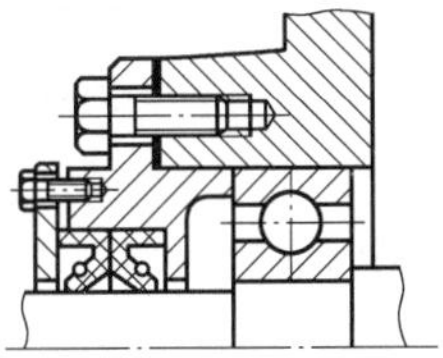 (c)	脂或油润滑，圆周速度 v < 7 m/s，工作温度范围 -40 ～ 100 ℃	唇形密封圈用皮革、塑料或耐油橡胶制成，有的具有金属骨架，有的没有骨架，皮碗是标准件。图 a 密封唇朝里，目的防漏油；图 b 密封唇朝外，目的防灰尘、杂质进入
非接触式密封	油沟密封	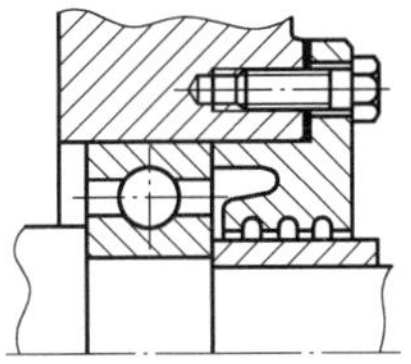	脂润滑，干燥、清洁环境	靠轴与盖间的细小环形油沟密封，间隙取 0.1 ～ 0.3 mm。在轴承盖上车出沟槽，在槽中填充润滑脂，可提高密封效果。
	曲路密封	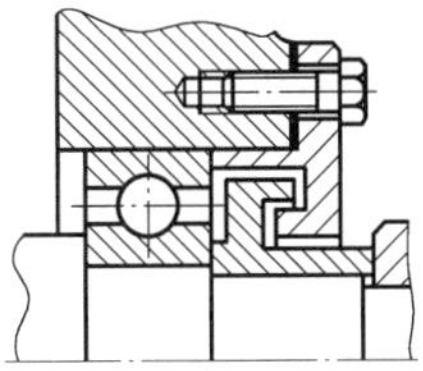	脂润滑或油润滑，工作温度不高于密封用脂的滴点，这种密封效果可靠	将旋转件与静止件之间间隙做成迷宫形式，在间隙中充填润滑脂以加强密封效果

5.3.2　减速器箱体的结构设计

减速器箱体是支承和固定轴系的部件、保证传动零件正常啮合、良好润滑和密封的基础零件，因此，应具有足够的强度和刚度。

箱体多用灰铸铁（HT150 或 HT200）铸造。在重型减速器中，为提高箱体强度，可用铸钢铸造。单件生产的减速器为了简化工艺、降低成本，可采用钢板焊接箱体。

箱体为了便于轴系部件的安装和拆卸，多做成剖分式，箱体由箱座和箱盖组成，剖分面多取轴的中心线所在平面，箱座和箱盖采用普通螺栓连接，用圆锥销定位。剖分式铸造箱体的设计要点如下。

1. 轴承座的结构设计

（1）注意提高箱体的支承刚度

① 轴承座设置加强肋

为保证轴承座的支承刚度，轴承座孔应有一定的壁厚。当轴承座孔采用凸缘式轴承盖时，根据安装轴承盖螺钉的需要确定的轴承座厚度就可以满足刚度的要求。使用嵌入式轴承盖的轴承座一般也采用与凸缘式轴承盖时相同的厚度。为了提高轴承座刚度还应设置加强肋，如图 5-19 所示。

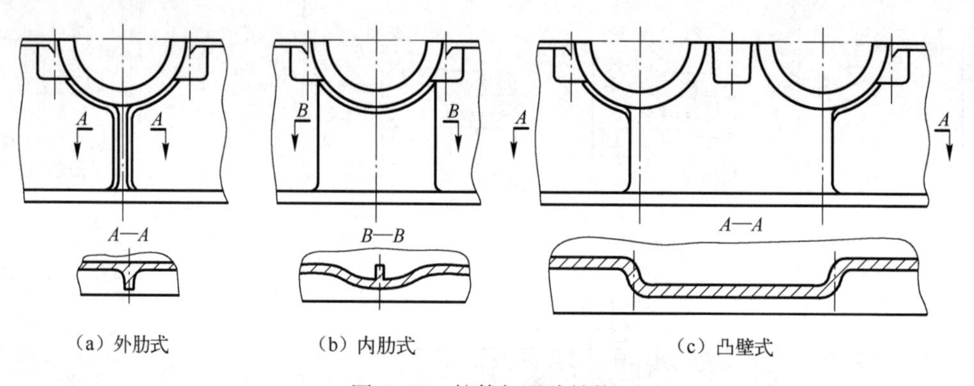

图 5-19 箱体加强肋结构

箱体的加强肋有外肋式、内肋式和凸壁式结构，内肋式刚度大，箱体外表面光滑、美观，但会增加搅油损耗，制造工艺也比较复杂，故多采用外肋式或凸壁式箱体结构（图 5-20）。

② 剖分式轴承座设置凸台

为保证剖分式箱体轴承座的连接刚度，轴承座孔两侧连接螺栓应尽量靠近，并在两侧设置凸台。

为了便于轴系零件的安装和拆卸，箱体通常制成剖分式。剖分面一般取在轴线所在的水平面（即水平剖分），以便于加工。箱盖和箱座之间采用普通螺栓（Md_1、Md_2）连接，用圆锥销定位。为了使轴承座旁的连接螺栓（Md_1）尽量靠近轴承座孔，并增加轴承支座的刚性，在轴承座旁制出了凸台。

由于箱体的结构和受力情况比较复杂，故其结构尺寸通常根据经验设计确定。常见的铸造箱体的结构尺寸可参考表 4-1 所列公式确定。

a. 轴承旁螺栓位置的确定：轴承座孔两侧连接螺栓的间距 S 可近似取为轴承盖外径 D_2（见图 5-21a），但要注意不能与轴承盖螺孔及油沟干涉（见图 5-20b）。

b. 凸台高度的确定：凸台高度 h 应以保证足够的螺母扳手操作空间 C_1、C_2 为原则，先确定最大的轴承座孔的凸台高度尺寸，其余凸台高度与其保持一致，以便于加工，具体的确定方法如图 5-21 所示。首先由$S = D_2$确定螺栓位置按连接螺栓直径由表 4-1 确定 C_1 和 C_2 值。由 C_1 尺寸确定凸台高度 h，再由 C_2 尺寸画出整个凸台。

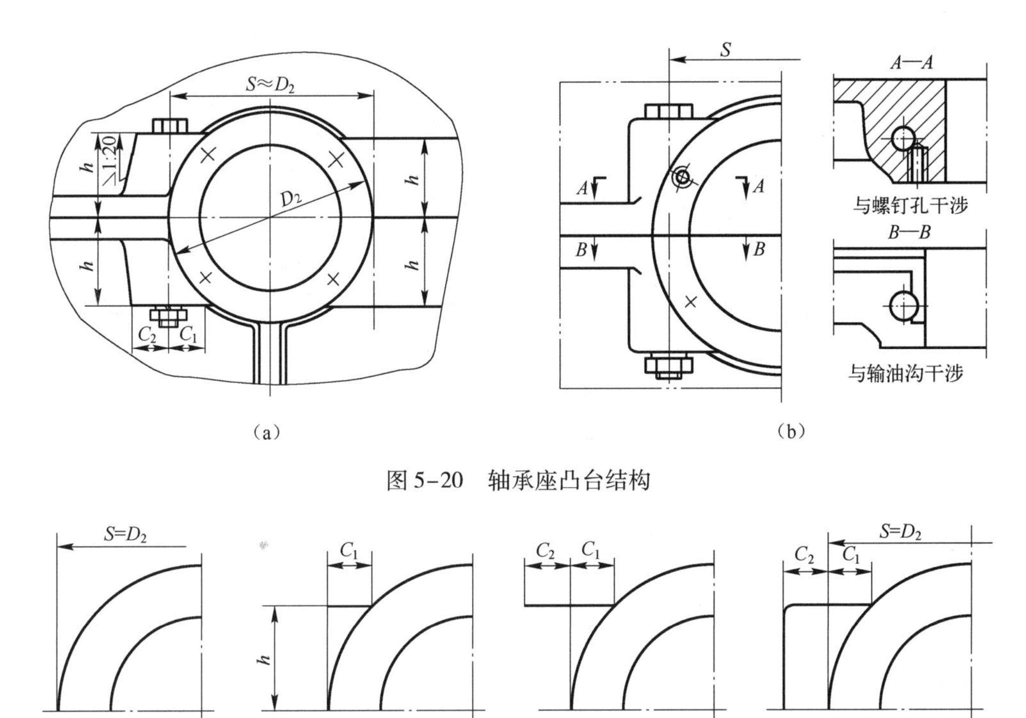

图 5-20　轴承座凸台结构

图 5-21　轴承座凸台尺寸

c. 小齿轮一侧箱盖外壁圆弧半径 R 的确定：当小齿轮轴承旁螺栓凸台位于箱体外壁之内时，应使 $R \geqslant R' + 10\ \text{mm}$，从而定出小齿轮端箱体外壁和内壁的位置，再投影到俯视图中定出小齿轮齿顶一侧的箱体内壁。凸台三视图关系如图 5-22 所示，图 5-23（a）中凸台位于箱体外壁之内，图 5-23（b）中凸台位于箱体外壁之外。

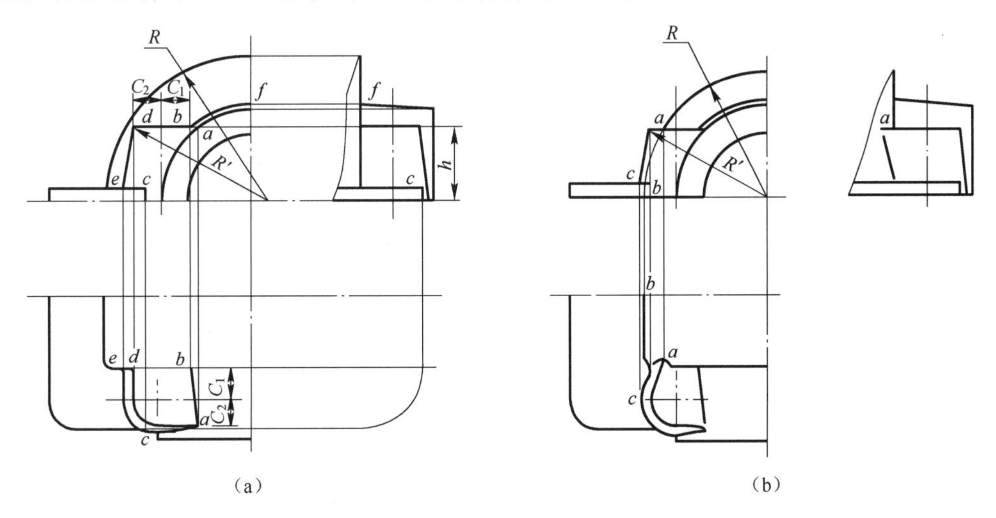

图 5-22　小齿轮一侧箱盖圆弧的确定与凸台三视图

d. 凸缘厚度的确定：为了保证箱盖与箱座的连接刚度和箱体支承的刚度，箱盖与箱座连接处凸缘的厚度 b_1、b、箱座底板的厚度 b_2 要大于箱体壁厚，查表 4－1 确定，如图 5-24

所示，其中图 5-23（c）因底座凸缘过窄，为不正确设计。

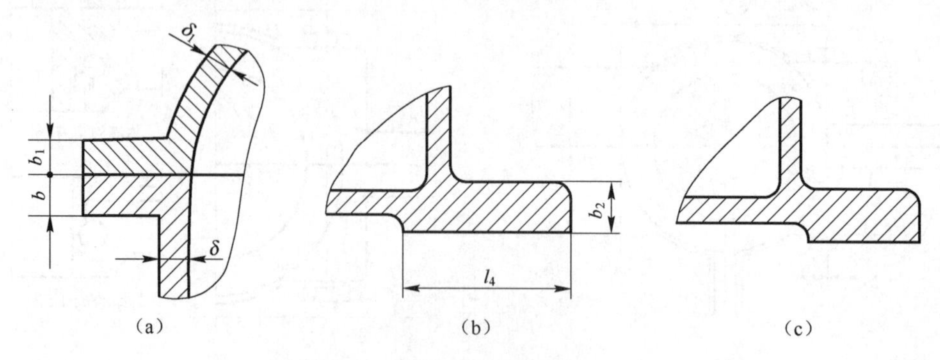

图 5-23　箱体连接凸缘及底座凸缘

（2）箱体要有良好的工艺性

① 箱体的壁厚应保证铸造工艺性

在设计铸造箱体时，应保证铸造工艺要求。考虑到液态金属流动的畅通性，铸件壁厚不可太薄，外壁、内壁与肋的厚度见表 4 - 1。为便于造型时取模，铸件表面沿起模方向应有 1∶10～1∶20 的起模斜度。

② 箱体加工应保证机加工工艺性

在设计箱体结构时，应保证机加工工艺要求。尽可能减少机加工面积和更换刀具的次数，从而提高劳动生产率，减小刀具磨损。

a. 减少机加工面积：图 5-24 所示的箱座底面的结构形状中，其中图 5-24（a）加工面积太大，也难以支承；图 5-24（b）、（c）所示结构较好，其中图 5-24（c）适用于大型箱体。

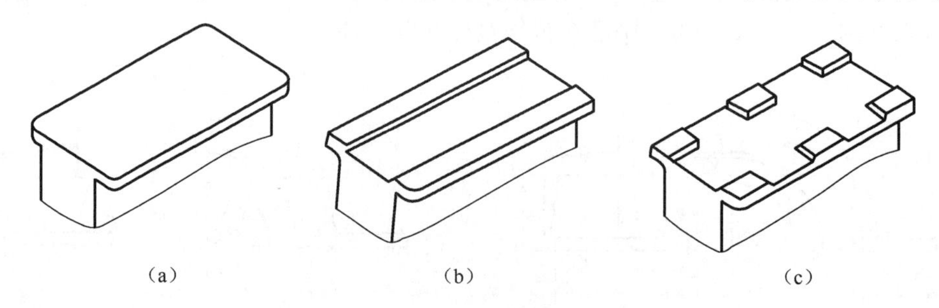

图 5-24　减速器箱体的底面结构

b. 减少更换刀具的次数：在设计轴承座孔时，位于同一轴线上的两轴承孔直径应尽量取同一尺寸，以便于镗孔和保证加工精度。同一方向的平面，应尽量一次调整加工（见图 5-25Ⅳ、Ⅴ、Ⅵ），所以，各轴承座孔端面都应在同一平面上。

c. 加工面与非加工面应分开：箱体任何一处加工面与非加工面必须严格分开（见图 5-26）。箱体与其他零件结合处（如箱体轴承端面与轴承盖、观察孔与观察孔盖、螺塞孔与螺塞及吊环螺钉孔与吊环螺钉等）的支承面应做出凸台，突起高度为 3 ～ 8 mm。螺栓头及螺母的支承面也需要设计凸台或沉头座，并铣平或锪平，一般取下凹深度以锪平为准，或取 2 ～ 3 mm。图 5-27 为凸台、沉头座的铣平、锪平加工方法。

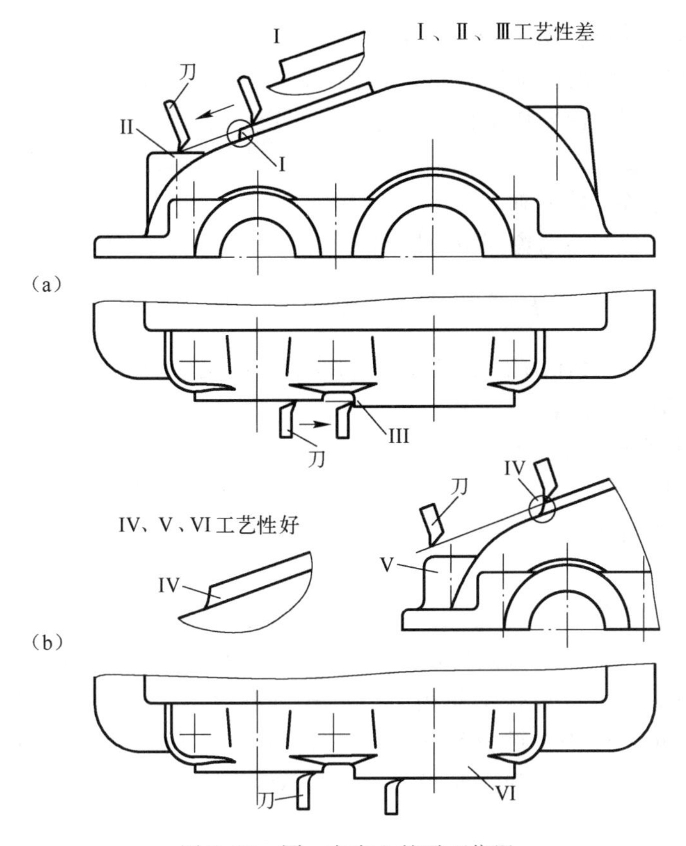

图5-25　同一方向上的平面位置

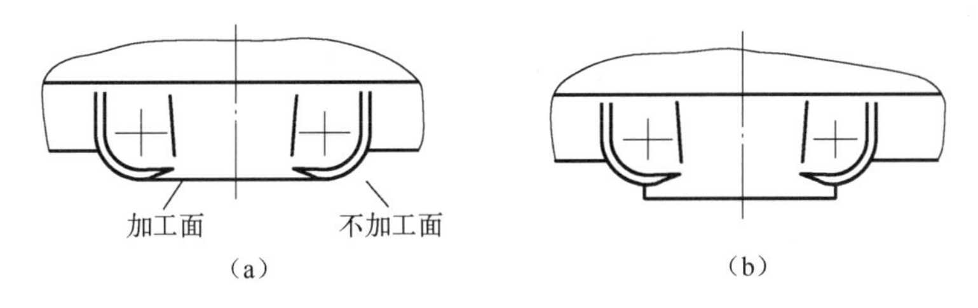

图5-26　加工面与非加工面分开

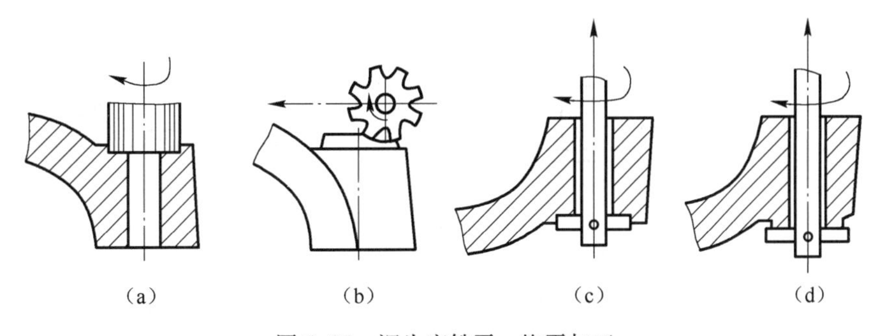

图5-27　沉头座铣平、锪平加工

（3）箱体凸缘连接螺栓 d_2 的布置应合理

连接箱盖与箱座的螺栓组应对称布置，并且不应与吊环、吊钩、定位销、油标尺等相互干涉。螺栓数及螺栓直径由箱体结构及尺寸大小而定。螺栓距离在 100 ～ 150 mm 之间，最小不小于扳手空间位置。

（4）减速器中心高位置的确定

减速器中心高 H 应综合考虑润滑、散热等方面要求，按下列经验公式确定：

$$H > \frac{d_a}{2} + (30 \sim 50) + \delta + (3 \sim 5)$$

当减速器输入轴与电动机轴用联轴器直接相联时，减速器中心高最好与电动机轴中心高相等，利于机座的制造与安装。

2. 减速器的润滑与密封设计

通常减速器中传动件大多采用油润滑，其主要润滑方式为浸油润滑（见图 5-28），对于高速传动，则为喷油润滑。

（1）浸油润滑

浸油润滑是将齿轮等传动件浸入油中，当传动件回转时，把油液带至啮合区进行润滑，同时甩到箱壁上的油液起散热作用。这种方式适合齿轮圆周速度 $v < 12$ m/s，的情况。为了避免搅油功率损耗太大及保证轮齿啮合的充分润滑，传动件浸入油池中的深度不宜太深或太浅，合理的浸油深度见表 5-5。浸油润滑时，为了避免大齿轮回转时将油池底部的沉积物搅起，大齿轮齿顶圆到油池底面的距离不应小于 30 ～ 50 mm，如图 5-28 所示。

表 5-5　浸油润滑时的浸油深度

减速器类型	传动件浸油深度
一级圆柱齿轮减速器	$m < 20$ mm 时，h 约为 1 个齿高，但不小于 10 mm $m > 20$ mm 时，h 约为 0.5 个齿高
二级或多级圆柱齿轮减速器	高速级大齿轮，h_f 约为 0.7 个齿高，但不小于 10 mm。低速级大齿轮，h_s 按圆周速度大小而定，速度大取小值。当 $v = 0.8 \sim 1.2$ m/s 时，h_s 约为 1 个齿高（但不小于 10 mm）～ 1/6 个齿轮半径；当 $v \leqslant 0.5 \sim 0.8$ m/s 时，$h_s \leqslant (1/6 \sim 1/3)$ 齿轮半径

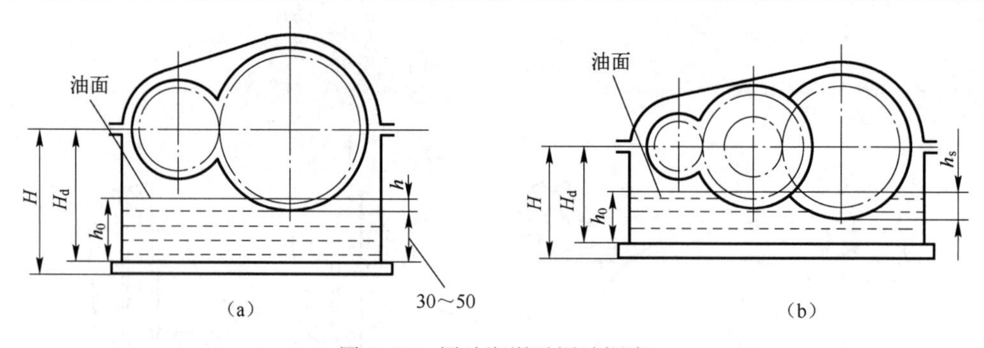

图 5-28　浸油润滑及浸油深度

二级或多级齿轮减速器，如果低速级大齿轮浸油过深。可采用带油轮润滑（见图 5-29）或将减速器箱座和箱盖的剖分面做成倾斜式的，如图 5-30 所示。

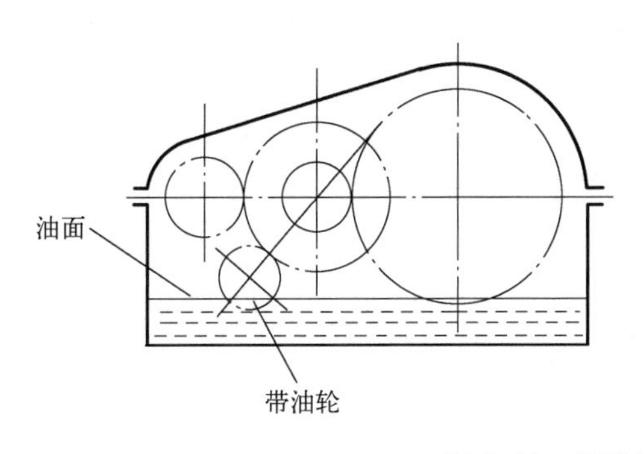

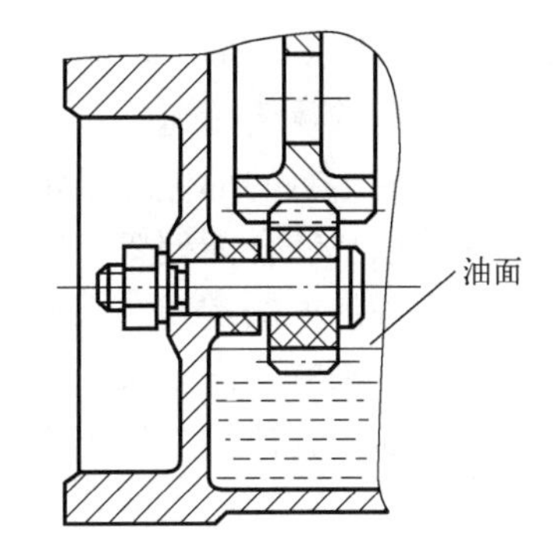

图 5-29　带油轮润滑

蜗杆传动通常采用浸油润滑方式，当蜗杆的线速度较低时（$v_s < 4 \sim 5$ m/s），采用将蜗杆下置的布置方式，当蜗杆的线速度较高时（$v_s > 4 \sim 5$ m/s），为避免蜗杆搅油的功率损失过大，采用将蜗杆上置的布置方式。采用浸油方式润滑时浸油深度应不低于一个齿高。

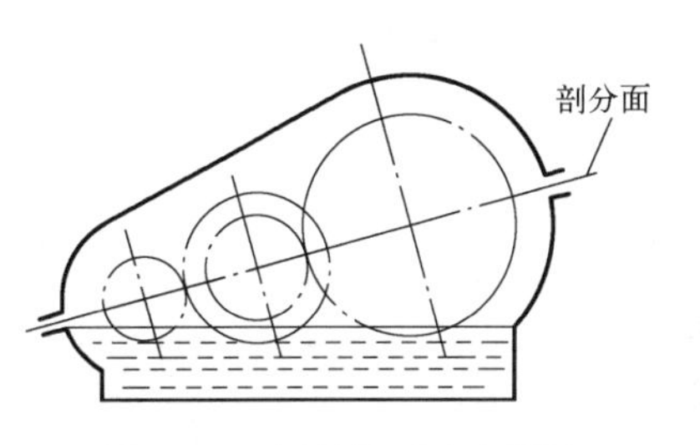

图 5-30　倾斜截面减速器图

为防止蜗杆将油推向一侧的轴承，影响轴承的润滑，可在蜗杆上加装挡油盘（见图 5-31），如果蜗杆直径较小，无法直接接触油面或无法保证浸油深度，可在蜗杆轴上加装溅油盘，辅助将油输送到蜗轮轮齿上（见图 5-32）。

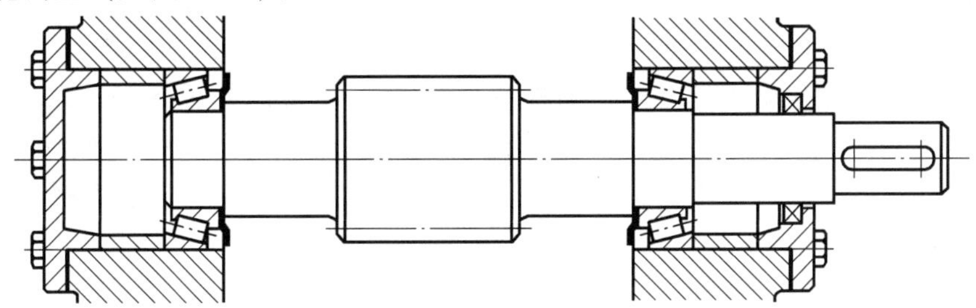

图 5-31　挡油盘结构

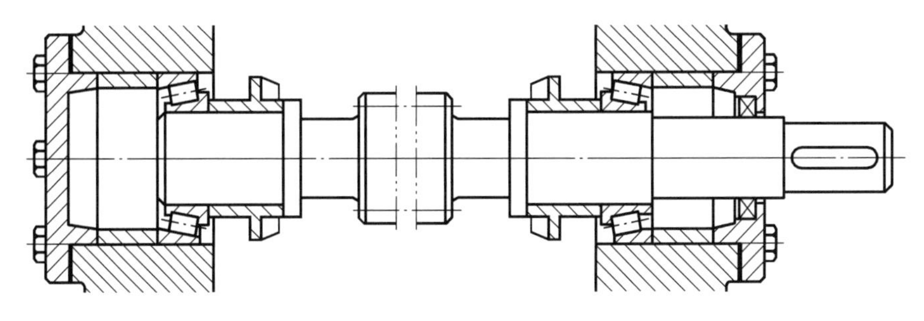

图 5-32　溅油盘结构

（2）喷油润滑

当齿轮圆周速度 $v > 12$ m/s 时，因粘在轮齿上的油会被离心力甩掉，而且搅油使油温升高、起泡或氧化等，此时宜用喷油润滑，即利用油泵将油通过油嘴喷到啮合区，对传动进行润滑，如图 5-33 所示。喷油润滑也常用于速度并不高但工作繁重的重型减速器，或需要利用润滑油进行冷却的重要减速器。

减速器中需要密封的部位除了轴承部件之外，还有箱体接合面或放油孔结合面处等。箱盖与箱座接合面的密封常用涂密封胶的方法实现。因此，对接合面的几何精度和表面粗糙度都有一定要求，为了提高接合面的密封性，可在接合面上开油沟，使渗入接合面之间的油重新流回箱体内部。观察孔或放油孔结合面处要加封油圈以加强密封效果。

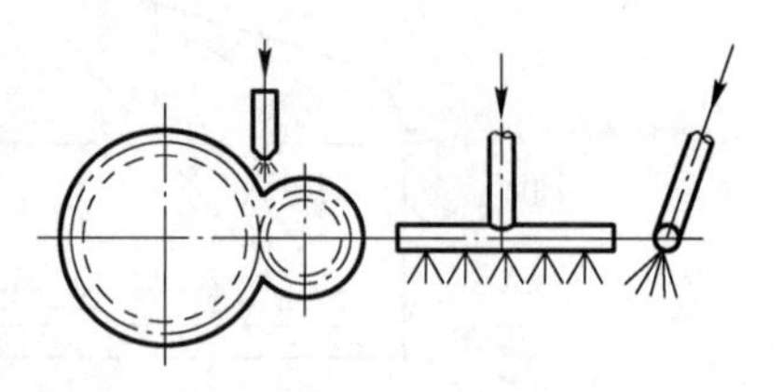

图 5-33　喷油润滑

5.3.3　减速器附件的结构设计

为了保证减速器正常工作，除了要重视齿轮、轴、轴承组合和箱体的结构设计外，还应考虑到减速器附件的合理选择和设计。

1. 检查孔与检查孔盖

为了检查传动零件的啮合情况、接触斑点、侧隙并向箱体内加注润滑油，在箱盖能够直接观察到齿轮啮合部位的适当位置，设置一检查孔，检查孔多为长方形，其大小应允许将手伸入箱内。平时，检查孔盖用螺钉（M_{d_4}）固定在箱盖上，盖板下垫有纸质密封垫片，以防漏油。

检查孔应开在箱盖上部便于观察传动件啮合情况的位置。箱体上开检查孔处应制出凸台，以便于机械加工出支承盖板的表面，并用垫片加以密封，如图 5-34 所示。检查孔盖可用轧制钢板或铸铁制造，轧制钢板制作的检查孔盖，如图 5-35（a）所示，其结构轻便，上下面无需机械加工，无论单件或成批生产均常采用；铸铁制作的检查孔盖，如图 5-35（b）所示，由于机械加工部位较多，故应用较少。表 5-6 为检查孔及检查孔盖的尺寸。

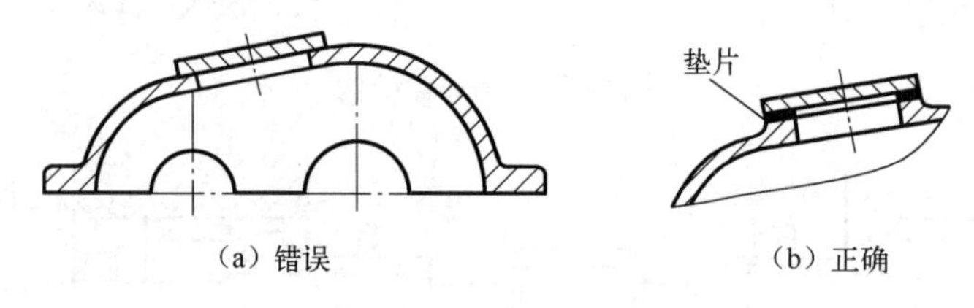

（a）错误　　（b）正确

图 5-34　检查孔与盖板

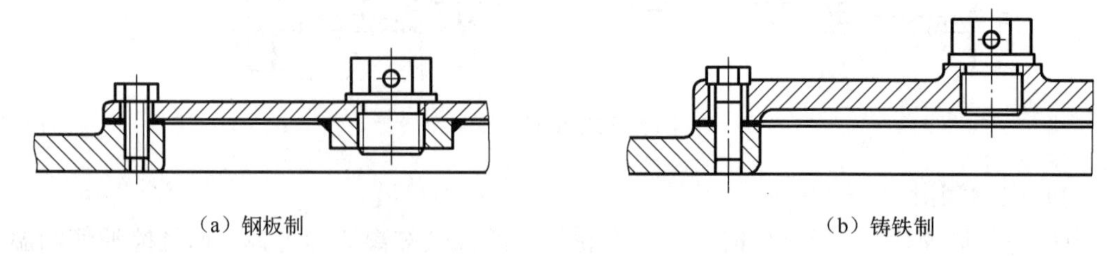

（a）钢板制　　（b）铸铁制

图 5-35　检查孔盖

2. 通气器

减速器工作时，箱体内的气压会因减速器运转时的油温升高而增大。通气器用来平衡箱体内外的压力，从而提高了箱体分箱面、轴伸端缝隙处的密封性能，通气器多装在箱盖顶部或检查孔盖上，以便箱内的膨胀气体自由逸出。

表 5-6　检查孔及检查孔盖　　mm

A	100 120 150 180 200
A_1	$A+(5\sim6)d_4$
A_2	$\frac{1}{2}(A+A_1)$
B	$B_1-(5\sim6)d_4$
B_1	箱体宽 $-(15\sim20)$
B_2	$\frac{1}{2}(B+B_1)$
d_4	M6 ~ M8，螺钉数 4 ~ 6 个
R	5 ~ 10
h	3 ~ 5

注：材料 Q235-A 钢板或 HT150。

通气器的结构形式很多，图 5-36（a）所示为简单的通气器，用于比较清洁的场合。图 5-36（b）所示为比较完善的通气器，其内部做成曲路，并设有金属滤网，可减少停车后灰尘随空气进入箱内，通气器的结构及尺寸参看第 13 章表 13-18 ~ 表 13-20。

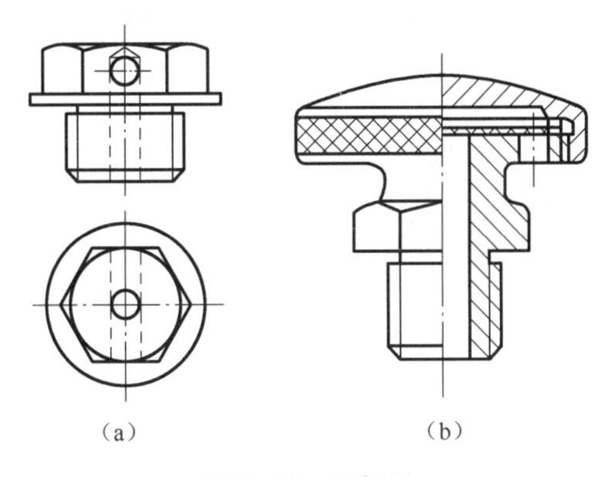

（a）　　（b）

图 5-36　通气器

3. 油面指示器

为了检查减速器内油池油面的高度，以便经常保持油池内有适量的油量，一般在箱体便于观察、油面较稳定的部位，装设油面指示器。图 5-37中采用的油面指示器为杆式油标。

杆式油标结构简单，在减速器中应用最多。杆式油标可采用螺纹连接安装在减速器上，也可采用与孔配合连接。检查油面高度时拔出杆式油标，以杆上油痕判断油面高度。杆式油标上两条刻度的位置，分别对应最高和最低油面。

如果需要在运转过程中检查油面，为避免因油搅动影响检查效果，可在杆式油标外加装隔离套，如图 5-38 所示。当箱座较低不便于采用侧装时，可采用带有通气器的杆式油标，如图 5-39 所示。

设计时应合理确定杆式油标插座的位置及倾斜角度，既要避免箱体内的润滑油溢出，又要便于杆式油标的插取及插座上沉头座孔的加工。杆式油标的倾斜位置如图 5-40 所示。杆式油标插座的主视图与侧视图的投影关系如图 5-41 所示。

若减速器离地面较高，或箱座较低无法安装杆式油标，可采用圆形油标、长形油标和管状油标，其结构和尺寸见表 13-6 ～ 表 13-8。

4. 放油孔和螺塞

为了将箱体内的污油排放干净，应在油池的最低位置处设置放油孔，如图 5-42 所示，并安置在减速器不与其他部件靠近的一侧，以便于放油。平时放油孔用螺塞及封油圈密封。

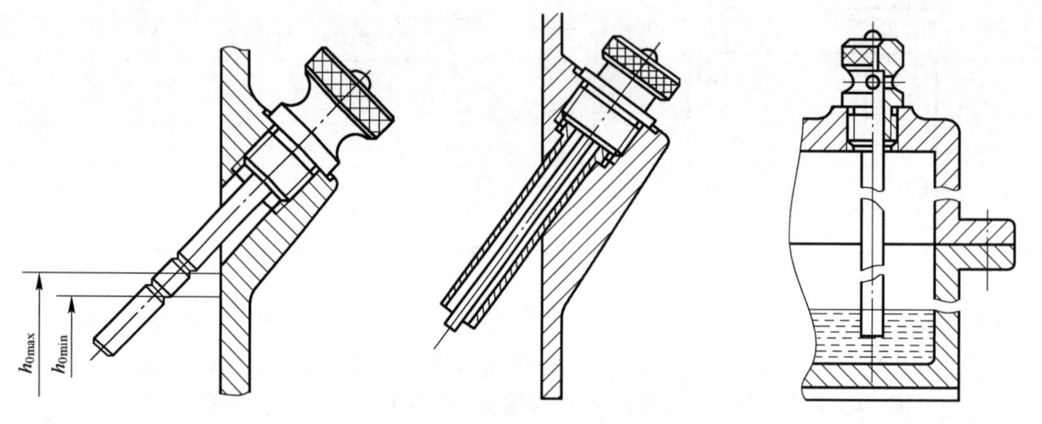

图 5-37　杆式油标上的刻线　　图 5-38　带隔离套的杆式油标　　图 5-39　带有通气器的杆式油标

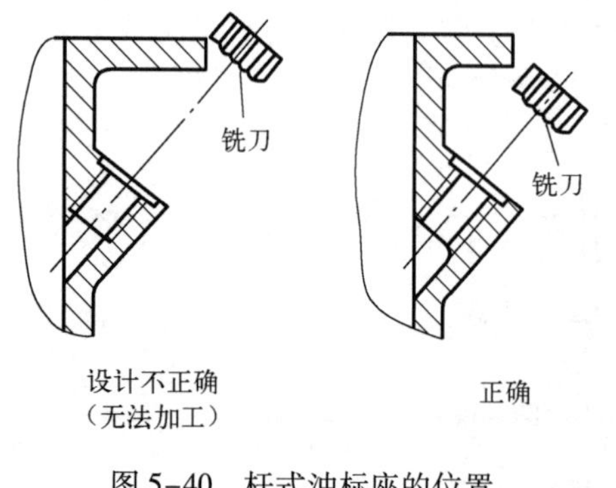

图 5-40　杆式油标座的位置

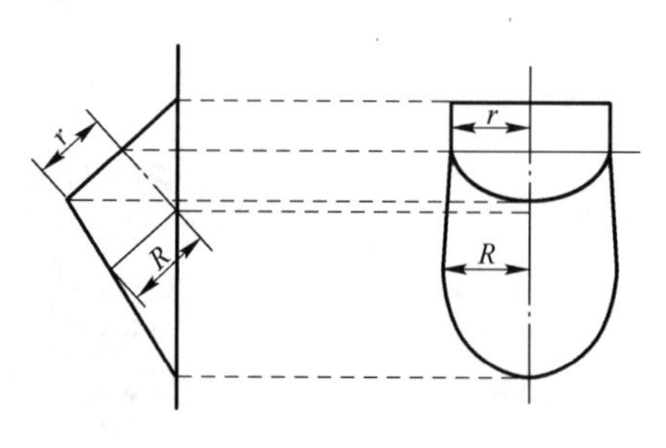

图 5-41　杆式油标座的画法

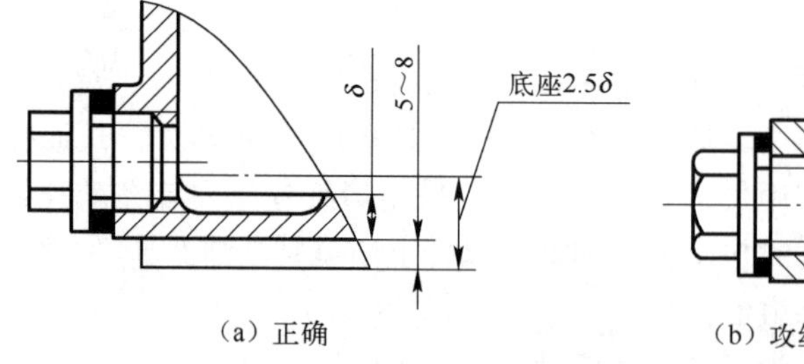

(a) 正确　　(b) 攻丝工艺差

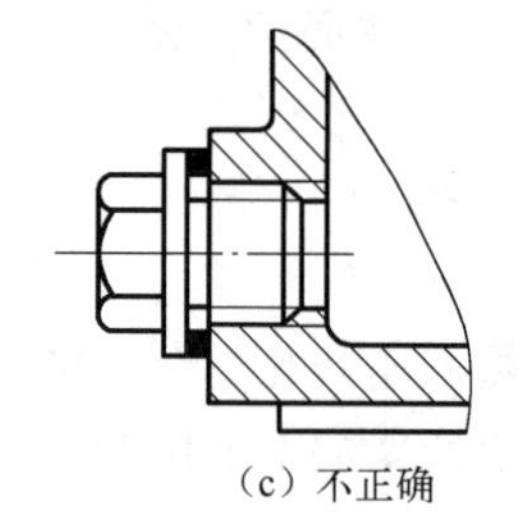

(c) 不正确

图 5-42　放油孔的位置

螺塞有细牙螺纹圆柱螺塞和圆锥螺塞两种。圆锥螺塞能形成密封连接，不需附加密封；而圆柱螺塞必须配置封油圈，封油圈材料为耐油橡胶、石棉或皮革等。螺塞及封油圈的结构尺寸见第13章表13-18～表13-20。

螺塞直径约为箱体壁厚的2～3倍。螺塞及封油圈的尺寸见表13-10。

5. 启盖螺钉

为防止漏油，在箱座与箱盖结合面处常涂有密封胶或水玻璃，接合面被粘住，不易分开。为便于开启箱盖，可在箱盖凸缘上装设2个启盖螺钉。拆卸箱盖时，可先拧动此螺钉，以使箱盖与箱体分离。启盖螺钉的直径一般等于凸缘连接螺栓直径，螺纹有效长度应大于箱盖凸缘厚度。螺钉端部要做成圆形或半圆形，以免损伤螺纹，如图5-43(a)所示；亦可在箱座凸缘上制出启盖用螺纹孔，如图5-43(b)所示。

6. 定位销

在精加工轴承座孔前，应在箱盖和箱座的连接凸缘上配装定位销，以保证箱盖和箱座的装配精度，同时也保证了轴承座孔的精度。两定位圆锥销设在箱体纵向两侧连接凸缘上，且不对称布置，以加强定位效果。

定位销是标准件，有圆柱销和圆锥销两种结构。通常采用圆锥销，一般取定位销的直径为箱体凸缘连接螺栓直径的0.7～0.8倍左右，其长度应大于箱体连接凸缘总厚度、以便于装拆、其连接方式如图5-44所示。

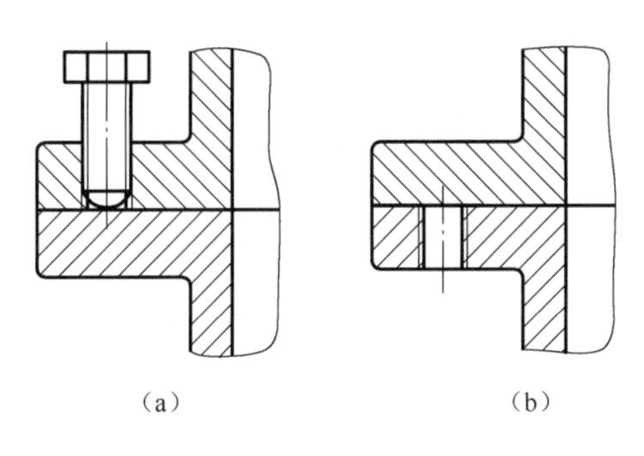

图5-43　启盖螺钉和启盖螺纹孔

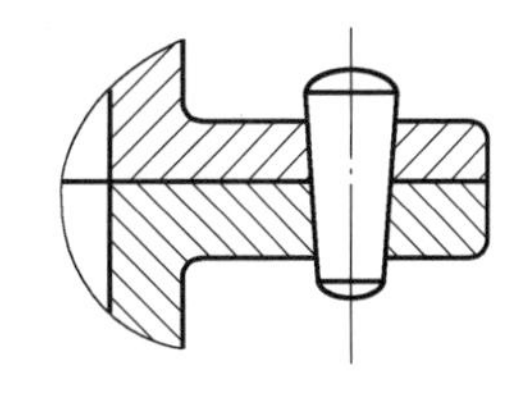

图5-44　定位销

7. 起吊装置

为了便于搬运，在箱体上设置起吊装置。图5-45(a)、(b)所示为箱盖上铸有两个吊耳或吊耳环，用于起吊箱盖。图5-45(c)所示为箱座上铸有两个吊钩，用于吊运整台减速器。

吊环螺钉设置在箱盖上，如图5-46所示，吊环螺钉多用于起吊箱盖，也可用于起吊轻型减速器整体。吊环螺钉是标准件，可按重量查表11-11选取。

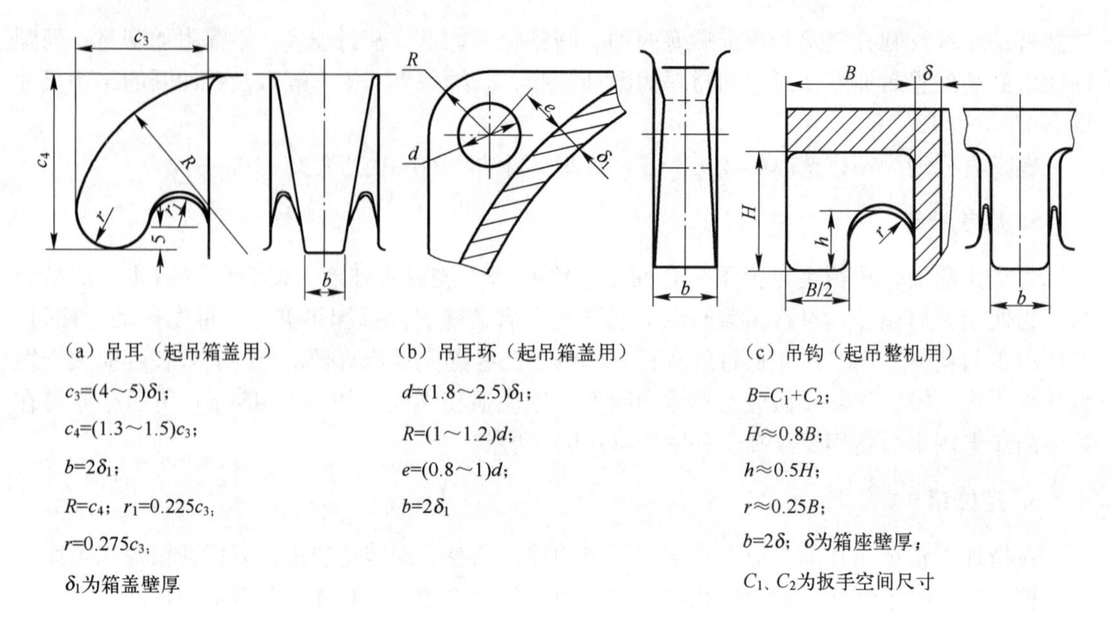

图 5-45　吊耳和吊钩

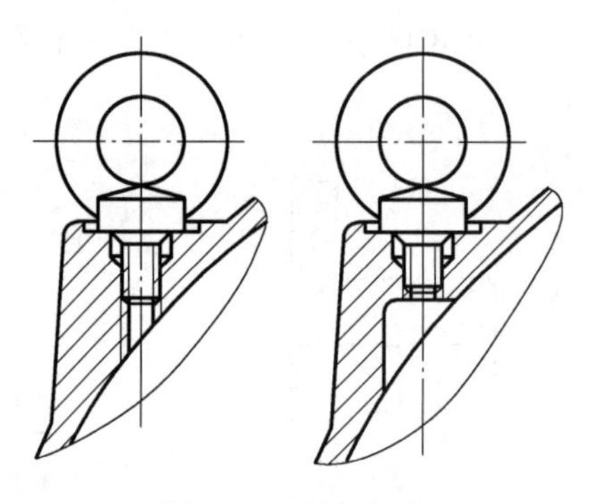

图 5-46　吊环螺钉

5.3.4　装配草图的检查及修改

完成减速器装配草图后，应认真进行检查并作必要的修改。检查的主要内容为：装配图设计与传动方案布置是否一致；输入、输出轴的位置及结构尺寸是否符合设计要求；图面布置和表达方式是否合适；视图选择、投影关系是否正确；传动件、轴、轴承、箱体、箱体附件及其他零件结构是否合理；定位、固定、调整、加工、装拆是否方便可靠；重要零件的结构尺寸与设计计算是否一致，如中心距、分度圆直径、齿宽、锥距、轴的结构尺寸等。

图 5-47 是减速器装配草图设计中常见的错误及其改正方法，可供检查时参考。

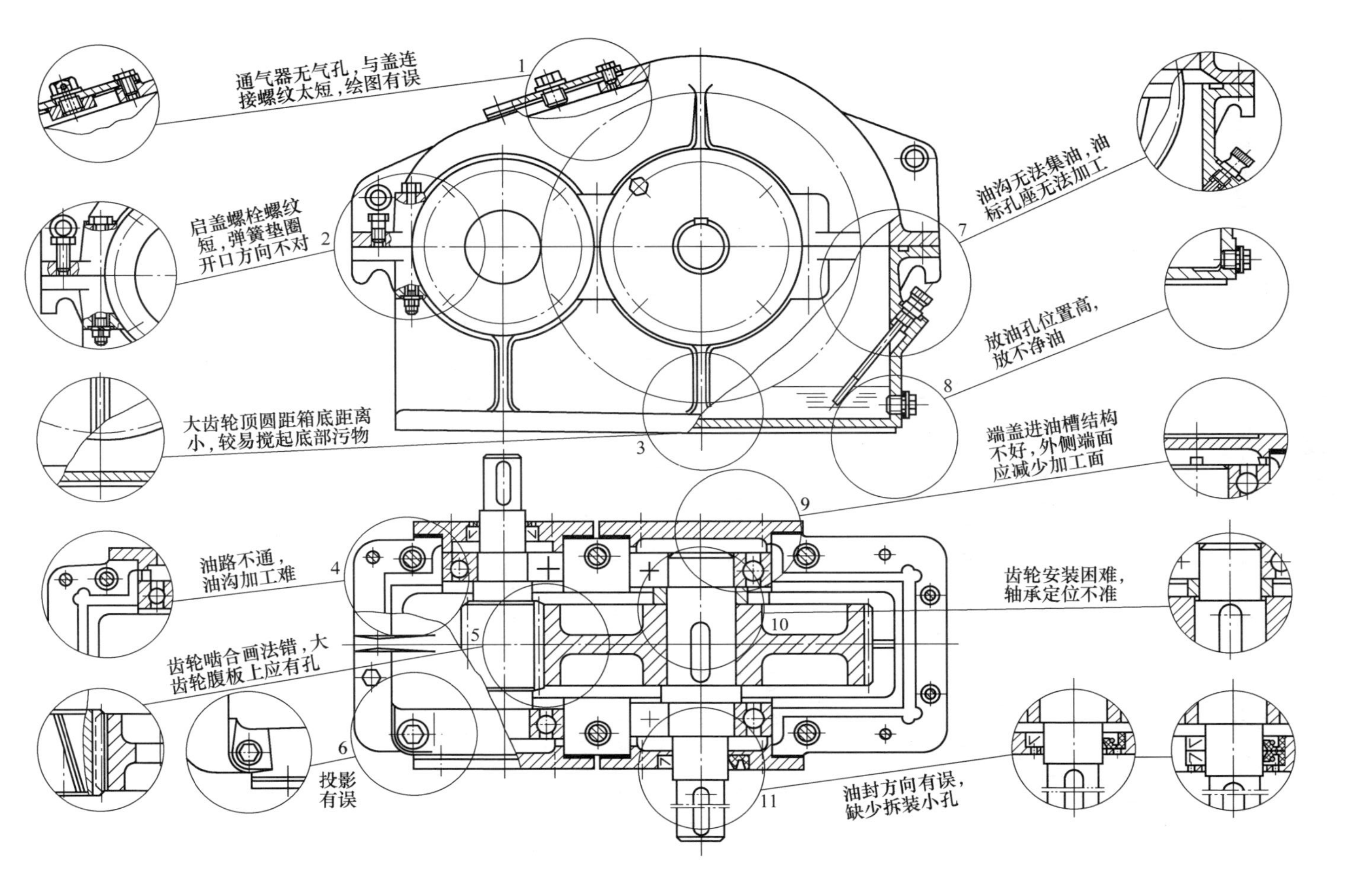

图5-47　减速器装配图中常见错误示例及其改正

思考题

5-1 设计机器时为什么通常要先进行装配草图设计？减速器装配草图设计包括哪些内容？

5-2 绘制装配草图前应做哪些准备工作？

5-3 如何选取联轴器？

5-4 如何确定阶梯轴各段的径向尺寸及轴向尺寸？

5-5 如何保证轴上零件的周向固定及轴向固定？

5-6 轴的外伸长度如何确定？

5-7 轴承在轴承座上的位置如何确定？

5-8 确定轴承座宽度的依据是什么？选择轴承时应注意哪些问题？

5-9 锥齿轮高速轴的轴向尺寸如何确定？

5-10 轴承套杯的作用是什么？

5-11 角接触轴承的布置方式有哪几种？各应用于什么场合？

5-12 对轴进行强度校核时，如何选取危险截面？

5-13 当滚动轴承的寿命不能满足要求时，应如何解决？

5-14 键在轴上的位置如何确定？校核键的强度应注意哪些问题？

5-15 轴的支点位置如何确定？传动零件上力的作用点如何确定？

5-16 如何保证轴承的润滑与密封？

5-17 轴承盖有哪几种类型？各有何特点？

5-18 如何选择齿轮传动的润滑方式？

5-19 锻造齿轮与铸造齿轮在结构上有何区别？

5-20 箱体的刚度为何特别重要？设计时可采取哪些保证措施？

5-21 箱体的加强肋有哪些结构形式？各有何特点？

5-22 设计轴承座旁的连接螺栓凸台时应考虑哪些问题？

5-23 输油沟和回油沟如何加工？设计时应注意什么？

5-24 传动零件的浸油深度及箱座高度如何确定？

5-25 采取哪些措施保证箱体密封？

5-26 设计铸造箱体时如何考虑铸造工艺性及机加工工艺性？

5-27 减速器小齿轮顶圆与箱体内壁之间的距离如何确定？

5-28 减速器有哪些附件？作用是什么？

第6章　减速器装配图设计

装配图是表达产品中各零件的装配关系、结构形状及其尺寸的图纸，也是产品组装、调试和维护等环节的技术依据。在设计过程中，应先画出装配图，再根据装配图拆画零件图。零件加工后，根据装配图进行装配和检验。它是表达设计思想及进行技术交流的工具，是指导生产的基本技术文件。无论是设计或测绘机器都必须画出装配图。

装配图是在装配草图的基础上绘制的，由于大部分零件的结构和尺寸都是在这个阶段决定，所以设计装配工作图时要综合考虑零件的材料、强度、刚度、加工、装拆、调整和润滑等要求，修改其错误或不合理之处，并用足够的视图和剖面表达清楚，保证装配图的设计质量。

一张完整的减速器装配图应具备以下四项内容：

（1）一组图形　用机械制图国家标准规定的各种表达方法正确、完整、清晰、简便地表达出机器（或部件）的工作原理，各零件之间的装配关系、连接方式以及部件或零件的主要结构形状等。

（2）标注尺寸　由装配图拆画部件图或零件图以及装配、检验、安装、使用机器的需要，在装配图中必须标注反映机器（或部件）性能、规格、安装、部件或零件间相对位置、配合要求等方面的尺寸。

（3）技术要求　用文字或符号注明机器（或部件）的性能、质量、装配、检验、调整、使用等方面的要求。

（4）标题栏，明细栏及零、部件编号　根据组织生产和管理工作的需要，按一定的格式，将零、部件编号，并填写标题栏和明细栏。

6.1　绘制减速器装配图

绘制减速器装配图前应根据装配草图确定图纸幅面和图形比例，综合考虑装配图的各项设计内容，合理布置图面。

减速器装配图通常选用两个或三个主要视图，必要时加剖面、剖视或局部视图。应尽量把减速器的工作原理和主要装配关系集中表达在一个基本视图上，尽量避免用虚线表达零件的结构，必须表达内部结构时（如附件的结构）可用向视图、局部视图或断面图来表达。在完整、准确地表达减速器零、部件的结构形状、尺寸和各部分相互关系的前提下，视图数量应尽量减少。

画剖视图时，同一零件在各剖视图中的剖面线方向应一致。相邻的不同零件，其剖面线方向或间距应不相同，以示区别。对于较薄的零件（≤2 mm），其剖面可以涂黑。

减速器装配图上某些结构，如螺栓连接、键连接、滚动轴承等，可以按机械制图国家标准关于简化画法的规定进行绘制。对同一类型、尺寸、规格的螺栓连接可以只画一个，但所画的这个螺栓连接必须在各视图上表达清楚，其余用中心线表示。

减速器装配图绘制好后，先不要加深，待零件图设计完成后，修改装配图中某些不合理的结构和尺寸，然后再加深完成装配图设计。

装配图的质量不仅与设计能力有关，还取决于设计者的工作态度。

6.2 标注尺寸

装配图不是制造零件的直接依据，因此，装配图中不需要注出零件的全部尺寸，只需要注出一些必要的尺寸。这些必要的尺寸按其作用不同，大致可分为以下几类：

1. 性能尺寸

性能尺寸是表示机器（或部件）性能（规格）的尺寸，这些尺寸在设计时就已确定，因此，也是设计机器、了解和选用机器的依据。如减速器中传动零件的中心距及其偏差等。

2. 装配尺寸

（1）配合尺寸　它是表示两个零件之间有配合性质的尺寸，也是拆画零件图时，确定零件尺寸极限偏差的依据。

（2）相对位置尺寸　它是装配机器时，需要保证的零件间相对位置的尺寸

（3）连接尺寸　零件间连接时所需的尺寸。

3. 安装尺寸

安装尺寸是机器（或部件）安装时，与地基或其他机器或部件相连接时所需要的尺寸，如减速器的中心高、箱体底面尺寸、地脚螺栓孔的直径和位置尺寸、减速器外伸轴的长度和直径等。

4. 外形尺寸

外形尺寸是表示机器（或部件）外形轮廓大小的尺寸，即总长、总宽和总高。它是包装、运输和安装过程所占空间大小的依据。

5. 其他重要尺寸

未包括在上述几类尺寸中的其他重要尺寸。如设计计算确定的尺寸，运动零件活动范围的极限尺寸等。

装配图中有时也并不全部具备上述五类尺寸。因此，对装配图中的尺寸需要具体分析，然后再进行标注。

6. 公差与配合的选择

选择配合时应注意：

（1）优先选用基孔制。

（2）减速器中需要标注配合尺寸的地方主要有：齿轮、蜗轮、带轮、链轮、联轴器与轴的配合；轴、轴承座孔与轴承的配合；套筒、封油盘、挡油盘等与轴的配合；轴承座孔或套杯孔与轴承盖的配合；轴承座孔与套杯的配合等。

（3）滚动轴承的标注　滚动轴承是标准组件，其外圈与轴承座孔的配合采用基轴制，内孔与轴颈的配合采用基孔制，且只需标注与滚动轴承相配合的轴承座孔和轴颈的公差带代号。

（4）不同基准制配合的应用　当零件的一个表面同时与两个（或更多）零件相配合、且配合性质又互不相同时，可采用不同的基准制配合。

减速器主要零件的荐用配合见表 6-1，供设计时参考。

表 6-1　减速器主要零件的荐用配合

配合零件	荐用配合	装拆方法
一般传动零件与轴、联轴器与轴	$\frac{H7}{r6}$，$\frac{H7}{s6}$	用压力机或温差法
要求对中性良好及很少装拆的传动零件与轴、联轴器与轴	$\frac{H7}{r6}$	用压力机
经常装拆的传动零件与轴、联轴器与轴、小锥齿轮与轴	$\frac{H7}{m6}$，$\frac{H7}{k6}$	用手锤打入
滚动轴承内圈与轴	见表 12-7、表 12-9	用压力机或温差法
滚动轴承外圈与机座孔	见表 12-8、表 12-9	用木锤或徒手装拆
轴承套杯与机座孔	$\frac{H7}{h6}$	
轴承端盖与机座孔	$\frac{H7}{h8}$，$\frac{H7}{f8}$	

6.3　标注减速器的技术特性

减速器的技术特性包括输入功率、转速、传动效率、传动特性（如各级传动比、各级传动的主要参数）和精度等级等。通常在装配图明细栏或技术要求的上方适当位置采用列表方式来表示。列表内容和格式可参考表 6-2。

表 6-2　减速器技术特性示例

输入功率 P/kW	输入轴转速 n/($\mathrm{r \cdot min^{-1}}$)	效率 η	总传动比 i	传动特性							
				第一级				第二级			
				m_n	β	z_2/z_1	精度等级	m_n	β	z_2/z_1	精度等级

6.4　编写技术要求

装配工作图的技术要求是指需要用文字说明在视图上又无法表达的有关装配、调整、检验、润滑、维护等方面的内容。正确地制订和执行技术要求，是保证减速器正常工作的重要条件。技术要求一般写在明细栏上方或图样下方的空白处，也可以另编技术文件，附于图样后。技术要求通常包括以下内容。

6.4.1　装配前的要求

（1）装配前所有零件要用煤油、汽油或其他洗涤剂清洗干净，箱体内不允许有任何杂物存在。

（2）零件配合面洗净后涂上润滑油。箱体内壁、齿轮和蜗轮等的未加工表面涂上防护涂料。

6.4.2 对安装和调整的要求

1. 滚动轴承的安装和调整

滚动轴承安装时轴承内圈应紧贴轴肩，要求缝隙不得超过 0.05 mm。

为保证滚动轴承的正常工作，在安装时必须留出一定的轴向游隙。对游隙可调的轴承（如角接触轴承和圆锥滚子轴承），游隙数值可由相关标准或轴承手册查出。对游隙不可调的轴承（如深沟球轴承），可在轴承盖与轴承外圈端面之间留出适当间隙 Δ（$\Delta=0.25\sim0.4$ mm）。轴向游隙调整方法见图 6–1 和图 6–2。

图 6–1 是用垫片调整轴向游隙。先用轴承盖将轴承顶紧，测量轴承盖凸缘与轴承座之间的间隙 δ 值，再用一组厚度为 $\delta+\Delta$ 的调整垫片置于轴承盖凸缘与轴承座端面之间，拧紧螺钉，即可得到所要求的间隙 Δ。

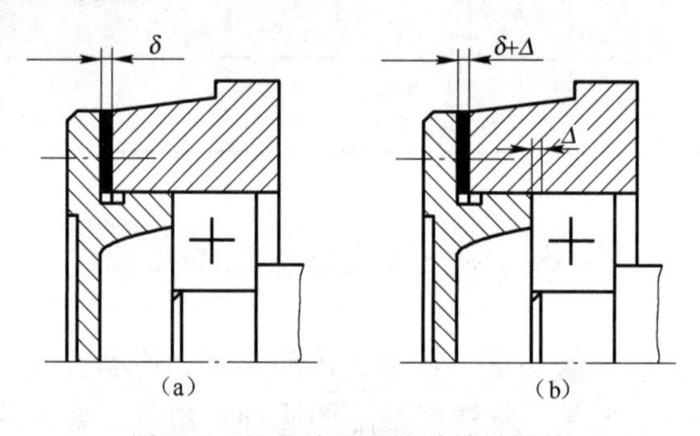

（a）（b）

图 6–1　用垫片调整滚动轴承游隙

图 6–2 是用螺纹零件调整轴承游隙，可将螺钉或螺母拧紧至基本消除轴承游隙，然后再退转到留有需要的轴承游隙时为止，最后锁紧螺母即可。

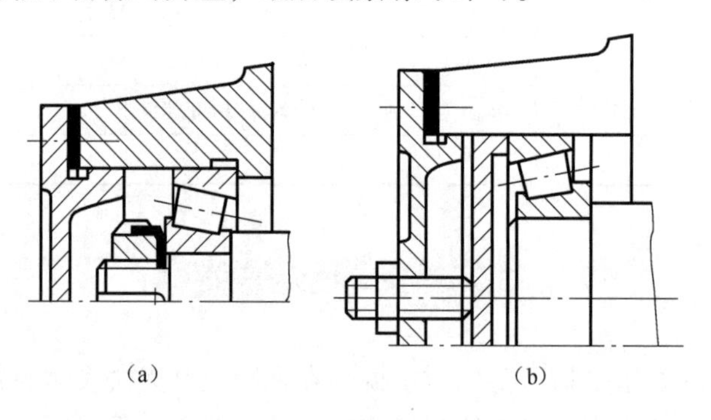

（a）（b）

图 6–2　用螺纹零件调整滚动轴承游隙

2. 啮合侧隙要求

齿轮、蜗轮或蜗杆安装后，所要求的啮合侧隙由传动精度确定，可由本教材第 16 章（渐开线圆柱齿轮精度、锥齿轮精度和圆柱蜗杆蜗轮精度）查出。

啮合侧隙的检查可用塞尺或压铅法进行。所谓压铅法就是将铅丝放入相互啮合的两齿面间，然后测量铅丝变形后的厚度。

3. 齿面接触斑点的要求

对相互啮合的传动零件，可通过装配时对传动零件接触斑点的检验来保证接触精度。对齿轮传动和蜗杆传动齿面接触斑点的要求可查阅第 16 章（渐开线圆柱齿轮精度、锥齿轮精度和圆柱蜗杆、蜗轮精度）。

检查方法：在主动轮啮合齿面上涂颜色，主动轮转动 2 ～ 3 圈后，观察从动轮啮合齿面的着色情况，以分析接触区位置和接触面积大小。

调整方法：采用齿面刮研、跑合或调整传动件的啮合位置。对于锥齿轮传动可通过垫片调整两轮位置，使其锥顶重合。对于蜗杆传动可调整蜗轮轴承盖与轴承座之间的垫片（一端加垫片，一端减垫片），使蜗杆轴线与蜗轮的中间平面重合。

在多级传动中，如各级传动的侧隙和接触斑点要求不同时，应分别在技术要求中注明。

6.4.3　对润滑的要求

润滑对减速器的传动性能影响较大，在技术要求中应注明传动件和轴承所用润滑剂的牌号、用量、补充或更换时间。

选择润滑剂时，应考虑传动类型、载荷性质、载荷大小及运转速度，一般说来，在重载、高速、频繁起动、反复运转等工况下，由于形成油膜的条件差，温升高，应选用黏度高、油性和极压性好的润滑油。例如：重型齿轮传动可选用粘度高、油性好的润滑油；蜗杆传动由于不利于形成油膜，可选含极压添加剂和油性添加剂的工业齿轮油；轻载、高速、间歇工作的传动件可选粘度较低的润滑油；开式齿轮传动可选耐腐蚀、抗氧化及减摩性好的开式齿轮油。

当传动件与轴承采用相同润滑剂时，应优先满足传动件的要求，适当兼顾轴承的要求。

对多级传动，应按高速级和低速级对润滑剂粘度要求的平均值来选择润滑剂。

传动件和轴承所用润滑剂的选择可查阅第 13 章（润滑与密封）。

润滑油应装至油面规定高度，换油时间取决于油中杂质的多少及氧化、污染的程度，一般为半年左右。轴承采用脂润滑时，填充量要适宜，过多或过少都会导致轴承发热量增加，一般可填充轴承加脂空间的 1/3 ～ 1/2。每隔半年左右补充或更换一次。

6.4.4　对密封的要求

（1）箱体剖分面间不允许使用任何垫片，但可以涂密封胶或水玻璃以保证密封。

（2）装配时，在拧紧箱体螺栓前，应使用塞尺检查箱盖和箱座接合面之间的密封性。

（3）轴外伸端密封处应涂以润滑脂。各密封装置应严格按要求安置。

6.4.5　对试验的要求

（1）空载试验　减速器装配后先做空载试验，在额定转速下正、反转 1 ～ 2 h，要求运转平稳，噪声小，连接处不松动，无渗漏等。

（2）负载试验　在额定转速、额定载荷下运转（根据要求可单向或双向运转），至油温平衡为止。对齿轮减速器，要求油池温升不超过 35 ℃；轴承温升不超过 40 ℃。对蜗杆减速器，要求油池温升不超过 60 ℃；轴承温升不超过 65 ℃。

此外，在包装和运输方面还应注意：轴外伸端及其附件应涂油包装；减速器箱体表面应涂防锈漆；减速器在包装箱内应固定牢靠；包装箱外面应写明“不可倒置”、“防雨淋”等字样。

以上技术要求不一定全部列出，有时还可以另增项目，应由设计的具体要求而定。

6.5 零件编号

为了便于读图、装配、图样管理以及做好生产准备工作，要对装配图中的所有零、部件进行编号，这种编号称为零、部件的序号。同时要编制相应的明细栏。

6.5.1 装配图中零、部件编号的基本要求

（1）装配图中所有的零、部件均应按一定顺序编号。

（2）装配图中每个完整的部件可以用单独的序号来识别。如滚动轴承、电机、通气器、油标等标准部件。同一装配图中相同的零、部件用一个序号，一般只标注一次，多处出现的相同零、部件，必要时也可重复标注，但序号只能编为一个。形状、名称一样，但尺寸不同的零件要分别编写序号。

（3）装配图中零、部件的序号，应与明细栏中的序号一致。

（4）装配图中所有的指引线和基准线应按国标 GB/T 4457.2—2003 的规定绘制。

6.5.2 装配图中序号的编写方法及规定

装配图中零、部件序号的编写包括用细实线画出指引线、基准线（或小圆），填写图中零、部件的序号。具体编写方法及规定如下：

（1）指引线应从所指部分的可见轮廓内引出，并在末端画一圆点，如图 6-3（a）所示。若所指部分内不便画圆点时（如很薄的零件或涂黑的剖面），可在指引线的末端画出箭头，并指向该部分的轮廓，如图 6-3（b）所示。

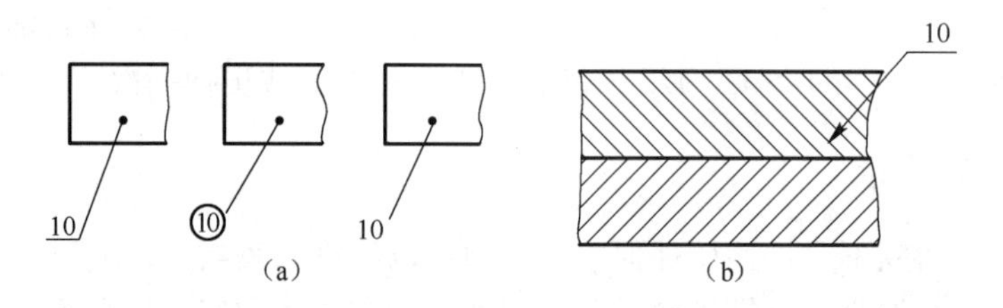

图 6-3　装配图中序号指引线的画法

（2）装配图中零、部件序号可以注写在与指引线相连的水平基准线上、圆内或在指引线的非零件端附近，序号字号比装配图中所注尺寸数字的字号大一号或两号。

（3）同一装配图中编排序号的形式应一致，即所有零、部件序号应当用同一种字型字高。

（4）指引线相互不能相交。当指引线通过有剖面线的区域时，不能与剖面线平行。必要时，指引线可以画成折线，但只可曲折一次。

一组紧固件或装配关系清楚的零件组，可以采用公共指引线，如图 6-4 所示。当序号注写在圆圈内时，指引线应直接指向圆心。

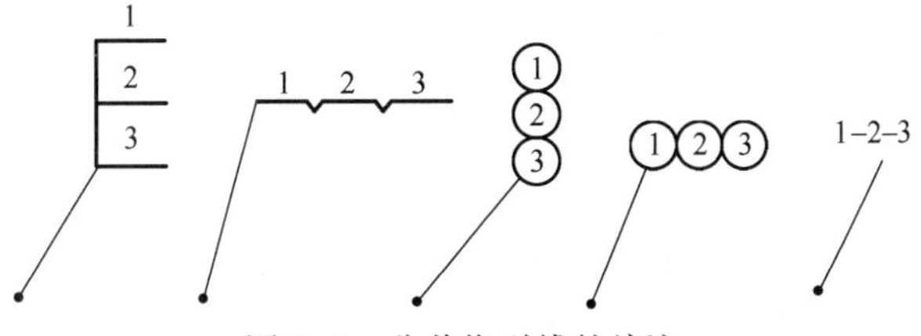

图 6-4　公共指引线的编注

（5）装配图中序号应按水平或竖直方向排列整齐。当环绕在视图周围时，序号的编写应按顺时针或逆时针方向排列；若在整个图上无法连续环绕时，可只在每个水平或竖直方向顺次排列。

（6）各零、部件序号应编写在相应零、部件的外形轮廓线之外。

（7）标准件和非标准件的序号可混合编号或分别编号。

6.6　编制标题栏和明细栏

标题栏布置在图纸的右下角，其内容和形式应按国家标准 GB/T 10609. 1—2009 的规定绘制。本书图 6-5 所示的格式仅供学习时使用。

明细栏是装配图所表示的机器（或部件）中全部零、部件的详细目录，其内容和形式应按国家标准 GB/T 10609. 2—2009《技术制图　明细栏》的规定绘制。明细栏一般应绘制在标题栏上方，如标题栏上方地方不够，可将明细栏分段绘制在标题栏的左方。本书图 6-6 所示的格式仅供学习时使用。零、部件序号应自下而上按顺序填写。对于每一个编号的零件，在明细栏上都要按序号列出其名称、代号、数量、材料及规格等。标准件须按标准规定的标记完整地写出零件名称、材料、主要尺寸及标准代号；传动件须写出主要参数，如齿轮的模数、齿数、螺旋角等，材料应注明牌号。

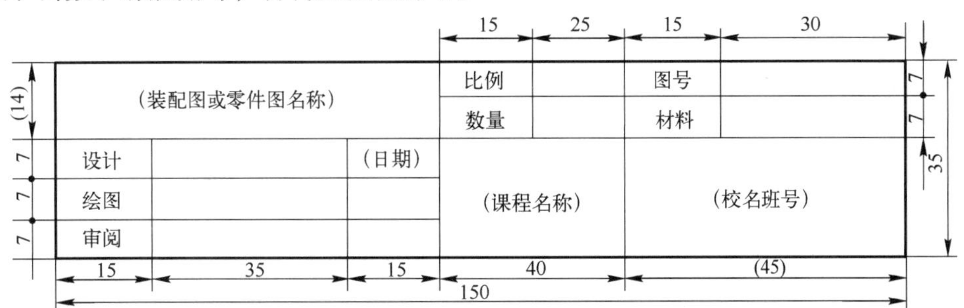

图 6-5　装配图或零件图标题栏的荐用格式（本课程用）

……	……	……	……	……	……
02	滚动轴承 7210C	2		GB/T 292—2007	
01	箱座	1	HT200		
序号	名称	数量	材料	标准	备注
10	45	10	20	40	(25)

（总宽 150；行高 7、7、10）

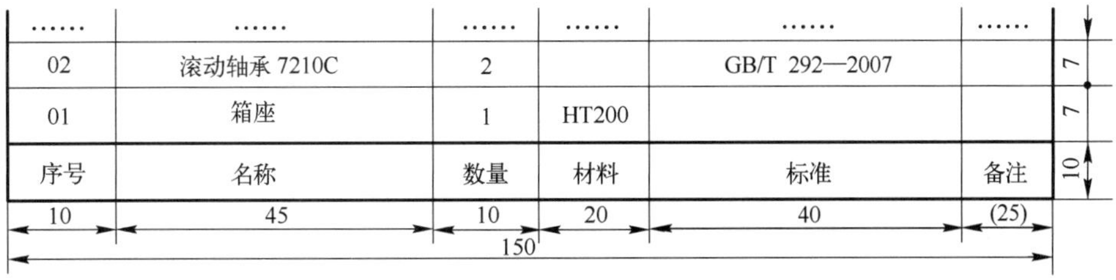

图 6-6　装配图明细栏的荐用格式（本课程用）

6.7 检查装配图

装配图中上述工作完成后，应按下列各项内容认真进行检查。

（1）装配图中传动方案布置与设计任务书的要求是否一致，如检查输入、输出轴的位置等。

（2）重要零件的结构尺寸与设计计算是否一致，如中心距、分度圆直径、轴的结构尺寸等。

（3）轴、传动件、轴承组合的结构是否合理。

（4）箱体和附件的结构及布置是否合理。

（5）视图的数量和表达方式是否恰当，投影关系是否正确，是否清楚地表达了减速器的工作原理和装配关系。

（6）图样、数字和文字是否符合国家标准；须圆整的尺寸是否已圆整；标注是否正确；配合选择是否恰当。

（7）技术特性、技术要求是否完善和正确，零件编号是否齐全，标题栏、明细栏中各项内容填写是否正确，有无遗漏。

在绘制零件工作图时，如果发现装配图中某些结构、尺寸等不合理，应及时加以修正。装配图经检查修改且画完零件图后才能加深。注意保持图面整洁，文字和数字要求清晰。

思 考 题

6-1 装配图的作用是什么？减速器装配图包括哪些主要内容？

6-2 装配图中应标注哪几类尺寸？其作用是什么？

6-3 减速器主要零件的配合与精度如何选择？传动零件与轴的配合如何选择？滚动轴承与轴和箱体的配合如何选择？

6-4 减速器装配图的技术要求主要包括哪些内容？通常注写在图纸的什么位置？

6-5 滚动轴承在安装时为什么要预留轴向游隙？游隙如何调整？

6-6 为什么要保证传动件的侧隙？侧隙如何测量？

6-7 如何检查传动件的齿面接触斑点？它与传动精度有何关系？如果不符合要求应如何调整？

6-8 减速器中哪些零件需要润滑？如何选择润滑剂？

6-9 为什么在减速器剖分面处不允许使用垫片？如何防止漏油？

6-10 装配图中零、部件序号的编写应注意些什么问题？

6-11 明细栏的作用是什么？应填写哪些内容？

6-12 检查装配图时应主要检查哪些内容？

6-13 何时加深装配图？为什么？

第7章　减速器零件图设计

零件图是零件制造、检验和制订工艺规程的基本技术文件，它既反映设计意图，又要考虑制造、使用的可能性和合理性。因此，必须保证图形、尺寸、技术要求和标题栏等零件图的基本内容完整、无误、规范、合理。

零件图是在完成装配图设计的基础上绘制的，零件图中所表达的结构和尺寸应与装配图一致。若需修改，零件图和装配图上都要修改。

每个零件应单独绘制在一个标准图幅中，图样比例优先选用1∶1。

合理安排视图，用以清楚地表达零件的结构形状及尺寸数值。主视图应最能反映零件特征，可按其工作方位或加工方位绘制，细部结构可另行放大绘制。

尺寸标注应根据零件的加工工艺过程，正确选择基准面，以利于加工和检验。尺寸标注应完整，应避免尺寸重复、遗漏，尺寸链封闭及数值差错。重要尺寸直接标出，最好标注在能反映形体特征的视图上。对要求精确的尺寸以及配合尺寸，应注明尺寸极限偏差。对于没有配合关系且精度要求不高的尺寸，极限偏差可以不标。

零件图上需要标注必要的几何公差。几何公差值可用类比法或计算法确定，但要注意各公差值的协调，应使形状公差小于位置公差，位置公差小于尺寸公差。

零件表面都应注明表面粗糙度。可以对重要表面单独标注，如果较多的表面具有相同的表面粗糙度，则可统一在图样右下角标题栏附近标注。

尺寸公差和几何公差都应按表面作用及必要的制造经济精度确定。

技术要求是指一些不便在图上用图形或符号表示，但在制造和检验时又必须保证的要求，如热处理和表面处理要求、安装要求等。它的内容随不同零件、不同要求及不同加工方法而异。

图样右下角应画出标题栏，格式与尺寸可采用国家标准，也可采用第6章中图6-5所示的课程设计推荐格式。

7.1　轴类零件图设计

7.1.1　视图

轴类零件的工作图，一般只需要一个主视图。在有键槽和孔的地方，可增加必要的断面图，对于退刀槽、中心孔等细小结构必要时应绘制局部放大图，以便确切地表达出形状并标注尺寸。

7.1.2　标注尺寸、表面粗糙度和几何公差

1. 标注尺寸

轴类零件主要标注径向尺寸和轴向尺寸。

标注径向尺寸时，对有配合关系的直径应标出尺寸极限偏差。

标注轴向尺寸时，应先选好基准面，通常可选轴孔配合端面或轴端作为基准面。尺寸标注既要反映加工工艺的要求，又要满足装配尺寸链的精度要求，不允许出现封闭尺寸，如图 7-1所示。

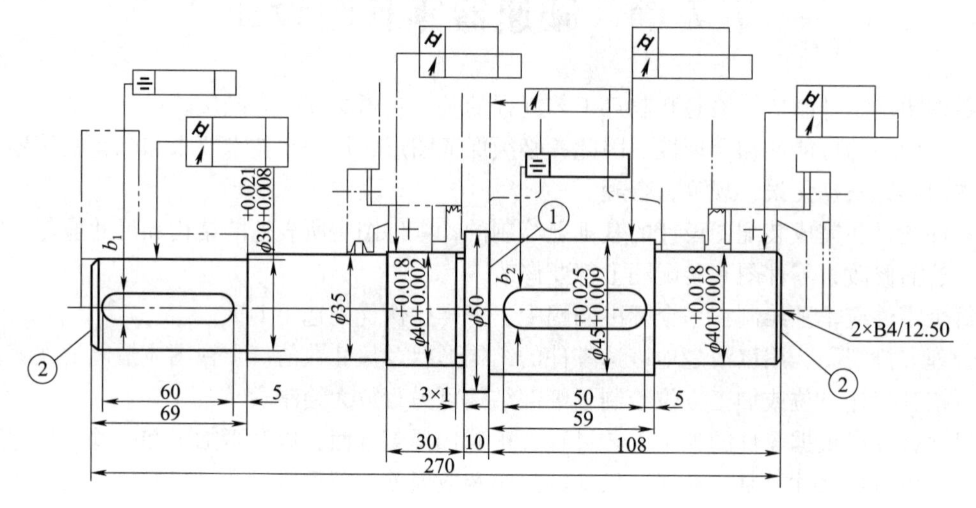

图 7-1　轴的尺寸标注

①主要基准　②辅助基准

所有尺寸应逐一标注，不可因尺寸相同而省略。对所有倒角、圆角、槽等，都应标注或在技术要求中说明。

2. 标注表面粗糙度

轴的各个表面都要加工，故各表面都应注明表面粗糙度。具体数值可查阅表 7-1。

表 7-1　轴的加工表面粗糙度 *Ra* 荐用值

<table>
<tr><th>加工表面</th><th colspan="4">表面粗糙度值（Ra）</th></tr>
<tr><td>与传动件及联轴器等轮毂相配合的表面</td><td colspan="4">1.6</td></tr>
<tr><td>与滚动轴承配合的表面</td><td colspan="4">1.0（轴承内径 d≤80 mm）　1.6（轴承内径 d>80 mm）</td></tr>
<tr><td>与滚动轴承配合的轴肩端面</td><td colspan="4">2.0（轴承内径 d≤80 mm）　2.5（轴承内径 d>80 mm）</td></tr>
<tr><td>与传动件及联轴器相配合的轴肩端面</td><td colspan="4">3.2</td></tr>
<tr><td>平键键槽</td><td colspan="4">3.2（工作表面）　6.3（非工作表面）</td></tr>
<tr><td rowspan="4">密封处的表面</td><td>毡圈密封</td><td colspan="2">密封圈密封</td><td>油沟密封</td></tr>
<tr><td colspan="3">与轴接触处的圆周速度</td><td rowspan="3">3.2～1.6</td></tr>
<tr><td>≤3 m/s</td><td>>3～5 m/s</td><td>>5～10 m/s</td></tr>
<tr><td>1.6～0.8</td><td>0.8～0.4</td><td>0.4～0.2</td></tr>
</table>

3. 标注几何公差

为了保证轴的加工精度和装配质量，在轴类零件图上还应标注几何公差。表 7-2 列出了轴的几何公差推荐项目和精度等级，供设计时参考。

表 7–2　轴的几何公差推荐项目

内容	项　目	符号	精度等级	对工作性能的影响
形状公差	与传动零件相配合直径的圆度	○	7～8	影响传动零件与轴配合的松紧及对中性
	与传动零件相配合直径的圆柱度	⌭	6	影响轴承与轴配合的松紧及对中性
	与轴承相配合直径的圆柱度			
跳动公差	齿轮的定位端面相对轴心线的端面圆跳动	↗	6～8	影响齿轮与轴承的定位及其受载均匀性
	轴承的定位端面相对轴心线的端面圆跳动		6	
	与传动零件配合的直径相对轴心线的径向圆跳动		6～8	影响传动件的运转（偏心）
	与轴承相配合的直径相对轴心线的径向圆跳动		5～6	影响轴承的运转（偏心）
位置公差	键槽对轴心线的对称度（要求不高时可不注）	⌯	7～9	影响键受载均匀性及装拆的难易

7.1.3　技术要求

轴类零件工作图上的技术要求主要包括以下几个方面：

（1）对材料的力学性能和化学成分的要求，以及允许的代用材料等。

（2）对零件表面性能的要求，如热处理方法、热处理后的硬度、渗碳深度及淬火深度等。

（3）对机械加工的要求，如是否要求保留中心孔，如果零件图上未画中心孔，应在技术要求中注明中心孔的类型及国标代号。与其他零件一起配合加工处（如配钻、配铰等）也应说明。

（4）对图中未注明的圆角、倒角的说明，以及其他特殊要求的说明，如对个别部位的修饰加工的说明，对较长的轴要求进行毛坯校直的说明等。

轴的零件图示例见本教材的第 3 部分（参考图例及设计题目）。

7.2　齿轮类零件图设计

齿轮类零件包括齿轮、蜗轮等。这类零件图中除有视图和技术要求外，还应有啮合特性表，它一般布置在图纸的右上角。

7.2.1　视图

齿轮类零件一般需要一个或两个视图表达。若用一个视图则应画出轴孔和键槽的局部视图。主视图一般按轴线水平布置，用全剖或半剖视图表示孔、键槽、轮毂、轮辐及轮缘等的基本结构。

对于组合式蜗轮结构，应分别画出齿圈和轮芯的零件图和蜗轮的组件图。为了表达齿形的有关特征及参数（如蜗杆的轴向齿距），必要时应画出断面图。齿轮轴和蜗杆轴的视图与轴类零件图相似。

7. 2. 2 标注尺寸、表面粗糙度和几何公差

1. 标注尺寸

齿轮类零件图的径向尺寸以轴线为基准标注，宽度方向的尺寸则以端面为基准标注。分度圆虽然不能直接测量，但它是设计的基本尺寸，必须标注。齿顶圆的偏差值与其是否作为测量基准有关。齿根圆直径在齿轮加工时无需测量，在图样上不必标注。轴孔是加工，测量和装配时的主要基准，应标注尺寸偏差。径向尺寸还应标注轮毂外径、轮缘内侧直径以及辐板孔的位置和尺寸等。此外，齿轮上轮毂孔的键槽尺寸及极限偏差也应标注。

锥齿轮的锥距和锥角是保证啮合的重要尺寸。标注时锥距应精确到 0. 01 mm，锥角应精确到秒，另外，基准端面到锥顶的距离会影响锥齿轮的啮合精度，应该标注。锥齿轮除齿部偏差外，其他必须标注的尺寸及偏差可参见第 18 章（参考图例）的内容。

绘制装配式蜗轮组件时，应标注齿圈和轮芯配合尺寸、精度及配合性质。

2. 标注表面粗糙度

齿轮类零件的所有表面都应标注表面粗糙度，可根据各表面工作要求查阅手册或参考表 7–3 按荐用值标注。

表 7–3 齿轮和蜗轮表面粗糙度 *Ra* 荐用值 μm

<table>
<tr><th colspan="2" rowspan="2">加 工 表 面</th><th colspan="4">传动精度等级</th></tr>
<tr><th>6</th><th>7</th><th>8</th><th>9</th></tr>
<tr><td rowspan="2">齿轮工作面</td><td>圆柱齿轮</td><td rowspan="2">1. 6 ~ 0. 8</td><td>3. 2 ~ 0. 8</td><td rowspan="2">3. 2 ~ 1. 6</td><td rowspan="2">6. 3 ~ 3. 2</td></tr>
<tr><td>锥齿轮
蜗杆及蜗轮</td><td>1. 6 ~ 0. 8</td></tr>
<tr><td colspan="2">齿顶圆</td><td colspan="4">12. 5 ~ 3. 2</td></tr>
<tr><td colspan="2">轴孔</td><td colspan="4">3. 2 ~ 1. 6</td></tr>
<tr><td colspan="2">与轴肩配合的端面</td><td colspan="4">6. 3 ~ 3. 2</td></tr>
<tr><td colspan="2">平键键槽</td><td colspan="4">6. 3 ~ 3. 2（工作面）；12. 5（非工作面）</td></tr>
<tr><td colspan="2">轮圈与轮芯的配合</td><td colspan="4">3. 2 ~ 1. 6</td></tr>
<tr><td colspan="2">其他加工表面</td><td colspan="4">12. 5 ~ 6. 3</td></tr>
</table>

3. 标注几何公差

齿轮类零件的轮坯几何公差对其传动精度影响很大，通常根据零件精度等级确定公差值。表 7–4 列出了齿轮类零件的几何公差推荐项目，供设计时参考。

7. 2. 3 啮合特性表

啮合特性表的内容包括齿轮（蜗轮）的主要参数和误差检验项目。齿轮（蜗轮）的精度等级、误差检验项目和具体数值见第 16 章的内容。表 7–5 为啮合特性表格式，供设计时参考。

表 7–4　齿轮类零件轮坯的几何公差推荐项目

类别	标 注 项 目	符号	精 度 等 级	对工作性能的影响
跳动公差	圆柱齿轮以顶圆作为测量基准时齿顶圆的径向圆跳动 锥齿轮的齿顶圆锥的径向圆跳动 蜗轮齿顶圆的径向圆跳动 蜗杆齿顶圆的径向圆跳动 基准端面对轴线的端面圆跳动	↗	按齿轮和蜗轮（蜗杆）的精度等级确定	影响齿厚的测量精度，并在切齿时产生相应的齿圈径向跳动误差。传动件的加工中心与使用中心不一致，会引起分齿不均。同时会使轴心线与机床垂直导轨不平行而引起齿向误差，影响齿面载荷分布及齿轮副间隙的均匀性
位置公差	键槽侧面对孔中心线的对称度	⌯	8～9	影响键侧面受载的均匀性及装拆难易
形状公差	轴孔的圆柱度	⌭	7～8	影响传动零件与轴配合的松紧及对中性

表 7–5　齿轮啮合特性表格式

模数	m（m_n）		精度等级		
齿数	z		相啮合齿轮图号		
压力角	α		变位系数	x	
分度圆直径	d		检验项目	代号	公差（极限偏差）
齿顶高系数	h_a^*				
顶隙系数	c^*				
齿全高	h				
螺旋角	β				
轮齿旋向	左旋或右旋				

7.2.4　技术要求

齿轮类零件图的技术要求包括：

（1）对铸件、锻件或其他类型坯件的要求。如要求不允许有氧化皮及毛刺等。

（2）对材料的力学性能和化学成分的要求，以及允许的代用材料等。

（3）对零件表面性能的要求，如热处理方法、热处理后的硬度、渗碳深度及渗氮深度等。

（4）对未注明的倒角、圆角半径的说明。

（5）对大型或高速齿轮的平衡试验要求。

（6）其他需要文字说明的事宜等。

7.3 箱体零件图设计

7.3.1 视图

铸造箱体通常设计成剖分式。箱体由箱座和箱盖组成，因此，应按箱座和箱盖两个零件分别绘制。

箱体零件的结构比较复杂，为了正确、完整、清晰地表达出箱体的结构形式和尺寸，一般需要三个视图，并辅以必要的局部视图或局部放大图。

7.3.2 标注尺寸、表面粗糙度和几何公差

1. 标注尺寸

箱体形状的尺寸标注比轴类和齿轮类零件复杂。标注尺寸时，既要考虑铸造工艺、加工工艺及测量的要求，又不能遗漏也不能重复，故应注意以下几点。

（1）要选好基准，最好是选用加工基准作为标注尺寸的基准，以便于加工和测量。

高度方向的尺寸：按所选基准面分为两个尺寸组。第一个尺寸组以箱座底平面为主要基准进行标注，如箱体高度、油标尺孔高度、放油孔高度和底座的厚度等。第二个尺寸组以分箱面为辅助基准进行标注，如分箱面的凸缘厚度和轴承旁螺栓连接凸台的高度等。此外，某些局部结构的尺寸，也可以非加工表面为基准进行标注，如凸台的高度。

宽度方向的尺寸：应以箱体的对称中心线为基准进行标注，如螺栓孔沿宽度方向的位置尺寸、箱体宽度和吊钩厚度等。

长度方向的尺寸：应以轴承座孔为主要基准进行标注，如轴承座孔中心距、轴承旁螺栓孔的位置尺寸等。

地脚螺栓孔的位置尺寸：应以箱体底座的对称中心线为基准标注。此外，还应注明地脚螺栓与轴承座孔的定位尺寸，为减速器安装定位所用。

除以上主要尺寸外，其余尺寸如检查孔、加强肋、油沟和吊钩等可按具体情况选择合适的基准进行标注。

（2）箱体尺寸可分为形状尺寸和定位尺寸，标注时应注意二者的区别。形状尺寸是表示箱体各部分形状大小的尺寸，应直接标出。如箱座和箱盖的长、宽、高及壁厚、各种孔径及深度，螺纹孔尺寸，凸缘尺寸，槽的宽度及深度，各倾斜部分的斜度等。

定位尺寸是确定箱体各部分相对于基准的位置尺寸。如孔的中心线、曲线的曲率中心及其他部位的平面与基准的距离等。对于这些尺寸一是要防止遗漏，二是注意应从基准（或辅助基准）直接标出。

（3）对于影响机器工作性能的的尺寸应直接标出，以保证加工准确性。如箱体孔的中心距等。

（4）配合尺寸应标出极限偏差。

2. 标注表面粗糙度

箱体的表面粗糙度 Ra 可查阅手册或参考表 7-6 按荐用值标注。

表 7-6　箱体表面粗糙度 *Ra* 荐用值　μm

表　　面	表面粗糙度（*Ra*）
箱体剖分面	3.2～1.6
与滚动轴承（P0 级）配合的轴承座孔 *D*	1.0（$D \leqslant 80$ mm），2.5（$D > 80$ mm）
轴承座孔外端面	6.3～3.2
螺栓孔沉头座	12.5
与轴承盖及其套杯配合的孔	3.2
油沟及检查孔的接触面	12.5
箱体底面	12.5～6.3
圆锥销孔	3.2～1.6

3. 标注几何公差

箱体的几何公差推荐项目见表 7-7。

表 7-7　箱体几何公差推荐项目

类别	标 注 项 目	符号	精度等级	对工作性能的影响
方向公差	轴承座孔中心线对端面的垂直度	⊥	7	影响轴承固定及轴向受载的均匀性
	轴承座孔中心线相互间的平行度	//	6	影响传动件的传动平稳性及载荷分布的均匀性
	锥齿轮减速器和蜗杆减速器的轴承孔中心线相互间的垂直度	⊥	7	
位置公差	两轴承座孔中心线的同轴度	◎	7	影响减速器的装配及传动零件的载荷分布的均匀性
形状公差	轴承座孔的圆柱度	⌭	7	影响箱体与轴承的配合性能及对中性
	剖分面的平面度	▱	7～8	

7.3.3　技术要求

箱体零件图的技术要求包括以下几方面的内容：

（1）剖分面上定位销孔的加工，应将箱座与箱盖用螺栓连接后进行配钻、配铰。

（2）箱座与箱盖的轴承座孔应在用螺栓连接并装入定位销后进行配镗。镗孔时，结合面禁放任何衬垫。

（3）箱座与箱盖铸成后应进行清砂、时效处理，合箱后边缘应对齐。

（4）箱座与箱盖内表面需用煤油清洗，并涂防锈漆，以防止润滑油的侵蚀和便于清洗。

（5）未注铸造斜度、倒角及圆角以及未注尺寸公差和几何公差的说明。

（6）箱体应进行消除内应力的处理等。

思　考　题

7-1　零件图的作用是什么？零件图设计主要包括哪些内容？

7-2　零件图中哪些尺寸需要圆整？

7-3　标注轴类零件的尺寸时，为什么要选取基准？如何选取基准？

7-4　轴类零件的尺寸标注如何反映加工工艺及测量的要求？

7-5　为什么不允许出现封闭的尺寸链？

7-6　标注轴类零件的长度尺寸时，应将精度要求不高的轴段选作封闭环，其长度尺寸不标注。为什么？

7-7　分析轴的表面粗糙度和几何公差对轴的加工精度和装配质量的影响？

7-8　标注齿轮类零件的尺寸时，如何选取基准？

7-9　如何选择齿轮类零件的误差检验项目？它和齿轮精度的关系如何？

7-10　为什么要标注齿轮毛坯的公差？它包括哪些项目？

7-11　标注箱体零件的尺寸时，如何选取基准？

7-12　箱体孔的中心距及其偏差如何标注？

7-13　如何标注箱体的几何尺寸？

7-14　试分析箱体的几何公差对减速器工作性能的影响？

7-15　绘制箱体零件图时，如何选取视图？

第 8 章　编写设计计算说明书和准备答辩

设计计算说明书是图纸设计的理论基础，是设计计算的整理和总结，是审核设计的技术文件之一。因此，编写设计计算说明书是设计工作的一个重要组成部分。

8.1　设计计算说明书的内容

设计计算说明书的内容根据设计对象确定，说明书的内容大致包括：

（1）目录（标题、页码）

（2）设计任务书

（3）传动方案的分析与拟定（简要说明传动方案，并对此方案优、缺点进行分析，附传动方案简图）

（4）电动机的选择，分配各级传动比，传动装置的运动及动力参数的选择和计算（计算各轴的转速、功率和转矩）

（5）传动零件的设计计算（包括减速器外传动零件和减速器内传动零件的主要尺寸和参数的计算）

（6）轴的设计计算（包括初估轴径、轴的结构设计、轴的强度校核）

（7）滚动轴承的选择和计算

（8）键连接的选择和计算

（9）联轴器的选择

（10）减速器箱体的设计

（11）减速器的润滑和密封的选择，润滑剂牌号选择和装油量计算

（12）设计小结（对课程设计的体会，设计的优缺点和改进意见等）

（13）参考资料（按序号、作者、书名、出版单位和出版时间顺序列出）

8.2　设计计算说明书的要求与注意事项

设计计算说明书应包含在设计中所考虑的主要问题和全部计算内容，要求计算正确、论述清楚、文字精炼、插图简明、书写工整。同时，还应注意以下事项：

（1）计算内容的书写，应列出计算公式，代入有关数据，不必列出运算过程，最后写出计算结果并标明单位，写出简短的结论或说明，如“满足强度条件”、“所选轴承符合使用条件”等。

（2）所引用的计算公式和数据应注明来源。主要参数、尺寸和规格以及主要的计算结果，可写在每页右侧的“计算结果”栏中。

（3）为了清楚地说明计算内容，说明书应附有必要的简图，如传动方案简图、轴的结

构简图、受力图、弯矩图和转矩图等。

（4）全部计算中所使用的符号应前后一致，各参量的数值应标明单位，其单位要统一。

8.3 设计计算说明书的书写格式

设计计算说明书的封面格式参考图 8-1（a），设计计算说明书编写格式参考图 8-1（b）所示。

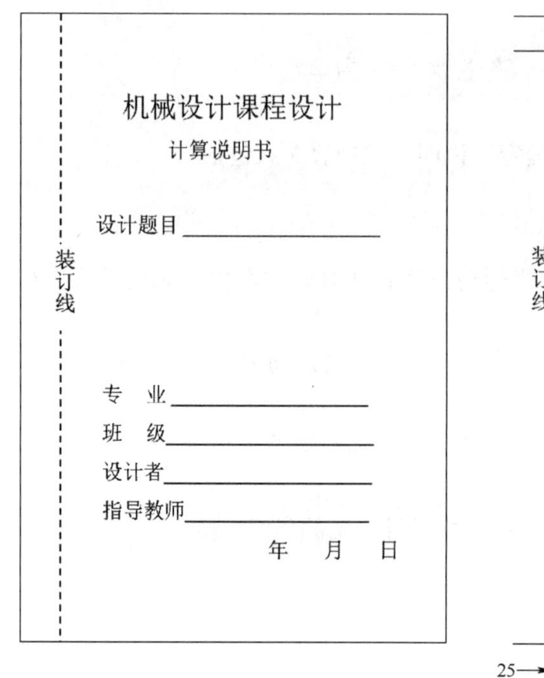

（a）

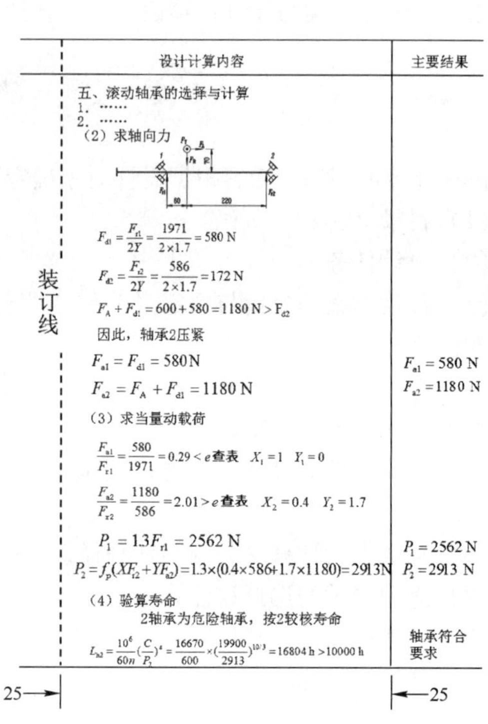

（b）

图 8-1 封面及说明书格式

8.4 准备答辩

答辩是课程设计的最后一个环节。通过准备答辩，可以系统地回顾和总结整个设计过程的内容：总体方案确定、动力计算、零件受力分析、材料选择、工作能力计算、主要参数及尺寸确定、结构设计、设计资料和标准的运用，零件的加工工艺性、使用和维护等方面的知识；全面分析本次设计的优缺点，指出今后在设计时应注意的问题；初步掌握机械设计的方法和步骤，提高分析和解决工程实际问题的能力。

在答辩前，应将装订好的设计计算说明书、叠好的图纸一起装入资料袋，准备进行答辩。

在学生系统总结的基础上，通过答辩，找出设计计算和图纸中存在的问题，进一步把尚未考虑到的问题搞清楚，扩大设计中取得的收获，以达到课程设计的目的和要求。

课程设计成绩的评定，是以设计图纸、设计计算说明书、答辩中回答问题的情况为依据，并考虑学生在设计过程中的表现给出综合成绩。

第 2 部分
机械设计常用标准和规范

第9章　一般标准

一般标准见表9-1 ～ 表9-21。

表9-1　国内部分标准代号

国内标准代号	标准名称	国内标准代号	标准名称
GB	强制性国家标准	LD	劳动和劳动安全行业标准
GB/T	推荐性国家标准	LY	林业行业标准
GJB	国家军用标准	MH	民用航空行业标准
TJ	国家工程标准	MT	煤炭行业标准
BB	包装行业标准	NY	农业行业标准
CB	船舶行业标准	QB	原轻工行业标准
CH	测绘行业标准	QC	汽车行业标准
DA	档案工作行业标准	QJ	航天工业行业标准
DL	电力行业标准	SB	国内贸易行业标准
DZ	地质矿业行业标准	SH	石油化工行业标准
EJ	核工业行业标准	SJ	电子行业标准
FZ	纺织行业标准	SL	水利行业标准
GA	社会公共安全行业标准	SY	石油天然气行业标准
GY	广播电影电视行业标准	SC	水产行业标准
HB	航空工业行业标准	TB	铁道行业标准
HG	化工行业标准	WB	物资行业标准
HJ	环境保护行业标准	WJ	兵工民品行业标准
HS	海关行业标准	WM	对外经济贸易行业标准
HY	海洋行业标准	WS	原卫生部标准
JB	机械行业标准	XB	稀土行业标准
JB/Z	机械工业指导性技术文件	YB	黑色冶金行业标准
JC	建材行业标准	YD	通信行业标准
JG	建筑工业行业标准	YS	有色冶金行业标准
JJ	原国家建委、城建部标准	YY	医药行业标准
JT	交通行业标准	YZ	邮政局行业标准
JY	教育行业标准		

表9-2　国外部分标准代号

国外标准代号	标准名称	国外标准代号	标准名称
ANSI	美国国家标准	JIS	日本工业标准
BS	英国标准	KS	韩国标准
CSA	加拿大标准	NB	巴西标准
DIN	德国标准	UNE	西班牙标准
IRAM	阿根廷标准	UNI	意大利标准

表9-3　图框格式和图辐尺寸

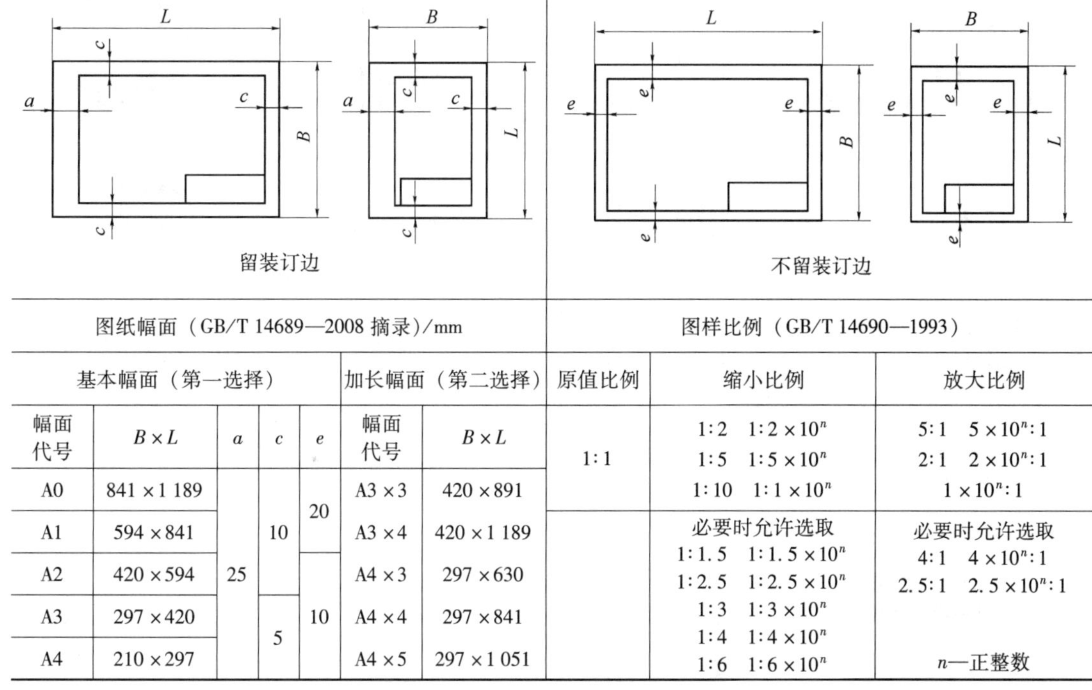

<table>
<tr><th colspan="7">图纸幅面（GB/T 14689—2008 摘录）/mm</th><th colspan="3">图样比例（GB/T 14690—1993）</th></tr>
<tr><th colspan="5">基本幅面（第一选择）</th><th colspan="2">加长幅面（第二选择）</th><th>原值比例</th><th>缩小比例</th><th>放大比例</th></tr>
<tr><td>幅面代号</td><td>$B\times L$</td><td>a</td><td>c</td><td>e</td><td>幅面代号</td><td>$B\times L$</td><td rowspan="2">1∶1</td><td rowspan="2">1∶2　1∶2×10^n
1∶5　1∶5×10^n
1∶10　1∶1×10^n</td><td rowspan="2">5∶1　5×10^n∶1
2∶1　2×10^n∶1
1×10^n∶1</td></tr>
<tr><td>A0</td><td>841×1 189</td><td rowspan="5">25</td><td rowspan="3">10</td><td rowspan="2">20</td><td>A3×3</td><td>420×891</td></tr>
<tr><td>A1</td><td>594×841</td><td>A3×4</td><td>420×1 189</td><td rowspan="4"></td><td rowspan="4">必要时允许选取
1∶1.5　1∶1.5×10^n
1∶2.5　1∶2.5×10^n
1∶3　1∶3×10^n
1∶4　1∶4×10^n
1∶6　1∶6×10^n</td><td rowspan="4">必要时允许选取
4∶1　4×10^n∶1
2.5∶1　2.5×10^n∶1

n—正整数</td></tr>
<tr><td>A2</td><td>420×594</td><td rowspan="3">10</td><td>A4×3</td><td>297×630</td></tr>
<tr><td>A3</td><td>297×420</td><td rowspan="2">5</td><td>A4×4</td><td>297×841</td></tr>
<tr><td>A4</td><td>210×297</td><td>A4×5</td><td>297×1 051</td></tr>
</table>

注：1. 加长幅面的图框尺寸按所选用的基本幅面大一号图框尺寸确定，例如对 A3×4，按 A2 的图框尺寸确定，即 e 为 10（或 c 为 10）；

2. 加长幅面（第三选择）的尺寸见 GB/T 14689。

明细栏格式（本课程用）

……	……	……	……	……	……
02	滚动轴承 7210C	2		GB/T 292—2007	
01	箱座	1	HT200		
序号	名称	数量	材料	标准	备注
10	45	10	20	40	(25)

总宽 150；行高 7、7、10。

装配图或零件图标题栏格式（本课程用）

<table>
<tr><td rowspan="2" colspan="3">（装配图或零件图名称）</td><td>比例</td><td></td><td>图号</td><td></td></tr>
<tr><td>数量</td><td></td><td>材料</td><td></td></tr>
<tr><td>设计</td><td></td><td>（日期）</td><td rowspan="3" colspan="2">（课程名称）</td><td rowspan="3" colspan="2">（校名班号）</td></tr>
<tr><td>绘图</td><td></td><td></td></tr>
<tr><td>审阅</td><td></td><td></td></tr>
</table>

列宽：15、35、15、40、(45)，上方 15、25、15、30；总宽 150。行高：(14)、7、7、7；右侧 7、7、35。

注：主框线型为粗实线（b）；分格线为细实线（$b/2$）。

表 9-4 剖面符号

名　称		符　号	名　称	符　号
金属材料（已有规定剖面符号者除外）		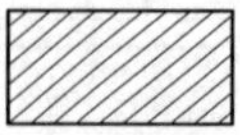	木质胶合板（不分层数）	
线圈绕组元件		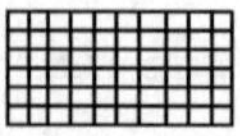	基础周围的泥土	
转子、电枢、变压器和电抗器等的迭钢片		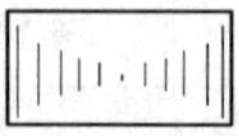	混凝土	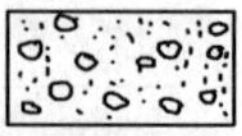
型砂、填砂、粉末冶金、砂轮、陶瓷刀片、硬质合金刀片等		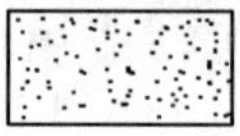	钢筋混凝土	
玻璃及供观察用的其他透明材料		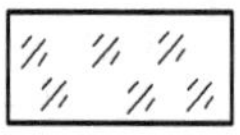	砖	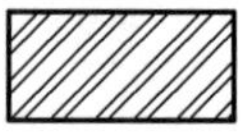
木材	纵剖面		格网（筛网、过滤网等）	
	横剖面	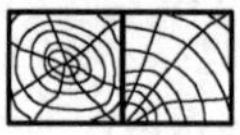	液体	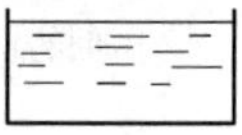

注：1. 剖面符号仅表示材料的类别，材料的名称和代号必须另行注明。
2. 迭钢片的剖面线方向，应与束装中迭钢片的方向一致。
3. 液面用细实线绘制。
4. 另有 GB/T 17453—2005《技术制图　图样画法　剖面区域的表示法》适用于各种技术图样，如机械、电气，建筑和土木工程图样等，所以机械制图应同时执行 GB/T 17453—2005 的规定。

表 9-5 机械制图中的线型及应用（GB/T 4457.4—2002 摘录）

名　称	宽　度	形　式	一般应用
粗实线	b		可见轮廓线 可见过渡线
细实线	约 $b/2$		尺寸线、分界线、引出线、辅助线、剖面线，不连续同一表面的连线
虚线	约 $b/2$		不可见轮廓线 不可见过渡线
双点划线	约 $b/2$		相邻辅助零件轮廓线 极限位置轮廓线
细点划线	约 $b/2$		轴线、节线、节圆、对称线
波浪线	约 $b/2$		视图与剖视图的分界线 断裂处的边界线

注：图线宽线 b 推荐系列为 0.25 mm、0.35 mm、0.5 mm、0.7 mm、1 mm、1.4 mm、2 mm。

表 9-6 标准尺寸（直径、长度、高度等）（GB/T 2822—2005 摘录） mm

R 系列			R′系列		
R10	R20	R40	R′10	R′20	R′40
1.00	1.00		1.0	1.0	
	1.12			**1.1**	
1.25	1.25		**1.2**	**1.2**	
	1.40			1.4	
1.60	1.60		1.6	1.6	
	1.80			1.8	
2.00	2.00		2.0	2.0	
	2.24			**2.2**	
2.50	2.50		2.5	2.5	
	2.80			2.8	
3.15	3.15		**3.0**	**3.0**	
	3.55			**3.5**	
4.00	4.00		4.0	4.0	
	4.50			4.5	
5.00	5.00		5.0	5.0	
	5.60			**5.5**	
6.30	6.30		**6.0**	**6.0**	
	7.10			**7.0**	
8.00	8.00		8.0	8.0	
	9.00			9.0	
10.00	10.00		10.0	10.0	
	11.2			**11**	
12.5	12.5	12.5	**12**	**12**	12
		13.2			**13**
	14.0	14.0		14	14
		15.0			15
16.0	16.0	16.0	16	16	16
		17.0			17
	18.0	18.0		18	18
		19.0			19
20	20.0	20.0	20	20	20
		21.2			**21**
	22.4	22.4		**22**	**22**
		23.6			**24**
25.0	25.0	25.0	25	25	25
		26.5			**26**
	28.0	28.0		28	28
		30.0			30
31.5	31.5	31.5	**32**	**32**	32
		33.5			**34**
	35.5	35.5		**36**	**36**
		37.5			**38**
40.0	40.0	40.0	40	40	40
		42.5			**42**
	45.0	45.0		45	45
		47.5			**48**
50.0	50.0	50.0	50	50	50
		53.0			53
	56.0	56.0		56	56
		60.0			60
63.0	63.0	63.0	63	63	63
		67.0			67
	71.0	71.0		71.0	71
		75.0			75
80.0	80.0	80.0	80	80	80
		85.0			85
	90.0	90.0		90	90
		95.0			95
100.0	100.0	100.0	100	100	100
		106			**105**
	112	112		**110**	**110**
		118			**120**
125	125	125	125	125	125
		132			**130**
	140	140		140	140
		150			150
160	160	160	160	160	160
		170			170
	180	180		180	180
		190			190
200	200	200	200	200	200
		212			**210**
	224	224		**220**	**220**
		236			**240**
250	250	250	250	250	250
		265			**260**
	280	280		280	280
		300			300
315	315	315	**320**	**320**	**320**
		335			**340**
	355	355		**360**	**360**
		375			**380**
400	400	400	400	400	400
		425			**420**
	450	450		450	450
		475			**480**
500	500	500	500	500	500
		530			530
	560	560		560	560
		600			600
630	630	630	630	630	630
		670			670
	710	710		710	710
		750			750
800	800	800	800	800	800
		850			850
	900	900		900	900
		950			950
1 000	1 000	1 000	1 000	1 000	1 000

注：1. “标准尺寸”为直径、长度、高度等系列尺寸。

2. R′系列中的黑体字，为 R 系列相应各项优先数的化整值。

3. 选择尺寸时，优先选用 R 系列，按照 R10、R20、R40 的顺序。如必须将数值圆整，可选择相应的 R′系列，应按照 R′10、R′20、R′40 的顺序选择。

表 9-7　机构运动简图符号（GB/T 4460—2013）

名　称	基本符号	可用符号	名　称	基本符号	可用符号
机架 轴、杆 构件组成部分与轴（杆）的固定连接			联轴器 一般符号（不指明类型） 固定联轴器 可移式联轴器 弹性联轴器		
齿轮传动（不指明齿线） 圆柱齿轮 锥齿轮 蜗轮与圆柱蜗杆			啮合式离合器 单向式 摩擦离合器 单向式		
			制动器 一般符号	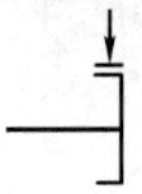	
摩擦传动 圆柱轮 圆锥轮			轴承 向心轴承 普通轴承 滚动轴承 推力轴承 单向推力 普通轴承 推力滚动轴承 向心推力轴承 单向向心推力 普通轴承 双向向心推力 普通轴承 向心推力 滚动轴承		
带传动 一般符号（不指明类型） 链传动 一般符号（不指明类型）		若需指明类型用下列符号： V 带传动 滚子链传动	弹簧 压缩弹簧 拉伸弹簧	ϕ或□	
螺杆传动整体螺母			电动机 一般符号	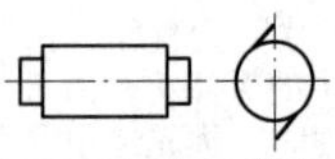	

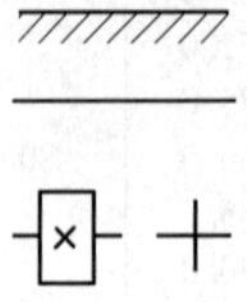

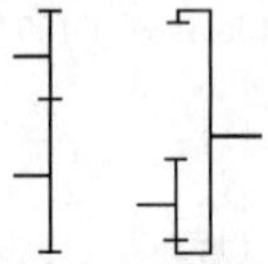

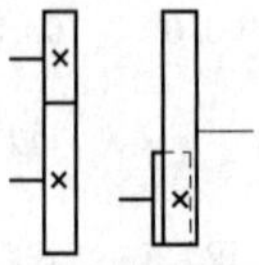

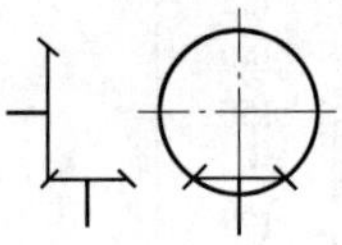

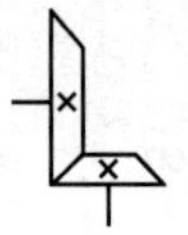

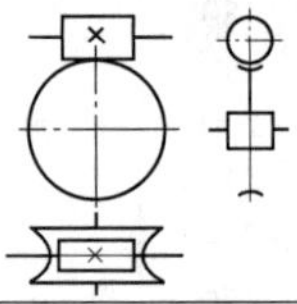

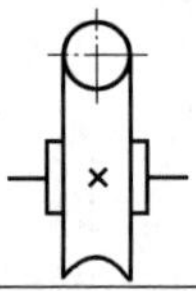

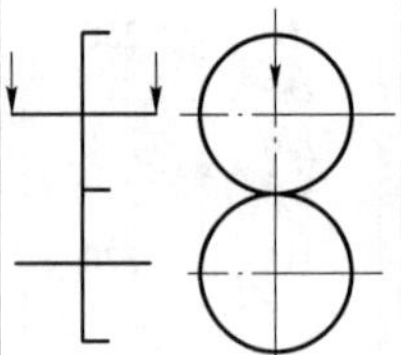

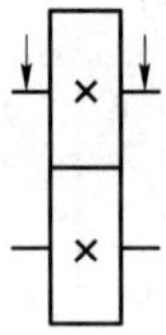

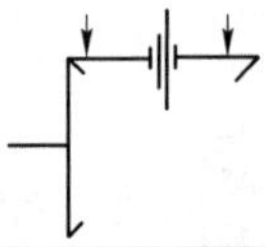

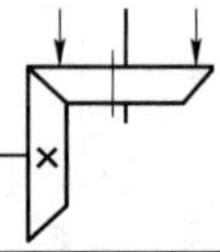

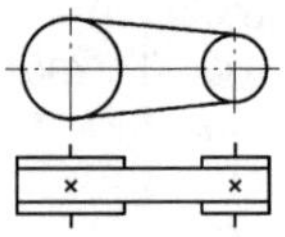

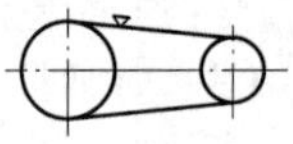

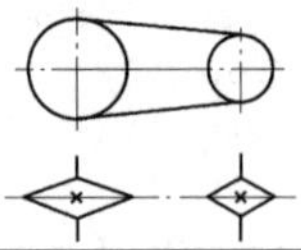

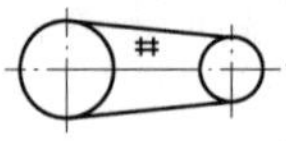

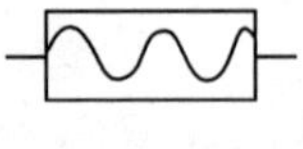

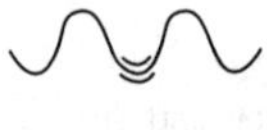

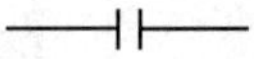

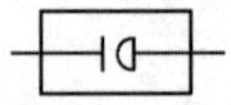

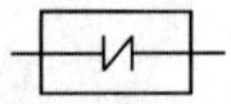

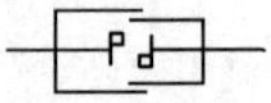

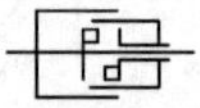

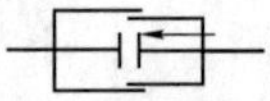

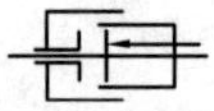

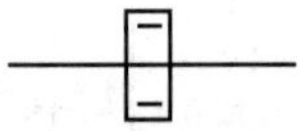

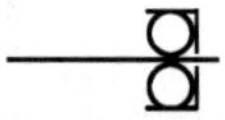

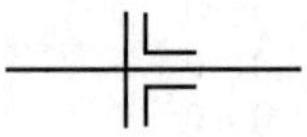

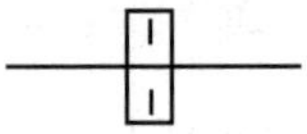

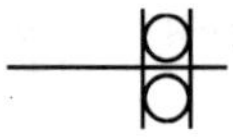

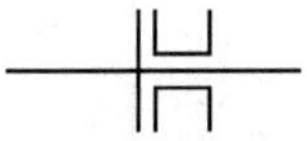

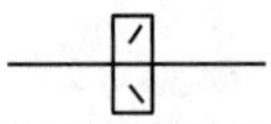

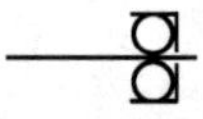

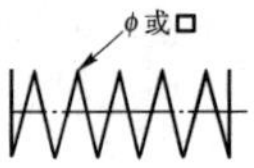

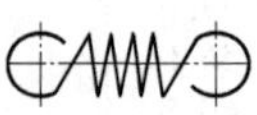

表 9-8 中心孔（GB/T 145—2001 摘录）

mm

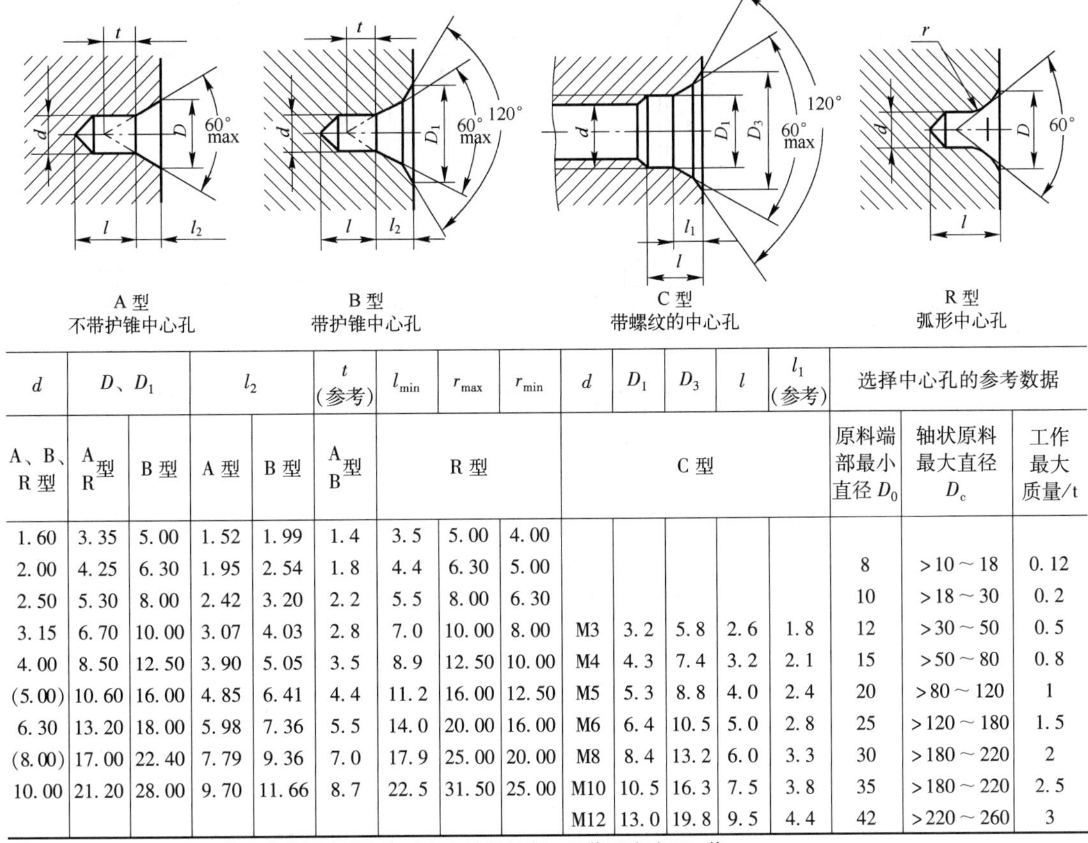

d	D、D_1		l_2		t（参考）	l_{min}	r_{max}	r_{min}	d	D_1	D_3	l	l_1（参考）	选择中心孔的参考数据		
A、B、R 型	A 型 R	B 型	A 型	B 型	A 型 B	R 型			C 型					原料端部最小直径 D_0	轴状原料最大直径 D_c	工作最大质量/t
1.60	3.35	5.00	1.52	1.99	1.4	3.5	5.00	4.00								
2.00	4.25	6.30	1.95	2.54	1.8	4.4	6.30	5.00						8	>10～18	0.12
2.50	5.30	8.00	2.42	3.20	2.2	5.5	8.00	6.30						10	>18～30	0.2
3.15	6.70	10.00	3.07	4.03	2.8	7.0	10.00	8.00	M3	3.2	5.8	2.6	1.8	12	>30～50	0.5
4.00	8.50	12.50	3.90	5.05	3.5	8.9	12.50	10.00	M4	4.3	7.4	3.2	2.1	15	>50～80	0.8
(5.00)	10.60	16.00	4.85	6.41	4.4	11.2	16.00	12.50	M5	5.3	8.8	4.0	2.4	20	>80～120	1
6.30	13.20	18.00	5.98	7.36	5.5	14.0	20.00	16.00	M6	6.4	10.5	5.0	2.8	25	>120～180	1.5
(8.00)	17.00	22.40	7.79	9.36	7.0	17.9	25.00	20.00	M8	8.4	13.2	6.0	3.3	30	>180～220	2
10.00	21.20	28.00	9.70	11.66	8.7	22.5	31.50	25.00	M10	10.5	16.3	7.5	3.8	35	>180～220	2.5
									M12	13.0	19.8	9.5	4.4	42	>220～260	3

注：1. A 型和 B 型中心孔的尺寸 l 取决于中心钻的长度，此值不应小于 t 值。
2. 括号内的尺寸尽量不采用。
3. 选择中心孔的参考数据不属 GB/T 145 内容，仅供参考。

表 9-9 中心孔表示法（GB/T 4459—1999 摘录）

标注示例	解释	标注示例	解释
GB/T 4459.5–B3.15/10	B 型中心孔 d=3.15 mm，D_1=10 mm 零件上要求保留中心孔	GB/T 4459.5–A4/8.5	A 型中心孔 d=4 mm，D=8.5 mm 零件上不允许保留中心孔
GB/T 4459.5–A4/8.5	A 型中心孔 d=4 mm，D=8.5 mm 零件上是否保留中心孔都可以	2×GB/T 4459.5–B3.15/10	同一轴的两端中心孔相同，可只在其一端标注，但应注出数量

表 9-10 滚花（GB/T 6403.3—2008） mm

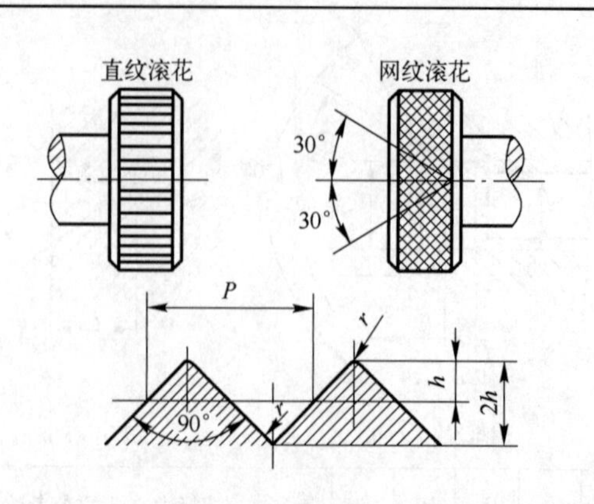

模数 m	h	r	节距 P
0.2	0.132	0.06	0.628
0.3	0.198	0.09	0.942
0.4	0.264	0.12	1.257
0.5	0.326	0.16	1.571

模数 $m=0.3$，直纹滚花（或网纹滚花）的标记示例：
直纹（或网纹）m0.3 GB/T 6403.3—2008

注：1. 滚花前工件表面粗糙度轮廓算术平均偏差 $Ra\leqslant 12.5\ \mu m$。
2. 滚花后工件直径大于滚花前直径，其值 $\Delta\approx(0.8\sim1.6)m$，$m$ 为模数。

表 9-11 一般用途圆锥的锥度与锥角（GB/T 157—2001 摘录）

$$C=\frac{D-d}{L}$$

$$C=2\tan\frac{\alpha}{2}=1:\frac{1}{2}\cot\frac{\alpha}{2}$$

基本值	推算值		应用举例
	圆锥角 α	锥度 C	
120°		1:0.288 675	螺纹孔内倒角、填料盒内填料的锥度
90°		1:0.500 000	沉头螺钉头、螺纹倒角、轴的倒角
60°		1:0.866 025	车床顶尖、中心孔
45°		1:1.207 107	轻型螺旋管接口的锥形密合
30°		1:1.866 025	摩擦离合器
1:3	18°55′28.7″		有极限扭矩的摩擦圆锥离合器
1:5	11°25′16.3″		易拆机件的锥形连接、锥形摩擦离合器
1:10	5°43′29.3″		受轴向力及横向力的锥形零件的结合面、电动机及其他机械的锥形轴端
1:20	2°51′51.1″		机床主轴锥度、刀具尾柄、公制锥度铰刀、圆锥螺栓
1:30	1°54′34.9″		装柄的铰刀及扩孔钻
1:50	1°8′45.2″		圆锥销、定位销、圆锥销孔的铰刀
1:100	0°34′22.6″		承受陡振及静、变载荷的不需拆开的连接机件
1:200	0°17′11.3″		承受陡振及冲击变载荷的需拆开的连接零件、圆锥螺栓

表 9-12 回转面及端面砂轮越程槽（GB/T 6403.5—2008 摘录）

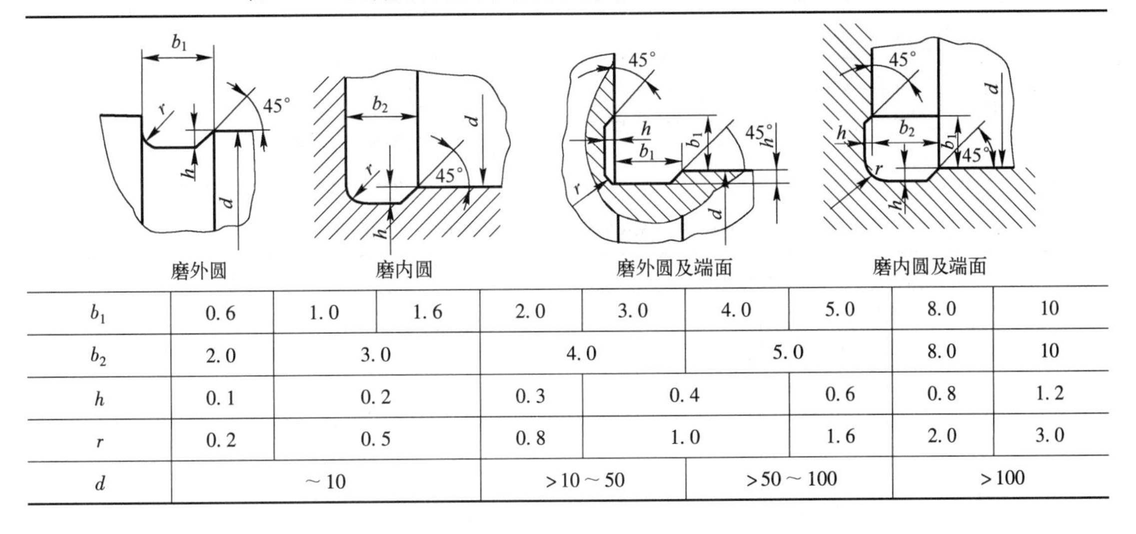

b_1	0.6	1.0	1.6	2.0	3.0	4.0	5.0	8.0	10
b_2	2.0	3.0		4.0		5.0		8.0	10
h	0.1	0.2		0.3	0.4		0.6	0.8	1.2
r	0.2	0.5		0.8	1.0		1.6	2.0	3.0
d	~10			>10~50		>50~100		>100	

表 9-13 零件倒圆与倒角（GB/T 6403.4—2008 摘录）

倒圆、倒角形式	内角、外角分别为倒圆、倒角（45°）的四种装配形式

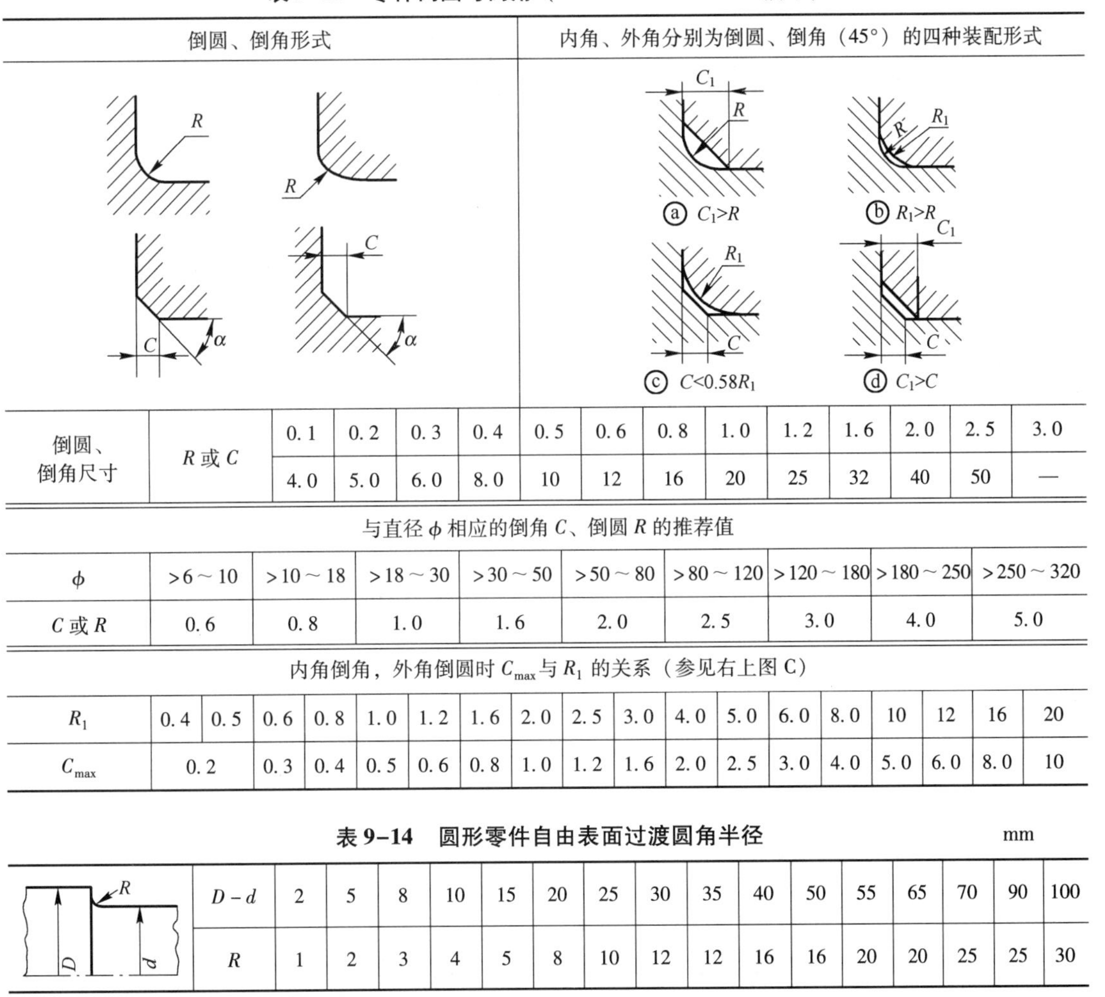

倒圆、倒角尺寸	R 或 C	0.1	0.2	0.3	0.4	0.5	0.6	0.8	1.0	1.2	1.6	2.0	2.5	3.0
		4.0	5.0	6.0	8.0	10	12	16	20	25	32	40	50	—

与直径 ϕ 相应的倒角 C、倒圆 R 的推荐值

ϕ	>6~10	>10~18	>18~30	>30~50	>50~80	>80~120	>120~180	>180~250	>250~320
C 或 R	0.6	0.8	1.0	1.6	2.0	2.5	3.0	4.0	5.0

内角倒角，外角倒圆时 C_{max} 与 R_1 的关系（参见右上图 C）

R_1	0.4	0.5	0.6	0.8	1.0	1.2	1.6	2.0	2.5	3.0	4.0	5.0	6.0	8.0	10	12	16	20
C_{max}	0.2		0.3	0.4	0.5	0.6	0.8	1.0	1.2	1.6	2.0	2.5	3.0	4.0	5.0	6.0	8.0	10

表 9-14 圆形零件自由表面过渡圆角半径

mm

（图：R、D、d）	D－d	2	5	8	10	15	20	25	30	35	40	50	55	65	70	90	100
	R	1	2	3	4	5	8	10	12	12	16	16	20	20	25	25	30

表 9-15　轴肩和轴环尺寸（参考）　　mm

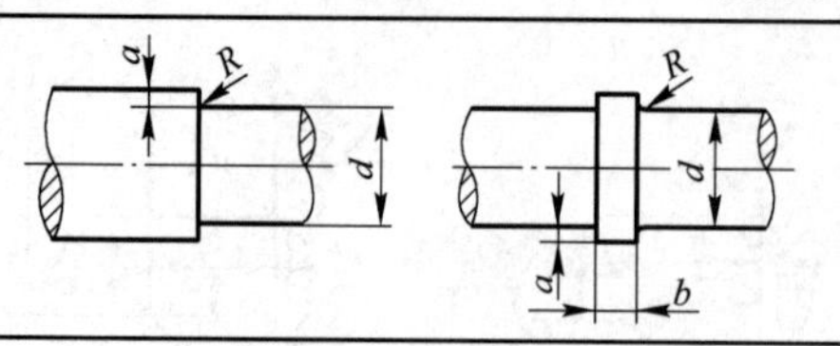

$a=(0.07-0.1)d$
$b\approx1.4a$
定位用 $a>R$
R—倒圆半径，见表 1-25

表 9-16　齿轮滚刀外径尺寸（GB/T 6083—2016 摘录）

小尺寸单头齿轮滚刀

类型	模数 m Ⅰ系列	模数 m Ⅱ系列	外径 D/mm	孔径 d/mm
1	0.5	—	24	8
	—	0.55		
	0.6	—		
	—	0.7		
	—	0.75		
	0.8	—		
	—	0.9		
	1.0	—		
2	0.5	—	32	10
	—	0.55		
	0.6	—		
	—	0.7		
	—	0.75		
	0.8	—		
	—	0.9		
	1.0	—		
	—	1.25		
	1.25	—	40	
	—	1.375		
	1.50	—		
	—	1.75		
	2.0	—		
3	0.5	—	32	13
	—	0.55		
	0.6	—		
	—	0.7		
	—	0.75		
	0.8	—		
	—	0.9		
	1.0	—		
	—	1.125		
	1.25	—	40	
	—	1.375		
	1.5	—		
	—	1.75		
	2.0	—		

单头齿轮滚刀

模数 m Ⅰ系列	模数 m Ⅱ系列	外径 D/mm	孔径 d/mm
1	—	50	22
—	1.125		
1.25	—		
—	1.375		
1.5	—	55	
—	1.75		
2	—	65	27
—	2.25		
2.5	—	70	
—	2.75		
3	—	75	32
—	3.5	80	
4	—	85	
—	4.5	90	
5	—	95	
—	5.5	100	
6	—	105	
—	6.5	110	
—	7	115	
8	—	120	
—	9	125	
10	—	130	
—	11	150	40
12	—	160	
—	14	180	
16	—	200	50
—	18	220	
20	—	240	60
—	22	250	
25	—	280	
—	28	320	80
32	—	350	
—	36	380	
40	—	400	

表 9-17 齿轮加工退刀槽（GB/T 6403.4—2008 摘录）

插齿空刀槽

模数	1.5	2	2.5	3	4	5	6	7	8	9	10	12	14	16
h_{min}	5	5	6			7			8			9		
b_{min}	4	5	6	7.5	10.5	13	15	16	19	22	24	28	33	38
r	0.5				1.0									

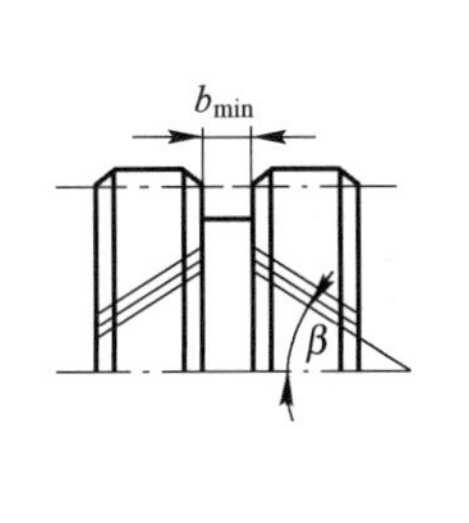

滚切人字齿轮退刀槽

法向模数 m_n	螺旋角 β 25°	30°	35°	40°	法向模数 m_n	螺旋角 β 25°	30°	35°	40°
	b_{min}					b_{min}			
4	46	50	52	54	10	94	100	104	108
5	58	58	62	64	12	118	124	130	136
6	64	66	72	74	14	130	138	146	152
7	70	74	78	82	16	148	158	165	174
8	78	82	86	90	18	164	175	184	192
9	84	90	94	98	20	185	198	208	218

表 9-18 铸件最小壁厚 mm

铸型种类	铸件尺寸	铸钢	灰铸铁	球墨铸铁	可锻铸铁	铝合金	镁合金	高锰钢
砂型	≤200×200	6～8	5～6	6	4～5	3	—	20
	>200×200～500×500	10～12	6～10	12	5～8	4	3	
	>500×500	18～25	15～20	—	—	5～7	—	
金属型	≤70×70	5	4	—	2.5～3.5	2～3	—	
	>70×70～150×150	—	5	—	3.5～4.5	4	2.5	
	>150×150	10	6	—	—	5	—	

注：1. 一般铸造条件下，各种灰铸铁的最小允许壁厚：HT100、HT150 为 4～6 mm；HT200 为 6～8 mm；HT250 为 8～15 mm。

2. 如有特殊需要，在改善铸造条件下，灰铸铁最小壁厚可达 3 mm，可锻铸铁可小于 3 mm。

表 9-19 壁厚过渡尺寸

<table>
<tr><td rowspan="3"></td><td rowspan="3">$b \leq 2a$</td><td>铸铁</td><td colspan="11">$R \geq \left(\frac{1}{3} \sim \frac{1}{2}\right)\left(\frac{a+b}{2}\right)$</td></tr>
<tr><td rowspan="2">铸钢、可锻铸铁、有色金属</td><td>$\frac{a+b}{2}$</td><td><12</td><td>12～16</td><td>16～20</td><td>20～27</td><td>27～35</td><td>35～45</td><td>45～60</td><td>60～80</td><td>80～110</td><td>110～150</td></tr>
<tr><td>R</td><td>6</td><td>8</td><td>10</td><td>12</td><td>15</td><td>20</td><td>25</td><td>30</td><td>35</td><td>40</td></tr>
<tr><td rowspan="2"></td><td rowspan="2">$b>2a$</td><td>铸铁</td><td colspan="11">$L \geq 4(b-a)$</td></tr>
<tr><td>钢</td><td colspan="11">$L \geq 4(b-a)$</td></tr>
<tr><td></td><td colspan="2">$b<1.5a$</td><td colspan="11">$R=\frac{2a+b}{2}$</td></tr>
<tr><td></td><td colspan="2">$b>1.5a$</td><td colspan="11">$R=4a, L=4(a+b)$</td></tr>
</table>

表 9-20　铸造斜度

斜度 $b:h$	角度 β	使用范围
1∶5	11°30′	$h<25$ mm 的钢和铁铸件
1∶10 1∶20	5°30′ 3°	h 在 25 ~ 500 mm 时的钢和铁铸件
1∶50	1°	$h>500$ mm 时的钢和铁铸件
1∶100	30′	有色金属铸件

注：当设计不同壁厚的铸件时，在转折点处的斜角最大还可增大到 30°~ 45°。

表 9-21　铸造外圆角（JB/ZQ 4256—2006 摘录）

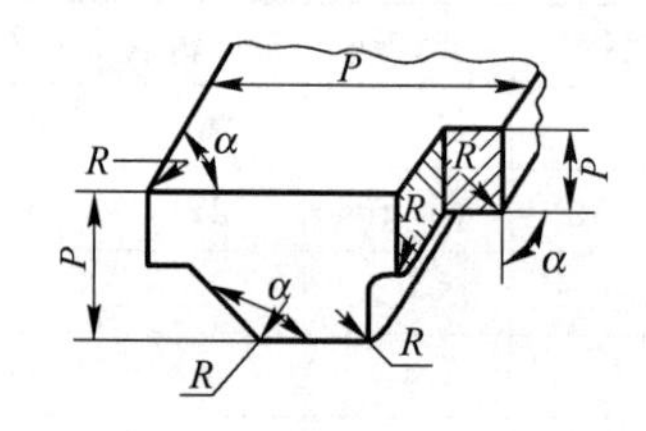

表面的最小边尺寸 P/mm	R/mm					
	外圆角 α					
	<50°	51°~ 75°	76°~ 105°	106°~ 135°	136°~ 165°	>165°
≤25	2	2	2	4	6	8
>25 ~ 60	2	4	4	6	10	16
>60 ~ 160	4	4	6	8	16	25
>160 ~ 250	4	6	8	12	20	30
>250 ~ 400	6	8	10	16	25	40
>400 ~ 600	6	8	12	20	30	50

表 9-22 铸造内圆角（JB/ZQ 4255—2006 摘录）

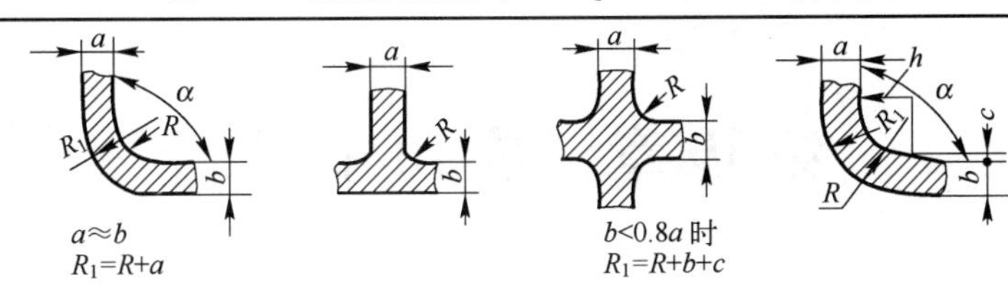

$\frac{a+b}{2}$	R/mm											
	内圆角 α											
	≤50°		>50°～75°		>75°～105°		>105°～135°		>135°～165°		>165°	
	钢	铁	钢	铁	钢	铁	钢	铁	钢	铁	钢	铁
≤8	4	4	4	4	6	4	8	6	16	10	20	16
9～12	4	4	4	4	6	6	10	8	16	12	25	20
13～16	4	4	6	4	8	6	12	10	20	16	30	25
17～20	6	4	8	6	10	8	16	12	25	20	40	30
21～27	6	6	10	8	12	10	20	16	30	25	50	40

c 和 h/mm					
b/a		<0.4	>0.4～0.65	>0.65～0.8	>0.8
$c\approx$		$0.7(a-b)$	$0.8(a-b)$	$a-b$	—
$h\approx$	钢	$8c$			
	铁	$9c$			

表 9-23 加 强 肋

中部的肋	两边的肋
$H\leqslant5\delta$ $a=0.8\delta$ $s=1.25\delta$ $r=0.5\delta$	$H\leqslant5\delta$ $a=\delta$ $s=1.25\delta$ $r=0.3\delta$ $r_1=0.25\delta$

表 9-24 凸 座

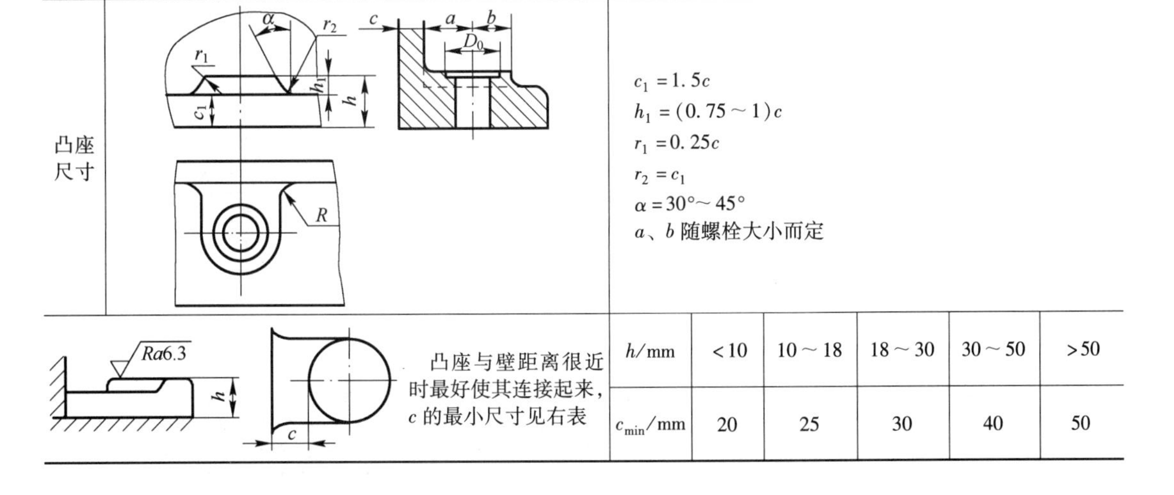

凸座尺寸

$c_1=1.5c$

$h_1=(0.75\sim1)c$

$r_1=0.25c$

$r_2=c_1$

$\alpha=30°\sim45°$

a、b 随螺栓大小而定

凸座与壁距离很近时最好使其连接起来，c 的最小尺寸见右表

h/mm	<10	10～18	18～30	30～50	>50
c_{min}/mm	20	25	30	40	50

第10章 常用材料

10.1 黑色金属材料

常用材料见表10-1～表10-25。

表10-1 金属材料中常用化学元素名称及符号

名称	铬	镍	硅	锰	铝	磷	硫	钨	钼	钒	钛	铜	铁	硼	钴	氮	钙	碳	铅	锡	锑	锌
符号	Cr	Ni	Si	Mn	Al	P	S	W	Mo	V	Ti	Cu	Fe	B	Co	N	Ca	C	Pb	Sn	Sb	Zn

表10-2 钢的常用热处理方法及应用

名称	说明	应用
退火（焖火）	退火是将钢件（或钢坯）加热到相变点以上30～50℃保温一段时间，然后再缓慢地冷却下来（一般用炉）	用来消除铸、锻、焊零件的内应力，降低硬度，以易于切削加工，细化金属晶粒，改善组织，增加韧度
正火（正常化）	正火是将钢件加热到相变点以上30～50℃，保温一段时间，然后在空气中冷却，冷却速度比退火快	用来处理低碳和中碳结构钢材及渗碳零件，使其组织细化，增加强度及韧度，减小内应力，改善切削性能
淬火	淬火是将钢件加热到相变点以上，保温一段时间，然后放入水、盐水或油中（个别材料在空气中）急剧冷却，使其得到高硬度	用来提高钢的硬度和强度极限。但淬火时会引起内应力使钢变脆，所以淬火后必须回火
回火	回火是将淬硬的钢件加热到相变点以下，保温一段时间，然后在空气中或油中冷却下来	用来消除淬火后的脆性和内应力，提高钢的塑性和冲击韧度
调质	淬火后高温回火	用来使钢获得高的韧度和足够的强度，很多重要零件是经过调质处理的
表面淬火	仅对零件表层进行淬火。使零件表层有高的硬度和耐磨性，而心部保持原有的强度和韧度	常用来处理轮齿的表面
时效	将钢加热≤120～130℃，长时间保温后，随炉或取出在空气中冷却	用来消除或减小淬火后的微观应力，防止变形和开裂，稳定工件形状及尺寸以及消除机械加工的残余应力
渗碳	使表面增碳，渗碳层深度0.4～6 mm或>6 mm，硬度为56～65 HRC	增加钢件的耐磨性能、表面硬度、抗拉强度及疲劳极限 适用于低碳、中碳（w_C <0.40%）结构钢的中小型零件和大型的重负荷、受冲击、耐磨的零件
碳氮共渗	使表面增加碳与氮，扩散层深度较浅，为0.02～3.0 mm；硬度高，在共渗层为0.02～0.04 mm时具有66～70 HRC	增加结构钢、工具钢制件的耐磨性能、表面硬度和疲劳极限，提高刀具切削性能和使用寿命 适用于要求硬度高、热处理变形小、耐磨的中、小型及薄片的零件和刀具等
渗氮	表面增氮，氮化层为0.025～0.8 mm，而渗氮时间需40～50 h，硬度很高（1 200 HV），耐磨、抗蚀性能高	增加钢件的耐磨性能、表面硬度、疲劳极限和抗蚀能力 适用于结构钢和铸铁件，如气缸套、气门座、机床主轴、丝杠等耐磨零件，以及在潮湿碱水和燃烧气体介质的环境中工作的零件，如水泵轴、排气阀等零件

表10-3 常用热处理工艺及代号（GB/T 12603—2005 摘录）

工艺	代号	工艺	代号	工艺代号意义
退火	511	表面淬火和回火	521	例： 513－O 513：热处理(5)、工艺类型（整体热处理）(1)、工艺名称（淬火）(3) O：冷却介质（油）
正火	512	感应淬火和回火	521－04	
调质	515	火焰淬火和回火	521－05	
淬火	513	渗碳	531	
空冷淬火	513－A	固体渗碳	531－09	
油冷淬火	513－O	盐浴（液体）渗碳	531－03	
水冷淬火	513－W	可控气氛（气体）渗碳	531－01	
感应加热淬火	513－04	渗氮	533	
淬火和回火	514	碳氮共渗	532	

表10-4 灰铸铁（GB/T 9439—2010 摘录）

牌号	铸件壁厚/mm		单铸试棒最小抗拉强度 R_m/MPa	铸件本体预期抗拉强度 R_m/MPa	应用举例
	>	≤			
HT100	5	40	100	—	盖、外罩、油盘、手轮、手把、支架等
HT150	5	10	150	155	端盖、汽轮泵体、轴承座、阀壳、管及管路附件、手轮、一般机床底座、床身及其他复杂零件、滑座、工作台等
	10	20		130	
	20	40		110	
HT200	5	10	200	205	气缸、齿轮、底架、箱体、飞轮、齿条、衬套、一般机床铸有导轨的床身及中等压力（8 MPa 以下）的油缸、液压泵和阀的壳体等
	10	20		180	
	20	40		155	
HT225	5	10	225	230	
	10	20		200	
	20	40		170	
HT250	5	10	250	250	阀壳、油缸、气缸、联轴器、箱体、齿轮、齿轮箱体、飞轮、衬套、凸轮、轴承座等
	10	20		225	
	20	40		195	
HT275	10	20	275	250	
	20	40		220	
HT300	10	20	300	270	齿轮、凸轮、车床卡盘、剪床及压力机的床身、导板、转塔自动车床及其他重负荷机床铸有导轨的床身、高压油缸、液压泵和滑阀的壳体等
	20	40		240	
HT350	10	20	350	315	
	20	40		280	

表 10-5 球墨铸铁（GB/T 1348—2019 摘录）及应用

牌号	抗拉强度 R_m	屈服强度 $R_{p0.2}$	断后伸长率 A（%）	供参考	应用举例
	MPa			硬度 HBW	
	最小值				
QT400-18 QT400-15	400 400	250 250	18 15	120～175 120～180	减速器箱体、齿轮、拨叉、阀门、阀盖、高低压气缸、吊耳、离合器壳
QT450-10 QT500-7	450 500	310 320	10 7	160～210 170～230	油泵齿轮、车辆轴瓦、减速器箱体、齿轮、轴承座、阀门体、凸轮、犁铧、千斤顶底座
QT600-3 QT700-2	600 700	370 420	3 2	190～270 225～305	齿轮轴、曲轴、凸轮轴、机床主轴、缸体、连杆、矿车轮、农机零件
QT800-2 QT900-2	800 900	480 600	2 2	245～335 280～360	曲轴、凸轮轴、连杆、杠杆、履带式拖拉机链轨板、车床刀架体

注：表中数据系由单铸试块测定的力学性能。

表 10-6 一般工程用铸造碳钢（GB/T 11352—2009 摘录）

牌 号	抗拉强度 R_m	屈服强度 $R_{eH}(R_{p0.2})$	断后伸长率 A(%)	根据合同选择		硬 度		应用举例
				断面收缩率 Z	冲击吸收功 A_{KV}	正火回火	表面淬火	
	MPa		%		J	HBW	HRC	
	最 小 值							
ZG200－400	400	200	25	40	30			各种形状的机件，如机座、变速箱壳等
ZG230－450	450	230	22	32	25	≥131		铸造平坦的零件，如机座、机盖、箱体，工作温度在 450℃以下的管路附件等。焊接性良好
ZG270－500	500	270	18	25	22	≥143	40～45	各种形状的机件，如飞轮、机架、蒸汽锤、桩锤、联轴器、水压机工作缸、横梁等。焊接性尚可
ZG310－570	570	310	15	21	15	≥153	40～50	各种形状的机件，如联轴器、气缸、齿轮、齿轮圈及重负荷机架等
ZG340－640	640	340	10	18	10	169～229	45～55	起重运输机中的齿轮、联轴器及重要的机件等

注：1. 各牌号铸钢的性能，适用于厚度为 100 mm 以下的铸件，当厚度超过 100 mm 时，仅表中规定的 $R_{p0.2}$ 屈服强度可供设计使用。
2. 表中力学性能的试验环境温度为（20±10）℃。
3. 表中硬度值非 GB/T 11352—2009 内容，仅供参考。

表 10-7 碳素结构钢（GB/T 11352700—2006 摘录）

牌号	等级	力学性能													冲击试验		应用举例
		屈服强度 R_{eH}/MPa						抗拉强度 R_m /MPa	断后伸长率 A（%）						温度/℃	V 型冲击吸收功（纵向）A_{KV}/J	
		钢材厚度（直径）/mm							钢材厚度（直径）/mm								
		≤16	>16～40	>40～60	>60～100	>100～150	>150		≤40	>40～60	>60～100	>100～150	>150～200			
		不小于							不小于							不小于	
Q195	—	(195)	(185)	—	—	—	—	315～430	33	—	—	—	—	—	—	塑性好，常用其轧制薄板、拉制线材、制钉和焊接钢管
Q215	A	215	205	195	185	175	165	335～450	31	30	29	27	26	—	—	金属结构件、拉杆、套圈、铆钉、螺栓、短轴、心轴、凸轮（载荷不大的）、垫圈、渗碳零件及焊接件
	B													20	27	
Q235	A	235	225	215	205	195	185	370～500	26	25	24	22	21	—	—	金属结构构件，心部强度要求不高的渗碳或碳氮共渗零件、吊钩、拉杆、套圈、气缸、齿轮、螺栓、螺母、连杆、轮轴、楔、盖及焊接件
	B													20	27	
	C													0		
	D													-20		
Q275	A	275	265	255	245	235	225	410～540	22	21	20	18	17	—	—	轴、轴销、刹车杆、螺母、螺栓、垫圈、连杆、齿轮以及其他强度较高的零件，焊接性尚可
	B													20	27	
	C													—		
	D													-20		

注：括号内的数值仅供参考。表中 A、B、C、D 为 4 种质量等级。

表 10-8 优质碳素结构钢（GB/T 699—2015 摘录）

牌号	推荐热处理温度/℃			试件毛坯尺寸/mm	力学性能					钢材交货状态硬度 HBW		应用举例
	正火	淬火	回火		抗拉强度 R_m	下屈服强度 R_{eL}	断后伸长率 A	断面收缩率 Z	冲击吸收能量 KU_2	未热处理	退火钢	
					MPa		（%）		J			
					不小于		不小于		不小于	不大于		
08	930	—	—	25	325	195	33	60	—	131	—	垫片、垫圈、管材、摩擦片等
10	930	—	—	25	335	205	31	55	—	137	—	拉杆、卡头、垫片、垫圈等
20	910	—	—	25	410	245	25	55	—	156		杠杆、轴套、螺钉、吊钩等
25	900	870	600	25	450	275	23	50	71	170	—	轴、辊子、联接器、垫圈、螺栓等
35	870	850	600	25	530	315	20	45	55	197	—	连杆、圆盘、轴销、轴等
40	860	840	600	25	570	335	19	45	47	217	187	齿轮、链轮、轴、键、销、轧辊、曲柄销、活塞杆、圆盘等
45	850	840	600	25	600	355	16	40	39	229	197	

续上表

牌号	推荐热处理温度/℃			试件毛坯尺寸/mm	力学性能					钢材交货状态硬度HBW		应用举例
					抗拉强度 R_m	下屈服强度 R_{eL}	断后伸长率 A	断面收缩率 Z	冲击吸收能量 KU_2			
					MPa		(%)		J			
	正火	淬火	回火		不小于		不小于		不小于	未热处理	退火钢	
										不大于		
50	830	830	600	25	630	375	14	40	31	241	207	齿轮、轧辊、轴、圆盘等
60	810	—	—	25	675	400	12	35	—	255	229	轧辊、弹簧、凸轮、轴等
20Mn	910	—	—	25	450	275	24	50	—	197	—	凸轮、齿轮、联轴器、铰链等
30Mn	880	860	600	25	540	315	20	45	63	217	187	螺栓、螺母、杠杆、制动踏板等
40Mn	860	840	600	25	590	355	17	45	47	229	207	轴、曲轴、连杆、螺栓、螺母等
50Mn	830	830	600	25	645	390	13	40	31	255	217	齿轮、轴、凸轮、摩擦盘等
65Mn	830	—	—	25	735	430	9	30	—	285	229	弹簧、弹簧垫圈等

注：适用于公称直径或厚度不大于250 mm的热轧和锻制优质碳素结构钢棒材。牌号和化学成分也适用于钢锭、钢坯和其他截面的钢材及其制品。

表 10-9　弹簧钢（GB/T 1222—2007 摘录）

牌号	热处理温度			力学性能					交货状态硬度/HBW		应用举例
	淬火温度/℃	淬火介质	回火温度/℃	抗拉强度 R_m	屈服强度 R_{eL}	断后伸长率 A	断后伸长率 $A_{11.3}$	断面收缩率 Z	不大于		
				MPa		%			热轧	冷拉+热处理	
				不小于							
65	840	油	500	980	785		9	35	285	321	调压调速弹簧，柱塞弹簧，测力弹簧，一般机械的圆、方螺旋弹簧
70	830		480	1 030	835		8	30			
65Mn	830	油	540	980	785		6	30	302	321	小尺寸的扁、圆弹簧，座垫弹簧，发条、离合器簧片，弹簧环，刹车弹簧
55SiMnVB	860	油	460	1 375	1 225		5	25	321	321	汽车、拖拉机、机车的减震板簧和螺旋弹簧、气缸安全阀簧，止回阀簧，250℃以下使用的耐热弹簧
55SiCrA			450	1 450	1 300	6		30			
60Si2Mn	870		480	1 275	1 180		5	25			
60Si2MnA			440	1 570	1 375			20			
55CrMnA	830～860	油	460～510	1 225	1 080（$R_{p0.2}$）	9		20	321	321	用于车辆、拖拉机上负荷较重、应力较大的板簧和直径大的螺旋弹簧
60CrMnA			460～520								
60Si2CrA	870	油	420	1 765	1 570	6		20	321（热轧+热处理）	321	用于高应力及温度在（300～350）℃以下使用的弹簧，如调速器、破碎机、汽轮机汽封用弹簧
60Si2CrVA	850		410	1 860	1 665						

注：1. 表中所列性能适用于截面尺寸≤80 mm的钢材，对＞80 mm的钢材允许其A、Z值较表内规定分别降低1个单位及5个单位。

2. 除规定热处理上下限外，表中热处理允许偏差为：淬火±20℃，回火±50℃。

表 10-10　合金结构钢（GB/T 3077—2015 摘录）

牌号	热处理				截面尺寸（试样直径）/mm	力学性能					硬度		应用举例
	淬火		回火			抗拉强度 R_m	下屈服强度 R_{eL}	断后伸长率 A	断面收缩率 Z	冲击吸收能量 KU_2	钢材退火或高温回火供应状态的布式硬度		
	温度/℃	冷却剂	温度/℃	冷却剂		MPa		（%）		J	压痕直径/mm	HBW①	
						≥					≥	≤	
20Mn2	850 880	水、油	200 440	水、空气	15	785	590	10	40	47	4.4	187	小齿轮、小轴、钢套、链板等，渗碳淬火 56～62HRC
35Mn2	840	水	500	水	25	835	685	12	45	55	4.2	207	重要用途的螺栓及小轴等，可代替 40Cr，表面淬火 40～50HRC
35SiMn	900	水	570	水、油	25	885	735	15	45	47	4.0	229	冲击韧度高，可代替 40Cr，部分代替 40CrNi，用于轴、齿轮、紧固件等，表面淬火 45～55HRC
42SiMn	880		590	水					40				
20SiMnVB	900	油	200	水、空气	15	1 175	980	10	45	55	4.2	207	可代替 18CrMnTi、20CrMnTi 做齿轮等，渗碳淬火 56～62HRC
37SiMn2MoV	870	水、油	650	水、空气	25	980	835	12	50	63	3.7	269	重要的轴、连杆、齿轮、曲轴表面淬火 50～55HRC
35CrMo	850	油	550	水、油	25	980	835	12	45	63	4.0	229	可代替 40CrNi 做大截面齿轮和重载传动轴等，表面淬火 56～62HRC
40Cr	850	油	520	水、油	25	980	785	9	45	47	4.2	207	重要调质零件、如齿轮、轴、曲轴、连杆、螺栓等，表面淬火 48～55HRC
20CrNi	850	水、油	460	水、油	25	785	590	10	50	63	4.3	197	重要渗碳零件，如齿轮、轴、花键轴、活塞销等
20CrMnTi	第 1 次 880 第 2 次 870	油	200	水、空气	15	1 080	850	10	45	55	4.1	217	是 18CrMnTi 的代用钢，用于要求强度、韧度高的重要渗碳零件，如齿轮、轴、蜗杆、离合器等

①为参考值。

表 10-11　非调质机械结构钢（GB/T 15712—2008 摘录）

序号	牌　号	钢材直径或边长 /mm	抗拉强度 R_m/MPa	屈服强度 R_{eL}/MPa	断后伸长率 A/%	断面收缩率 Z/%
1	F35VS	≤40	≥590	≥390	≥18	≥40
2	F40VS	≤40	≥640	≥420	≥16	≥35
3	F45VS	≤40	≥685	≥440	≥15	≥30
4	F30MnVS	≤60	≥700	≥450	≥14	≥30
5	F35MnVS	≤40	≥735	≥460	≥17	≥35
6	F38MnVS	≤60	≥800	≥520	≥12	≥25
7	F40MnVS	≤40	≥785	≥490	≥15	≥33
8	F45MnVS	≤40	≥835	≥510	≥13	≥28

10.2　有色金属材料

表 10-12　铸造铜合金、铸造铝合金和铸造轴承合金

合金牌号	合金名称（或代号）	铸造方法	合金状态	力学性能（不低于）				应用举例
				抗拉强度 R_m	屈服强度 $R_{p0.2}$	断后伸长率 A	布氏硬度 HBW	
				MPa		（%）		
铸造铜合金（GB/T 1176—2013 摘录）								
ZCuSnSPb5Zn5	5-5-5 锡青铜	S、J、R		200	90	13	60①	较高载荷，中速下工作的耐磨、耐蚀件，如轴瓦、衬套、缸套及蜗轮等
		Li、La		250	100		65①	
ZCuSn10Pb1	10-1 锡青铜	S、R		220	130	3	80①	高负荷（20 MPa 以下）和高速（8 m/s）下工作的耐磨件，如连杆、衬套、轴瓦、蜗轮等
		I		310	170	2	90①	
		Li		330	170	4		
		La		360	170	6		
ZCuSn10Pb5	10-5 锡青铜	S		195		10	70	耐蚀、耐酸件及破碎机衬套、轴瓦等
		J		245				
ZCuPb17Sn4Zn4	17-4-4 铅青铜	S		150		5	55	一般耐磨件、轴承等
		J		175		7	60	
ZCuA110Fa3	10-3 铝青铜	S		490	180	13	100①	要求强度高、耐磨、耐蚀的零件，如轴套、螺母、蜗轮、齿轮等
		J		540	200	15	110①	
		Li、La		540	200	15		
ZCuA110Fa3Mn2	10-3-2 铝青铜	S、R		490		15	110	
		J		540		20	120	

续上表

合金牌号	合金名称（或代号）	铸造方法	合金状态	力学性能（不低于） 抗拉强度 R_m	 屈服强度 $R_{p0.2}$	 断后伸长率 A	 布氏硬度 HBW	应用举例
				MPa		（%）		
铸造铜合金（GB/T 1176—2013 摘录）								
ZCuZn38	38 黄铜	S		295		30	60	一般结构件和耐蚀件，如法兰、阀座、螺母等
		J					70	
ZCuZn40Pb2	40-2 铅黄铜	S、R		220	95	15	80①	一般用途的耐磨、耐蚀件，如轴套、齿轮等
		J		280	120	20	90①	
ZCuZn35Al2Mn2Fe1	35-2-2-1 铝黄铜	S		450	170	20	100①	管路配件和要求不高的耐磨件
		J		475	200	18	110①	
		Li、La						
ZCuZn38Mn2Pb2	38-2-2 锰黄铜	S		245		10	70	一般用途的结构件、如套筒、衬套、轴瓦、滑块等
		J		345		18	80	
铸造铝合金（GB/T 1173—2013 摘录）								
ZAlSi12	ZL102 铝硅合金	SB、JB、RB、KB	F	145		4	50	气缸活塞以及高温工作的承受冲击载荷的复杂薄壁零件
			T2	135		4		
ZAlSi12	ZL102 铝硅合金	J	F	155		2	50	气缸活塞以及高温工作的承受冲击载荷的复杂薄壁零件
			T2	145		3		
ZAlSi9Mg	ZL104 铝硅合金	S、J、R、K	F	150		2	50	形状复杂的高温静载荷或受冲击作用的大型零件，如风机叶片、水冷气缸头
		J	T1	200		1.5	65	
		SB、RB、KB	T6	230		2	70	
		J、JB	T6	240		2	70	
ZAlMg5Si1	ZL303 铝镁合金	S、J、R、K	F	143		1	55	高耐蚀性或在高温下工作的零件
ZAlZn11Si7	ZL401 铝锌合金	S、R、K	T1	195		2	80	铸造性能较好，可不热处理。用于形状复杂的大型薄壁零件，耐蚀性差
		J		245		1.5	90	
铸造轴承合金（GB/T 1174—1992 摘录）								
ZSnSb12Pb10Cu4 ZSnSb11Cu6	锡基轴承合金	J					29 27	汽轮机、压缩机、机车、发电机、球磨机、轧机减速器、发动机等各种机器的滑动轴承衬
ZPbSb16Sn16Cu2 ZPbSb15Sn5	铅基轴承合金	J					30 20	

注：1. 铸造方法代号：S—砂型铸造；J—金属型铸造；Li—离心铸造；La—连续铸造；R—熔模铸造；K—壳型铸造；B—变质处理。

2. 合金状态代号：F—铸态；T1—人工时效；T2—退火；T6—固溶处理加人工完全时效。

①为参考值。

表 10-13 铜及铜合金拉制棒材的力学性能（GB/T 4423—2007 摘录）

牌号	状态	直径、对边距 /mm	抗拉强度 R_m/MPa	断后伸长率 A/%	牌号	状态	直径、对边距 /mm	抗拉强度 R_m/MPa	断后伸长率 A/%
			不小于					不小于	
T2 T3	Y	3～40	275	10	H65	Y	3～40	390	
		40～60	245	12		M	3～40	295	44
		60～80	210	16	H62	Y_2	3～30	370	18
	M	3～80	200	40			40～80	335	24
TU1 TU2 TP2	Y	3～80			H68	Y_2	3～12	370	18
							12～40	315	30
							40～80	295	34
H96	Y	3～40	275	8		M	13～35	295	50
		40～60	245	10	HPb61-1	Y_2	3～20	390	11
		60～80	205	14	HPb59-1	Y_2	3～20	420	12
	M	3～80	200	40			20～40	390	14
H90	Y	3～40	330				40～80	370	19
H80	Y	3～40	390		HPb61-0.1 H63	Y_2	3～20	370	18
	M	3～40	275	50			20～40	340	21

表 10-14 铜及铜合金板材的力学性能（GB/T 2040—2008 摘录）

牌号	状态	厚度 /mm	抗拉强度 R_m /MPa（min）	断后伸长率 A/%（min）	牌号	状态	厚度 /mm	抗拉强度 R_m /MPa（min）	断后伸长率 A/%（min）
T2	R	4～14	≥195	≥30	H80	M	0.3～10	≥265	≥50
T3	M	0.3～10	≥205	≥30		Y		≥390	≥3
TP1	Y_1		215～275	≥25	H70	R	4～14	≥290	≥40
TP2	Y_2		245～345	≥8	H70 H68 H65	M	0.3～10	≥290	≥40
TU1	Y		295～380			Y_1		325～410	≥35
TU2	T		≥350			Y_2		355～440	≥25
H96	M	0.3～10	≥215	≥30		Y		410～540	≥10
	Y		≥320	≥3		T		520～620	≥3
H90	M	0.3～10	≥245	≥35		TY		≥570	
	Y_2		305～380	≥5	H63 H62	R	4～14	≥290	≥30
	Y		≥390	≥3		M	0.3～10	≥290	≥35
H85	M	0.3～10	≥260	≥35		Y_1		350～470	≥20
	Y_2		305～380	≥15		Y		410～630	≥10
	Y		≥350	≥3		T		≥585	≥2.5

注：状态 Y—硬；M—软；Y_2—半硬；T—特硬；R—热加工状态。

表 10-15 铝及铝合金挤压棒材的力学性能（GB/T 3191—2010 摘录）

牌号	状态	直径、对边距 /mm	抗拉强度 R_m/MPa	断后伸长率 A/%	牌号	状态	直径、对边距 /mm	抗拉强度 R_m/MPa	断后伸长率 A/%
			不小于					不小于	
3003	H112	≤250	90	25	2A06	T1、T6	>22～100	440	9
5A03	H112	≤150	175	13			>100～150	430	10
5A05			265	15	6A02		≤150	295	12
5A06			315	15	2A50			355	12
5A12			370	15	2A14		≤22	440	10
2A11	T1、T4	≤150	370	12			>22～150	450	10
2A12		≤22	390	12	6061	T6	≤150	260	9
		>22～150	420	12		T4		180	14
2A13		≤22	315	4	6063	T5	≤200	175	8
		>22～150	345	4		T6	≤150	215	10
2A02	T1、T6	≤150	430	10			>150～200	195	10
2A16			355	8	7A04 7A09	T1、T6	≤22	490	7
2A06		≤22	430	10			>22～150	530	6

表 10-16 铝及铝合金板材的力学性能（GB/T 3880. 2—2006 摘录）

牌号	状 态	抗拉强度 R_m/MPa	牌号	状 态	抗拉强度 R_m/MPa	牌号	状 态	抗拉强度 R_m/MPa
1070	O	55～95	3005	O、H111	115～165	5A03	O	195
	H12、H22	70～100		H12	145～195		H14、H24	225
	H14、H24	85～120		H14	170～215		H112	165～185
	H16、H26	100～135		H16	195～240	5A05	O	275
	H18	120		H18	220		H112	255～275
	H112	55～75		H22	145～195	5052	O、H111	170～215
1060	O	60～100		H24	170～215		H12	210～260
	H12、H22	80～120		H26	195～240		H14	230～280
	H14、H24	95～135		H28	220		H16	250～300
	H16、H26	110～155	3102	H18	160		H18	270
	H18	125	5182	O、H111	255～315		H22、H32	210～260
	H112	60～75		H19	380		H24、H34	230～280
5A03	O	195	5A03	O	195		H26、H36	250～300
	H14、H24	225		H14、H24	225		H38	270
	H12	165～185		H112	165～185		H112	170～190

注：状态代号：O—退火状态；H1 * —单纯加工硬化状态；H2 * —加工硬化后不完全退火状态。
H 后面第 2 位数字表示最终加工硬化强度；H 后面第 3 位数字表示影响产品性能的特殊处理。

10.3 非金属材料

表 10-17 常用工程塑料性能

品种	力学性能							热性能				应用举例
	抗拉强度/MPa	抗压强度/MPa	抗弯强度/MPa	伸长率(%)	冲击韧性/(MJ·m^{-2})	弹性模量/(10^3 MPa)	硬度	熔点/℃	马丁耐热/℃	脆化温度/℃	线胀系数/(10^{-5} ℃$^{-1}$)	
尼龙6	53～77	59～88	69～98	150～250	带缺口 0.0031	0.83～2.6	85～114HRR	215～223	40～50	-20～-30	7.9～8.7	具有优良的机械强度和耐磨性，广泛用作机械、化工及电气零件，例如轴承、齿轮、凸轮、滚子、辊轴、泵叶轮、风扇叶轮、蜗轮、螺钉、螺母、垫圈、高压密封圈、阀座、输油管、储油容器等。尼龙粉末还可喷涂于各种零件表面，以提高耐磨性能和密封性能
尼龙9	57～64	—	79～84	—	无缺口 0.25～0.30	0.97～1.2	—	209～215	12～48	—	8～12	
尼龙66	66～82	88～118	98～108	60～200	带缺口 0.0039	1.4～3.3	100～118HRR	265	50～60	-25～-30	9.1～10.0	
尼龙610	46～59	69～88	69～98	100～240	带缺口 0.0035～0.0055	1.2～2.3	90～113HRR	210～223	51～56	—	9.0～12.0	
尼龙1010	51～54	108	81～87	100～250	带缺口 0.0040～0.0050	1.6	7.1HB	200～210	45	-60	10.5	
MC尼龙（无填充）	90	105	156	20	无缺口 0.520～0.624	3.6（拉伸）	21.3HB	—	55	—	8.3	强度特高，适于制造大型齿轮、蜗轮、轴套、大型阀门密封面、导向环、导轨、滚动轴承保持架、船尾轴承、起重汽车吊索绞盘蜗轮、柴油发动机燃料泵齿轮、矿山铲掘机轴承、水压机立柱导套、大型轧钢机辊道轴瓦等
聚甲醛（均聚物）	69（屈服）	125	96	15	带缺口 0.0076	2.9（弯曲）	17.2HB	—	60～64	—	8.1～10.0（当温度在0～40℃时）	具有良好的摩擦磨损性能，尤其是优越的干摩擦性能。用于制造轴承、齿轮、凸轮、滚轮、辊子、阀门上的阀杆、螺母、垫圈、法兰、垫片、泵叶轮、鼓风机叶片、弹簧、管道等
聚碳酸酯	65～69	82～86	104	100	带缺口 0.064～0.075	2.2～2.5（拉伸）	9.7～10.4HB	220～230	110～130	-100	6～7	具有高的冲击韧性和优异的尺寸稳定性。用于制造齿轮、蜗轮、蜗杆、齿条、凸轮、心轴、轴承、滑轮、铰链、传动链、螺栓、螺母、垫圈、铆钉、泵叶轮、汽车化油器部件、节流阀、各种外壳等

表 10-18　工业用橡胶板规格

厚度/mm	公称尺寸	0.5	1.0	1.5	2.0	2.5	3.0	4.0	5.0	6.0	8.0	10
	偏差	±0.1	±0.2	±0.3			±0.4	±0.5		±0.6	±0.8	±1.0
理论质量/(kg·m^{-2})		0.75	1.5	2.25	3.0	3.75	4.5	6.0	7.5	9.0	12	15

厚度/mm	公称尺寸	12	14	16	18	20	22	25	30	40	50
	偏差	±1.2	±1.4	±1.5							
理论质量/(kg·m^{-2})		18	21	24	27	30	33	37.5	45	60	75

注：1. 工业橡胶宽度为 0.5 ~ 2.0 m。
　　2. 表 4.3-2 适用于天然橡胶或合成橡胶为主体材料制成的工业橡胶板。

表 10-19　常用材料价格比

材料种类	Q235	45	40Cr	铸铁	角钢	槽钢工字钢	铝锭	黄铜	青铜	尼龙
价格比	1	1.05 ~ 1.15	1.4 ~ 1.6	~ 0.5	0.8 ~ 0.9	~ 1	4 ~ 5	8 ~ 9	9 ~ 10	10 ~ 11

注：本表以 Q235 中等尺寸圆钢单位重量价格为 1 计算，其他为相对值。由于市场价格变化，本表仅供课程设计参考。

10.4　型钢及型材

表 10-20　冷轧钢板和钢带（GB/T 708—2006 摘录）　mm

公称厚度	厚度允许偏差					
	普通精度　PT. A			较高精度　PT. B		
	公称宽度			公称宽度		
	≤1 200	>1 200 ~ 1 500	>1 500	≤1 200	>1 200 ~ 1 500	>1 500
≤0.40	±0.04	±0.05	±0.06	±0.025	±0.035	±0.045
>0.40 ~ 0.60	±0.05	±0.06	±0.07	±0.035	±0.045	±0.050
>0.60 ~ 0.80	±0.06	±0.07	±0.08	±0.040	±0.050	±0.050
>0.80 ~ 1.00	±0.07	±0.08	±0.09	±0.045	±0.060	±0.060
>1.00 ~ 1.20	±0.08	±0.09	±0.10	±0.055	±0.070	±0.070
>1.20 ~ 1.60	±0.10	±0.11	±0.11	±0.070	±0.080	±0.080
>1.60 ~ 2.00	±0.12	±0.13	±0.13	±0.080	±0.090	±0.090

注：1. 钢板和钢带的公称厚度 0.3 ~ 4.00 mm。
　　2. 钢板和钢带的公称宽度 600 ~ 2 050 mm。
　　3. 钢板和钢带的公称厚度在规定范围内，公称厚度小于 1 mm 的钢板和钢带按 0.05 mm 倍数的任何尺寸，公称厚度不小于 1 mm 的钢板和钢带按 0.1 mm 倍数的任何尺寸。
　　4. 钢板和钢带的公称宽度在规定范围内，按 10 mm 倍数的任何尺寸。

表 10-21　热轧钢板和钢带（GB/T 709—2006 摘录）　　mm

公称厚度	下列公称宽度的厚度允许偏差			
	≤1 500	>1 500～2 500	>2 500～4 000	>4 000～4 800
3.00～5.00	±0.45	±0.55	±0.65	—
>5.00～8.00	±0.50	±0.60	±0.75	—
>8.00～15.0	±0.55	±0.65	±0.80	±0.90
>15.0～25.0	±0.65	±0.75	±0.90	±1.10
>25.0～40.0	±0.70	±0.80	±1.00	±1.20
>40.0～60.0	±0.80	±0.90	±1.10	±1.30
>60.0～100	±0.90	±1.10	±1.30	±1.50
>100～150	±1.20	±1.40	±1.60	±1.80
>150～200	±1.40	±1.60	±1.80	±1.90
>200～250	±1.60	±1.80	±2.00	±2.20
>250～300	±1.80	±2.00	±2.20	±2.40
>300～400	±2.00	±2.20	±2.40	±2.60

注：1. 单轧钢板公称厚度 3～400 mm，公称宽度 600～4 800 mm。
2. 钢带公称厚度 0.8～25.4 mm；公称宽度 600～2 200 mm。
3. 单轧钢板公称厚度在规定范围内，厚度小于 30 mm 的钢板按 0.5 mm 倍数的任何尺寸，厚度不小于 30 mm 的钢板按 1 mm 倍数的任何尺寸。
4. 单轧钢板的公称宽度在规定范围内，按 10 mm 或 50 mm 倍数的任何尺寸。
5. 钢带（包括连轧钢板）的公称厚度在规定范围内，按 0.1 mm 倍数的任何尺寸。
6. 钢带（包括连轧钢板）的公称宽度在规定范围内，按 10 mm 倍数的任何尺寸。

表 10-22　热轧钢棒尺寸（GB/T 702—2017 摘录）　　mm

圆钢直径 方钢边长																										
圆方	5.5	6	6.5	7	8	9	10	11	12	13	14	15	16	17	18	19	20	21								
钢钢	22	23	24	25	26	27	28	29	30	31	32	33	34	35	36	38	40	42								
直边	45	48	50	53	55	56	58	60	63	65	68	70	75	80	85	90	95	100								
径长	105	110	115	120	125	130	135	140	145	150	155	160	165	170	180	190	200	210	220	230	240	250	260	270	280	290	300	310

注：1. 本标准适用于直径为 5.5～380 mm 的热轧圆钢和边长为 5.5～300 mm 的热轧方钢。
2. 优质及特殊质量钢通常长度为 2～7 m；普通钢的长度当直径或边长不大于 25 mm 时为 4～10 m。大于 25 mm 时为 3～9 m。
3. 冷轧钢板和钢带的公称厚度为 0.3～4.0 mm，公称厚度小于 1 mm 时按 0.05 mm 倍数的任何尺寸，公称厚度不小于 1 mm 时，按 0.1 mm 倍数的任何尺寸；其公称宽度为 600～2 050 mm，按 10 mm 倍数的任何尺寸。
4. 热轧钢板和钢带：单轧钢板的公称厚度为 3～400 mm，厚度小于 30 mm 时按 0.5 mm 倍数的任何尺寸，厚度不小于 30 mm 时按 1 mm 倍数的任何尺寸；钢带的公称厚度为 0.8～25.4 mm，按 0.1 mm 倍数的任何尺寸。单轧钢板的公称宽度为 600～4 800 mm，按 10 mm 或 50 mm 倍数的任何尺寸；钢带的公称宽度为 600～2 200 mm，按 10 mm 倍数的任何尺寸。

表10-23 热轧等边角钢（GB/T 706—2016 摘录）

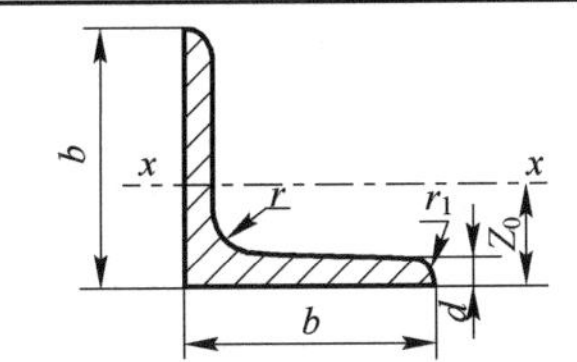

标记示例：

热轧等边角钢$\dfrac{100\times100\times16\text{—GB/T 706}}{\text{Q235-A—GB/T 700}}$

（碳素结构钢 Q235A，尺寸为 100 mm×100 mm×16 mm 的热轧等边角钢）

角钢号	尺寸/mm b	尺寸/mm d	尺寸/mm r	截面面积/cm^2	惯性矩 J_x/cm^4	惯性半径 i_x/cm	重心距离 Z_0/cm
2	20	3	3.5	1.132	0.40	0.59	0.60
		4		1.459	0.50	0.58	0.64
2.5	25	3		1.432	0.82	0.76	0.73
		4		1.859	1.03	0.74	0.76
3	30	3	4.5	1.749	1.46	0.91	0.85
		4		2.276	1.84	0.90	0.89
3.6	36	3		2.109	2.58	1.11	1.00
		4		2.756	3.29	1.09	1.04
		5		3.382	3.95	1.08	1.07
4	40	3	5	2.359	3.59	1.23	1.09
		4		3.086	4.60	1.22	1.13
		5		3.792	5.53	1.21	1.17
4.5	45	3		2.659	5.17	1.40	1.22
		4		3.486	6.65	1.38	1.26
		5		4.292	8.04	1.37	1.30
		6		5.076	9.33	1.36	1.33
5	50	3	5.5	2.971	7.18	1.55	1.34
		4		3.897	9.26	1.54	1.38
		5		4.803	11.2	1.53	1.42
		6		5.688	13.1	1.52	1.46
5.6	56	3	6	3.343	10.2	1.75	1.48
		4		4.390	13.2	1.73	1.53
		5		5.415	16.0	1.72	1.57
		8		8.367	23.6	1.68	1.68
6.3	63	4	7	4.978	19.0	1.96	1.70
		5		6.143	23.2	1.94	1.74
		6		7.288	27.1	1.93	1.78
		8		9.515	34.5	1.90	1.85
		10		11.66	41.1	1.88	1.93
7	70	4	8	5.570	26.4	2.18	1.86
		5		6.876	32.2	2.16	1.91
		6		8.160	37.8	2.15	1.95
		7		9.424	43.1	2.14	1.99
		8		10.67	48.2	2.12	2.03
7.5	75	5	9	7.412	40.0	2.33	2.04
		6		8.797	47.0	2.31	2.07
		7		10.16	53.6	2.30	2.11
		8		11.50	60.0	2.28	2.15
		10		14.13	72.0	2.26	2.22
8	80	5	9	7.912	48.8	2.48	2.15
		6		9.397	57.4	2.47	2.19
		7		10.860	65.6	2.46	2.23
		8		12.30	73.5	2.44	2.27
		10		15.13	88.4	2.42	2.35
9	90	6	10	10.64	82.8	2.79	2.44
		7		12.30	94.8	2.78	2.48
		8		13.94	106	2.76	2.52
		10		17.17	129	2.74	2.59
		12		20.31	149	2.71	2.67
10	100	6	12	11.93	115	3.10	2.67
		7		13.80	132	3.09	2.71
		8		15.64	148	3.08	2.76
		10		19.26	180	3.05	2.84
		12		22.80	209	3.03	2.91
		14		26.26	237	3.00	2.99
		16		29.63	262	2.98	3.06

注：1. 角钢长度：角钢号 2～9，长度 4～12 m；角钢号 10～14，长度 4～19 m。

2. $r_1=d/3$。

表 10-24　热轧槽钢（GB/T 706—2016 摘录）

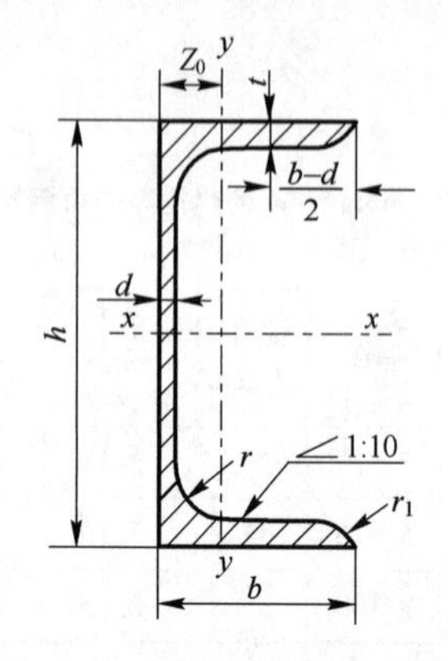

标记示例：

热轧槽钢$\frac{180\times70\times9\text{—GB/T 706}}{\text{Q235A—GB/T 700}}$

（碳素结构钢 Q235A，尺寸为 180 mm×70 mm×9 mm 的热轧槽钢）

型号	尺寸/mm						截面面积 /cm²	截面模数		重心距离 Z_0/cm
								x—x	y—y	
	h	b	d	t	r	r_1		W_x/cm³	W_y/cm³	
8	80	43	5.0	8.0	8.0	4.0	10.24	25.3	5.79	1.43
10	100	48	5.3	8.5	8.5	4.2	12.74	39.7	7.80	1.52
12.6	126	53	5.5	9.0	9.0	4.5	15.69	62.1	10.2	1.59
14a	140	58	6.0	9.5	9.5	4.8	18.51	80.5	13.0	1.71
14b		60	8.0				21.31	87.1	14.1	1.67
16a	160	63	6.5	10.0	10.0	5.0	21.95	108	16.3	1.80
16b		65	8.5				25.15	117	17.6	1.75
18a	180	68	7.0	10.5	10.5	5.2	25.69	141	20.0	1.88
18b		70	9.0				29.29	152	21.5	1.84
20a	200	73	7.0	11.0	11.0	5.5	28.83	178	24.2	2.01
20b		75	9.0				32.84	191	25.9	1.95
22a	220	77	7.0	11.5	11.5	5.8	31.85	218	28.2	2.10
22b		79	9.0				36.23	234	30.1	2.03
25a	250	78	7.0	12.0	12.0	6.0	34.91	270	30.6	2.07
25b		80	9.0				39.91	282	32.7	1.98
25c		82	11.0				44.91	295	35.9	1.92
28a	280	82	7.5	12.5	12.5	6.2	40.02	340	35.7	2.10
28b		84	9.5				45.62	366	37.9	2.02
28c		86	11.5				51.22	393	40.3	1.95
32a	320	88	8.0	14.0	14.0	7.0	48.50	475	46.5	2.24
32b		90	10.0				54.90	509	49.2	2.16
32c		92	12.0				61.30	543	52.6	2.09

注：槽钢长度：槽钢号 8、长度 5～12 m；槽钢号 10～18，长度 5～19 m；槽钢号 20～32，长度 6～19 m。

表 10-25 热轧工字钢（GB/T 706—2016 摘录）

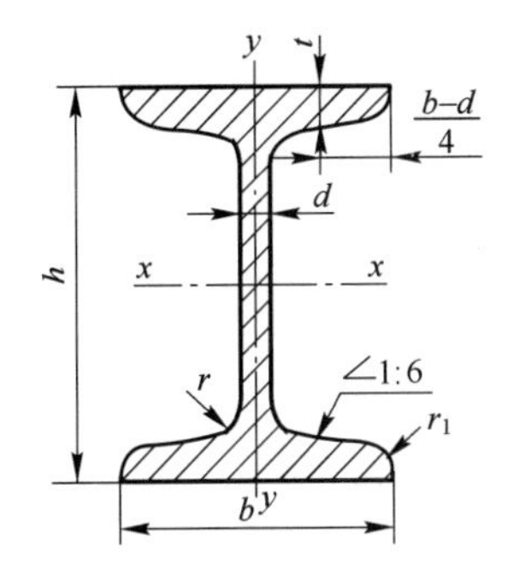

标记示例：

热轧工字钢$\frac{400\times144\times12.5—GB/T\ 706}{Q235AF—GB/T\ 700}$

（碳素结构钢 Q235AF，尺寸为 400 mm×144 mm×12.5 mm 的热轧工字钢）

型号	尺寸/mm						截面面积/cm^2	截面模数	
	h	b	d	t	r	r_1		x—x W_x/cm^3	y—y W_y/cm^3
10	100	68	4.5	7.6	6.5	3.3	14.33	49.0	9.72
12.6	126	74	5.0	8.4	7.0	3.5	18.10	77.5	12.7
14	140	80	5.5	9.1	7.5	3.8	21.50	102	16.1
16	160	88	6.0	9.9	8.0	4.0	26.11	141	21.2
18	180	94	6.5	10.7	8.5	4.3	30.74	185	26.0
20a	200	100	7.0	11.4	9.0	4.5	35.55	237	31.5
20b		102	9.0				39.55	250	33.1
22a	220	110	7.5	12.3	9.5	4.8	42.10	309	40.9
22b		112	9.5				46.50	325	42.7
25a	250	116	8.0	13.0	10.0	5.0	48.51	402	48.3
25b		118	10.0				53.51	423	52.4
28a	280	122	8.5	13.7	10.5	5.3	55.37	508	56.6
28b		124	10.5				61.97	534	61.2
32a	320	130	9.5	15.0	11.5	5.8	67.12	692	70.8
32b		132	11.5				73.52	726	76.0
32c		134	13.5				79.92	760	81.2
36a	360	136	10.0	15.8	12.0	6.0	76.44	875	81.2
36b		138	12.0				83.64	919	84.3
36c		140	14.0				90.84	962	87.4
40a	400	142	10.5	16.5	12.5	6.3	86.07	1 090	93.2
40b		144	12.5				94.07	1 140	96.2
40c		146	14.5				102.1	1 190	99.6

注：工字钢长度：工字钢号 10～18，长度为 5～19 m；工字钢号 20～40，长度 6～19 m。

第11章 连接零件

11.1 螺纹

连接零件见表11-1～表11-36。

表11-1 普通螺纹基本尺寸（GB/T 196—2003 摘录） mm

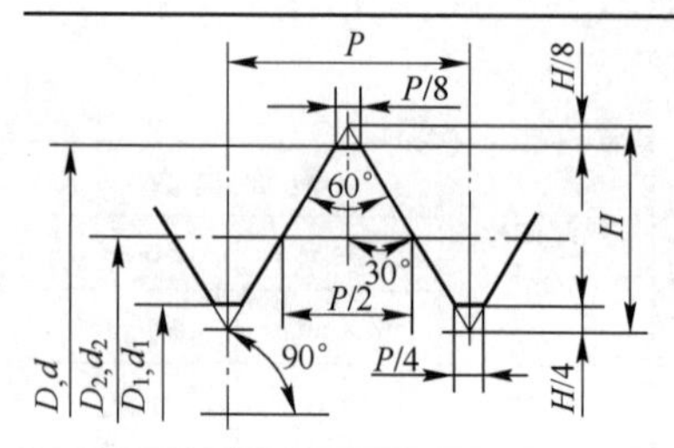

$H=0.866P$

$d_2=d-0.649\,5P$

$d_1=d-1.082\,5P$

D，d——内、外螺纹大径（公称直径）

D_2，d_2——内、外螺纹中径

D_1，d_1——内、外螺纹小径

P——螺距

标记示例：

M20—6H（公称直径20粗牙右旋内螺纹，中径和大径的公差带均为6H）

M20—6g（公称直径20粗牙右旋外螺纹，中径和大径的公差带均为6g）

M20—6H/6g（上述规格的螺纹副）

M20×2左-5g6g-S（公称直径20，螺距2的细牙左旋外螺纹，中径，大径的公差带分别为5g、6g，短旋合长度）

公称直径 D，d 第一系列	公称直径 D，d 第二系列	螺距 P	中径 D_2，d_2	小径 D_1，d_1
3		0.5 0.35	2.675 2.773	2.459 2.621
	3.5	(0.6) 0.35	3.110 3.273	2.850 3.121
4		0.7 0.5	3.545 3.675	3.242 3.459
	4.5	(0.75) 0.5	4.013 4.175	3.688 3.959
5		0.8 0.5	4.480 4.675	4.134 4.459
6		1 0.75	5.350 5.513	4.917 5.188
8		1.25 1 0.75	7.188 7.350 7.513	6.647 6.917 7.188
10		1.5 1.25 1 0.75	9.026 9.188 9.350 9.513	8.376 8.674 8.917 9.188
12		1.75 1.5 1.25 1	10.863 11.026 11.188 11.350	10.106 10.376 10.647 10.917
	14	2 1.5 1	12.701 13.026 13.350	11.835 12.376 12.917
16		2 1.5 1	14.701 15.026 15.350	13.835 14.376 14.917
	18	2.5 2	16.376 16.701	15.294 15.835
	18	1.5 1	17.026 17.350	16.376 16.917
20		2.5 2 1.5 1	18.376 18.701 19.026 19.350	17.294 17.835 18.376 18.917
	22	2.5 2 1.5 1	20.376 20.701 21.026 21.350	19.294 19.835 20.376 20.917
24		3 2 1.5 1	22.051 22.701 23.026 23.350	20.752 21.835 22.376 22.917
	27	3 2 1.5 1	25.051 25.701 26.026 26.350	23.752 24.835 25.376 25.917
30		3.5 2 1.5 1	27.727 28.701 29.026 29.350	26.211 27.835 28.376 28.917
	33	3.5 2 1.5	30.727 31.707 32.026	29.211 30.835 31.376
36		4 3 2 1.5	33.402 34.051 34.701 35.026	31.670 32.752 33.835 34.376
	39	4 3	36.402 37.051	34.670 35.752
	39	2 1.5	37.701 38.026	36.835 37.376
42		4.5 3 2 1.5	39.077 40.051 40.701 41.026	37.129 38.752 39.835 40.376
	45	4.5 3 2 1.5	42.077 43.051 43.701 44.026	40.129 41.752 42.853 43.376
48		5 3 2 1.5	44.752 46.051 46.701 47.026	42.587 44.752 45.835 46.376
	52	5 3 2 1.5	48.752 50.051 50.701 51.026	46.587 48.752 49.835 50.376
56		5.5 4 3 2 1.5	52.428 53.402 54.051 54.701 55.026	50.046 51.670 52.752 53.835 54.376
	60	(5.5) 4 3 2 1.5	56.428 47.402 58.051 58.701 59.026	54.046 55.670 56.752 57.835 58.376
64		6 4 3	60.103 61.402 62.051	57.505 59.670 60.752

注：1. 优先选用第一系列，其次是第二系列，第三系列（表中未列出）尽可能不用。

2. 括号内尺寸尽可能不用。

表 11-2　梯形螺纹设计牙型尺寸（GB/T 5796.1—2005 摘录）　　mm

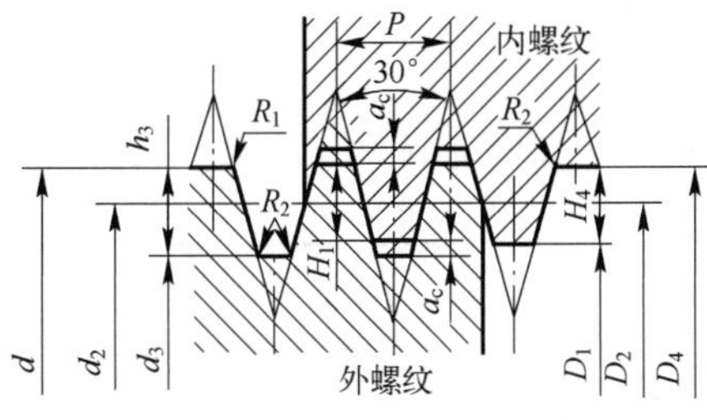

标记示例：

Tr40 ×7 -7H（梯形内螺纹，公称直径 $d=40$ mm，螺距 $P=7$ mm，精度等级 7H）

Tr40 × 14（P7）LH—7e（多线左旋梯形外螺纹，公称直径 $d=40$ mm，导程 = 14 mm，螺距 $P=7$ mm，精度等级 7e）

Tr40 ×7—7H/7e（梯形螺旋副，公称直径 $d=40$ mm，螺距 $P=7$ mm，内螺纹精度等级 7H，外螺纹精度等级 7e）

螺距 P	a_c	$H_4=h_3$	R_{1max}	R_{2max}	螺距 P	a_c	$H_4=h_3$	R_{1max}	R_{2max}	螺距 P	a_c	$H_4=h_3$	R_{1max}	R_{2max}
1.5	0.15	0.9	0.075	0.15	9	0.5	5	0.25	0.5	24	1	13	0.5	1
2	0.25	1.25	0.125	0.25	10		5.5			28		15		
3		1.75			12		6.5			32		17		
4		2.25			14	1	8	0.5	1	36		19		
5		2.75			16		9			40		21		
6	0.5	3.5	0.25	0.5	18		10			44		23		
7		4			20		11							
8		4.5			22		12							

表 11-3　梯形螺纹直径与螺距系列（GB/T 5796.2—2005 摘录）　　mm

公称直径 d		螺距 P	公称直径 d		螺距 P	公称直径 d		螺距 P	公称直径 d		螺距 P
第一系列	第二系列		第一系列	第二系列		第一系列	第二系列		第一系列	第二系列	
8		**1.5**	28	26	8，**5**，3	52	50	12，**8**，3		110	20，**12**，4
10	9	**2**，1.5		30	10，**6**，3		55	14，**9**，3	120	130	22，**14**，6
	11	3，**2**	32		10，**6**，3	60		14，**9**，3	140		24，**14**，6
12		**3**，2	36	34		70	65	16，**10**，4		150	24，**16**，6
16	14	**3**，2		38	10，**7**，3	80	75	16，**10**，4	160		28，**16**，6
	18	**4**，2	40	42			85	18，**12**，4		170	28，**16**，6
20		**4**，2	44		12，**7**，3	90	95	18，**12**，4	180		28，**18**，8
24	22	8，5，3	48	46	12，**8**，3	100		20，**12**，4		190	32，**18**，8

注：优先选用第一系列的直径，黑体字为对应直径优先选用的螺距。

表 11-4　梯形螺纹基本尺寸（GB/T 5796.3—2005 摘录）　　mm

螺距 P	外螺纹小径 d_3	内、外螺纹中径 D_2、d_2	内螺纹大径 D_4	内螺纹小径 D_1	螺距 P	外螺纹小径 d_3	内、外螺纹中径 D_2、d_2	内螺纹大径 D_4	内螺纹小径 D_1
1.5	$d-1.8$	$d-0.75$	$d+0.3$	$d-1.5$	8	$d-9$	$d-4$	$d+1$	$d-8$
2	$d-2.5$	$d-1$	$d+0.5$	$d-2$	9	$d-10$	$d-4.5$	$d+1$	$d-9$
3	$d-3.5$	$d-1.5$	$d+0.5$	$d-3$	10	$d-11$	$d-5$	$d+1$	$d-10$
4	$d-4.5$	$d-2$	$d+0.5$	$d-4$	12	$d-13$	$d-6$	$d+1$	$d-12$
5	$d-5.5$	$d-2.5$	$d+0.5$	$d-5$	14	$d-16$	$d-7$	$d+2$	$d-14$
6	$d-7$	$d-3$	$d+1$	$d-6$	16	$d-18$	$d-8$	$d+2$	$d-16$
7	$d-8$	$d-3.5$	$d+1$	$d-7$	18	$d-20$	$d-9$	$d+2$	$d-18$

注：1. d—公称直径（即外螺纹大径）。

2. 表中所列数值的计算公式：$d_3=d-2h_3$；D_2、$d_2=d-0.5P$；$D_4=d+2a_c$；$D_1=d-P$。

11.2 螺栓、螺柱、螺钉

表 11-5 六角头螺栓——A 和 B 级（GB/T 5782—2016 摘录）、
六角头螺栓—全螺栓——A 和 B 级（GB/T 5783—2016 摘录） mm

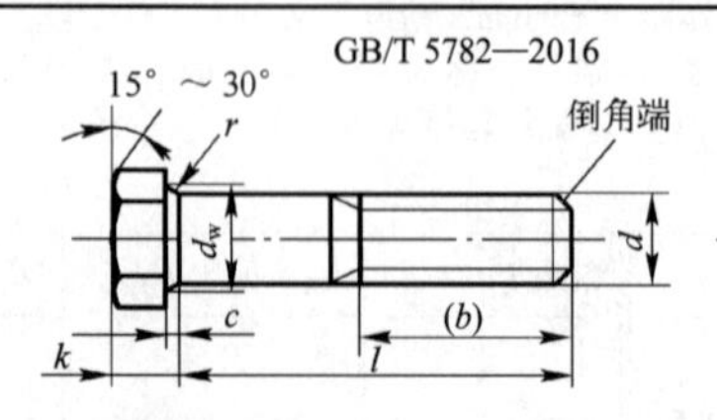

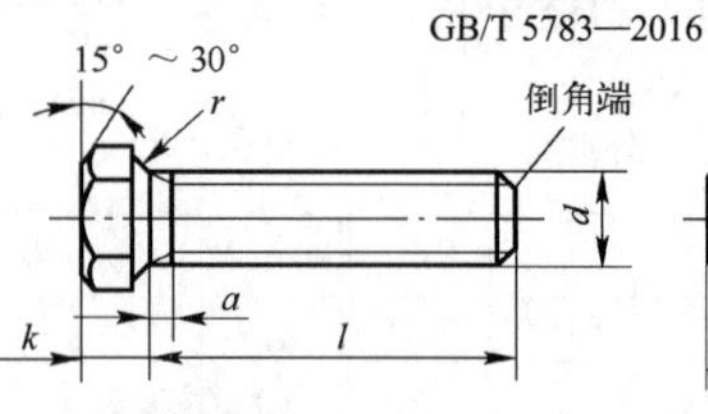

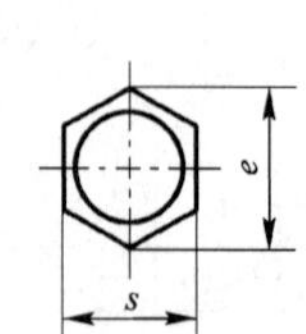

标记示例：
螺纹规格 d = M12，公称长度 l = 80 mm，性能等级为 9.8 级，表面氧化，A 级的六角头螺栓：
螺栓 GB/T 5782 M12×80

标记示例：
螺纹规格 d = M12，公称长度 l = 80 mm，性能等级为 9.8 级，表面氧化，全螺纹，A 级的六角头螺栓：
螺栓 GB/T 5783 M12×80

螺纹规格 d			M3	M4	M5	M6	M8	M10	M12	M16	M20	M24	M30	M36
b 参考	l≤125		12	14	16	18	22	26	30	38	46	54	66	—
	125 < l≤200		18	20	22	24	28	32	36	44	52	60	72	84
	l > 200		31	33	35	37	41	45	49	57	65	73	85	97
a	max		1.5	2.1	2.4	3	3.75	4.5	5.25	6	7.5	9	10.5	12
c	max		0.4	0.4	0.5	0.5	0.6	0.6	0.6	0.8	0.8	0.8	0.8	0.8
d_w	min	A	4.57	5.88	6.88	8.88	11.63	14.63	16.63	22.49	28.19	33.61	—	—
		B	4.45	5.74	6.74	8.74	11.47	14.47	16.47	22	27.7	33.25	42.75	51.11
e	min	A	6.01	7.66	8.79	11.05	14.38	17.77	20.03	26.75	33.53	39.98	—	—
		B	5.88	7.50	8.63	10.89	14.20	17.59	19.85	26.17	32.95	39.55	50.85	60.79
k	公 称		2	2.8	3.5	4	5.3	6.4	7.5	10	12.5	15	18.7	22.5
r	min		0.1	0.2	0.2	0.25	0.4	0.4	0.6	0.6	0.8	0.8	1	1
s	公 称		5.5	7	8	10	13	16	18	24	30	36	46	55
l 范围（GB/T 5782）			20～30	25～40	25～50	30～60	40～80	45～100	50～120	65～160	80～200	90～240	110～300	140～360
l 范围（全螺纹）（GB/T 5783）			6～30	8～40	10～50	12～60	16～80	20～100	25～150	30～150	40～150	50～150	60～200	70～200
l 系列（GB/T 5782）			20～65（5 进位）、70～160（10 进位）、180～360（20 进位）											
l 系列（GB/T 5783）			6、8、10、12、16、20～65（5 进位）、70～160（10 进位）、180、200											

技术条件	材料	力学性能等级	螺纹公差	公差产品等级	表面处理
	钢	5，6，8.8，9.8，10，9	6 g	A 级用于 d≤24 和 l≤10d 或 l≤150 B 级用于 d > 24 和 l > 10d 或 l > 150	氧化
	不锈钢	A2-70、A4-70			简单处理
	非铁金属	Cu2、Cu3、A14 等			简单处理

注：1. A、B 为产品等级，C 级产品螺纹公差为 8 g，规格为 M5～M64，性能等级为 3.6、4.6 和 4.8 级，详见 GB/T 5780—2016，GB/T 5781—2016。
2. 非优选的螺纹规格未列入。
3. 表面处理中，电镀按 GB/T 5267，非电解锌粉覆盖层按 ISO 10683，其他按协议。

表 11-6　六角头加强杆螺栓（GB/T 27—2013 摘录）　mm

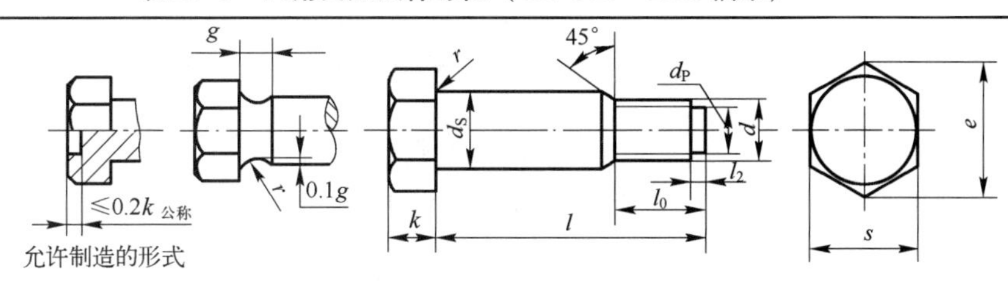

标记示例：

螺纹规格 d = M12，d_s 尺寸按表规定，公称长度 l = 80 mm，性能等级为 8.8 级，表面氧化处理，A 级的六角头加强杆螺栓：螺栓　GB/T 27　M12 × 80

当 d_s 按 m6 制造时应标记为：螺栓　GB/T 27　M12 × m6 × 80

螺纹规格 d		M6	M8	M10	M12	(M14)	M16	(M18)	M20	(M22)	M24	(M27)	M30	M36
d_s(h9)	max	7	9	11	13	15	17	19	21	23	25	28	32	38
s	max	10	13	16	18	21	24	27	30	34	36	41	46	55
k	公称	4	5	6	7	8	9	10	11	12	13	15	17	20
r	min	0.25	0.4	0.4	0.6	0.6	0.6	0.6	0.8	0.8	0.8	1	1	1
d_p		4	5.5	7	8.5	10	12	13	15	17	18	21	23	28
l_2		1.5		2		3			4			5		6
e_{min}	A	11.05	14.38	17.77	20.03	23.35	26.75	30.14	33.53	37.72	39.98	—	—	—
	B	10.89	14.20	17.59	19.85	22.78	26.17	29.56	32.95	37.29	39.55	45.2	50.85	60.79
g		2.5				3.5					5			
l_0		12	15	18	22	25	28	30	32	35	38	42	50	55
l 范围		25～65	25～80	30～120	35～180	40～180	45～200	50～200	55～200	60～200	65～200	75～200	80～230	90～300
l 系列		25，(28)，30，(32)，35，(38)，40，45，50，(55)，60，(65)，70，(75)，80，(85)，90，(95)，100～260（10 进位），280，300												

注：1. 公差技术条件见表 6-35。
2. 括号内为非优选的螺纹规格，尽可能不采用。
3. 替代 GB/T 27—1988《六角头铰制孔用螺栓　A 级和 B 级》。

表 11-7　内六角圆柱头螺钉 - A 和 B（GB/T 70.1—2008 摘录）　mm

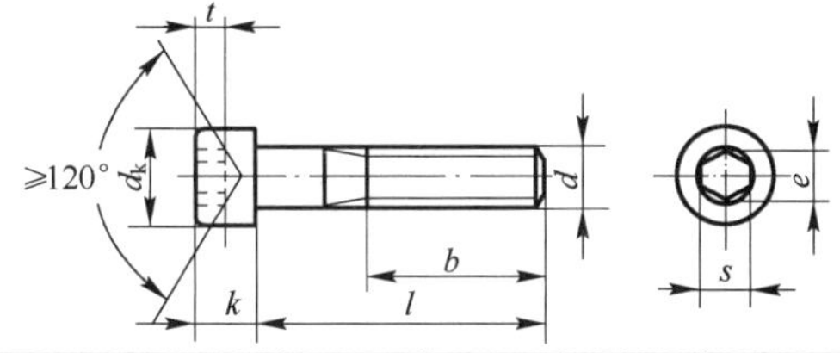

标记示例：

螺纹规格 d = M8，公称长度 l = 20 mm，性能等级为 8.8 级，表面氧化的内六角圆柱螺钉

螺栓　GB/T 70.1　M8 × 20

螺纹规格 d	M5	M6	M8	M10	M12	M16	M20	M24	M30	M36
b(参考)	22	24	28	32	36	44	52	60	72	84
d_k(max)	8.5	10	13	16	18	24	30	36	45	54
e(min)	4.583	5.723	6.863	9.149	11.429	15.996	19.437	21.734	25.154	30.854
k(max)	5	6	8	10	12	16	20	24	30	36
s(公称)	4	5	6	8	10	14	17	19	22	27
t(min)	2.5	3	4	5	6	8	10	12	15.5	19
l 范围（公称）	8～50	10～60	12～80	16～100	20～120	25～160	30～200	40～200	45～200	55～200
制成全螺纹时 l≤	25	30	35	40	45	55	65	80	90	110
l 系列（公称）	8，10，12，16，20～70（5 进位），80～160（10 进位），180，200									

注：非优选的螺纹规格未列入。

表 11-8 双头螺柱 $b_m=1d$（GB/T 897—1988 摘录）、$b_m=1.25d$（GB/T 898—1988 摘录）、$b_m=1.5d$（GB/T 898—1988 摘录）

mm

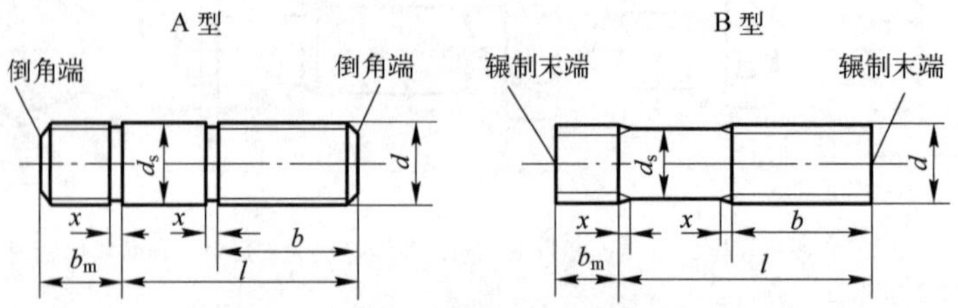

$x \leqslant 1.5P$，P 为粗牙螺纹螺距，$d_2 \approx$ 螺纹中径（B 型）

标记示例：

两端均为粗牙普通螺纹，$d=10$ mm，$l=50$ mm，性能等级为 4.8 级，不经表面处理，B 型 $b_m=1.25d$ 的双头螺柱

螺柱 GB/T 898 M10×50

旋入机体一端为粗牙普通螺纹，旋螺母一端为螺距 $P=1$ mm 的细牙普通螺纹，$d=10$ mm，$l=50$ mm，性能等级为 4.8 级，不经表面处理，A 型，$b_m=1.25d$ 的双头螺柱

螺柱 GB/T 898 AM10－M10×1×50

旋入机体一端为过渡配合螺纹的第一种配合，旋螺母一端为粗牙普通螺纹，$d=10$ mm，$l=50$ mm，性能等级为 8.8 级，镀锌钝化，B 型，$b_m=1.25d$ 的双头螺柱

螺柱 GB/T 898 GM10－M10×50－8.8－Zn·D

螺纹规格 d		5	6	8	10	12	(14)	16	(18)	20	24	30
b_m（公称）	GB/T 897	5	6	8	10	12	14	16	18	20	24	30
	GB/T 898	6	8	10	12	15	18	20	22	25	30	38
	GB/T 899	8	10	12	15	18	21	24	27	30	36	45
d_s	max	=d										
	min	4.7	5.7	7.64	9.64	11.57	13.57	15.57	17.57	19.48	23.48	29.48
$\frac{l(公称)}{b}$		$\frac{16\sim22}{10}$ $\frac{25\sim50}{16}$	$\frac{20\sim22}{10}$ $\frac{25\sim30}{14}$ $\frac{32\sim75}{18}$	$\frac{20\sim22}{12}$ $\frac{25\sim30}{16}$ $\frac{32\sim90}{22}$	$\frac{25\sim28}{14}$ $\frac{30\sim38}{16}$ $\frac{40\sim120}{26}$ $\frac{130}{32}$	$\frac{25\sim30}{16}$ $\frac{32\sim40}{20}$ $\frac{45\sim120}{30}$ $\frac{130\sim180}{36}$	$\frac{30\sim35}{18}$ $\frac{38\sim45}{25}$ $\frac{50\sim120}{34}$ $\frac{130\sim180}{40}$	$\frac{30\sim38}{20}$ $\frac{40\sim55}{30}$ $\frac{60\sim120}{38}$ $\frac{130\sim200}{44}$	$\frac{35\sim40}{22}$ $\frac{45\sim60}{35}$ $\frac{65\sim120}{42}$ $\frac{130\sim200}{48}$	$\frac{35\sim40}{25}$ $\frac{45\sim65}{35}$ $\frac{70\sim120}{46}$ $\frac{130\sim200}{52}$	$\frac{45\sim50}{30}$ $\frac{55\sim75}{45}$ $\frac{80\sim120}{54}$ $\frac{130\sim200}{60}$	$\frac{60\sim65}{40}$ $\frac{70\sim90}{50}$ $\frac{90\sim120}{66}$ $\frac{130\sim200}{72}$ $\frac{210\sim250}{85}$
范围		16～50	20～75	20～90	25～130	25～180	30～180	30～200	35～200	35～200	45～200	60～250
l 系列		16，(18)，20，(22)，25，(28)，30，(32)，35，(38)，40～100（5 进位），110～260（10 进位），280，300										

注：1. 括号内的尺寸尽可能不用。

2. GB 898 $d=5\sim20$ mm 为商品规格，其余均为通用规格。

表 11-9 十字槽盘头螺钉（GB/T 818—2016 摘录）、十字槽沉头螺钉（GB/T 819.1—2016 摘录）

mm

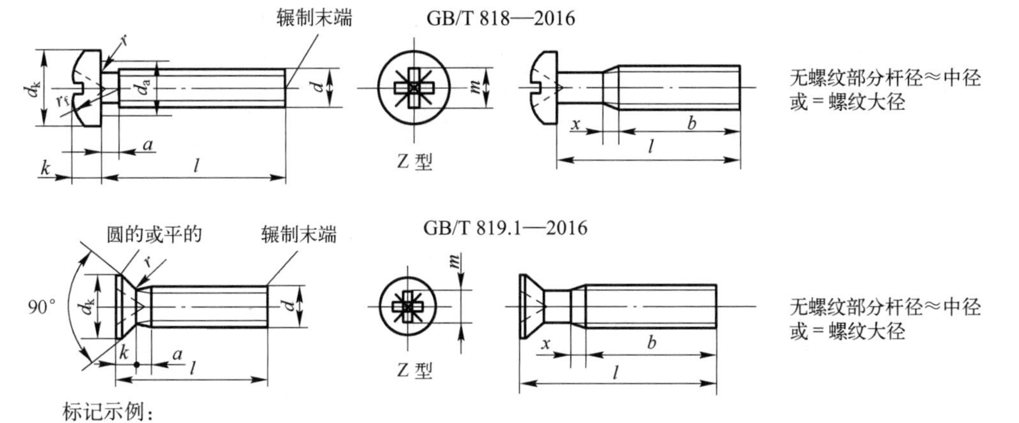

标记示例：

螺纹规格 d = M5，公称长度 l = 20 mm，性能等级为 4.8 级，不经表面处理的十字槽盘头螺钉（或十字槽沉头螺钉）：

螺钉 GB/T 818 M5 × 20（或 GB/T 819.1 M5 × 20）

螺纹规格 d		M1.6	M2	M2.5	M3	M4	M5	M6	M8	M10
螺 距 P		0.35	0.4	0.45	0.5	0.7	0.8	1	1.25	1.5
a	max	0.7	0.8	0.9	1	1.4	1.6	2	2.5	3
b	min	25				38				
x	max	0.9	1	1.1	1.25	1.75	2	2.5	3.2	3.8
十字槽盘头螺钉 d_a	max	2.1	2.6	3.1	3.6	4.7	5.7	6.8	9.2	11.2
十字槽盘头螺钉 d_k	max	3.2	4	5	5.6	8	9.5	12	16	20
十字槽盘头螺钉 k	max	1.3	1.6	2.1	2.4	3.1	3.7	4.6	6	7.5
十字槽盘头螺钉 r	min	0.1				0.2		0.25	0.4	
十字槽盘头螺钉 r_f	≈	2.5	3.2	4	5	6.5	8	10	13	16
十字槽盘头螺钉 m	参考	1.7	1.9	2.6	2.9	4.4	4.6	6.8	8.8	10
十字槽盘头螺钉 l 商品规格范围		3 ~ 16	3 ~ 20	3 ~ 25	4 ~ 30	5 ~ 40	6 ~ 45	8 ~ 60	10 ~ 60	12 ~ 60
十字槽沉头螺钉 d_k	max	3	3.8	4.7	5.5	8.4	9.3	11.3	15.8	18.3
十字槽沉头螺钉 k	max	1	1.2	1.5	1.65	2.7	2.7	3.3	4.65	5
十字槽沉头螺钉 r	max	0.4	0.5	0.6	0.8	1	1.3	1.5	2	2.5
十字槽沉头螺钉 m	参考	1.8	2	3	3.2	4.6	5.1	6.8	9	10
十字槽沉头螺钉 l 商品规格范围		3 ~ 16	3 ~ 20	3 ~ 25	4 ~ 30	5 ~ 40	6 ~ 50	8 ~ 60	10 ~ 60	12 ~ 60
公称长度 l 的系列		3，4，5，6，8，10，12，(14)，16，20，25，30，35，40，45，50，(55)，60								

技术条件	材料	力学性能等级	螺纹公差	公差产品等级	表面处理
	钢	4.8	6 g	A	不经处理 电镀或协议

注：1. 括号内非优选的螺纹规格尽可能不采用。

2. 对十字槽盘头螺钉，d≤M3、l≤25 mm 或 d > M4、l≤40 mm 时，制出全螺纹（$b = l - a$）；对十字槽沉头螺钉，d≤M3、l≤30 mm 或 d≤M4、l≥45mm 时，制出全螺纹[$b = l - (k + a)$]。

3. GB/T 818 材料可选不锈钢或非铁金属。

表 11-10　开槽锥端紧定螺钉（GB/T 71—2018 摘录）、开槽平端紧定螺钉（GB/T 73—2017 摘录）、开槽长圆柱端紧定螺钉（GB/T 75—2018 摘录）　mm

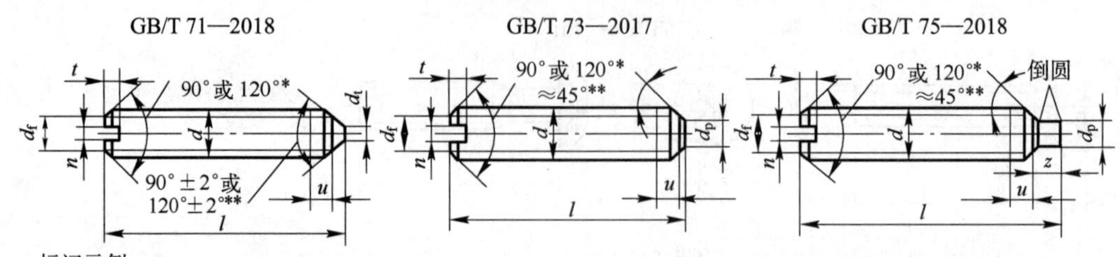

标记示例：

螺纹规格 d = M5，公称长度 l = 12 mm，性能等级为 14H 级，表面氧化的开槽锥端紧定螺钉（或开槽平端，或开槽长圆柱端紧定螺钉）：

螺钉　GB/T 71　M5 × 12（或 GB/T 73　M5 × 12，或 GB/T 75　M5 × 12）

螺纹规格 d			M3	M4	M5	M6	M8	M10	M12
螺距 P			0.5	0.7	0.8	1	1.25	1.5	1.75
d_f≈			螺纹小径						
d_1	max		0.3	0.4	0.5	1.5	2	2.5	3
d_p	max		2	2.5	3.5	4	5.5	7	8.5
n	公称		0.4	0.6	0.8	1	1.2	1.6	2
t	min		0.8	1.12	1.28	1.6	2	2.4	2.8
z	max		1.75	2.25	2.75	3.25	4.3	5.3	6.3
不完整螺纹的长度 u			≤2P						
l 范围（商品规格）	GB/T 71		4～16	6～20	8～25	8～30	10～40	12～50	14～60
	GB/T 73		3～16	4～20	5～25	6～30	8～40	10～50	12～60
	GB/T 75		5～16	6～20	8～25	8～30	10～40	12～50	14～60
	短螺钉	GB/T 73	3	4	5	6	—	—	—
		GB/T 75	5	6	8	8，10	10，12，14	12，14，16	14，16，20
公称长度 l 的系列			3，4，5，6，8，10，12，(14)，16，20，25，30，35，40，45，50，55，60						
技术条件	材料		力学性能等级		螺纹公差		公差产品等级		表面处理
	钢		14H，22H		6g		A		氧化或镀锌钝化

注：1. 括号内为非优选的螺纹规格，尽可能不采用。

2. 表图中标有 * 者，公称长度在表中 l 范围内的短螺钉应制成 120°；标有 * * 者，90°或 120°和 45°仅适用于螺纹小径以内的末端部分。

表 11-11 吊环螺钉（GB/T 825—1988 摘录） mm

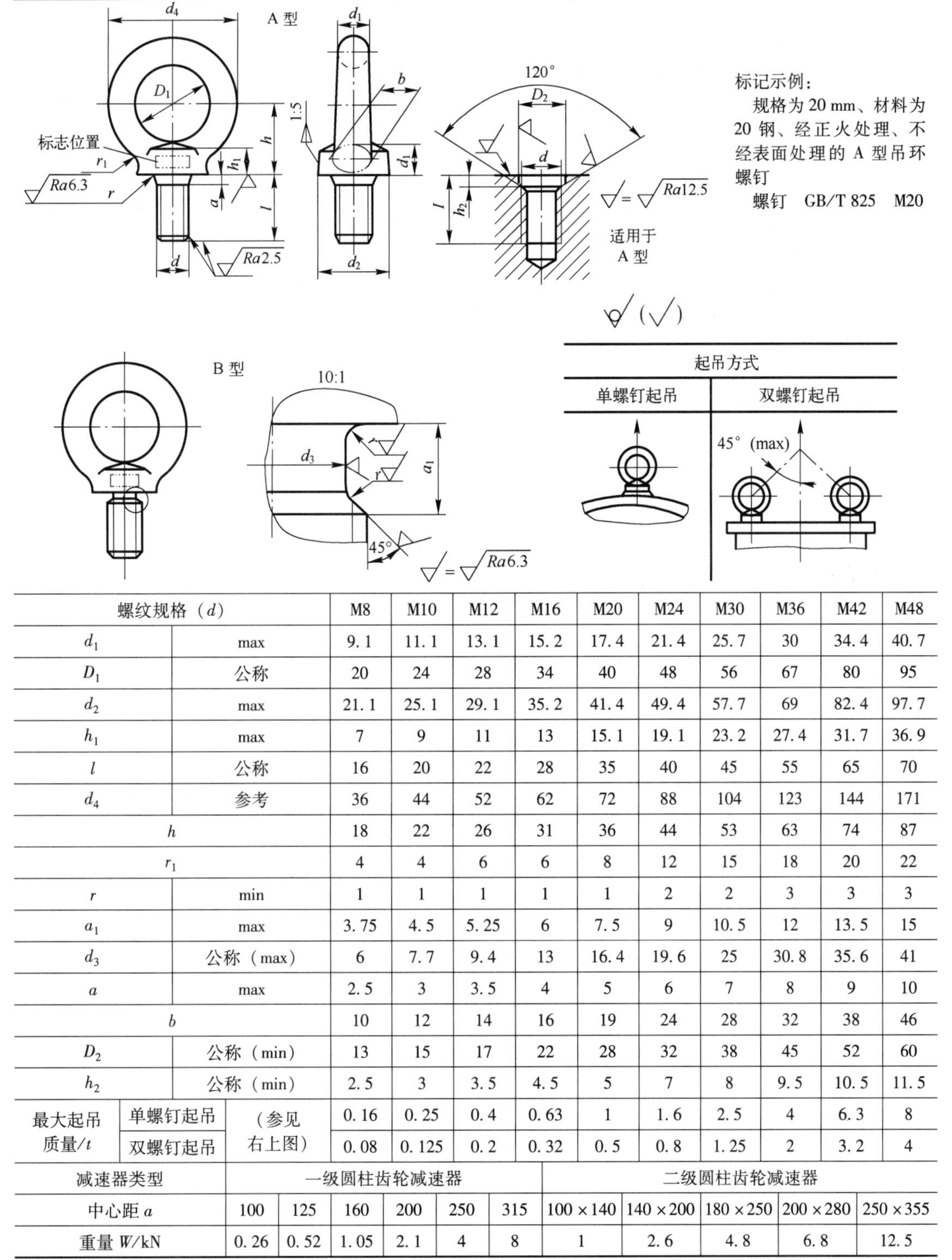

螺纹规格（d）		M8	M10	M12	M16	M20	M24	M30	M36	M42	M48
d_1	max	9.1	11.1	13.1	15.2	17.4	21.4	25.7	30	34.4	40.7
D_1	公称	20	24	28	34	40	48	56	67	80	95
d_2	max	21.1	25.1	29.1	35.2	41.4	49.4	57.7	69	82.4	97.7
h_1	max	7	9	11	13	15.1	19.1	23.2	27.4	31.7	36.9
l	公称	16	20	22	28	35	40	45	55	65	70
d_4	参考	36	44	52	62	72	88	104	123	144	171
h		18	22	26	31	36	44	53	63	74	87
r_1		4	4	6	6	8	12	15	18	20	22
r	min	1	1	1	1	1	2	2	3	3	3
a_1	max	3.75	4.5	5.25	6	7.5	9	10.5	12	13.5	15
d_3	公称（max）	6	7.7	9.4	13	16.4	19.6	25	30.8	35.6	41
a	max	2.5	3	3.5	4	5	6	7	8	9	10
b		10	12	14	16	19	24	28	32	38	46
D_2	公称（min）	13	15	17	22	28	32	38	45	52	60
h_2	公称（min）	2.5	3	3.5	4.5	5	7	8	9.5	10.5	11.5
最大起吊质量/t 单螺钉起吊	（参见右上图）	0.16	0.25	0.4	0.63	1	1.6	2.5	4	6.3	8
最大起吊质量/t 双螺钉起吊	（参见右上图）	0.08	0.125	0.2	0.32	0.5	0.8	1.25	2	3.2	4

减速器类型	一级圆柱齿轮减速器						二级圆柱齿轮减速器				
中心距 a	100	125	160	200	250	315	100×140	140×200	180×250	200×280	250×355
重量 W/kN	0.26	0.52	1.05	2.1	4	8	1	2.6	4.8	6.8	12.5

注：1. M8～M36 为商品规格。

2. “减速器重量 W” 非 GB/T 825 内容，仅供课程设计参考用。

11.3 螺母、垫圈

表 11-12 1 型六角螺母（GB/T 6170—2015 摘录）、
六角薄螺母（GB/T 6172.1—2016 摘录） mm

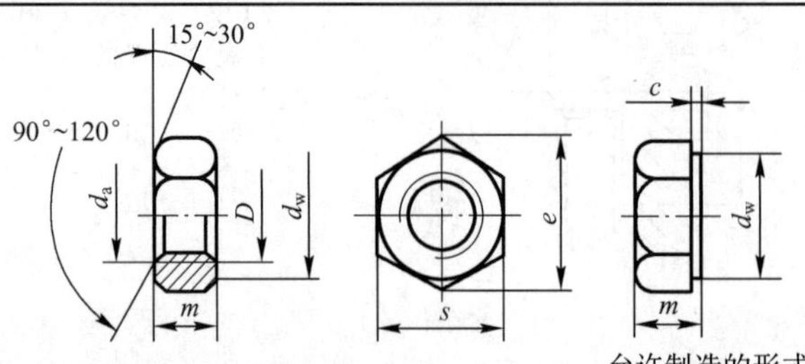

允许制造的形式
（GB/T 6170）

标记示例：

螺纹规格 D = M12，性能等级为 10 级，不经表面处理，A 级的 1 型六角螺母：

螺母 GB/T 6170 M12

螺纹规格 D = M12，性能等级为 04 级，不经表面处理，A 级的六角薄螺母：

螺母 GB/T 6172.1 M12

螺纹规格 D		M3	M4	M5	M6	M8	M10	M12	(M14)	M16	(M18)	M20	(M22)	M24	(M27)	M30	M36
d_a	max	3.45	4.6	5.75	6.75	8.75	10.8	13	15.1	17.3	19.5	21.6	23.7	25.9	29.1	32.4	38.9
d_w	min	4.6	5.9	6.9	8.9	11.6	14.6	16.6	19.6	22.5	24.8	27.7	31.4	33.3	38	42.8	51.1
e	min	6.01	7.66	8.79	11.05	14.38	17.77	20.03	23.35	26.75	29.56	32.95	37.29	39.55	45.2	50.85	60.79
s	max	5.5	7	8	10	13	16	18	21	24	27	30	34	36	41	46	55
c	max	0.4	0.4	0.5	0.5	0.6	0.6	0.6	0.6	0.8	0.8	0.8	0.8	0.8	0.8	0.8	0.8
m max	六角螺母	2.4	3.2	4.7	5.2	6.8	8.4	10.8	12.8	14.8	15.8	18	19.4	21.5	23.8	25.6	31
	薄螺母	1.8	2.2	2.7	3.2	4	5	6	7	8	9	10	11	12	13.5	15	18

技术条件	材料	力学性能等级	螺纹公差	表面处理	公差产品等级
	钢	6，8，10	6H	不经处理 电镀或协议	A 级用于 $D \leqslant$ M16 B 级用于 $D >$ M16

注：括号内为优选规格，尽可能不采用。

表 11-13 I 型六角开槽螺母—A 和 B 级（GB/T 6178—1986 摘录） mm

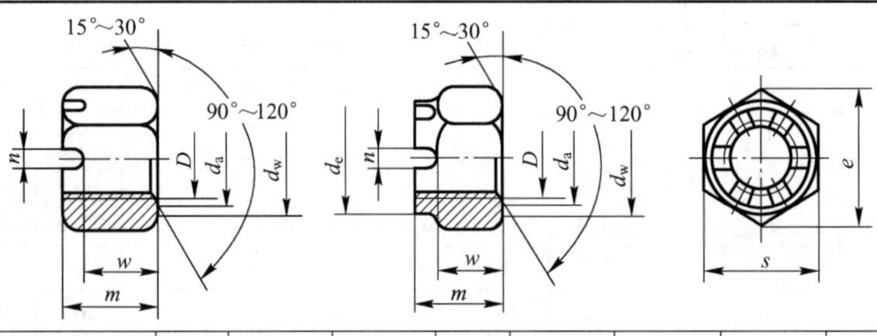

标记示例：

螺纹规格 D = M5、性能等级为 8 级、不经表面处理、A 级的 I 型六角开槽螺母

螺母 GB/T 6178 M5

螺纹规格 D		M4	M5	M6	M8	M10	M12	(M14)	M16	M20	M24	M30	M36
d_e	max	—	—	—	—	—	—	—	—	28	34	42	50
m	max	5	6.7	7.7	9.8	12.4	15.8	17.8	20.8	24	29.5	34.6	40
n	min	1.2	1.4	2	2.5	2.8	3.5	3.5	4.5	4.5	5.5	7	7
w	max	3.2	4.7	5.2	6.8	8.4	10.8	12.8	14.8	18	21.5	25.6	31
s	max	7	8	10	13	16	18	21	24	30	36	46	55
开口销		1×10	1.2×12	1.6×14	2×16	2.5×20	3.2×22	3.2×25	4×28	4×36	5×40	6.3×50	6.3×63

注：1. d_a、d_w、e 尺寸和技术条件与表 11-12 相同。
2. 尽可能不采用括号内的规格。

表 11-14 小垫圈、平垫圈

mm

小垫圈—A 级（GB/T 848—2002 摘录）
平垫圈—A 级（GB/T 97.1—2002 摘录）

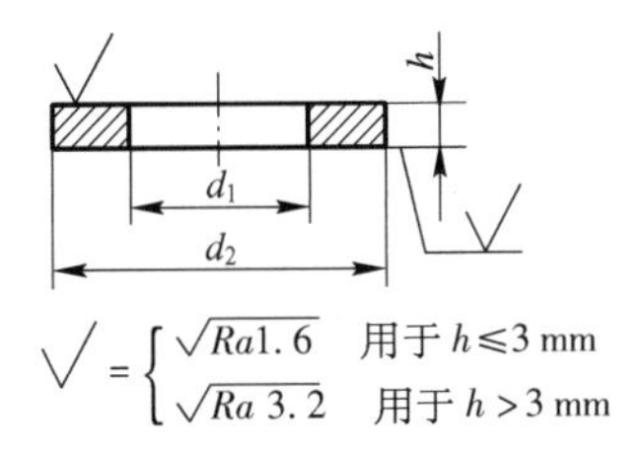

$\sqrt{} = \begin{cases} \sqrt{Ra1.6} & 用于 h \leqslant 3\ mm \\ \sqrt{Ra3.2} & 用于 h > 3\ mm \end{cases}$

平垫圈—倒角型—A 级
（GB/T 97.2—2002 摘录）

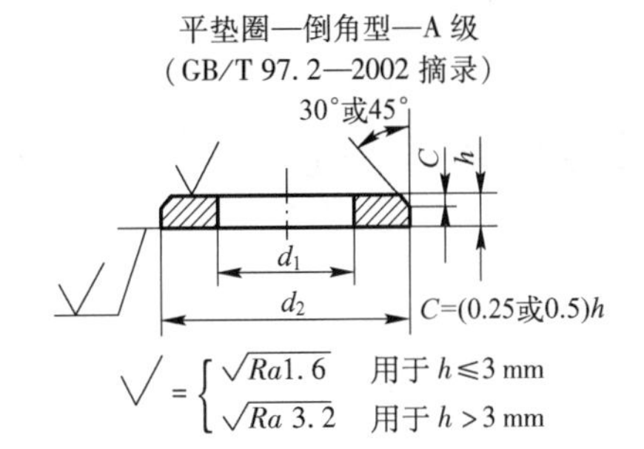

$\sqrt{} = \begin{cases} \sqrt{Ra1.6} & 用于 h \leqslant 3\ mm \\ \sqrt{Ra3.2} & 用于 h > 3\ mm \end{cases}$

标记示例：
小系列（或标准系列）、公称规格 8 mm、由钢制造的硬度等级为 200 HV 级、不经表面处理、产品等级为 A 级的平垫圈 垫圈 GB/T 848 8（或 GB/T 97.1 8 或 GB/T 97.2 8）

<table>
<tr><td colspan="2">公称尺寸(螺纹规格 d)</td><td>1.6</td><td>2</td><td>2.5</td><td>3</td><td>4</td><td>5</td><td>6</td><td>8</td><td>10</td><td>12</td><td>(14)</td><td>16</td><td>20</td><td>24</td><td>30</td><td>36</td></tr>
<tr><td rowspan="3">d_1</td><td>GB/T 848—2002</td><td rowspan="2">1.7</td><td rowspan="2">2.2</td><td rowspan="2">2.7</td><td rowspan="2">3.2</td><td rowspan="2">4.3</td><td rowspan="3">5.3</td><td rowspan="3">6.4</td><td rowspan="3">8.4</td><td rowspan="3">10.5</td><td rowspan="3">13</td><td rowspan="3">15</td><td rowspan="3">17</td><td rowspan="3">21</td><td rowspan="3">25</td><td rowspan="3">31</td><td rowspan="3">37</td></tr>
<tr><td>GB/T 97.1—2002</td></tr>
<tr><td>GB/T 97.2—2002</td><td>—</td><td>—</td><td>—</td><td>—</td><td>—</td></tr>
<tr><td rowspan="3">d_2</td><td>GB/T 848—2002</td><td>3.5</td><td>4.5</td><td>5</td><td>6</td><td>8</td><td>9</td><td>11</td><td>15</td><td>18</td><td>20</td><td>24</td><td>28</td><td>34</td><td>39</td><td>50</td><td>60</td></tr>
<tr><td>GB/T 97.1—2002</td><td>4</td><td>5</td><td>6</td><td>7</td><td>9</td><td rowspan="2">10</td><td rowspan="2">12</td><td rowspan="2">16</td><td rowspan="2">20</td><td rowspan="2">24</td><td rowspan="2">28</td><td rowspan="2">30</td><td rowspan="2">37</td><td rowspan="2">44</td><td rowspan="2">56</td><td rowspan="2">66</td></tr>
<tr><td>GB/T 97.2—2002</td><td>—</td><td>—</td><td>—</td><td>—</td><td>—</td></tr>
<tr><td rowspan="3">h</td><td>GB/T 848—2002</td><td rowspan="2">0.3</td><td rowspan="2">0.3</td><td rowspan="2">0.5</td><td rowspan="2">0.5</td><td>0.5</td><td rowspan="3">1</td><td rowspan="3">1.6</td><td rowspan="3">1.6</td><td>1.6</td><td>2</td><td rowspan="3">2.5</td><td>2.5</td><td rowspan="3">3</td><td rowspan="3">4</td><td rowspan="3">4</td><td rowspan="3">5</td></tr>
<tr><td>GB/T 97.1—2002</td><td>0.8</td><td rowspan="2">2</td><td rowspan="2">2.5</td><td rowspan="2">3</td></tr>
<tr><td>GB/T 97.2—2002</td><td>—</td><td>—</td><td>—</td><td>—</td><td>—</td></tr>
</table>

表 11-15 标准型弹簧垫圈（GB/T 93—1987 摘录）、轻型弹簧垫圈（GB/T 859—1987 摘录）

mm

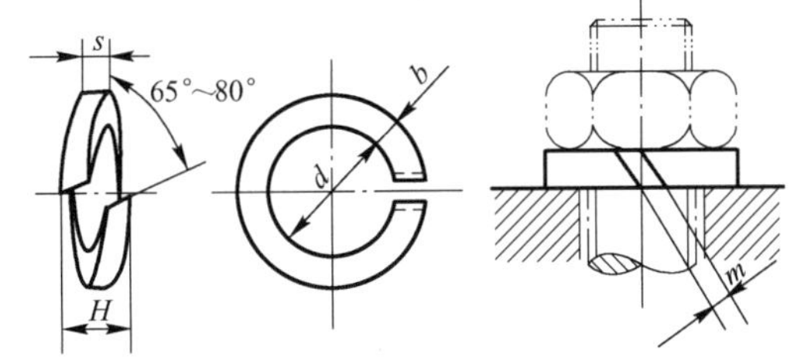

标记示例：
规格为 16、材料为 65Mn、表面氧化的标准型（或轻型）弹簧垫圈
垫圈 GB/T 93 16（或 GB/T 859 16）

<table>
<tr><td colspan="3">规格(螺纹大径)</td><td>3</td><td>4</td><td>5</td><td>6</td><td>8</td><td>10</td><td>12</td><td>(14)</td><td>16</td><td>(18)</td><td>20</td><td>(22)</td><td>24</td><td>(27)</td><td>30</td><td>(33)</td><td>36</td></tr>
<tr><td rowspan="4">GB/T 93—1987</td><td>s(b)</td><td>公称</td><td>0.8</td><td>1.1</td><td>1.3</td><td>1.6</td><td>2.1</td><td>2.6</td><td>3.1</td><td>3.6</td><td>4.1</td><td>4.5</td><td>5.0</td><td>5.5</td><td>6.0</td><td>6.8</td><td>7.5</td><td>8.5</td><td>9</td></tr>
<tr><td rowspan="2">H</td><td>min</td><td>1.6</td><td>2.2</td><td>2.6</td><td>3.2</td><td>4.2</td><td>5.2</td><td>6.2</td><td>7.2</td><td>8.2</td><td>9</td><td>10</td><td>11</td><td>12</td><td>13.6</td><td>15</td><td>17</td><td>18</td></tr>
<tr><td>max</td><td>2</td><td>2.75</td><td>3.25</td><td>4</td><td>5.25</td><td>6.5</td><td>7.75</td><td>9</td><td>10.25</td><td>11.25</td><td>12.5</td><td>13.75</td><td>15</td><td>17</td><td>18.75</td><td>21.25</td><td>22.5</td></tr>
<tr><td>m</td><td>≤</td><td>0.4</td><td>0.55</td><td>0.65</td><td>0.8</td><td>1.05</td><td>1.3</td><td>1.55</td><td>1.8</td><td>2.05</td><td>2.25</td><td>2.5</td><td>2.75</td><td>3</td><td>3.4</td><td>3.75</td><td>4.25</td><td>4.5</td></tr>
<tr><td rowspan="5">GB/T 859—1987</td><td>s</td><td>公称</td><td>0.6</td><td>0.8</td><td>1.1</td><td>1.3</td><td>1.6</td><td>2</td><td>2.5</td><td>3</td><td>3.2</td><td>3.6</td><td>4</td><td>4.5</td><td>5</td><td>5.5</td><td>6</td><td>—</td><td>—</td></tr>
<tr><td>b</td><td>公称</td><td>1</td><td>1.2</td><td>1.5</td><td>2</td><td>2.5</td><td>3</td><td>3.5</td><td>4</td><td>4.5</td><td>5</td><td>5.5</td><td>6</td><td>7</td><td>8</td><td>9</td><td>—</td><td>—</td></tr>
<tr><td rowspan="2">H</td><td>min</td><td>1.2</td><td>1.6</td><td>2.2</td><td>2.6</td><td>3.2</td><td>4</td><td>5</td><td>6</td><td>6.4</td><td>7.2</td><td>8</td><td>9</td><td>10</td><td>11</td><td>12</td><td>—</td><td>—</td></tr>
<tr><td>max</td><td>1.5</td><td>2</td><td>2.75</td><td>3.25</td><td>4</td><td>5</td><td>6.25</td><td>7.5</td><td>8</td><td>9</td><td>10</td><td>11.25</td><td>12.5</td><td>13.75</td><td>15</td><td>—</td><td>—</td></tr>
<tr><td>m</td><td>≤</td><td>0.3</td><td>0.4</td><td>0.55</td><td>0.65</td><td>0.8</td><td>1.0</td><td>1.25</td><td>1.5</td><td>1.6</td><td>1.8</td><td>2.0</td><td>2.25</td><td>2.5</td><td>2.75</td><td>3.0</td><td>—</td><td>—</td></tr>
</table>

注：尽可能不采用括号内的规格。

表 11-16 外舌止动垫圈（GB/T 856—1988 摘录） mm

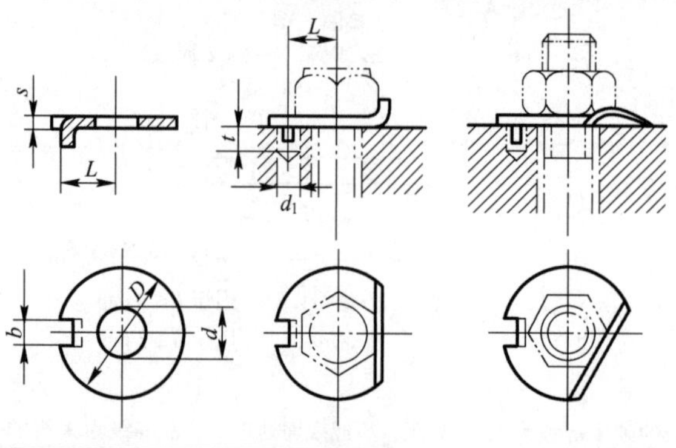

标记示例：

规格为 10、材料为 Q235—A、经退火、表面氧化处理的外舌止动垫圈

垫圈 GB/T 856 10

规 格（螺纹大径）		3	4	5	6	8	10	12	(14)	16	(18)	20	(22)	24	(27)	30	36
d	max	3.5	4.5	5.6	6.76	8.76	10.93	13.43	15.43	17.43	19.52	21.52	23.52	25.52	28.52	31.62	37.62
	min	3.2	4.2	5.3	6.4	8.4	10.5	13	15	17	19	21	23	25	28	31	37
D	max	12	14	17	19	22	26	32	32	40	45	45	50	50	58	63	75
	min	11.57	13.57	16.57	18.48	21.48	25.48	31.38	31.38	39.38	44.38	44.38	49.38	49.38	57.26	62.26	74.26
b	max	2.5	2.5	3.5	3.5	3.5	4.5	4.5	4.5	5.5	6	6	7	7	8	8	11
	min	2.25	2.25	3.2	3.2	3.2	4.2	4.2	4.2	5.2	5.7	5.7	6.64	6.64	7.64	7.64	10.57
L		4.5	5.5	7	7.5	8.5	10	12	12	15	18	18	20	20	23	25	31
s		0.4	0.4	0.5	0.5	0.5	0.5	1	1	1	1	1	1	1	1.5	1.5	1.5
d_1		3	3	4	4	4	5	5	5	6	7	7	8	8	9	9	12
t		3	3	4	4	4	5	6	6	6	7	7	7	7	10	10	10

注：尽可能不采用括号内的规格。

表 11-17 工字钢、槽钢用方斜垫圈（GB/T 856—1988 摘录） mm

工字钢用方斜垫圈（GB/T 852—1988 摘录）　　槽钢用方斜垫钢（GB/T 853—1988 摘录）

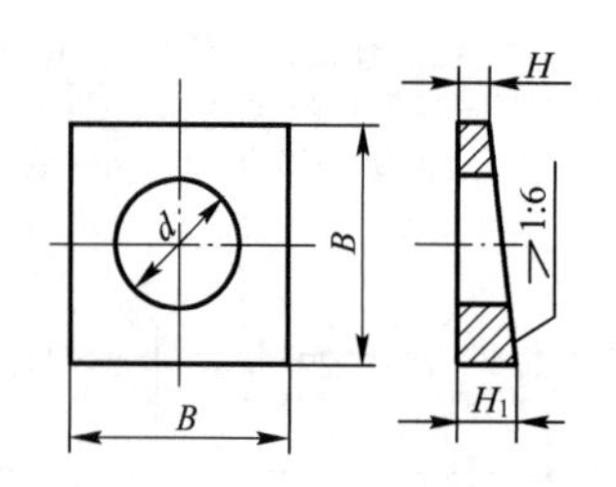

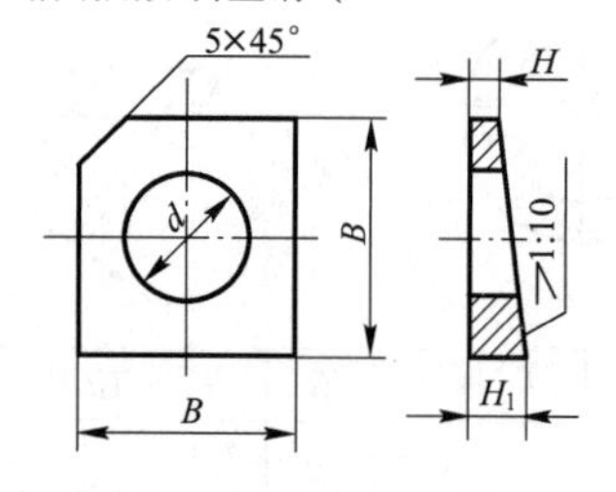

标记示例：

规格为 16、材料为 Q235—A、不经表面处理的工字钢用（槽钢用）方斜垫圈

垫圈 GB/T 852 16（GB/T 853 16）

规格（螺纹大径）		6	8	10	12	16	(18)	20	(22)	24	(27)	30	36
d	max	6.96	9.36	11.43	13.93	17.93	20.52	22.52	24.52	26.52	30.52	33.62	39.62
	min	6.6	9	11	13.5	17.5	20	22	24	26	30	33	39
B		16	18	22	28	35	40	40	40	50	50	60	70
H		2					3						
H_1	GB/T 852—1988	4.7	5.0	5.7	6.7	7.7	9.7	9.7	9.7	11.3	11.3	13.0	14.7
	GB/T 853—1988	3.6	3.8	4.2	4.8	5.4	7	7	7	8	8	9	10

注：尽可能不采用括号内的规格。

表 11-18 圆螺母（GB/T 812—1988 摘录）、小圆螺母（GB/T 810—1988 摘录） mm

圆螺母　　　　小圆螺母

标记示例：螺母 GB/T 812 M16×1.5

螺母 GB/T 810 M16×1.5

（螺纹规格 D = M16×1.5、材料为 45 钢、槽或全部热处理硬度 35～45 HRC、表面氧化的圆螺母和小圆螺母）

圆螺母（GB/T 812—1988）

螺纹规格 $D \times P$	d_K	d_1	m	h max	h min	t max	t min	C	C_1
M10×1	22	16	8	4.3	4	2.6	2	0.5	0.5
M12×1.25	25	19							
M14×1.5	28	20							
M16×1.5	30	22		5.3	5	3.1	2.5		
M18×1.5	32	24							
M20×1.5	35	27							
M22×1.5	38	30	10						
M24×1.5	42	34						1	
M25×1.5									
M27×1.5	45	37							
M30×1.5	48	40							
M33×1.5	52	43		6.3	6	3.6	3		
M35×1.5*									
M36×1.5	55	46							
M39×1.5	58	49						1.5	
M40×1.5*									
M42×1.5	62	53							
M45×1.5	68	59							
M48×1.5	72	61	12	8.36	8	4.25	3.5		
M50×1.5*									
M52×1.5	78	67							
M55×2*									
M56×2	85	74							1
M60×2	90	79							
M64×2	95	84							
M65×2*									
M68×2	100	88		10.36	10	4.75	4		
M72×2	105	93	15						
M75×2*									
M76×2	110	98							
M80×2	115	103							
M85×2	120	108							
M90×2	125	112	18	12.43	12	5.75	5		
M95×2	130	117							
M100×2	135	122							
M105×2	140	127							

小圆螺母（GB/T 810—1988）

螺纹规格 $D \times P$	d_k	m	h max	h min	t max	t min	C	C_1
M10×1	20	6	4.3	4	2.6	2	0.5	0.5
M12×1.25	22							
M14×1.5	25							
M16×1.5	28							
M18×1.5	30		5.3	5	3.1	2.5		
M20×1.5	32							
M22×1.5	35	8						
M24×1.5	38							
M27×1.5	42						1	
M30×1.5	45							
M33×1.5	48		6.3	6	3.6	3		
M36×1.5	52							
M39×1.5	55							
M42×1.5	58							
M45×1.5	62							
M48×1.5	68	10	8.36	8	4.25	3.5		
M52×1.5	72							
M56×2	78							1
M60×2	80							
M64×2	85							
M68×2	90							
M72×2	95	12	10.36	10	4.75	4		
M76×2	100							
M80×2	105						1.5	
M85×2	110							
M90×2	115							
M95×2	120		12.43	12	5.75	5		
M100×2	125							
M105×2	130	15						

注：1. 槽数 n；当 $D \leqslant$ M100×2，$n=4$；当 $D \geqslant$ M105×2，$n=6$。

2. ＊仅用于滚动轴承锁紧装置。

表 11-19　圆螺母用止动垫圈（GB/T 858—1988 摘录）　　mm

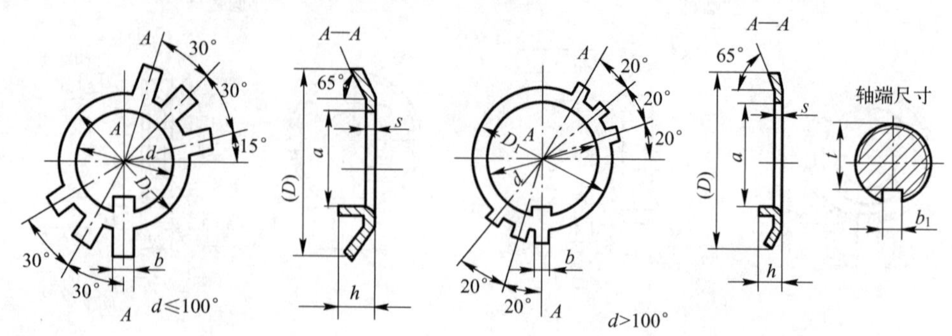

标记示例：

垫圈　GB/T 858 16（规格为 16、材料为 Q235 - A、经退火、表面氧化的圆螺母用止动垫圈）

规格（螺纹大径）	d	D（参考）	D_1	s	b	a	h	轴端		规格（螺纹大径）	d	D（参考）	D_1	s	b	a	h	轴端	
								b_1	t									b_1	t
10	10.5	25	16	1	3.8	8	3	4	7	48	48.5	76	61	1.5	7.7	45	5	8	44
12	12.5	28	19			9			8	50*	50.5					47			—
14	14.5	32	20			11			10	52	52.5	82	67			49	6		48
16	16.5	34	22		4.8	13		5	12	55*	56					52			—
18	18.5	35	24			15	4		14	56	57	90	74			53			52
20	20.5	38	27			17			16	60	61	94	79			57			56
22	22.5	42	30			19			18	64	65	100	84			61			60
24	24.5	45	34			21			20	65*	66					62			—
25*	25.5					22			—	68	69	105	88		9.6	65		10	64
27	27.5	48	37			24	5		23	72	73	110	93			69	7		68
30	30.5	52	40			27			26	75*	76					71			—
33	33.5	56	43	1.5	5.7	30		6	29	76	77	115	98			72			70
35*	35.5					32			—	80	81	120	103			76			74
36	36.5	60	46			33			32	85	86	125	108			81			79
39	39.5	62	49			36			35	90	91	130	112	2	11.6	86		12	84
40*	40.5					37			—	95	96	135	117			91			89
42	42.5	66	53			39			38	100	101	140	122			96			94
45	45.5	72	59			42			41	105	106	145	127			101			99

注：* 仅用于滚动轴承锁紧装置。

11.4 挡　　圈

表 11-20 轴端挡圈　　mm

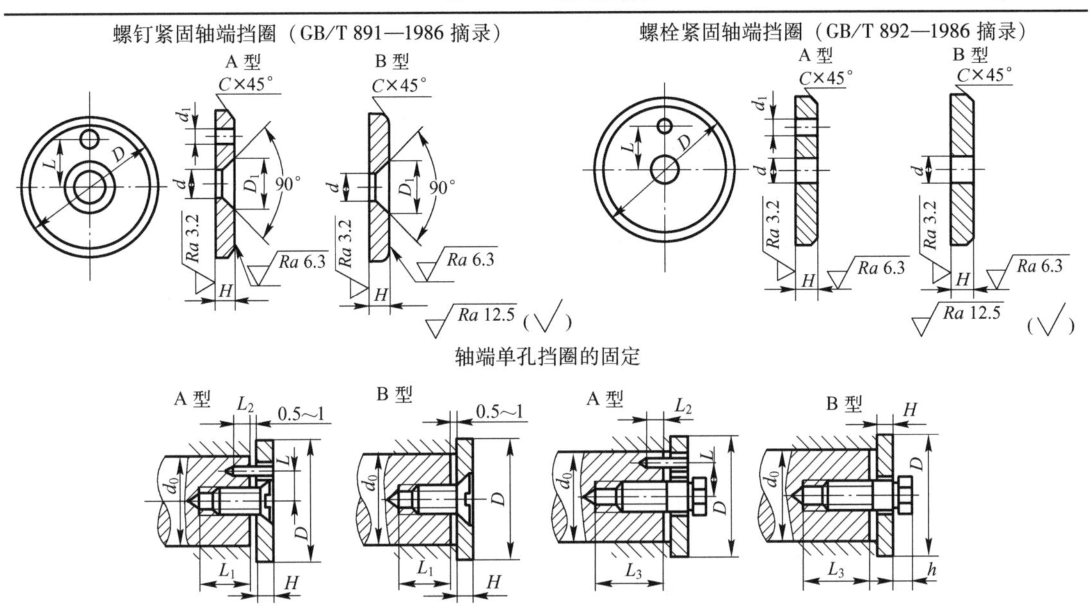

标记示例：

挡圈　GB/T 891　45（公称直径 D=45、材料为 Q235 - A、不经表面处理的 A 型螺钉紧固轴端挡圈）

挡圈　GB/T 891　B45（公称直径 D=45、材料为 Q235 - A、不经表面处理的 B 型螺钉紧固轴端挡圈）

轴径 ≤	公称直径 D	H	L	d	d_1	C	螺钉紧固轴端挡圈			螺栓紧固轴端挡圈			安装尺寸（参考）			
							D_1	螺钉 GB/T 819.1—2000（推荐）	圆柱销 GB/T 119.1—2000（推荐）	螺栓 GB/T 5783—2000（推荐）	圆柱销 GB/T 119.1—2000（推荐）	垫圈 GB/T 93—1987（推荐）	L_1	L_2	L_3	h
14	20	4	—	5.5	2.1	0.5	11	M5×12	A2×10	M5×16	A2×10	5	14	6	16	4.8
16	22	4	—													
18	25	4	—													
20	28	4	7.5													
22	30	4	7.5													
25	32	5	10	6.6	3.2	1	13	M6×16	A3×12	M6×20	A3×12	6	18	7	20	5.6
28	35	5	10													
30	38	5	10													
32	40	5	12													
35	45	5	12													
40	50	5	12													
45	55	6	16	9	4.2	1.5	17	M8×20	A4×14	M8×25	A4×14	8	22	8	24	7.4
50	60	6	16													
55	65	6	16													
60	70	6	20													
65	75	6	20													
70	80	6	20													
75	90	8	25	13	5.2	2	25	M12×25	A5×16	M12×30	A5×16	12	26	10	28	10.6
85	100	8	25													

注：1. 当挡圈装在带螺纹孔的轴端时，紧固用螺钉允许加长。
　　2. 材料：Q235 - A、35 钢，45 钢。
　　3. “轴端单孔挡圈的固定”不属于 GB/T 891—1986、GB/T 892—1986，仅供参考。

表 11-21 轴用弹性挡圈（A 型）（GB/T 894—2017 摘录） mm

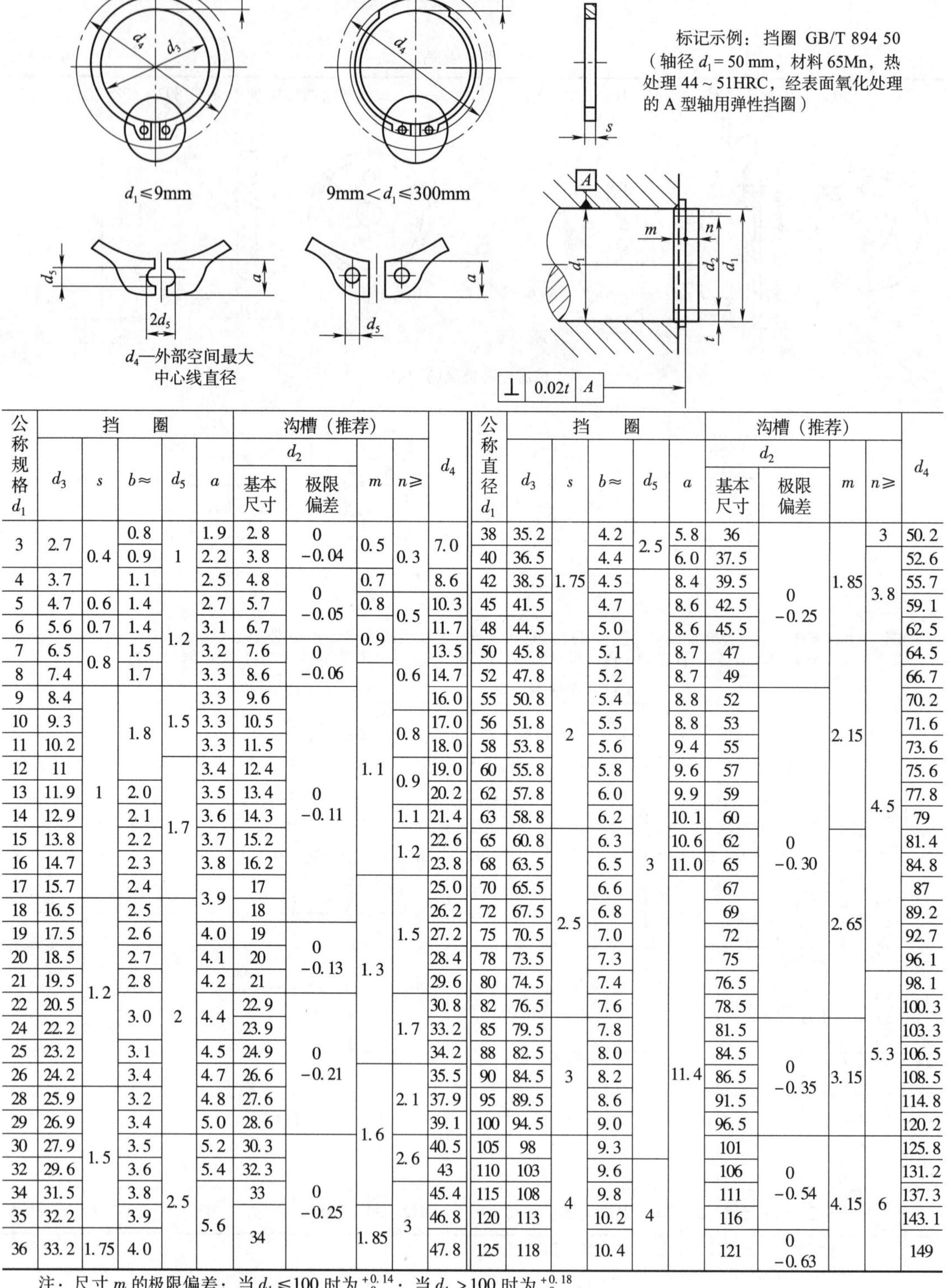

标记示例：挡圈 GB/T 894 50（轴径 d_1 = 50 mm，材料 65Mn，热处理 44 ~ 51HRC，经表面氧化处理的 A 型轴用弹性挡圈）

公称规格 d_1	挡圈					沟槽（推荐）				d_4
	d_3	s	b≈	d_5	a	d_2 基本尺寸	d_2 极限偏差	m	n≥	
3	2.7	0.4	0.8	1	1.9	2.8	0 −0.04	0.5	0.3	7.0
			0.9		2.2	3.8				
4	3.7		1.1		2.5	4.8	0 −0.05	0.7		8.6
5	4.7	0.6	1.4	1.2	2.7	5.7		0.8	0.5	10.3
6	5.6	0.7	1.4		3.1	6.7		0.9		11.7
7	6.5	0.8	1.5		3.2	7.6	0 −0.06		0.6	13.5
8	7.4		1.7		3.3	8.6		1.1		14.7
9	8.4	1	1.8	1.5	3.3	9.6	0 −0.11			16.0
10	9.3				3.3	10.5			0.8	17.0
11	10.2				3.3	11.5				18.0
12	11			1.7	3.4	12.4			0.9	19.0
13	11.9		2.0		3.5	13.4				20.2
14	12.9		2.1		3.6	14.3			1.1	21.4
15	13.8		2.2		3.7	15.2			1.2	22.6
16	14.7		2.3		3.8	16.2				23.8
17	15.7		2.4		3.9	17		1.3	1.5	25.0
18	16.5	1.2	2.5	2		18				26.2
19	17.5		2.6		4.0	19	0 −0.13			27.2
20	18.5		2.7		4.1	20				28.4
21	19.5		2.8		4.2	21				29.6
22	20.5		3.0		4.4	22.9	0 −0.21		1.7	30.8
24	22.2					23.9				33.2
25	23.2		3.1		4.5	24.9				34.2
26	24.2		3.4		4.7	26.6		1.6	2.1	35.5
28	25.9	1.5	3.2		4.8	27.6				37.9
29	26.9		3.4		5.0	28.6				39.1
30	27.9		3.5	2.5	5.2	30.3	0 −0.25		2.6	40.5
32	29.6		3.6		5.4	32.3				43
34	31.5		3.8		5.6	33			3	45.4
35	32.2		3.9			34		1.85		46.8
36	33.2	1.75	4.0							47.8

公称直径 d_1	挡圈					沟槽（推荐）				d_4
	d_3	s	b≈	d_5	a	d_2 基本尺寸	d_2 极限偏差	m	n≥	
38	35.2	1.75	4.2	2.5	5.8	36	0 −0.25	1.85	3	50.2
40	36.5		4.4		6.0	37.5			3.8	52.6
42	38.5		4.5	3	8.4	39.5				55.7
45	41.5		4.7		8.6	42.5				59.1
48	44.5		5.0		8.6	45.5				62.5
50	45.8	2	5.1		8.7	47		2.15	4.5	64.5
52	47.8		5.2		8.7	49				66.7
55	50.8		5.4		8.8	52	0 −0.30			70.2
56	51.8		5.5		8.8	53				71.6
58	53.8		5.6		9.4	55				73.6
60	55.8		5.8		9.6	57				75.6
62	57.8		6.0		9.9	59				77.8
63	58.8		6.2		10.1	60				79
65	60.8	2.5	6.3		10.6	62		2.65		81.4
68	63.5		6.5		11.0	65				84.8
70	65.5		6.6		11.4	67				87
72	67.5		6.8			69				89.2
75	70.5		7.0			72				92.7
78	73.5		7.3			75				96.1
80	74.5		7.4			76.5			5.3	98.1
82	76.5		7.6			78.5				100.3
85	79.5	3	7.8			81.5	0 −0.35	3.15		103.3
88	82.5		8.0			84.5				106.5
90	84.5		8.2			86.5				108.5
95	89.5		8.6			91.5				114.8
100	94.5		9.0			96.5				120.2
105	98	4	9.3			101	0 −0.54	4.15	6	125.8
110	103		9.6	4		106				131.2
115	108		9.8			111				137.3
120	113		10.2			116				143.1
125	118		10.4			121	0 −0.63			149

注：尺寸 m 的极限偏差；当 d_1 ≤100 时为 $^{+0.14}_{0}$；当 d_1 >100 时为 $^{+0.18}_{0}$。

表11-22 孔用弹性挡圈（A型）（GB/T 893—2017摘录）

mm

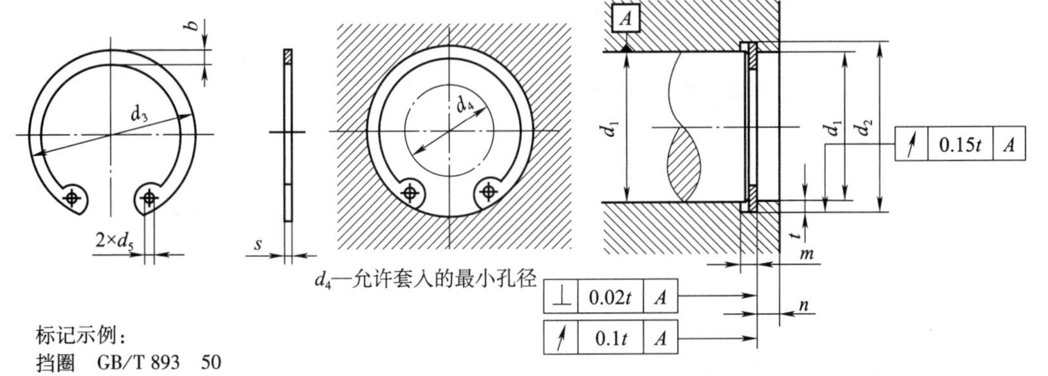

d_4—允许套入的最小孔径

标记示例：

挡圈　GB/T 893　50

（孔径 d_1 = 50 mm，材料65Mn，热处理硬度44～51HRC，经表面氧化处理的A型孔用弹性挡圈）

孔径 d_1	挡圈				沟槽（推荐）				d_4
	d_3	s	b≈	d_5	d_2 基本尺寸	d_2 极限偏差	m H13	n min	
8	8.7	0.8	1.1	1	8.4	$^{+0.09}_{0}$	0.9	0.6	2.0
9	9.8		1.3		9.4				2.7
10	10.8	1	1.4	1.2	10.4	$^{+0.11}_{0}$	1.1		3.3
11	11.8		1.5		11.4				4.1
12	13		1.7	1.15	12.5			0.8	4.9
13	14.1		1.8		13.6			0.9	5.4
14	15.1		1.9	1.7	14.6				6.2
15	16.1		2.0		15.7			1.1	7.2
16	17.3		2.0		16.8			1.2	8.0
17	18.3		2.1		17.8			1.5	8.8
18	19.5		2.2	2.0	19	$^{+0.13}_{0}$			9.4
19	20.5		2.2		20				10.4
20	21.5		2.3		21				11.2
21	22.5		2.4		22				12.2
22	23.5		2.5		23			1.8	13.2
24	25.9	1.2	2.6		25.2	$^{+0.21}_{0}$	1.3		14.8
25	26.9		2.7		26.2				15.5
26	27.9		2.8		27.2			2.1	16.1
28	30.1		2.9		29.4				17.9
30	32.1		3.0		31.4	$^{+0.25}_{0}$		2.6	19.9
31	33.4		3.2	2.5	32.7				20.0
32	34.4		3.2		33.7				20.6
34	36.5	1.5	3.3		35.7		1.6	3	22.6
35	37.8		3.4		37				23.6
36	38.8		3.5		38				24.6
37	39.8		3.6		39				25.4
38	40.8		3.7		40			3.8	26.4
40	43.5	1.75	3.9		42.5		1.85		27.8
42	45.5		4.1		44.5				29.6
45	48.5		4.3		47.5				32.0
47	50.5		4.4		49.5				33.5

孔径 d_1	挡圈				沟槽（推荐）				d_4
	d_3	s	b≈	d_5	d_2 基本尺寸	d_2 极限偏差	m H13	n min	
48	51.5	1.75	4.5	2.5	50.5	$^{+0.30}_{0}$	1.85	3.8	34.5
50	54.2	2	4.6		53		2.15	4.5	36.3
52	56.2		4.7		55				37.9
55	59.2		5.0		58				40.7
56	60.2		5.1		59				41.7
58	62.2		5.2		61				43.5
60	64.2		5.4		63				44.7
62	66.2		5.5		65				46.7
63	67.2		5.6		66				47.7
65	69.2	2.5	5.8		68		2.65		49
68	72.5		6.1		71				51.6
70	74.5		6.2		73				53.6
72	76.5		6.4	3.0	75				55.6
75	79.5		6.6		78				58.6
78	82.5		6.6		81	$^{+0.35}_{0}$		5.3	60.1
80	85.5		6.8		83.5				62.1
82	87.5		7.0		85.5				64.1
85	90.5	3	7.0		88.5		3.15		66.9
88	93.5		7.2	3.5	91.5				69.9
90	95.5		7.6		93.5				71.9
92	97.5		7.8		95.5				73.7
95	100.5		8.1		98.5				76.5
98	103.5		8.3		101.5				79
100	105.5		8.4		103.5				80.6
102	108	4	8.5		106	$^{+0.54}_{0}$	4.15	6	82.0
105	112		8.7		109				85.0
108	115		8.9		112				88.0
110	117		9.0		114				88.2
112	119		9.1		116				90.0
115	122		9.3		119				93.0
120	127		9.7		124	+0.63			96.9

注：尺寸 m 的极限偏差：当 $d_1 \leqslant 100$ 时为 $^{+0.14}_{0}$；当 $d_1 > 100$ 时为 $^{+0.18}_{0}$。

11.5 螺纹零件的结构要素

表 11-23 普通螺纹收尾、肩距、退刀槽和倒角（GB/T 3—1997 摘录） mm

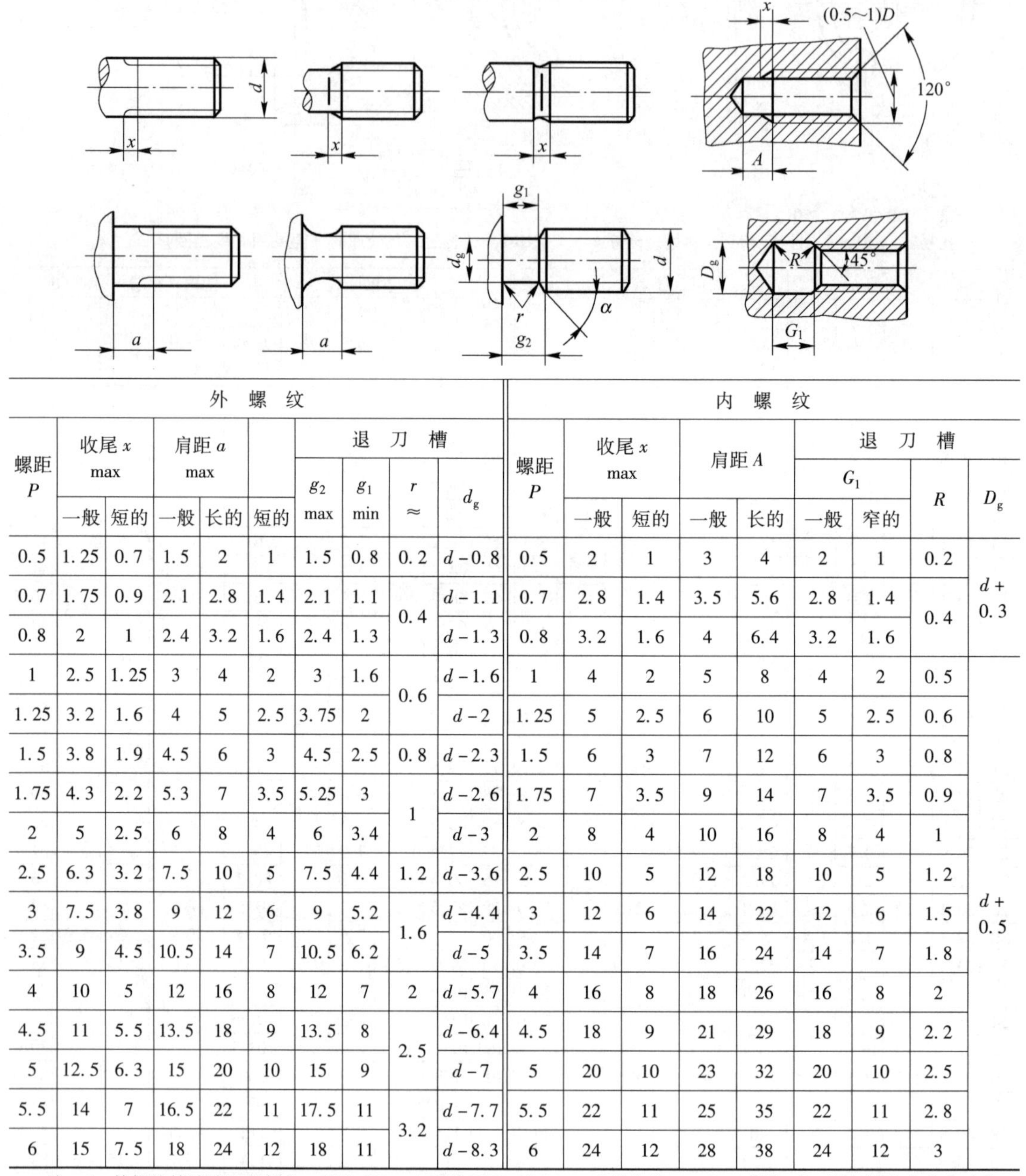

外螺纹										内螺纹								
螺距 P	收尾 x max		肩距 a max			退刀槽				螺距 P	收尾 x max		肩距 A		退刀槽			
	一般	短的	一般	长的	短的	g_2 max	g_1 min	r ≈	d_g		一般	短的	一般	长的	G_1 一般	G_1 窄的	R	D_g
0.5	1.25	0.7	1.5	2	1	1.5	0.8	0.2	$d-0.8$	0.5	2	1	3	4	2	1	0.2	$d+0.3$
0.7	1.75	0.9	2.1	2.8	1.4	2.1	1.1	0.4	$d-1.1$	0.7	2.8	1.4	3.5	5.6	2.8	1.4	0.4	
0.8	2	1	2.4	3.2	1.6	2.4	1.3		$d-1.3$	0.8	3.2	1.6	4	6.4	3.2	1.6		
1	2.5	1.25	3	4	2	3	1.6	0.6	$d-1.6$	1	4	2	5	8	4	2	0.5	$d+0.5$
1.25	3.2	1.6	4	5	2.5	3.75	2		$d-2$	1.25	5	2.5	6	10	5	2.5	0.6	
1.5	3.8	1.9	4.5	6	3	4.5	2.5	0.8	$d-2.3$	1.5	6	3	7	12	6	3	0.8	
1.75	4.3	2.2	5.3	7	3.5	5.25	3	1	$d-2.6$	1.75	7	3.5	9	14	7	3.5	0.9	
2	5	2.5	6	8	4	6	3.4		$d-3$	2	8	4	10	16	8	4	1	
2.5	6.3	3.2	7.5	10	5	7.5	4.4	1.2	$d-3.6$	2.5	10	5	12	18	10	5	1.2	
3	7.5	3.8	9	12	6	9	5.2	1.6	$d-4.4$	3	12	6	14	22	12	6	1.5	
3.5	9	4.5	10.5	14	7	10.5	6.2		$d-5$	3.5	14	7	16	24	14	7	1.8	
4	10	5	12	16	8	12	7	2	$d-5.7$	4	16	8	18	26	16	8	2	
4.5	11	5.5	13.5	18	9	13.5	8	2.5	$d-6.4$	4.5	18	9	21	29	18	9	2.2	
5	12.5	6.3	15	20	10	15	9		$d-7$	5	20	10	23	32	20	10	2.5	
5.5	14	7	16.5	22	11	17.5	11	3.2	$d-7.7$	5.5	22	11	25	35	22	11	2.8	
6	15	7.5	18	24	12	18	11		$d-8.3$	6	24	12	28	38	24	12	3	

注：1. 外螺纹始端端面的倒角一般为45°，也可采用60°或30°。当螺纹按60°或30°倒角时，倒角深度应大于或等于螺纹牙型高度。

2. 应优先选用“一般”长度的收尾和肩距；“短”收尾和“短”肩距仅用于结构受限制的螺纹件。

表 11-24 单头梯形螺纹的退刀槽和倒角 mm

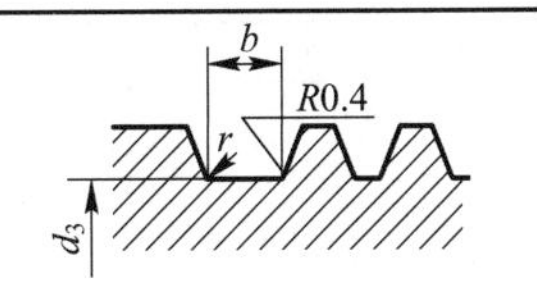

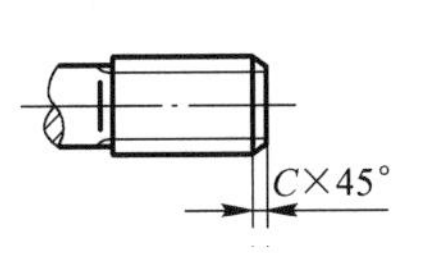

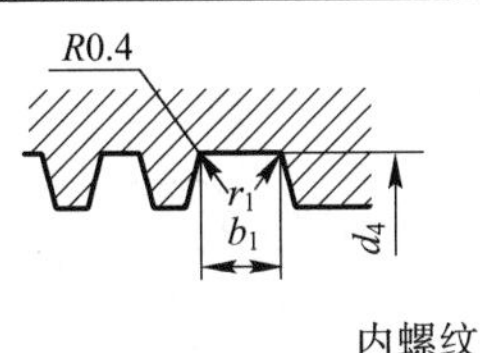

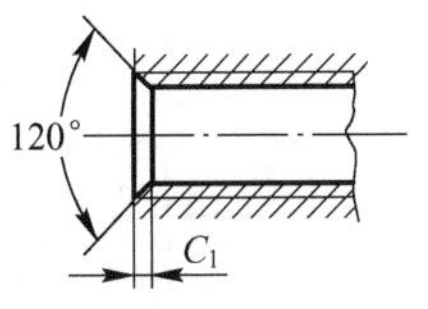

外螺纹						内螺纹					
P	$b=b_1$	d_3	d_4	$r=r_1$	$C=C_1$	P	$b=b_1$	d_3	d_4	$r=r_1$	$C=C_1$
2	2.5	$d-3$	$d+1$	1	1.5	6	7.5	$d-7.8$	$d+1.8$	2	3.5
3	4	$d-4$			2	8	10	$d-9.8$		2.5	4.5
4	5	$d-5.1$	$d+1.1$	1.5	2.5	10	12.5	$d-12$	$d+2$	3	5.5
5	6.5	$d-6.6$	$d+1.6$		3	12	15	$d-14$			6.5

表 11-25 螺栓和螺钉通孔及沉孔尺寸 mm

螺纹规格	螺栓和螺钉通孔直径 d_h（GB/T 5277—1985 摘录）			沉头螺钉及半沉头螺钉的沉孔（GB/T 152.2—1988 摘录）				内六角圆柱头螺钉的圆柱头沉孔（GB/T 152.3—1988 摘录）				六角头螺栓和六角螺母的沉孔（GB/T 152.4—1988 摘录）			
d	精装配	中等装配	粗装配	d_2	$t\approx$	d_1	a	d_2	t	d_3	d_1	d_2	d_3	d_1	t
M3	3.2	3.4	3.6	6.4	1.6	3.4	$90°{}^{-2°}_{-4°}$	6.0	3.4	—	3.4	9	—	3.4	只要能制出与通孔轴线垂直的圆平面即可
M4	4.3	4.5	4.8	9.6	2.7	4.5		8.0	4.6		4.5	10		4.5	
M5	5.3	5.5	5.8	10.6	2.7	5.5		10.0	5.7		5.5	11		5.5	
M6	6.4	6.6	7	12.8	3.3	6.6		11.0	6.8		6.6	13		6.6	
M8	8.4	9	10	17.6	4.6	9		15.0	9.0		9.0	18		9.0	
M10	10.5	11	12	20.3	5.0	11		18.0	11.0		11.0	22		11.0	
M12	13	13.5	14.5	24.4	6.0	13.5		20.0	13.0	16	13.5	26	16	13.5	
M14	15	15.5	16.5	28.4	7.0	15.5		24.0	15.0	18	15.5	30	18	13.5	
M16	17	17.5	18.5	32.4	8.0	17.5		26.0	17.5	20	17.5	33	20	17.5	
M18	19	29	21	—	—	—		—	—	—	—	36	22	20.0	
M20	21	22	24	40.4	10.0	22		33.0	21.5	24	22.0	40	24	22.0	
M22	23	24	26	—	—	—		—	—	—	—	43	26	24	
M24	25	26	28					40.0	25.5	28	26.0	48	28	26	
M27	28	30	32					—	—	—	—	53	33	30	
M30	31	33	35					48.0	32.0	36	33.0	61	36	33	
M36	37	39	42					57.0	38.0	42	39.0	71	42	39	

表 11-26 轴上固定螺钉用孔（JB/ZQ 4251—2006） mm

d	3	4	6	8	10	12	16	20	24
d_1			4.5	6	7	9	12	15	18
c_1			4	5	6	7	8	10	12
c_2	1.5	2	3	3	3.5	4	5	6	
$h_1\geqslant$			4	5	6	7	8	10	12
h_2	1.5	2	3	3	3.5	4	5	6	

注：1. 工作图上除 c_1、c_2 外，其他尺寸应全部注出。

2. d 为螺纹规格。

表 11-27　普通粗牙螺纹的余留长度、钻孔余留深度（JB/ZQ 4247—2006）　mm

拧入深度 L 由设计者决定；
钻孔深度 $L_2=L+l_2$；螺孔深度 $L_1=L+l_1$

螺纹直径 d	余留长度 内螺纹 l_1	余留长度 外螺纹 l	余留长度 钻孔 l_2	末端长度 a
5	1.5	2.5	6	2～3
6	2	3.5	7	2.5～4
8	2.5	4	9	
10	3	4.5	10	3.5～5
12	3.5	5.5	13	
14，16	4	6	14	4.5～6.5
18，20，22	5	7	17	
24、27	6	8	20	5.5～8
30	7	10	23	
36	8	11	26	7～11
42	9	12	30	
48	10	13	33	10～15
56	11	16	36	

L（参考）										
	用于钢	4	5	6	8	10	12	16	20	24
	用于铸铁	6	8	10	12	15	18	22	28	35

表 11-28　扳手空间（JB/ZQ 4005—2006）　mm

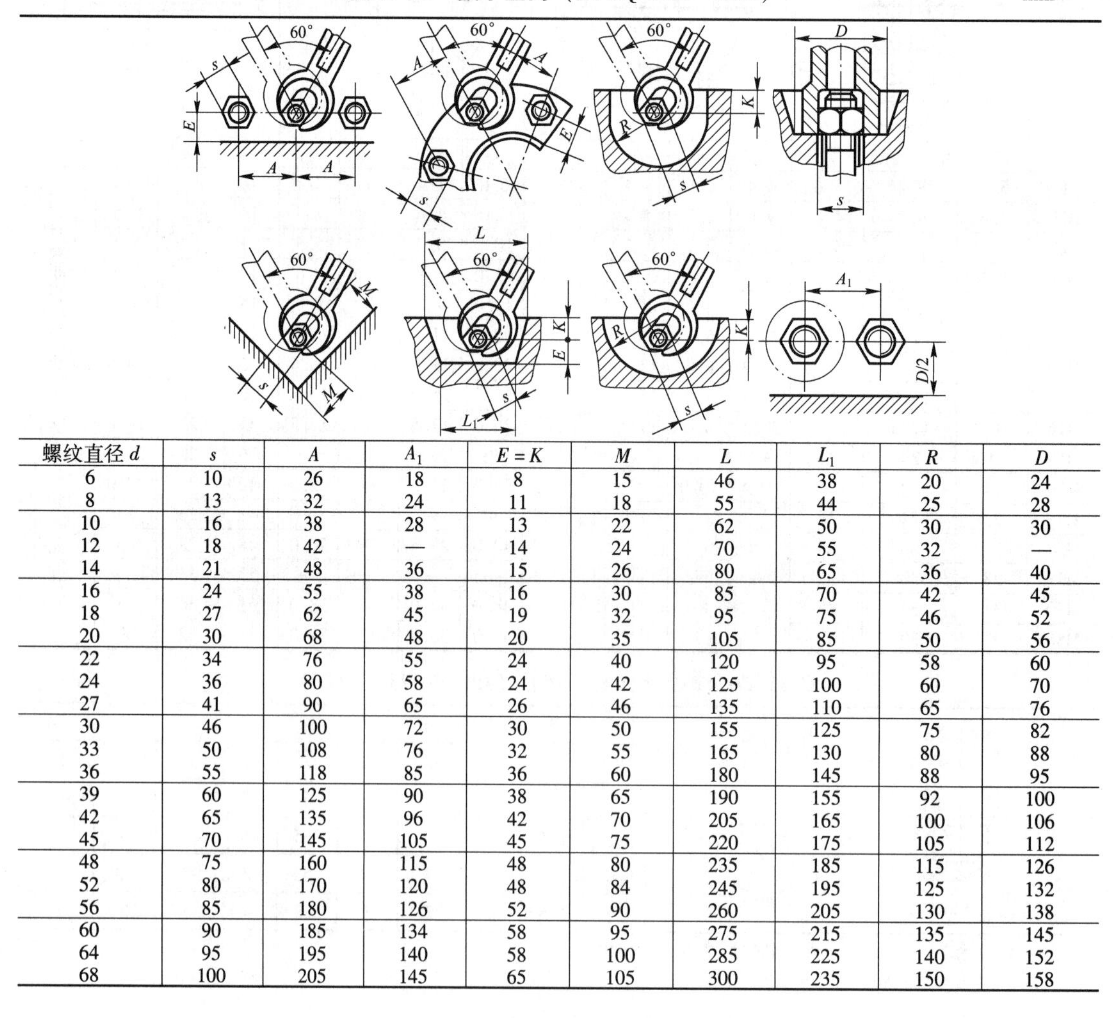

螺纹直径 d	s	A	A_1	$E=K$	M	L	L_1	R	D
6	10	26	18	8	15	46	38	20	24
8	13	32	24	11	18	55	44	25	28
10	16	38	28	13	22	62	50	30	30
12	18	42	—	14	24	70	55	32	—
14	21	48	36	15	26	80	65	36	40
16	24	55	38	16	30	85	70	42	45
18	27	62	45	19	32	95	75	46	52
20	30	68	48	20	35	105	85	50	56
22	34	76	55	24	40	120	95	58	60
24	36	80	58	24	42	125	100	60	70
27	41	90	65	26	46	135	110	65	76
30	46	100	72	30	50	155	125	75	82
33	50	108	76	32	55	165	130	80	88
36	55	118	85	36	60	180	145	88	95
39	60	125	90	38	65	190	155	92	100
42	65	135	96	42	70	205	165	100	106
45	70	145	105	45	75	220	175	105	112
48	75	160	115	48	80	235	185	115	126
52	80	170	120	48	84	245	195	125	132
56	85	180	126	52	90	260	205	130	138
60	90	185	134	58	95	275	215	135	145
64	95	195	140	58	100	285	225	140	152
68	100	205	145	65	105	300	235	150	158

11.6 键、花键

表11-29 平键连接的剖面和键槽尺寸（GB/T 1095—2003 摘录）

普通平键的形式和尺寸（GB/T 1096—2003 摘录） mm

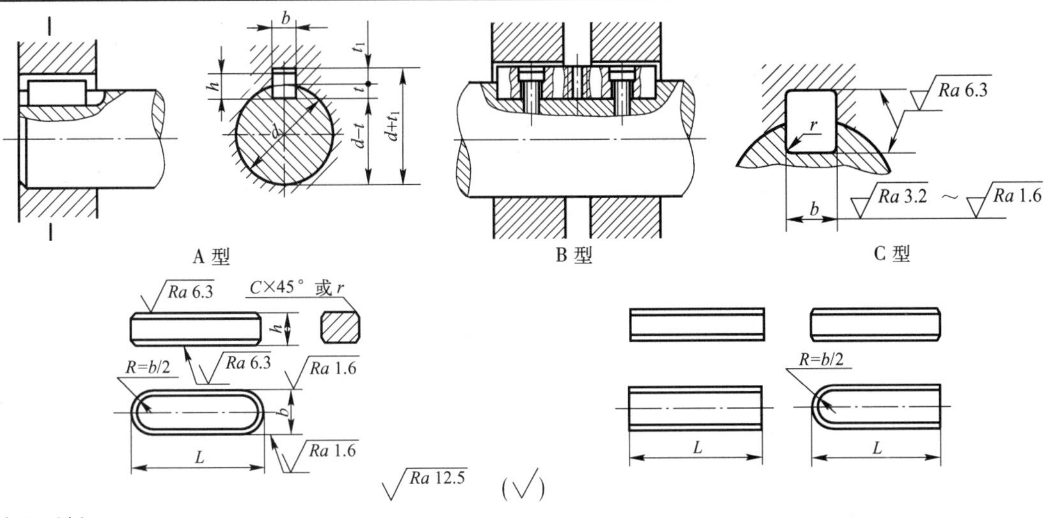

标记示例：

GB/T 1096 键 16×10×100［圆头普通平键（A 型）、$b=16$、$h=10$、$L=100$］

GB/T 1096 键 B16×10×100［平头普通平键（B 型）、$b=16$、$h=10$、$L=100$］

GB/T 1096 键 C16×10×100［单圆头普通平键（C 型）、$b=16$、$h=10$、$L=100$］

轴	键	键槽											
		宽度 b						深度				半径 r	
			极限偏差					轴 t		毂 t_1			
公称直径 d	公称尺寸 b×h	公称尺寸 b	松连接		正常连接		紧密连接						
			轴 H9	毂 D10	轴 N9	毂 JS9	轴和毂 P9	公称尺寸	极限偏差	公称尺寸	极限偏差	最小	最大
自 6～8	2×2	2	+0.025	+0.060	−0.004	±0.0125	−0.006	1.2	+0.1 0	1	+0.1 0	0.08	0.16
>8～10	3×3	3	0	+0.020	−0.029		−0.031	1.8		1.4			
>10～12	4×4	4	+0.030 0	+0.078 +0.030	0 −0.030	±0.015	−0.012 −0.042	2.5		1.8			
>12～17	5×5	5						3.0		2.3		0.16	0.25
>17～22	6×6	6						3.5		2.8			
>22～30	8×7	8	+0.036	+0.098	0	±0.018	−0.015	4.0	+0.2 0	3.3	+0.2 0	0.25	0.40
>30～38	10×8	10	0	+0.040	−0.036		−0.051	5.0		3.3			
>38～44	12×8	12	+0.043 0	+0.120 +0.050	0 −0.043	±0.0215	−0.018 −0.061	5.0		3.3			
>44～50	14×9	14						5.5		3.8			
>50～58	16×10	16						6.0		4.3			
>58～65	18×11	18						7.0		4.4			
>65～75	20×12	20	+0.052 0	+0.149 +0.065	0 −0.052	±0.026	−0.022 −0.074	7.5		4.9		0.40	0.60
>75～85	22×14	22						9.0		5.4			
>85～95	25×14	25						9.0		5.4			
>95～110	28×16	28						10.0		6.4			
键的长度系列	6，8，10，12，14，16，18，20，22，25，28，32，36，40，45，50，56，63，70，80，90，100，110，125，140，160，180，200，220，250，280，320，360												

注：1. 在工作图中，轴槽深用 t 或（$d-t$）标注，轮毂槽深用（$d+t_1$）标注。

2. （$d-t$）和（$d+t_1$）两组组合尺寸的极限偏差按相应的 t 和 t_1 极限偏差选取，但（$d-t$）极限偏差值应取负号（−）。

3. 键尺寸的极限偏差 b 为 h8，h 为 h11，L 为 h14。

4. 键材料的抗拉强度应不小于 590 MPa。

表 11-30　导向平键的形式和尺寸（GB/T 1097—2003 摘录）　mm

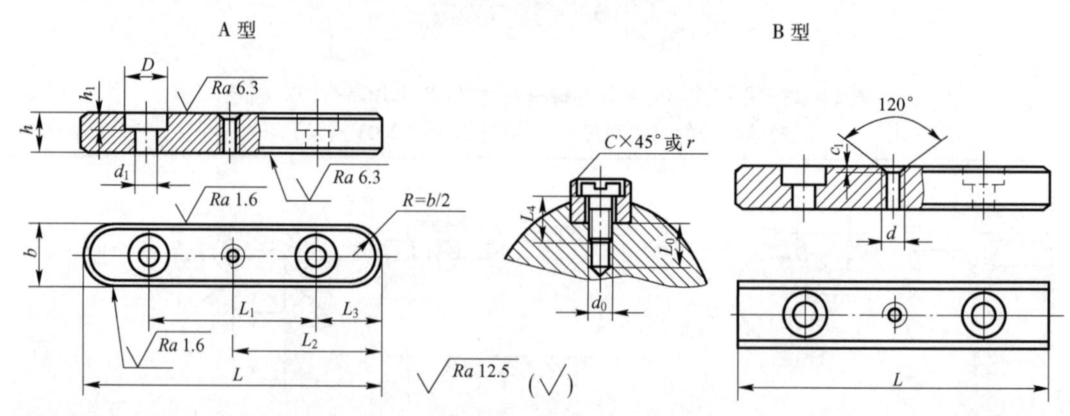

标记示例：

GB/T 1097　键　16×100［A 型导向平键（圆头）、$b=16$、$h=10$、$L=100$］

GB/T 1097　键　B16×100［B 型导向平键（平头）、$b=16$、$h=10$、$L=100$］

b	8	10	12	14	16	18	20	22	25	28	32
h	7	8	8	9	10	11	12	14	14	16	18
C 或 r	0.25～0.4	0.40～0.60					0.60～0.80				
h_1	2.4		3	3.5		4.5			6		7
d	M3		M4	M5		M6			M8		M10
d_1	3.4		4.5	5.5		6.6			9		11
D	6		8.5	10		12			15		18
c_1	0.3		0.5								
L_0	7	8	10			12			15		18
螺钉（$d_0 \times L_4$）	M3×8	M3×10	M4×10	M5×10		M6×12		M6×16	M8×16		M10×20
L	25～90	25～110	28～140	36～160	45～180	50～200	56～220	63～250	70～280	80～320	90～360

L，L_1，L_2，L_3 对应长度系列

L	25	28	32	36	40	45	50	56	63	70	80	90	100	110	125	140	160	180	200	220	250	280	320	360
L_1	13	14	16	18	20	23	26	30	35	40	48	54	60	66	75	80	90	100	110	120	140	160	180	200
L_2	12.5	14	16	18	20	22.5	25	28	31.5	35	40	45	50	55	62	70	80	90	100	110	125	140	160	180
L_3	6	7	8	9	10	11	12	13	14	15	16	18	20	22	25	30	35	40	45	50	55	60	70	80

注：1. 固定用螺钉应符合规定。

2. 键的截面尺寸（$b \times h$）的选取及键槽尺寸见表 4-1。

3. 导向平键常用材料为 45 钢。

表 11-31　矩形花键尺寸、公差（GB/T 1144.1—2001 摘录）　mm

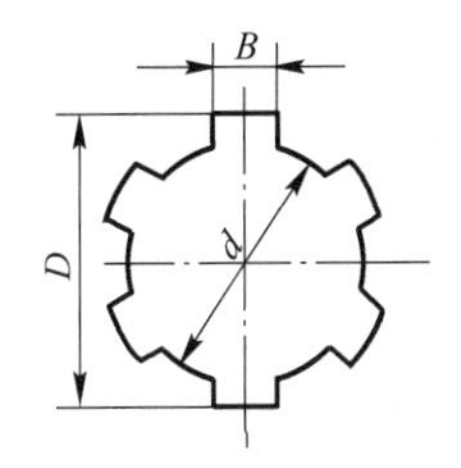

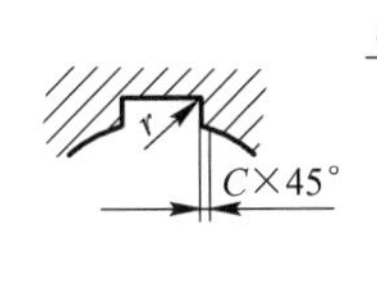

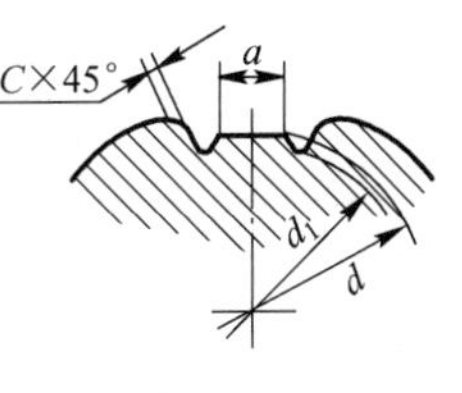

标记示例：

花键 $N=6$，$d=23\frac{H7}{f7}$，$D=26\frac{H10}{a11}$，$B=6\frac{H11}{d10}$　　花键副 $6\times23\frac{H7}{f7}\times26\frac{H10}{a11}\times6\frac{H11}{d10}$　GB/T 1144.1

内花键 6×23H7×26H10×6H11　GB/T 1144.1　　外花键 6×23f7×26a11×6d10　GB/T 1144.1

基本尺寸系列和键槽截面尺寸

小径 d	轻系列					中系列				
	规格 $N\times d\times D\times B$	C	r	参考		规格 $N\times d\times D\times B$	C	r	参考	
				$d_{1\min}$	$a_{\min}$				$d_{1\min}$	$a_{\min}$
18						6×18×22×5	0.3	0.2	16.6	1.0
21						6×21×25×5			19.5	2.0
23	6×23×26×6	0.2	0.1	22	3.5	6×23×28×6			21.2	1.2
26	6×26×30×6	0.3	0.2	24.5	3.8	6×26×32×6	0.4	0.3	23.6	1.2
28	6×28×32×7			26.6	4.0	6×28×34×7			25.3	1.4
32	8×32×36×6			30.3	2.7	8×32×38×6			29.4	1.0
36	8×36×40×7			34.4	3.5	8×36×42×7			33.4	1.0
42	8×42×46×8			40.5	5.0	8×42×48×8			39.4	2.5
46	8×46×50×9			44.6	5.7	8×46×54×9	0.5	0.4	42.6	1.4
52	8×52×58×10	0.4	0.3	49.6	4.8	8×52×60×10			48.6	2.5
56	8×56×62×10			53.5	6.5	8×56×65×10			52.0	2.5
62	8×62×68×12			59.7	7.3	8×62×72×12	0.6	0.5	57.7	2.4
72	10×72×78×12			69.6	5.4	10×72×82×12			67.4	1.0
82	10×82×88×12			79.3	8.5	10×82×92×12			77.0	2.9
92	10×92×98×14			89.6	9.9	10×92×102×14			87.3	4.5
102	10×102×108×16			99.6	11.3	10×102×112×16			97.7	6.2

内、外花键的尺寸公差

内花键				外花键			装配形式
d	D	B		d	D	B	
		拉削后不热处理	拉削后热处理				
一般用公差带							
H7	H10	H9	H11	f7	a11	d10	滑　动
				g7		f9	紧滑动
				h7		h10	固　定
精密传动用公差带							
H5	H10	H7、H9		f5	a11	d8	滑　动
				g5		f7	紧滑动
				h5		h8	固　定
H6				f6		d8	滑　动
				g6		f7	紧滑动
				h6		d8	固　定

注：1. N——键数、D——大径、B——键宽。

2. 精密传动用的内花键，当需要控制键侧配合间隙时，槽宽可选用 H7，一般情况下可选用 H9。

3. d 为 H6 和 H7 的内花键，允许与提高一级的外花键配合。

11.7 销

表 11-32 圆柱销（GB/T 119.1—2000 摘录）、**圆锥销**（GB/T 117—2000 摘录） mm

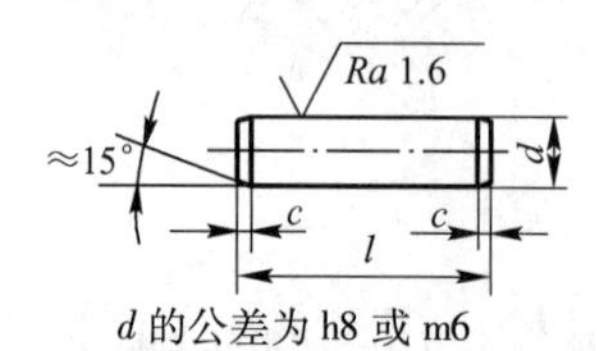

d 的公差为 h8 或 m6

公差 m6：表面粗糙度 $Ra \leqslant 0.8\ \mu m$

公差 h8：表面粗糙度 $Ra \leqslant 1.6\ \mu m$

A 型

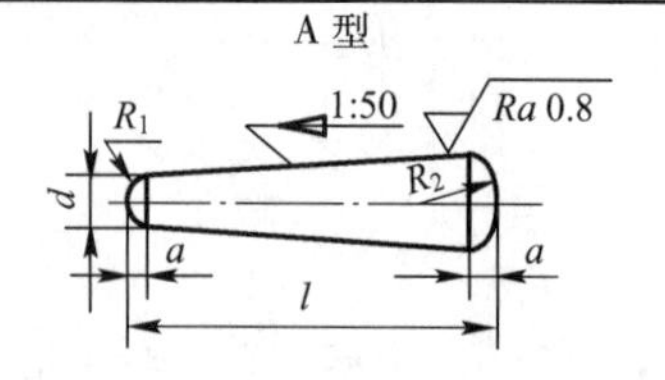

B 型

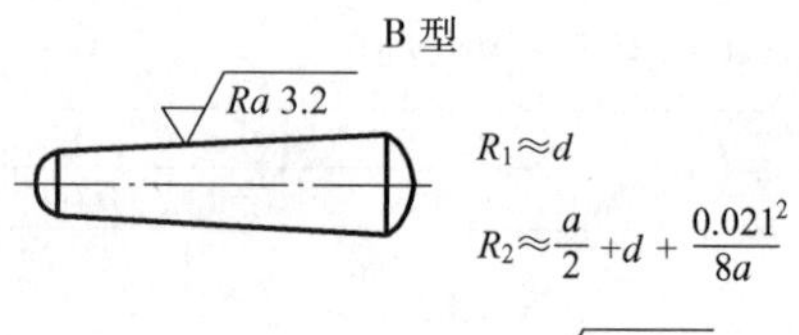

$R_1 \approx d$

$R_2 \approx \frac{a}{2} + d + \frac{0.021^2}{8a}$

$\sqrt{Ra\ 6.3}$ ($\sqrt{}$)

标记示例：

公称直径 $d=6$、公差为 m6、公称长度 $l=30$、材料为钢、不经淬火、不经表面处理的圆柱销

销 GB/T 119.1 6 m6×30

公称直径 $d=6$、长度 $l=30$、材料为 35 钢、热处理硬度 28～38HRC、表面氧化处理的 A 型圆锥销

销 GB/T 117 6×30

公称直径 d			3	4	5	6	8	10	12	16	20	25
圆柱销	d h8 或 m6		3	4	5	6	8	10	12	16	20	25
	$c \approx$		0.5	0.63	0.8	1.2	1.6	2.0	2.5	3.0	3.5	4.0
	l（公称）		8～30	8～40	10～50	12～60	14～80	18～95	22～140	26～180	35～200	50～200
圆锥销	dh10	min	2.96	3.95	4.95	5.95	7.94	9.94	11.93	15.93	19.92	24.92
		max	3	4	5	6	8	10	12	16	20	25
	$a \approx$		0.4	0.5	0.63	0.8	1.0	1.2	1.6	2.0	2.5	3.0
	l（公称）		12～45	14～55	18～60	22～90	22～120	26～160	32～180	40～200	45～200	50～200
l(公称)的系列			12～32（2 进位），35～100（5 进位），100～200（20 进位）									

表 11-33 螺尾锥销（GB/T 881—2000 摘录） mm

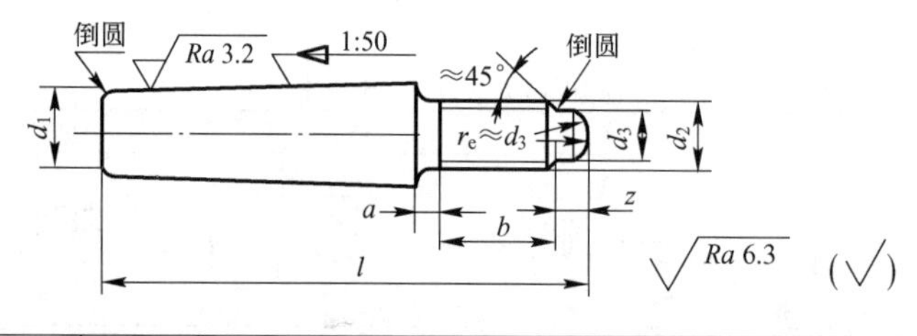

$\sqrt{Ra\ 6.3}$ ($\sqrt{}$)

标记示例：

公称直径 $d_1=6$、长度 $l=50$、材料为钢、不经热处理、不经表面处理的螺尾锥销

销 GB/T 881 6×50

		5	6	8	10	12	16	20	25	30	40	50
d_1 h10	公称	5	6	8	10	12	16	20	25	30	40	50
	min	4.952	5.952	7.942	9.942	11.930	15.930	19.916	24.916	29.916	39.90	49.90
	max	5	6	8	10	12	16	20	25	30	40	50
a	max	2.4	3	4	4.5	5.3	6	6	7.5	9	10.5	12
b	max	15.6	20	24.5	27	30.5	39	39	45	52	65	78
	min	14	18	22	24	27	35	35	40	46	58	70
d_2		M5	M6	M8	M10	M12	M16	M16	M20	M24	M30	M36
d_3	max	3.5	4	5.5	7	8.5	12	12	15	18	23	28
	min	3.25	3.7	5.2	6.6	8.1	11.5	11.5	14.5	17.5	22.5	27.5
z	max	1.5	1.75	2.25	2.75	3.25	4.3	4.3	5.3	6.3	7.5	9.4
	min	1.25	1.5	2	2.5	3	4	4	5	6	7	9
l	公称	40～50	45～60	55～75	65～100	85～120	100～160	120～190	140～250	160～280	190～320	220～400
l 的系列		40～75（5 进位），85，100，120，140，160，190，220，280，320，360，400										

表 11-34 内螺纹圆柱销（GB/T 120.1—2000 摘录）、**内螺纹圆锥销**（GB/T 118—2000 摘录）

mm

内螺纹圆柱销

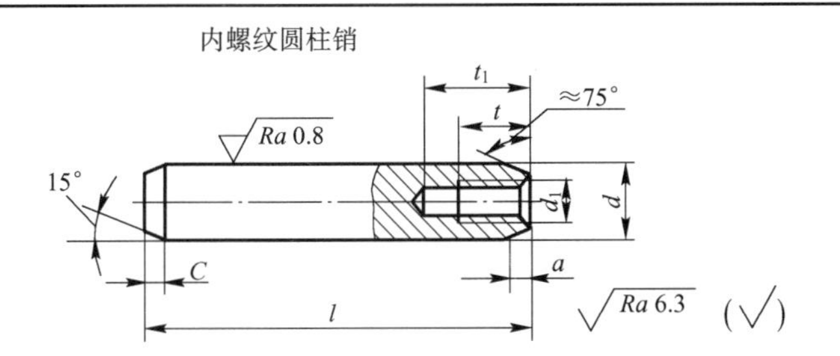

内螺纹圆锥销

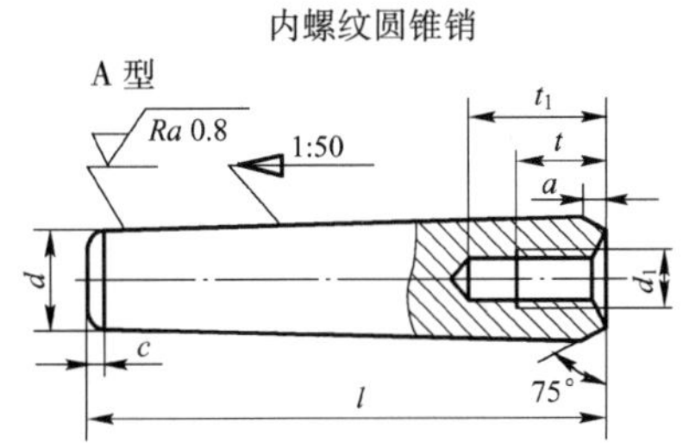

标记示例：

公称直径 $d=6$、公差为 m6、公称长度 $l=30$、材料为钢、不经淬火、不经表面处理的内螺纹圆柱销

销 GB/T 120.1 6×30

公称直径 $d=10$、长度 $l=60$、材料为 35 钢、热处理硬度 28～38HRC、表面氧化处理的 A 型内螺纹圆锥销

销 GB/T 118 10×60

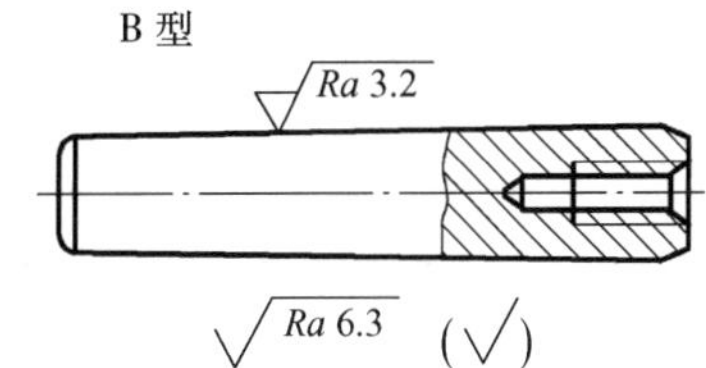

公称直径 d			6	8	10	12	16	20	25	30	40	50
$a\approx$			0.8	1	1.2	1.6	2	2.5	3	4	5	6.3
内螺纹圆柱销	dm6	min	6.004	8.006	10.006	12.007	16.007	20.008	25.008	30.008	40.009	50.009
		max	6.012	8.015	10.015	12.018	16.018	20.021	25.021	30.021	40.025	50.025
	$c\approx$		1.2	1.6	2	2.5	3	3.5	4	5	6.3	8
	d_1		M4	M5	M6	M6	M8	M10	M16	M20	M20	M24
	t min		6	8	10	12	16	18	24	30	30	36
	t_1		10	12	16	20	25	28	35	40	40	50
	l（公称）		16～60	18～80	22～100	26～120	32～160	40～200	50～200	60～200	80～200	100～200
内螺纹圆锥销	dh10	min	5.952	7.942	9.942	11.93	15.93	19.916	24.916	29.916	39.9	49.9
		max	6	8	10	12	16	20	25	30	40	50
	d_1		M4	M5	M6	M8	M10	M12	M16	M20	M20	M24
	t		6	8	10	12	16	18	24	30	30	36
	t_1 min		10	12	16	20	25	28	35	40	40	50
	$C\approx$		0.8	1	1.2	1.6	2	2.5	3	4	5	6.3
	l（公称）		16～60	18～80	22～100	26～120	32～160	40～200	50～200	60～200	80～200	100～200
l（公称）的系列			16～32（2 进位），35～100（5 进位），100～200（20 进位）									

表 11-35 开口销（GB/T 118—2000 摘录）

mm

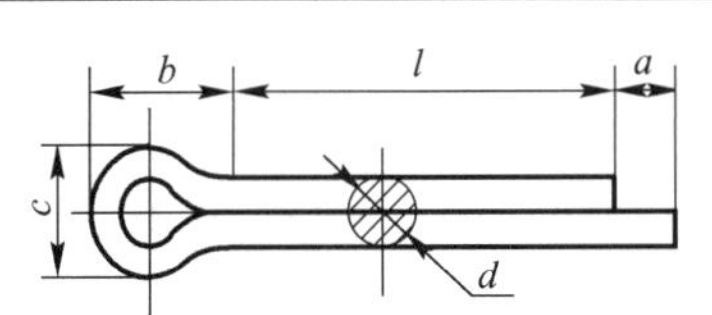

允许制造的形式

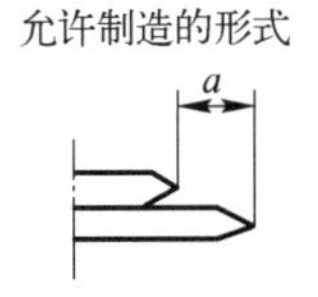

标记示例：

公称直径 $d=5$、长度 $l=50$、材料为低碳钢、不经表面处理的开口销

销 GB/T 91 5×50

公称直径 d		0.6	0.8	1	1.2	1.6	2	2.5	3.2	4	5	6.3	8	10	13
a	max	1.6			2.5				3.2	4				6.3	
c	max	1	1.4	1.8	2	2.8	3.6	4.6	5.8	7.4	9.2	11.8	15	19	24.8
	min	0.9	1.2	1.6	1.7	2.4	3.2	4	5.1	6.5	8	10.3	13.1	16.6	21.7
$b\approx$		2	2.4	3	3	3.2	4	5	6.4	8	10	12.6	16	20	26
l(公称)		4～12	5～16	6～20	8～25	8～32	10～40	12～50	14～63	18～80	22～100	32～125	40～160	45～200	71～250
l(公称)的系列		4，5，6～22（2 进位），25，28，32，36，40，45，50，56，63，71，80，90，100，112，125，140，160，180，200，224，250													

注：销孔的公称直径等于销的公称直径 d。

表 11-36　无头销轴（GB/T 880—2008 摘录）、销轴（GB/T 882—2008 摘录）　mm

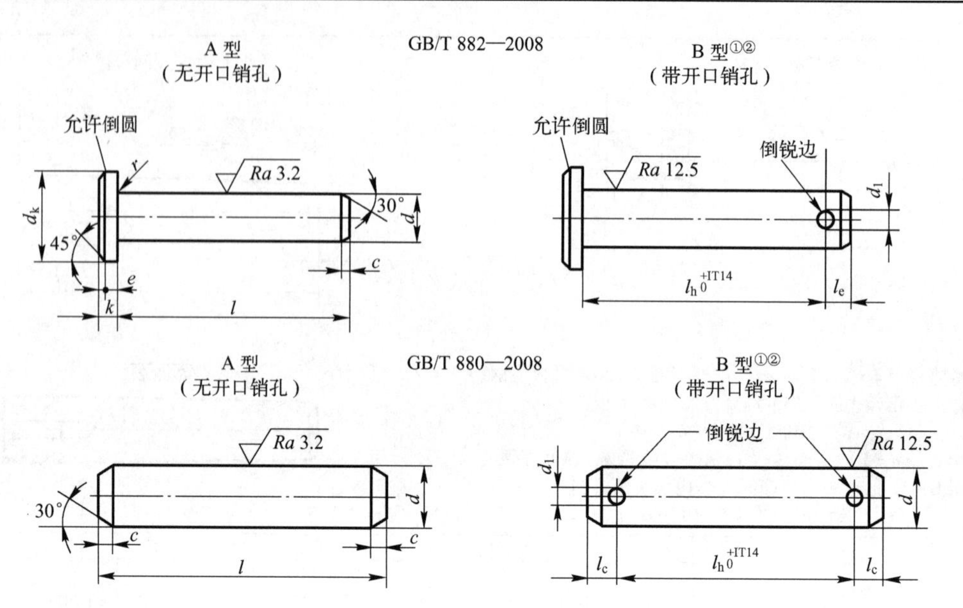

注：用于铁路和开口销承受交变横向力的场合时，推荐采用表中规定的下一档较大的开口销及相应的孔径。

① 其余尺寸、角度和表面粗糙度值见 A 型。

② 某些情况下，不能按 $l-l_e$ 计算 l_h 尺寸，所需要的尺寸应在标记中注明，但不允许 l_h 尺寸小于表中规定的数值。

d	h11	3	4	5	6	8	10	12	14	16	18	20	22	24	27	30	33	36	40	45	50	55	60	70	80	90	100
d_1	h13	0.8	1	1.2	1.6	2	3.2		4		5			6.3		8				10				13			
c	max	1		2				3				4										6					
GB/T 882	d_k	5	6	8	10	14	18	20	22	25	28	30	33	36	40	44	47	50	55	60	66	72	78	90	100	110	120
GB/T 882	k	1		1.6	2	3	4			4.5	5		5.5	6		8				9		11	12	13			
GB/T 882	r	0.6										1															
GB/T 882	e	0.5		1				1.6				2										3					
l_e	min	1.6	2.2	2.9	3.2	3.5	4.5	5.5	6		7	8		9		10				12		14		16			
l		6～30	8～40	10～50	12～60	16～80	20～100	24～120	28～140	32～160	35～180	40～200	45～200	50～200	55～200	60～200	65～200	70～200	80～200	90～200	100～200	120～200	120～200	140～200	160～200	180～200	200

注：长度 l 系列为 6～32（2 进位），35～100（5 进位），120～200（20 进位）。

第12章　滚动轴承

滚动轴承相关参数见表12-1 ~ 表12-12。

12.1　常用滚动轴承

表12-1　深沟球轴承（GB/T 276—2013 摘录）

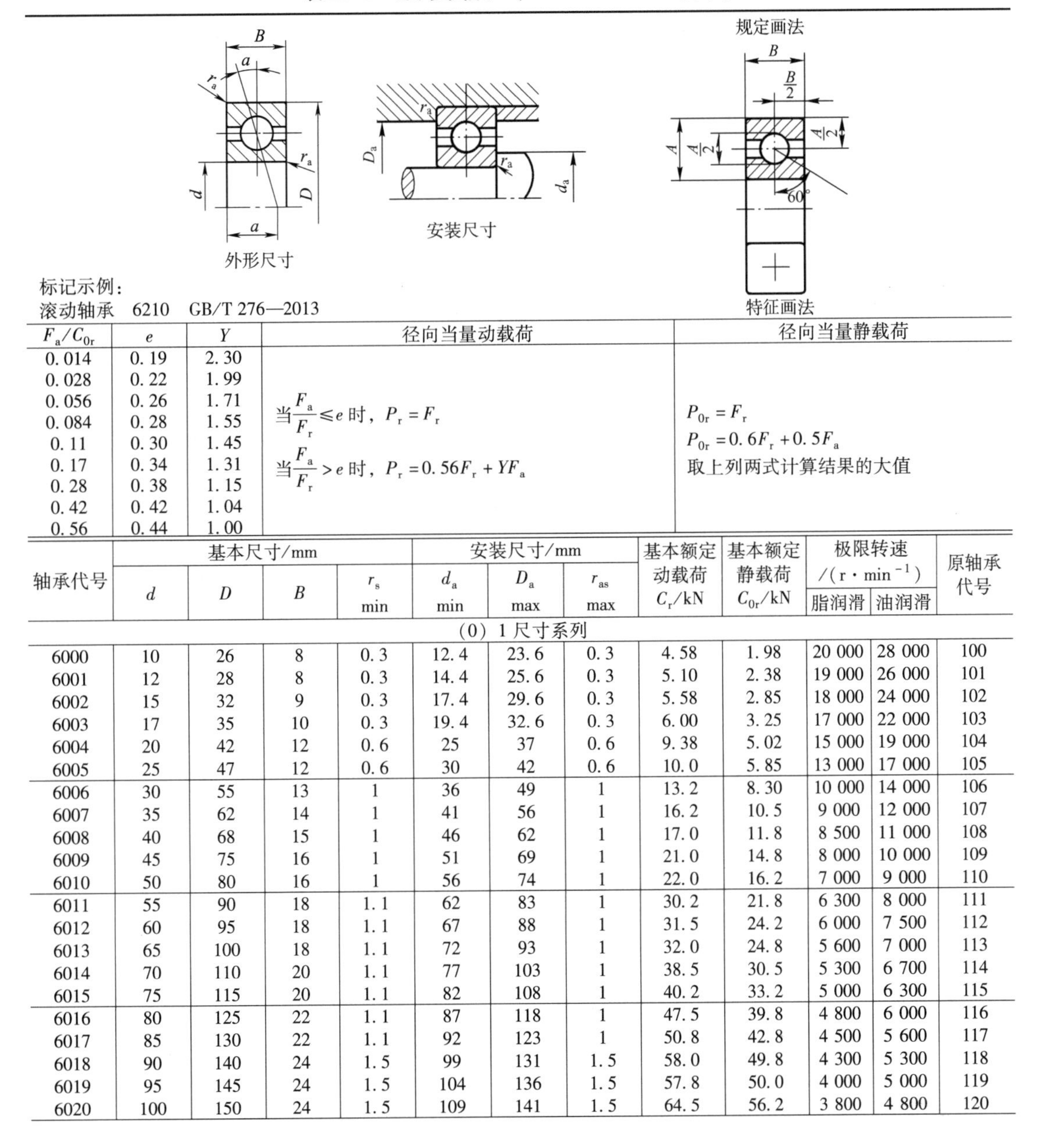

标记示例：
滚动轴承　6210　GB/T 276—2013

F_a/C_{0r}	e	Y	径向当量动载荷	径向当量静载荷
0.014	0.19	2.30	当$\frac{F_a}{F_r} \leqslant e$时，$P_r = F_r$ 当$\frac{F_a}{F_r} > e$时，$P_r = 0.56F_r + YF_a$	$P_{0r} = F_r$ $P_{0r} = 0.6F_r + 0.5F_a$ 取上列两式计算结果的大值
0.028	0.22	1.99		
0.056	0.26	1.71		
0.084	0.28	1.55		
0.11	0.30	1.45		
0.17	0.34	1.31		
0.28	0.38	1.15		
0.42	0.42	1.04		
0.56	0.44	1.00		

轴承代号	基本尺寸/mm				安装尺寸/mm			基本额定动载荷 C_r/kN	基本额定静载荷 C_{0r}/kN	极限转速/(r·min^{-1})		原轴承代号
	d	D	B	r_s min	d_a min	D_a max	r_{as} max			脂润滑	油润滑	
(0) 1尺寸系列												
6000	10	26	8	0.3	12.4	23.6	0.3	4.58	1.98	20 000	28 000	100
6001	12	28	8	0.3	14.4	25.6	0.3	5.10	2.38	19 000	26 000	101
6002	15	32	9	0.3	17.4	29.6	0.3	5.58	2.85	18 000	24 000	102
6003	17	35	10	0.3	19.4	32.6	0.3	6.00	3.25	17 000	22 000	103
6004	20	42	12	0.6	25	37	0.6	9.38	5.02	15 000	19 000	104
6005	25	47	12	0.6	30	42	0.6	10.0	5.85	13 000	17 000	105
6006	30	55	13	1	36	49	1	13.2	8.30	10 000	14 000	106
6007	35	62	14	1	41	56	1	16.2	10.5	9 000	12 000	107
6008	40	68	15	1	46	62	1	17.0	11.8	8 500	11 000	108
6009	45	75	16	1	51	69	1	21.0	14.8	8 000	10 000	109
6010	50	80	16	1	56	74	1	22.0	16.2	7 000	9 000	110
6011	55	90	18	1.1	62	83	1	30.2	21.8	6 300	8 000	111
6012	60	95	18	1.1	67	88	1	31.5	24.2	6 000	7 500	112
6013	65	100	18	1.1	72	93	1	32.0	24.8	5 600	7 000	113
6014	70	110	20	1.1	77	103	1	38.5	30.5	5 300	6 700	114
6015	75	115	20	1.1	82	108	1	40.2	33.2	5 000	6 300	115
6016	80	125	22	1.1	87	118	1	47.5	39.8	4 800	6 000	116
6017	85	130	22	1.1	92	123	1	50.8	42.8	4 500	5 600	117
6018	90	140	24	1.5	99	131	1.5	58.0	49.8	4 300	5 300	118
6019	95	145	24	1.5	104	136	1.5	57.8	50.0	4 000	5 000	119
6020	100	150	24	1.5	109	141	1.5	64.5	56.2	3 800	4 800	120

续上表

轴承代号	基本尺寸/mm				安装尺寸/mm			基本额定动载荷 C_r/kN	基本额定静载荷 C_{0r}/kN	极限转速 /r · min^{-1}		原轴承代号
	d	D	B	r_s min	d_a min	D_a max	r_{as} max			脂润滑	油润滑	
(0) 2 尺寸系列												
6200	10	30	9	0.6	15	25	0.6	5.10	2.38	19 000	26 000	200
6201	12	32	10	0.6	17	27	0.6	6.82	3.05	18 000	24 000	201
6202	15	35	11	0.6	20	30	0.6	7.65	3.72	17 000	22 000	202
6203	17	40	12	0.6	22	35	0.6	9.58	4.78	16 000	20 000	203
6204	20	47	14	1	26	41	1	12.8	6.65	14 000	18 000	204
6205	25	52	15	1	31	46	1	14.0	7.88	12 000	16 000	205
6206	30	62	16	1	36	56	1	19.5	11.5	9 500	13 000	206
6207	35	72	17	1.1	42	65	1	25.5	15.2	8 500	11 000	207
6208	40	80	18	1.1	47	73	1	29.5	18.0	8 000	10 000	208
6209	45	85	19	1.1	52	78	1	31.5	20.5	7 000	9 000	209
6210	50	90	20	1.1	57	83	1	35.0	23.2	6 700	8 500	210
6211	55	100	21	1.5	64	91	1.5	43.2	29.2	6 000	7 500	211
6212	60	110	22	1.5	69	101	1.5	47.8	32.8	5 600	7 000	212
6213	65	120	23	1.5	74	111	1.5	57.2	40.0	5 000	6 300	213
6214	70	125	24	1.5	79	116	1.5	60.8	45.0	4 800	6 000	214
6215	75	130	25	1.5	84	121	1.5	66.0	49.5	4 500	5 600	215
6216	80	140	26	2	90	130	2	71.5	54.2	4 300	5 300	216
6217	85	150	28	2	95	140	2	83.2	63.8	4 000	5 000	217
6218	90	160	30	2	100	150	2	95.8	71.5	3 800	4 800	218
6219	95	170	32	2.1	107	158	2.1	110	82.8	3 600	4 500	219
6220	100	180	34	2.1	112	168	2.1	122	92.8	3 400	4 300	220
(0) 3 尺寸系列												
6300	10	35	11	0.6	15	30	0.6	7.65	3.48	18 000	24 000	300
6301	12	37	12	1	18	31	1	9.72	5.08	17 000	22 000	301
6302	15	42	13	1	21	36	1	11.5	5.42	16 000	20 000	302
6303	17	47	14	1	23	41	1	13.5	6.58	15 000	19 000	303
6304	20	52	15	1.1	27	45	1	15.8	7.88	13 000	17 000	304
6305	25	62	17	1.1	32	55	1	22.2	11.5	10 000	14 000	305
6306	30	72	19	1.1	37	65	1	27.0	15.2	9 000	12 000	306
6307	35	80	21	1.5	44	71	1.5	33.2	19.2	8 000	10 000	307
6308	40	90	23	1.5	49	81	1.5	40.8	24.0	7 000	9 000	308
6309	45	100	25	1.5	54	91	1.5	52.8	31.8	6 300	8 000	309
6310	50	110	27	2	60	100	2	61.8	38.0	6 000	7 500	310
6311	55	120	29	2	65	110	2	71.5	44.8	5 300	6 700	311
6312	60	130	31	2.1	72	118	2.1	81.8	51.8	5 000	6 300	312
6313	65	140	33	2.1	77	128	2.1	93.8	60.5	4 500	5 600	313
6314	70	150	35	2.1	82	138	2.1	105	68.0	4 300	5 300	314
6315	75	160	37	2.1	87	148	2.1	112	76.8	4 000	5 000	315
6316	80	170	39	2.1	92	158	2.1	122	86.5	3 800	4 800	316
6317	85	180	41	3	99	166	2.5	132	96.5	3 600	4 500	317
6318	90	190	43	3	104	176	2.5	145	108	3 400	4 300	318
6319	95	200	45	3	109	186	2.5	155	122	3 200	4 000	319
6320	100	215	47	3	114	201	2.5	172	140	2 800	3 600	320
(0) 4 尺寸系列												
6403	17	62	17	1.1	24	55	1	22.5	10.8	11 000	15 000	403
6404	20	72	19	1.1	27	65	1	31.0	15.2	9 500	13 000	404
6405	25	80	21	1.5	34	71	1.5	38.2	19.2	8 500	11 000	405
6406	30	90	23	1.5	39	81	1.5	47.5	24.5	8 000	10 000	406
6407	35	100	25	1.5	44	91	1.5	56.8	29.5	6 700	8 500	407
6408	40	110	27	2	50	100	2	65.5	37.5	6 300	8 000	408
6409	45	120	29	2	55	110	2	77.5	45.5	5 600	7 000	409
6410	50	130	31	2.1	62	118	2.1	92.2	55.2	5 300	6 700	410
6411	55	140	33	2.1	67	128	2.1	100	62.5	4 800	6 000	411
6412	60	150	35	2.1	72	138	2.1	108	70.0	4 500	5 600	412
6413	65	160	37	2.1	77	148	2.1	118	78.5	4 300	5 300	413
6414	70	180	42	3	84	166	2.5	140	99.5	3 800	4 800	414
6415	75	190	45	3	89	176	2.5	155	115	3 600	4 500	415
6416	80	200	48	3	94	186	2.5	162	125	3 400	4 300	416
6417	85	210	52	4	103	192	3	175	138	3 200	4 000	417
6418	90	225	54	4	108	207	3	192	158	2 800	3 600	418
6420	100	250	58	4	118	232	3	222	195	2 400	3 200	420

注：1. 表中 C_r 值适用于轴承为真空脱气轴承钢材料。如为普通电炉钢，C_r 值降低；如为真空重熔或电渣重熔轴承钢，C_r 值提高。

2. 表中 r_{smin} 为 r 的单向最小倒角尺寸；r_{asmax} 为 r_a 的单向最大倒角尺寸。

表 12-2 调心球轴承（GB/T 281—2013 摘录）

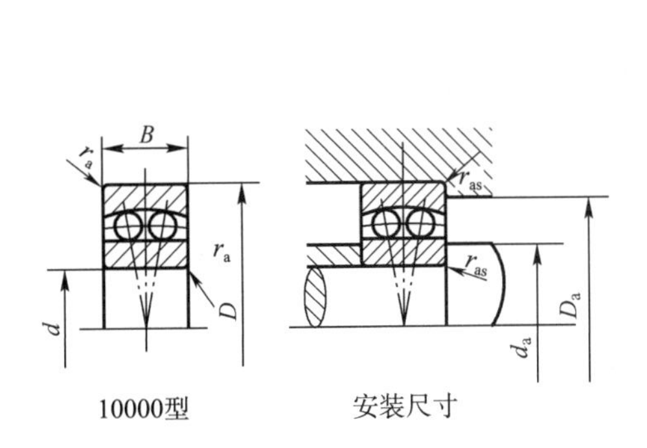

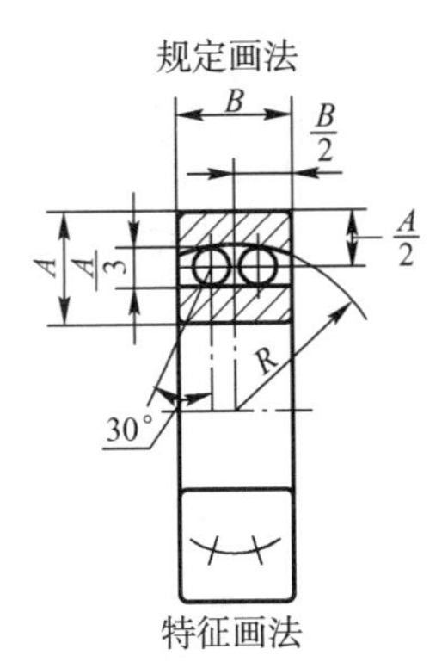

径向当量动载荷

当 $\frac{F_a}{F_r} \leqslant e$ 时，

$$P_r = F_r + Y_1 F_a$$

当 $\frac{F_a}{F_r} > e$ 时，

$$P_r = 0.65F_r + Y_2 F_a$$

径向当量静载荷

$$P_{0r} = F_r + Y_0 F_a$$

标记示例：

滚动轴承 1207 GB/T 281—2013

轴承代号	基本尺寸/mm				安装尺寸/mm			计算系数				基本额定动载荷 C_r/kN	基本额定静载荷 C_{0r}/kN	极限转速 /r·min^{-1}		原轴承代号
	d	D	B	r_s min	d_a max	D_a max	r_{as} max	e	Y_1	Y_2	Y_0			脂润滑	油润滑	
(0) 2 尺寸系列																
1204	20	47	14	1	26	41	1	0.27	2.3	3.6	2.4	9.95	2.65	14 000	17 000	1204
1205	25	52	15	1	31	46	1	0.27	2.3	3.6	2.4	12.0	3.30	12 000	14 000	1205
1206	30	62	16	1	36	56	1	0.24	2.6	4.0	2.7	15.8	4.70	10 000	12 000	1206
1207	35	72	17	1.1	42	65	1	0.23	2.7	4.2	2.9	15.8	5.08	8 500	10 000	1207
1208	40	80	18	1.1	47	73	1	0.22	2.9	4.4	3.0	19.2	6.40	7 500	9 000	1208
1209	45	85	19	1.1	52	78	1	0.21	2.9	4.6	3.1	21.8	7.32	7 100	8 500	1209
1210	50	90	20	1.1	57	83	1	0.20	3.1	4.8	3.3	22.8	8.08	6 300	8 000	1210
1211	55	100	21	1.5	64	91	1.5	0.20	3.2	5.0	3.4	26.8	10.0	6 000	7 100	1211
1212	60	110	22	1.5	69	101	1.5	0.19	3.4	5.3	3.6	30.2	11.5	5 300	6 300	1212
1213	65	120	23	1.5	74	111	1.5	0.17	3.7	5.7	3.9	31.0	12.5	4 800	6 000	1213
1214	70	125	24	1.5	79	116	1.5	0.18	3.5	5.4	3.7	34.5	13.5	4 800	5 600	1214
1215	75	130	25	1.5	84	121	1.5	0.17	3.6	5.6	3.8	38.8	15.2	4 300	5 300	1215
1216	80	140	26	2	90	130	2	0.18	3.6	5.5	3.7	39.5	16.8	4 000	5 000	1216
(0) 3 尺寸系列																
1304	20	52	15	1.1	27	45	1	0.29	2.2	3.4	2.3	12.5	3.38	12 000	15 000	1304
1305	25	62	17	1.1	32	55	1	0.27	2.3	3.5	2.4	17.8	5.05	10 000	13 000	1305
1306	30	72	19	1.1	37	65	1	0.26	2.4	3.8	2.6	21.5	6.28	8 500	11 000	1306
1307	35	80	21	1.5	44	71	1.5	0.25	2.6	4.0	2.7	25.0	7.95	7 500	9 500	1307
1308	40	90	23	1.5	49	81	1.5	0.24	2.6	4.0	2.7	29.5	9.50	6 700	8 500	1308
1309	45	100	25	1.5	54	91	1.5	0.25	2.5	3.9	2.6	38.0	12.8	6 000	7 500	1309
1310	50	110	27	2	60	100	2	0.24	2.7	4.1	2.8	43.2	14.2	5 600	6 700	1310
1311	55	120	29	2	65	110	2	0.23	2.7	4.2	2.8	51.5	18.2	5 000	6 300	1311
1312	60	130	31	2.1	72	118	2.1	0.23	2.8	4.3	2.9	57.2	20.8	4 500	5 600	1312
1313	65	140	33	2.1	77	128	2.1	0.23	2.8	4.3	2.9	61.8	22.8	4 300	5 300	1313
1314	70	150	35	2.1	82	138	2.1	0.22	2.8	4.4	2.9	74.5	27.5	4 000	5 000	1314
1315	75	160	37	2.1	87	148	2.1	0.22	2.8	4.4	3.0	79.0	29.8	3 800	4 500	1315
1316	80	170	39	2.1	92	158	2.1	0.22	2.9	4.5	3.1	88.5	32.8	3 600	4 300	1316
22 尺寸系列																
2204	20	47	18	1	26	41	1	0.48	1.3	2.0	1.4	12.5	3.28	14 000	17 000	1504
2205	25	52	18	1	31	46	1	0.41	1.5	2.3	1.5	12.5	3.40	12 000	14 000	1505
2206	30	62	20	1	36	56	1	0.39	1.6	2.4	1.7	15.2	4.60	10 000	12 000	1506
2207	35	72	23	1.1	42	65	1	0.38	1.7	2.6	1.8	21.8	6.65	8 500	10 000	1507
2208	40	80	23	1.1	47	73	1	0.24	1.9	2.9	2.0	22.5	7.38	7 500	9 000	1508
2209	45	85	23	1.1	52	78	1	0.31	2.1	3.2	2.2	23.2	8.00	7 100	8 500	1509
2210	50	90	23	1.1	57	83	1	0.29	2.2	3.4	2.3	23.2	8.45	6 300	8 000	1510
2211	55	100	25	1.5	64	91	1.5	0.28	2.3	3.5	2.4	26.8	9.95	6 000	7 100	1511
2212	60	110	28	1.5	69	101	1.5	0.28	2.3	3.5	2.4	34.0	12.5	5 300	6 300	1512
2213	65	120	31	1.5	74	111	1.5	0.28	2.3	3.5	2.4	43.5	16.2	4 800	6 000	1513
2213	70	125	31	1.5	79	116	1.5	0.27	2.4	3.7	2.5	44.0	17.0	4 500	5 600	1514

注：同表 12-1 中注。

表 12-3 圆柱滚子轴承（GB/T 283—2007 摘录）

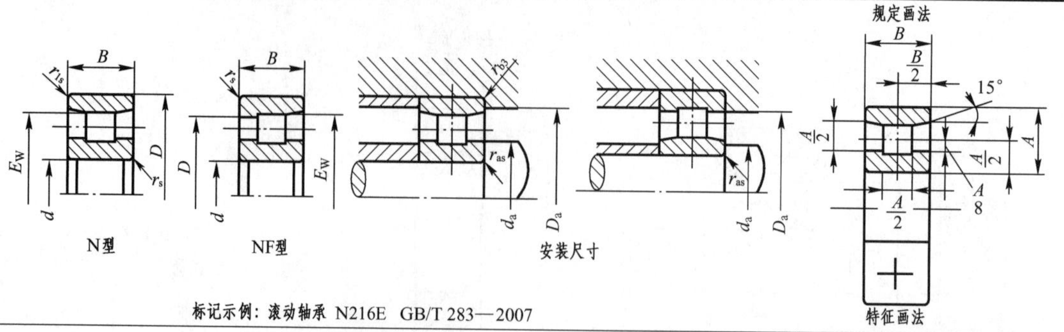

N型　NF型　安装尺寸　规定画法　特征画法

标记示例：滚动轴承 N216E GB/T 283—2007

径向当量动载荷		径向当量静载荷
$P_r = F_r$	对轴向承载的轴承（NF 型 02，03 系列） 当 $0 \leqslant F_a/F_r \leqslant 0.12$，　$P_r = F_r + 0.3F_a$ 当 $0.12 \leqslant F_a/F_r \leqslant 0.3$，　$P_r = 0.94F_r + 0.8F_a$	$P_{0r} = F_r$

轴承代号		尺寸/mm							安装尺寸/mm				基本额定动载荷 C_r/kN		基本额定静载荷 C_{0r}/kN		极限转速/(r·min^{-1})		原轴承代号	
		d	D	B	r_s	r_{1s}	E_w		d_a	D_a	r_{as}	r_{bs}								
					min		N 型	NF 型	min	max			N 型	NF 型	N 型	NF 型	脂润滑	油润滑		
(0) 2 尺寸系列																				
N204E	NF204	20	47	14	1	0.6	41.5	40	25	42	1	0.6	25.8	12.5	24.0	11.0	12 000	16 000	2204E	12204
N205E	NF205	25	52	15	1	0.6	46.5	45	30	47	1	0.6	27.5	14.2	26.8	12.8	10 000	14 000	2205E	12205
N206E	NF206	30	62	16	1	0.6	55.5	53.5	36	56	1	0.6	36.0	19.5	35.5	18.2	8 500	11 000	2206E	12206
N207E	NF207	35	72	17	1.1	0.6	64	61.8	42	64	1	0.6	46.5	28.5	48.0	28.0	7 500	9 500	2207E	12207
N208E	NF208	40	80	18	1.1	1.1	71.5	70	47	72	1	1	51.5	37.5	53.0	38.2	7 000	9 000	2208E	12208
N209E	NF209	45	85	19	1.1	1.1	76.5	75	52	77	1	1	58.5	39.8	63.8	41.0	6 300	8 000	2209E	12209
N210E	NF210	50	90	20	1.1	1.1	81.5	80.4	57	83	1	1	61.2	43.2	69.2	48.5	6 000	7 500	2210E	12210
N211E	NF211	55	100	21	1.5	1.1	90	88.5	64	91	1.5	1	80.2	52.8	95.5	60.2	5 300	6 700	2211E	12211
N212E	NF212	60	110	22	1.5	1.5	100	97.5	69	100	1.5	1.5	89.8	62.8	102	73.5	5 000	6 300	2212E	12212
N213E	NF213	65	120	23	1.5	1.5	108.5	105.5	74	108	1.5	1.5	102	73.2	118	87.5	4 500	5 600	2213E	12213
N214E	NF214	70	125	24	1.5	1.5	113.5	110.5	79	114	1.5	1.5	112	73.2	135	87.5	4 300	5 300	2214E	12214
N215E	NF215	75	130	25	1.5	1.5	118.5	116.5	84	120	1.5	1.5	125	89.0	155	110	4 000	5 000	2215E	12215
N216E	NF216	80	140	26	2	2	127.3	125.3	90	128	2	2	132	102	165	125	3 800	4 800	2216E	12216
(0) 3 尺寸系列																				
N304E	NF304	20	52	15	1.1	0.6	45.5	44.5	26.5	47	1	0.6	29.0	18.0	25.5	15.0	11 000	15 000	2304E	12304
N305E	NF305	25	62	17	1.1	1.1	54	53	31.5	55	1	1	38.5	25.2	35.8	22.5	9 000	12 000	2305E	12305
N306E	NF306	30	72	19	1.1	1.1	62.5	62	37	64	1	1	49.2	33.5	48.2	31.5	8 000	10 000	2306E	12306
N307E	NF307	35	80	21	1.5	1.1	70.2	68.2	44	71	1.5	1	62.0	41.0	63.2	39.2	7 000	9 000	2307E	12307
N308E	NF308	40	90	23	1.5	1.5	80	77.5	49	80	1.5	1.5	76.8	48.8	77.8	47.5	6 300	8 000	2308E	12308
N309E	NF309	45	100	25	1.5	1.5	88.5	86.5	54	89	1.5	1.5	93.0	66.8	98.0	66.8	5 600	7 000	2309E	12309
N310E	NF310	50	110	27	2	2	97	95	60	98	2	2	105	76.0	112	79.5	5 300	6 700	2310E	12310
N311E	NF311	55	120	29	2	2	106.5	104.5	65	107	2	2	128	97.8	138	105	4 800	6 000	23111E	12311
N312E	NF312	60	130	31	2.1	2.1	115	113	72	116	2.1	2.1	142	118	155	128	4 500	5 600	2312E	12312
N313E	NF313	65	140	33	2.1		124.5	121.5	77	125	2.1		170	125	188	135	4 000	5 000	2313E	12313
N314E	NF314	70	150	35	2.1		133	130	82	134	2.1		195	145	220	162	3 800	4 800	2314E	12314
N315E	NF315	75	160	37	2.1		143	139.5	87	143	2.1		228	165	260	188	3 600	4 500	2315E	12315
N316E	NF316	80	170	39	2.1		151	147	92	151	2.1		245	175	282	200	3 400	4 300	2316E	12316

注：1. 同表 12-1 中注 1。
2. 后缀带 E 为加强型圆柱滚子轴承，应优先选用。
3. r_{smin}——r 的单向最小倒角尺寸，r_{1smin}——r_1 的单向最小倒角尺寸。

表 12-4 角接触球轴承（GB/T 292—2007 摘录）

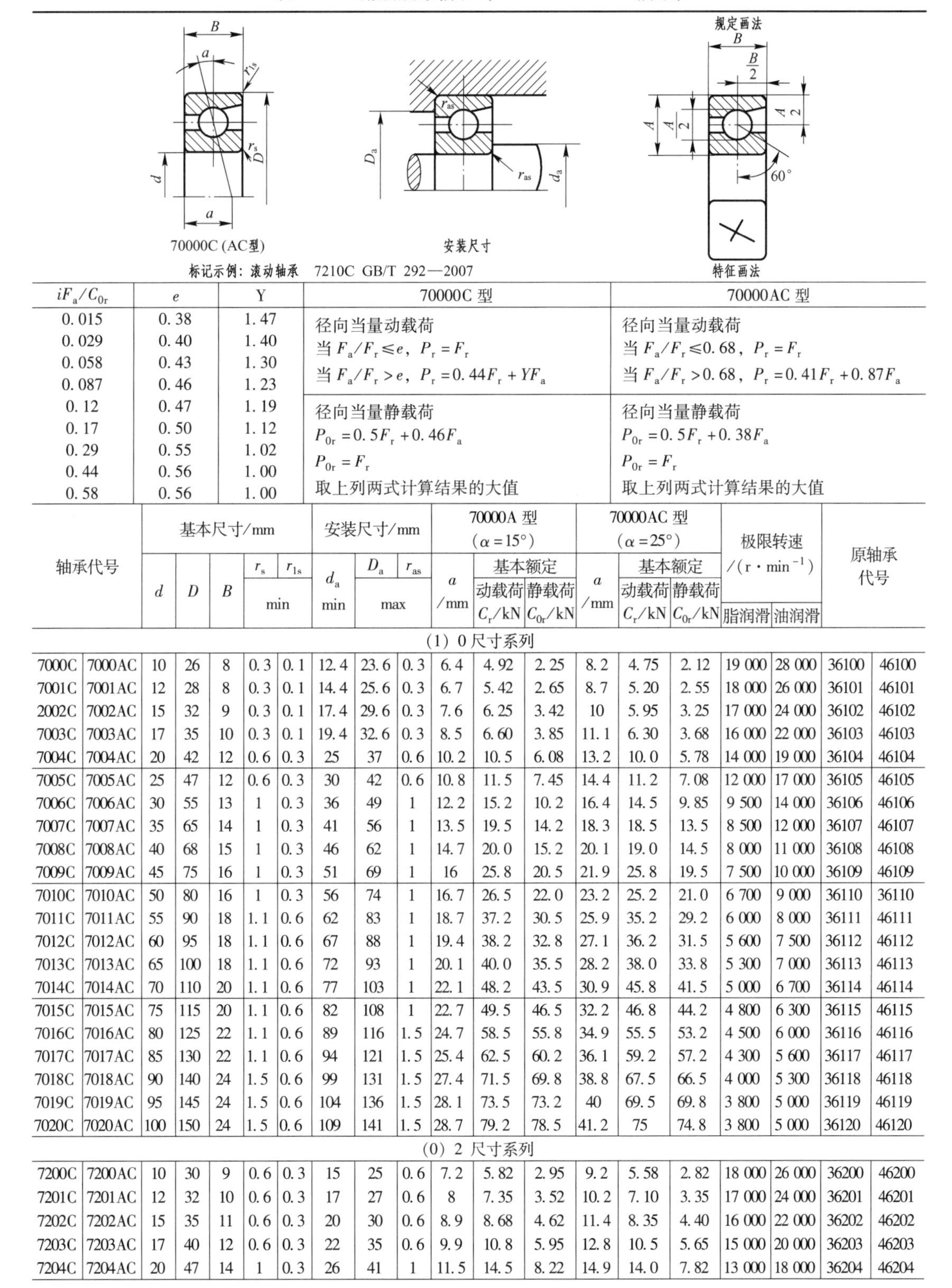

70000C (AC型)　　安装尺寸　　规定画法　　特征画法

标记示例：滚动轴承 7210C GB/T 292—2007

iF_a/C_{0r}	e	Y	70000C 型	70000AC 型
0.015 0.029 0.058 0.087	0.38 0.40 0.43 0.46	1.47 1.40 1.30 1.23	径向当量动载荷 当 $F_a/F_r \leqslant e$，$P_r = F_r$ 当 $F_a/F_r > e$，$P_r = 0.44F_r + YF_a$	径向当量动载荷 当 $F_a/F_r \leqslant 0.68$，$P_r = F_r$ 当 $F_a/F_r > 0.68$，$P_r = 0.41F_r + 0.87F_a$
0.12 0.17 0.29 0.44 0.58	0.47 0.50 0.55 0.56 0.56	1.19 1.12 1.02 1.00 1.00	径向当量静载荷 $P_{0r} = 0.5F_r + 0.46F_a$ $P_{0r} = F_r$ 取上列两式计算结果的大值	径向当量静载荷 $P_{0r} = 0.5F_r + 0.38F_a$ $P_{0r} = F_r$ 取上列两式计算结果的大值

轴承代号		基本尺寸/mm					安装尺寸/mm			70000A 型（$\alpha=15°$）			70000AC 型（$\alpha=25°$）			极限转速/$(r \cdot min^{-1})$		原轴承代号	
		d	D	B	r_s	r_{1s}	d_a	D_a	r_{as}	a /mm	基本额定动载荷 C_r/kN	基本额定静载荷 C_{0r}/kN	a /mm	基本额定动载荷 C_r/kN	基本额定静载荷 C_{0r}/kN	脂润滑	油润滑		
					min		min	max											
（1）0 尺寸系列																			
7000C	7000AC	10	26	8	0.3	0.1	12.4	23.6	0.3	6.4	4.92	2.25	8.2	4.75	2.12	19 000	28 000	36100	46100
7001C	7001AC	12	28	8	0.3	0.1	14.4	25.6	0.3	6.7	5.42	2.65	8.7	5.20	2.55	18 000	26 000	36101	46101
2002C	7002AC	15	32	9	0.3	0.1	17.4	29.6	0.3	7.6	6.25	3.42	10	5.95	3.25	17 000	24 000	36102	46102
7003C	7003AC	17	35	10	0.3	0.1	19.4	32.6	0.3	8.5	6.60	3.85	11.1	6.30	3.68	16 000	22 000	36103	46103
7004C	7004AC	20	42	12	0.6	0.3	25	37	0.6	10.2	10.5	6.08	13.2	10.0	5.78	14 000	19 000	36104	46104
7005C	7005AC	25	47	12	0.6	0.3	30	42	0.6	10.8	11.5	7.45	14.4	11.2	7.08	12 000	17 000	36105	46105
7006C	7006AC	30	55	13	1	0.3	36	49	1	12.2	15.2	10.2	16.4	14.5	9.85	9 500	14 000	36106	46106
7007C	7007AC	35	65	14	1	0.3	41	56	1	13.5	19.5	14.2	18.3	18.5	13.5	8 500	12 000	36107	46107
7008C	7008AC	40	68	15	1	0.3	46	62	1	14.7	20.0	15.2	20.1	19.0	14.5	8 000	11 000	36108	46108
7009C	7009AC	45	75	16	1	0.3	51	69	1	16	25.8	20.5	21.9	25.8	19.5	7 500	10 000	36109	46109
7010C	7010AC	50	80	16	1	0.3	56	74	1	16.7	26.5	22.0	23.2	25.2	21.0	6 700	9 000	36110	36110
7011C	7011AC	55	90	18	1.1	0.6	62	83	1	18.7	37.2	30.5	25.9	35.2	29.2	6 000	8 000	36111	46111
7012C	7012AC	60	95	18	1.1	0.6	67	88	1	19.4	38.2	32.8	27.1	36.2	31.5	5 600	7 500	36112	46112
7013C	7013AC	65	100	18	1.1	0.6	72	93	1	20.1	40.0	35.5	28.2	38.0	33.8	5 300	7 000	36113	46113
7014C	7014AC	70	110	20	1.1	0.6	77	103	1	22.1	48.2	43.5	30.9	45.8	41.5	5 000	6 700	36114	46114
7015C	7015AC	75	115	20	1.1	0.6	82	108	1	22.7	49.5	46.5	32.2	46.8	44.2	4 800	6 300	36115	46115
7016C	7016AC	80	125	22	1.1	0.6	89	116	1.5	24.7	58.5	55.8	34.9	55.5	53.2	4 500	6 000	36116	46116
7017C	7017AC	85	130	22	1.1	0.6	94	121	1.5	25.4	62.5	60.2	36.1	59.2	57.2	4 300	5 600	36117	46117
7018C	7018AC	90	140	24	1.5	0.6	99	131	1.5	27.4	71.5	69.8	38.8	67.5	66.5	4 000	5 300	36118	46118
7019C	7019AC	95	145	24	1.5	0.6	104	136	1.5	28.1	73.5	73.2	40	69.5	69.8	3 800	5 000	36119	46119
7020C	7020AC	100	150	24	1.5	0.6	109	141	1.5	28.7	79.2	78.5	41.2	75	74.8	3 800	5 000	36120	46120
（0）2 尺寸系列																			
7200C	7200AC	10	30	9	0.6	0.3	15	25	0.6	7.2	5.82	2.95	9.2	5.58	2.82	18 000	26 000	36200	46200
7201C	7201AC	12	32	10	0.6	0.3	17	27	0.6	8	7.35	3.52	10.2	7.10	3.35	17 000	24 000	36201	46201
7202C	7202AC	15	35	11	0.6	0.3	20	30	0.6	8.9	8.68	4.62	11.4	8.35	4.40	16 000	22 000	36202	46202
7203C	7203AC	17	40	12	0.6	0.3	22	35	0.6	9.9	10.8	5.95	12.8	10.5	5.65	15 000	20 000	36203	46203
7204C	7204AC	20	47	14	1	0.3	26	41	1	11.5	14.5	8.22	14.9	14.0	7.82	13 000	18 000	36204	46204

续上表

轴承代号		基本尺寸/mm					安装尺寸/mm			70000A型（$\alpha=15°$）			70000AC型（$\alpha=25°$）			极限转速/$(r\cdot min^{-1})$		原轴承代号	
		d	D	B	r_s min	r_{1s} min	d_a min	D_a max	r_{as} max	a/mm	基本额定动载荷 C_r/kN	基本额定静载荷 C_{0r}/kN	a/mm	基本额定动载荷 C_r/kN	基本额定静载荷 C_{0r}/kN	脂润滑	油润滑		
(0) 2尺寸系列																			
7205C	7205AC	25	52	15	1	0.3	31	46	1	12.7	16.5	10.5	16.4	15.8	9.88	11 000	16 000	36205	46205
7206C	7206AC	30	62	16	1	0.3	36	56	1	14.2	23.0	15.0	18.7	22.0	14.2	9 000	13 000	36206	46206
7207C	7207AC	35	72	17	1.1	0.3	42	65	1	15.7	30.5	20.0	21	29.0	19.2	8 000	11 000	36207	46207
7208C	7208AC	40	80	18	1.1	0.6	47	73	1	17	36.8	25.8	23	35.2	24.5	7 500	10 000	36208	46208
7209C	7209AC	45	85	19	1.1	0.6	52	78	1	18.2	38.5	28.5	24.7	36.8	27.2	6 700	9 000	36209	46209
7210C	7210AC	50	90	20	1.1	0.6	57	83	1	19.4	42.8	32.0	26.3	40.8	30.5	6 300	8 500	36210	46210
7211C	7211AC	55	100	21	1.5	0.6	64	91	1.5	20.9	52.8	40.5	28.6	50.5	38.5	5 600	7 500	36211	46211
7212C	7212AC	60	110	22	1.5	0.6	69	101	1.5	22.4	61.0	48.5	30.8	58.2	46.2	5 300	7 000	36212	46212
7213C	7213AC	65	120	23	1.5	0.6	74	111	1.5	24.2	69.8	55.2	33.5	66.5	52.5	4 800	6 300	36213	46213
7214C	7214AC	70	125	24	1.5	0.6	79	116	1.5	25.3	70.2	60.0	35.1	69.2	57.5	4 500	6 000	36214	46214
7215C	7215AC	75	130	25	1.5	0.6	84	121	1.5	26.4	79.2	65.8	36.6	75.2	63.0	4 300	5 600	36215	46215
7216C	7216AC	80	140	26	2	1	90	130	2	27.7	89.5	78.2	38.9	85.0	74.5	4 000	5 300	36216	46216
7217C	7217AC	85	150	28	2	1	95	140	2	29.9	99.8	85.0	41.6	94.8	81.5	3 800	5 000	36217	46217
7218C	7218AC	90	160	30	2	1	100	150	2	31.7	122	105	44.2	118	10	3 600	4 800	36218	46218
7219C	7219AC	95	170	32	2.1	1.1	107	158	2.1	33.8	135	115	46.9	128	108	3 400	4 500	36219	46219
7220C	7220AC	100	180	34	2.1	1.1	112	168	2.1	35.8	148	128	49.7	142	122	3 200	4 300	36220	46220
(0) 3尺寸系列																			
7301C	7301AC	12	37	12	1	0.3	18	31	1	8.6	8.10	5.22	12	8.08	4.88	16 000	22 000	36301	46301
7302C	7302AC	15	42	13	1	0.3	21	36	1	9.6	9.38	5.95	13.5	9.08	5.58	15 000	20 000	36302	46302
7303C	7303AC	17	47	14	1	0.3	23	41	1	10.4	12.8	8.62	14.8	11.5	7.08	14 000	19 000	36303	46303
7304C	7304AC	20	52	15	1.1	0.6	27	45	1	11.3	14.2	9.68	16.3	13.8	9.10	12 000	17 000	36304	46304
7305C	7305AC	25	62	17	1.1	0.6	32	55	1	13.1	21.5	15.8	19.1	20.8	14.8	9 500	14 000	36305	46305
7306C	7306AC	30	72	19	1.1	0.6	37	65	1	15	26.5	19.8	22.2	25.2	18.5	8 500	12 000	36306	46306
7307C	7307AC	35	80	21	1.5	0.6	44	71	1.5	16.6	34.2	26.8	24.5	32.8	24.8	7 500	10 000	36307	46307
7308C	7308AC	40	90	23	1.5	0.6	49	81	1.5	18.5	40.2	32.3	27.5	38.5	30.5	6 700	9 000	36308	46308
7309C	7309AC	45	100	25	1.5	0.6	54	91	1.5	20.2	49.2	39.8	30.2	47.5	37.2	6 000	8 000	36309	46309
7310C	7310AC	50	110	27	2	1	60	100	2	22	53.5	47.2	33	55.5	44.5	5 600	7 500	36310	46310
7311C	7311AC	55	120	29	2	1	65	110	2	23.8	70.5	60.5	35.8	67.2	56.8	5 000	6 700	36311	46311
7312C	7312AC	60	130	31	2.1	1.1	72	118	2.1	25.6	80.5	70.2	38.7	77.8	65.8	4 800	6 300	36312	46312
7313C	7313AC	65	140	33	2.1	1.1	77	128	2.1	27.4	91.5	80.5	41.5	89.8	75.5	4 300	5 600	36313	46313
7314C	7314AC	70	150	35	2.1	1.1	82	138	2.1	29.2	102	91.5	44.3	98.5	86.0	4 000	5 300	36314	46314
7315C	7315AC	75	160	37	2.1	1.1	87	148	2.1	31	112	105	47.2	108	97.0	3 800	5 000	36315	46315
7316C	7316AC	80	170	39	2.1	1.1	92	158	2.1	32.8	122	118	50	118	108	3 600	4 800	36316	46316
7317C	7317AC	85	180	41	3	1.1	99	166	2.5	34.6	132	128	52.8	125	122	3 400	4 500	36317	46317
7318C	7318AC	90	190	43	3	1.1	104	176	2.5	36.4	142	142	55.6	135	135	3 200	4 300	36318	46318
7319C	7319AC	95	200	45	3	1.1	109	186	2.5	38.2	152	158	58.5	145	148	3 000	4 000	36319	46319
7320C	7320AC	100	215	47	3	1.1	114	201	2.5	40.2	162	175	61.9	165	178	2 600	3 600	36320	46320
(0) 4尺寸系列（GB/T 292—1994摘录）																			
	7406AC	30	90	23	1.5	0.6	39	81	1				26.1	42.5	32.2	7 500	10 000		46406
	7407AC	35	100	25	1.5	0.6	44	91	1.5				29	53.8	42.5	6 300	8 500		46407
	7408AC	40	110	27	2	1	50	100	2				31.8	62.0	49.5	6 000	8 000		46408
	7409AC	45	120	29	2	1	55	110	2				34.6	66.8	52.8	5 300	7 000		46409
	7410AC	50	130	31	2.1	1.1	62	118	2.1				37.4	76.5	64.2	5 000	6 700		46410
	7412AC	60	150	35	2.1	1.1	72	138	2.1				43.1	102	90.8	4 300	5 600		46412
	7414AC	70	180	42	3	1.1	84	166	2.5				51.5	125	125	3 600	4 800		46414
	7416AC	80	200	48	3	1.1	94	186	2.5				58.1	152	162	3 200	4 300		46416

注：1. 表中 C_r 值，对（1）0，（0）2系列为真空脱气轴承钢的载荷能力；对（0）3，（0）4系列为电炉轴承钢的载荷能力。

2. r_{smin}——r 的单向最小倒角尺寸，r_{1smin}——r_1 的单向最小倒角尺寸。

表 12-5 圆锥滚子轴承（GB/T 297—2015 摘录）

30000型　　安装尺寸　　规定画法　　特征画法

径向当量动载荷	当 $\frac{F_a}{F_r} \leqslant e$ 时，$P_r = F_r$ 当 $\frac{F_a}{F_r} > e$ 时，$P_r = 0.4F_r + \gamma F_a$
径向当量静载荷	$P_{0r} = F_r$ $P_{0r} = 0.5F_r + Y_0 F_a$ 取上列两式计算结果的大值

标记示例：
滚动轴承　30310　GB/T 297—2015

轴承代号	尺寸/mm								安装尺寸/mm									计算系数			基本额定		极限转速 /r·min^{-1}		原轴承代号
	d	D	T	B	C	r_s min	r_{1s} min	a ≈	d_a min	d_b max	D_a min	D_a max	D_b min	a_1 min	a_2 min	r_{as} max	r_{bs} max	e	Y	Y_0	动载荷 C_r/kN	静载荷 C_{0r}/kN	脂润滑	油润滑	
02 尺寸系列																									
30203	17	40	13.25	12	11	1	1	9.9	23	23	34	34	37	2	2.5	1	1	0.35	1.7	1	20.8	21.8	9 000	12 000	7203E
30204	20	47	15.25	14	12	1	1	11.2	26	27	40	41	43	2	3.5	1	1	0.35	1.7	1	28.2	30.5	8 000	10 000	7204E
30205	25	52	16.25	15	13	1	1	12.5	31	31	44	46	48	2	3.5	1	1	0.37	1.6	0.9	32.2	37.0	7 000	9 000	7205E
30206	30	62	17.25	16	14	1	1	13.8	36	37	53	56	58	2	3.5	1	1	0.37	1.6	0.9	43.2	50.5	6 000	7 500	7206E
30207	35	72	18.25	17	15	1.5	1.5	15.3	42	44	62	65	67	3	3.5	1.5	1.5	0.37	1.6	0.9	54.2	63.5	5 300	6 700	7207E
30208	40	80	19.75	18	16	1.5	1.5	16.9	47	49	69	73	75	3	4	1.5	1.5	0.37	1.6	0.9	63.0	74.0	5 000	6 300	7208E
30209	45	85	20.75	19	16	1.5	1.5	18.6	52	53	74	78	80	3	5	1.5	1.5	0.4	1.5	0.8	67.8	83.5	4 500	5 600	7209E
30210	50	90	21.75	20	17	1.5	1.5	20	57	58	79	83	86	3	5	1.5	1.5	0.42	1.4	0.8	73.2	92.0	4 300	5 300	7210E
30211	55	100	22.75	21	18	2	1.5	21	64	64	88	91	95	4	5	2	1.5	0.4	1.5	0.8	90.8	115	3 800	4 800	7211E
30212	60	110	23.75	22	19	2	1.5	22.3	69	69	96	101	103	4	5	2	1.5	0.4	1.5	0.8	102	130	3 600	4 500	7212E
30213	65	120	24.75	23	20	2	1.5	23.8	74	77	106	111	114	4	5	2	1.5	0.4	1.5	0.8	120	152	3 200	4 000	7213E
30214	70	125	26.25	24	21	2	1.5	25.8	79	81	110	116	119	4	5.5	2	1.5	0.42	1.4	0.8	132	175	3 000	3 800	7214E
30215	75	130	27.25	25	22	2	1.5	27.4	84	85	115	121	125	4	5.5	2	1.5	0.44	1.4	0.8	138	185	2 800	3 600	7215E
30216	80	140	28.25	26	22	2.5	2	28.1	90	90	124	130	133	4	6	2.1	2	0.42	1.4	0.8	160	212	2 600	3 400	7216E
30217	85	150	30.5	28	24	2.5	2	30.3	95	96	132	140	142	5	6.5	2.1	2	0.42	1.4	0.8	178	238	2 400	3 200	7217E
30218	90	160	32.5	30	26	2.5	2	32.3	100	102	140	150	151	5	6.5	2.1	2	0.42	1.4	0.8	200	270	2 200	3 000	7218E
30219	95	170	34.5	32	27	3	2.5	34.2	107	108	149	158	160	5	7.5	2.5	2.1	0.42	1.4	0.8	228	308	2 000	2 800	7219E
30220	100	180	37	34	29	3	2.5	36.4	112	114	157	168	169	5	8	2.5	2.1	0.42	1.4	0.8	255	350	1 900	2 600	7220E

续上表

轴承代号	尺寸/mm								安装尺寸/mm										计算系数			基本额定		极限转速/r·min^{-1}		原轴承代号
	d	D	T	B	C	r_s min	r_{1s} min	a ≈	d_a min	d_b max	D_a min	D_a max	D_b min	a_1 min	a_2 min	r_{as} max	r_{bs} max	e	Y	Y_0	动载荷 C_r/kN	静载荷 C_{0r}/kN	脂润滑	油润滑	
03 尺寸系列																										
30302	15	42	14.25	13	11	1	1	9.6	21	22	36	36	38	2	3.5	1	1	0.29	2.1	1.2	22.8	21.5	9 000	12 000	7302E
30303	17	47	15.25	14	12	1	1	10.4	23	25	40	41	43	3	3.5	1	1	0.29	2.1	1.2	28.2	27.2	8 500	11 000	7303E
30304	20	52	16.25	15	13	1.5	1.5	11.1	27	28	44	45	48	3	3.5	1.5	1.5	0.3	2	1.1	33.0	33.2	7 500	9 500	7304E
30305	25	62	18.25	17	15	1.5	1.5	13	32	34	54	55	58	3	3.5	1.5	1.5	0.3	2	1.1	46.8	48.0	6 300	8 000	7305E
30306	30	72	20.75	19	16	1.5	1.5	15.3	37	40	62	65	66	3	5	1.5	1.5	0.31	1.9	1.1	59.0	63.0	5 600	7 000	7306E
30307	35	80	22.75	21	18	2	1.5	16.8	44	45	70	71	74	3	5	2	1.5	0.31	1.9	1.1	75.2	82.5	5 000	6 300	7307E
30308	40	90	25.25	23	20	2	1.5	19.5	49	52	77	81	84	3	5.5	2	1.5	0.35	1.7	1	90.8	108	4 500	5 600	7308E
30309	45	100	27.25	25	22	2	1.5	21.3	54	59	86	91	94	3	5.5	2	1.5	0.35	1.7	1	108	130	4 000	5 000	7309E
30310	50	110	29.25	27	23	2.5	2	23	60	65	95	100	103	4	6.5	2	2	0.35	1.7	1	130	158	3 800	4 800	7310E
30311	55	120	31.5	29	25	2.5	2	24.9	65	70	104	110	112	4	6.5	2.5	2	0.35	1.7	1	152	188	3 400	4 300	7311E
30312	60	130	33.5	31	26	3	2.5	26.6	72	76	112	118	121	5	7.5	2.5	2.1	0.35	1.7	1	170	210	3 200	4 000	7312E
30313	65	140	36	33	28	3	2.5	28.7	77	83	122	128	131	5	8	2.5	2.1	0.35	1.7	1	195	242	2 800	3 600	7313E
30314	70	150	38	35	30	3	2.5	30.7	82	89	130	138	141	5	8	2.5	2.1	0.35	1.7	1	218	272	2 600	3 400	7314E
30315	75	160	40	37	31	3	2.5	32	87	95	139	148	150	5	9	2.5	2.1	0.35	1.7	1	252	318	2 400	3 200	7315E
30316	80	170	42.5	39	33	3	2.5	34.4	92	102	148	158	160	5	9.5	2.5	2.1	0.35	1.7	1	278	352	2 200	3 000	7316E
30317	85	180	44.5	41	34	4	3	35.9	99	107	156	166	168	6	10.5	3	2.5	0.35	1.7	1	305	388	2 000	2 800	7317E
30318	90	190	46.5	43	36	4	3	37.5	104	113	165	176	178	6	10.5	3	2.5	0.35	1.7	1	342	440	1 900	2 600	7318E
30319	95	200	49.5	45	38	4	3	40.1	109	118	172	186	185	6	11.5	3	2.5	0.35	1.7	1	370	478	1 800	2 400	7319E
30320	100	215	51.5	47	39	4	3	42.2	114	127	184	201	199	6	12.5	3	2.5	0.35	1.7	1	405	525	1 600	2 000	7320E
22 尺寸系列																										
32206	30	62	21.25	20	17	1	1	15.6	36	36	52	56	58	3	4.5	1	1	0.37	1.6	0.9	51.8	63.8	6 000	7 500	7506E
32207	35	72	24.25	23	19	1.5	1.5	17.9	42	42	61	65	68	3	5.5	1.5	1.5	0.37	1.6	0.9	70.5	89.5	5 300	6 700	7507E
32208	40	80	24.75	23	19	1.5	1.5	18.9	47	48	68	73	75	3	6	1.5	1.5	0.37	1.6	0.9	77.8	97.2	5 000	6 300	7508E
32209	45	85	24.75	23	19	1.5	1.5	20.1	52	53	73	78	81	3	6	1.5	1.5	0.4	1.5	0.8	80.8	105	4 500	5 600	7509E
32210	50	90	24.75	23	19	1.5	1.5	21	57	57	78	83	86	3	6	1.5	1.5	0.42	1.4	0.8	82.8	108	4 300	5 300	7510E
32211	55	100	26.75	25	21	2	1.5	22.8	64	62	87	91	96	4	6	2	1.5	0.4	1.5	0.8	108	142	3 800	4 800	7511E
32212	60	110	29.75	28	24	2	1.5	25	69	68	95	101	105	4	6	2	1.5	0.4	1.5	0.8	132	180	3 600	4 500	7512E
32213	65	120	32.75	31	27	2	1.5	27.3	74	75	104	111	115	4	6	2	1.5	0.4	1.5	0.8	160	222	3 200	4 000	7513E
32214	70	125	33.25	31	27	2	1.5	28.8	79	79	108	116	120	4	6.5	2	1.5	0.42	1.4	0.8	168	238	3 000	3 800	7514E
32215	75	130	33.25	31	27	2	1.5	30	84	84	115	121	126	4	6.5	2	1.5	0.44	1.4	0.8	170	242	2 800	3 600	7515E

续上表

轴承代号	尺寸/mm								安装尺寸/mm									计算系数			基本额定		极限转速 /r·min^{-1}		原轴承代号
	d	D	T	B	C	r_s min	r_{1s} min	a ≈	d_a min	d_b max	D_a min	D_a max	D_b min	a_1 min	a_2 min	r_{as} max	r_{bs} max	e	Y	Y_0	动载荷 C_r/kN	静载荷 C_{0r}/kN	脂润滑	油润滑	
32216	80	140	35.25	33	28	2.5	2	31.4	90	89	122	130	135	5	7.5	2.1	2	0.42	1.4	0.8	198	278	2 600	3 400	7516E
32217	85	150	38.5	36	30	2.5	2	33.9	95	95	130	140	143	5	8.5	2.1	2	0.42	1.4	0.8	228	325	2 400	3 200	7517E
32218	90	160	42.5	40	34	2.5	2	36.8	100	101	138	150	153	5	8.5	2.1	2	0.42	1.4	0.8	270	395	2 200	3 000	7518E
32219	95	170	45.5	43	37	3	2.5	39.2	107	106	145	158	163	5	8.5	2.5	2.1	0.42	1.4	0.8	302	448	2 000	2 800	7519E
32220	100	180	49	46	39	3	2.5	41.9	112	113	154	168	172	5	10	2.5	2.1	0.42	1.4	0.8	340	512	1 900	2 600	7520E
23 尺寸系列																									
32303	17	47	20.25	19	16	1	1	12.3	23	24	39	41	43	3	4.5	1	1	0.29	2.1	1.2	35.2	36.2	8 500	11 000	7603E
32304	20	52	22.25	21	18	1.5	1.5	13.6	27	26	43	45	48	3	4.5	1.5	1.5	0.3	2	1.1	42.8	46.2	7 500	9 500	7604E
32305	25	62	25.25	24	20	1.5	1.5	15.9	32	32	52	55	58	3	5.5	1.5	1.5	0.3	2	1.1	61.5	68.8	6 300	8 000	7605E
32306	30	72	28.75	27	23	1.5	1.5	18.9	37	38	59	65	66	4	6	1.5	1.5	0.31	1.9	1.1	81.5	96.5	5 600	7 000	7606E
32307	35	80	32.75	31	25	2	1.5	20.4	44	43	66	71	74	4	8.5	2	1.5	0.31	1.9	1.1	99.0	118	5 000	6 300	7607E
32308	40	90	35.25	33	27	2	1.5	23.3	49	49	73	81	83	4	8.5	2	1.5	0.35	1.7	1	115	148	4 500	5 600	7608E
32309	45	100	38.25	36	30	2	1.5	25.6	54	56	82	91	93	4	8.5	2	1.5	0.35	1.7	1	145	188	4 000	5 000	7609E
32310	50	110	42.25	40	33	2.5	2	28.2	60	61	90	100	102	5	9.5	2.5	2	0.35	1.7	1	178	235	3 800	4 800	7610E
32311	55	120	45.5	43	35	2.5	2	30.4	65	66	99	110	111	5	10	2.5	2	0.35	1.7	1	202	270	3 400	4 300	7611E
32312	60	130	48.5	46	37	3	2.5	32	72	72	107	118	122	6	11.5	2.5	2.1	0.35	1.7	1	228	302	3 200	4 000	7612E
32313	65	140	51	48	39	3	2.5	34.3	77	79	117	128	131	6	12	2.5	2.1	0.35	1.7	1	260	350	2 800	3 600	7613E
32314	70	150	54	51	42	3	2.5	36.5	82	84	125	138	141	6	12	2.5	2.1	0.35	1.7	1	298	408	2 600	3 400	7614E
32315	75	160	58	55	45	3	2.5	39.4	87	91	133	148	150	7	13	2.5	2.1	0.35	1.7	1	348	482	2 400	3 200	7615E
32316	80	170	61.5	58	48	3	2.5	42.1	92	97	142	158	160	7	13.5	2.5	2.1	0.35	1.7	1	388	542	2 200	3 000	7616E
32317	85	180	63.5	60	49	4	3	43.5	99	102	150	166	168	8	14.5	3	2.5	0.35	1.7	1	422	592	2 000	2 800	7617E
32318	90	190	67.5	64	53	4	3	46.2	104	107	157	176	178	8	14.5	3	2.5	0.35	1.7	1	478	682	1 900	2 600	7618E
32319	95	200	71.5	67	55	4	3	49	109	114	166	186	187	8	16.5	3	2.5	0.35	1.7	1	515	738	1 800	2 400	7619E
32320	100	215	77.5	73	60	4	3	52.9	114	122	177	201	201	8	17.5	3	2.5	0.35	1.7	1	600	872	1 600	2 000	7620E

注：1. 表中 C_r 值适用于轴承为真空脱气轴承钢材料。如普通电炉钢，C_r 值降低；如为真空重熔或电渣重熔轴承钢，C_r 值提高。
2. 后缀带 E 为加强型圆柱滚子轴承，优先选用。

表 12-6　推力球轴承（GB/T 301—2015 摘录）

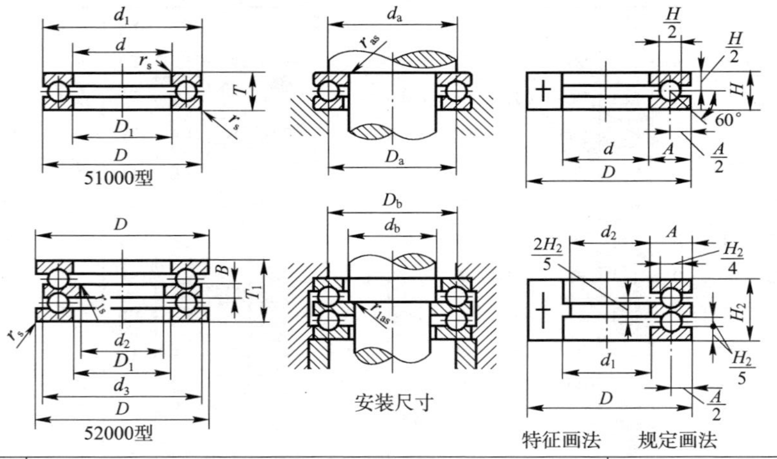

轴向当量动载荷　$P_a = F_a$

轴向当量静载荷　$P_{0a} = F_a$

标记示例：

滚动轴承　51208　GB/T 301—2015

轴承代号		尺寸/mm											安装尺寸/mm						基本额定		极限转速 /r·min⁻¹		原轴承代号	
		d	d_2	D	T	T_1	D_1 min	d_1 max	d_3 max	B	r_s min	r_{1s} min	d_a min	D_a max	D_b min	d_b max	r_{as} max	r_{1as} max	动载荷 C_a/kN	静载荷 C_{0a}/kN	脂润滑	油润滑		
12（51000 型），22（52000 型）尺寸系列																								
51200	—	10	—	26	11	—	12	26	—	—	0.6	—	20	16		—	0.6	—	12.5	17.0	6 000	8 000	8200	—
51201	—	12	—	28	11	—	14	28	—	—	0.6	—	22	18		—	0.6	—	13.2	19.0	5 300	7 500	8201	—
51202	52202	15	10	32	12	22	17	32	32	5	0.6	0.3	25	22		15	0.6	0.3	16.5	24.8	4 800	6 700	8202	38202
21203	—	17	—	35	12	—	19	35	—	—	0.6	—	28	24		—	0.6	—	17.0	27.2	4 500	6 300	8203	—
51204	52204	20	15	40	14	26	22	40	40	6	0.6	0.3	32	28		20	0.6	0.3	22.2	37.5	3 800	5 300	8204	38204
51205	52205	25	20	47	15	28	27	47		7	0.6	0.3	38	34		25	0.6	0.3	27.8	50.5	3 400	4 800	8205	38205
51206	52206	30	25	52	16	29	32	52		7	0.6	0.3	43	39		30	0.6	0.3	28.0	54.2	3 200	4 500	8206	38206
51207	52207	35	30	62	18	34	37	62		8	1	0.3	51	46		35	1	0.3	39.2	78.2	2 800	4 000	8207	38207
51208	52208	40	30	68	19	36	42	68		9	1	0.6	57	51		40	1	0.6	47.0	98.2	2 400	3 600	8208	38208
51209	52209	45	35	73	20	37	47	73		9	1	0.6	62	56		45	1	0.6	47.8	105	2 200	3 400	8209	38209
51210	52210	50	40	78	22	39	52	78		9	1	0.6	67	61		50	1	0.6	48.5	112	2 000	3 200	8210	38210
51211	52211	55	45	90	25	45	57	90		10	1	0.6	76	69		55	1	0.6	67.5	158	1 900	3 000	8211	38211
51212	52212	60	50	95	26	46	62	95		10	1	0.6	81	74		60	1	0.6	73.5	178	1 800	2 800	8212	38212
51213	52213	65	55	100	27	47	67	100		10	0.6	86	79	79		65	1	0.6	74.8	188	1 700	2 600	8213	38213
51214	52214	70	55	105	27	47	72	105		10	1	91	84	84		70	1	1	73.5	188	1 600	2 400	8214	38214
51215	52215	75	60	110	27	47	77	110		10	1	96	89	89		75	1	1	74.8	198	1 500	2 200	8215	38215
51216	52216	80	65	115	28	48	82	115		10	1	101	94	94		80	1	1	83.8	222	1 400	2 000	8216	38216
51217	52217	85	70	125	31	55	88	125		12	1	109	101	109		85	1	1	102	280	1 300	1 900	8217	38271

续上表

轴承代号		尺寸/mm											安装尺寸/mm						基本额定		极限转速 /r · min^{-1}		原轴承代号	
		d	d_2	D	T	T_1	D_1 min	d_1 max	d_3 max	B	r_s min	r_{1s} min	d_a min	D_a max	D_b min	d_b max	r_{as} max	r_{1as} max	动载荷 C_a/kN	静载荷 C_{0a}/kN	脂润滑	油润滑		
51218	52218	90	75	135	35	62	93	135		14	1	117	108	108		90	1	1	115	315	1 200	1 800	8218	38218
51220	52220	100	85	150	38	67	103	150		15	1	130	120	120		100	1	1	132	375	1 100	1 700	8220	38220
13（51000型），23（52000型）尺寸系列																								
51304	—	20	—	47	18	—	22	47	—	—	—	36	31	—		—	1	—	35.0	55.8	3 600	4 500	8304	—
51305	52305	25	20	52	18	34	27	52	52	8	0.3	41	36	36		25	1	0.3	35.5	61.5	3 000	4 300	8305	38305
51306	52306	30	25	60	21	38	32	60	60	9	0.3	48	42	42		30	1	0.3	42.8	78.5	2 400	3 600	8306	38306
51307	52307	35	30	68	24	44	37	68	68	10	0.3	55	48	48		35	1	0.3	55.2	105	2 000	3 200	8307	38307
51308	52308	40	30	78	26	49	42	78	78	12	0.6	63	55	55		40	1	0.6	69.2	135	1 900	3 000	8308	38308
51309	52309	45	35	85	28	52	47	85		12	0.6	69	61	61		45	1	0.6	75.8	150	1 700	2 600	8309	38309
51310	52310	50	40	95	31	58	52	95		14	0.6	77	68	68		50	1	0.6	96.5	202	1 600	2 400	8310	38310
51311	52311	55	45	105	35	64	57	105		15	0.6	85	75	75		55	1	0.6	115	242	1 500	2 200	8311	38311
51312	52312	60	50	110	35	64	62	110		15	0.6	90	80	80		60	1	0.6	118	262	1 400	2 000	8312	38312
51313	52313	65	55	115	36	65	67	115		15	0.6	95	85	85		65	1	0.6	115	262	1 300	1 900	8313	38313
51314	52314	70	55	125	40	72	72	125		16	1.1	1	103	92	92	70	1	1	148	340	1 200	1 800	8314	38314
51315	52315	75	60	135	44	79	77	135		18	1.5	1	111	99	99	75	1.5	1	162	380	1 100	1 700	8315	38315
51316	52316	80	65	140	44	79	82	140		18	1.5	1	116	104	104	80	1.5	1	160	380	1 000	1 600	8316	83816
51317	52317	85	70	150	49	87	88	150		19	1.5	1	124	111	114	85	1.5	1	208	495	950	1 500	8317	38317
51318	52318	90	75	155	50	88	93	155		19	1.5	1	129	116	116	90	1.5	1	205	495	900	1 400	8318	38318
51320	52320	100	85	170	55	97	103	170		21	1.5	1	142	128	128	100	1.5	1	235	595	800	1 200	8320	38320
14（51000型），24（52000型）尺寸系列																								
51405	52405	25	15	60	24	45	27	60		11	1	0.6	46		39	25	1	0.6	55.5	89.2	2 200	3 400	8405	38405
51406	52406	30	20	70	28	52	32	70		12	1	0.6	54		46	30	1	0.6	72.5	125	1 900	3 000	8406	38406
51407	52407	35	25	80	32	59	37	80		14	1.1	0.6	62		53	35	1	0.6	86.8	155	1 700	2 600	8407	38407
51408	52408	40	30	90	36	65	42	90		15	1.1	0.6	70		60	40	1	0.6	112	205	1 500	2 200	8408	38408
51409	52409	45	35	100	39	72	47	100		17	1.1	0.6	78		67	45	1	0.6	140	262	1 400	2 000	8409	38409
51410	52410	50	40	110	43	78	52	110		18	1.5	0.6	86		74	50	1.5	0.6	160	302	1 300	1 900	8410	38410
51411	52411	55	45	120	48	87	57	120		20	1.5	0.6	94		81	55	1.5	0.6	182	355	1 100	1 700	8411	38411
51412	52412	60	50	130	51	93	62	130		21	1.5	0.6	102		88	60	1.5	0.6	200	395	1 000	1 600	8412	38412
51413	52413	65	50	140	56	101	68	140		23	2	1	110		95	65	2.0	1	215	448	900	1 400	8413	38413
51414	52414	70	55	150	60	107	73	150		24	2	1	118		102	70	2.0	1	255	560	850	1 300	8414	38414
51415	52415	75	60	160	65	115	78	160	160	26	2	1	125		110	75	2.0	1	268	615	800	1 200	8415	38415
51416	—	80	—	170	68	—	83	170	—	—	2.1	—	133		117	—	2.1	—	292	692	750	1 100	8416	—
51417	52417	85	65	180	72	128	88	177	179.5	29	2.1	1.1	141		124	85	2.1	1	318	782	700	1 000	8417	38417
51418	52418	90	70	190	77	135	93	187	189.5	30	2.1	1.1	149		131	90	2.1	1	325	825	670	950	8418	38418
51420	52420	100	80	210	85	150	103	205	209.5	33	3	1.1	165		145	100	2.5	1	400	1 080	600	850	8420	38420

注：1. 表中 C_r 值适用于轴承为真空脱气轴承钢材料。如为普通电炉钢，C_r 值降低；如为真空重熔或电流重熔轴承钢，C_r 值提高。

2. r_{smin}、r_{1smin}分别为 r、r_1 的单词最小倒角尺寸；r_{asmax}、r_{1asmax}分别为 r_a、r_{1a}的单向最大倒角尺寸。

12.2 滚动轴承的配合（GB/T 275—2015 摘录）

表 12-7 向心轴承和轴的配合——轴公差带

载荷情况		举例	深沟球轴承、调心球轴承和角接触球轴承	圆柱滚子轴承和圆锥滚子轴承	调心滚子轴承	公差带
圆柱孔轴承						
			轴承公称内径/mm			
内圈承受旋转载荷或方向不定载荷	轻载荷 $P_t/C_r \leqslant 0.06$	输送机、轻载齿轮箱	≤18 >18～100 >100～200 —	— ≤40 >40～140 >140～200	— ≤40 >40～100 >100～200	h5 j6① k6① m6①
	正常载荷 $P_t/C_r > 0.06 \sim 0.12$	一般通用机械、电动机、泵、内燃机、正齿轮传动装置	≤18 >18～100 >100～140 >140～200 >200～280 — —	— ≤40 >40～100 >100～140 >140～200 >200～400 —	— ≤40 >40～65 >65～100 >100～140 >140～280 >280～500	j5，js5 k5② m5② m6 n6 p6 r6
	重载荷 $P_t/C_r > 0.12$	铁路机车车辆轴箱、牵引电动机、破碎机等	—	>50～140 >140～200 >200 —	>50～100 >100～140 >140～200 >200	n6③ p6③ r6③ r7③
内圈承受固定载荷	所有载荷：内圈需在轴向易移动	非旋转轴上的各种轮子	所有尺寸			f6 g6
	所有载荷：内圈不需在轴向易移动	张紧轮、绳轮	所有尺寸			h6 j6
仅有轴向载荷		所有尺寸				j6，js6

圆锥孔轴承				
所有载荷	铁路机车车辆轴箱	装在退卸套上	所有尺寸	h8（IT6）④
	一般机械传动	装在紧定套上	所有尺寸	h9（IT7）④

① 凡精度要求较高的场合，应用 j5、k5、m5 代替 j6、k6、m6。
② 圆锥滚子轴承、角接触球轴承配合对游隙影响不大，可用 k6、m6 代替 k5、m5。
③ 重载荷下轴承游隙应选大于 N 组。
④ 凡精度要求较高或转速要求较高的场合，应用 h7（IT5）代替 h8（IT6）等，IT6、IT7 表示圆柱度公差数值。

表 12-8 向心轴承和轴承座孔的配合——孔公差带

载荷情况		举例	其他状况	公差带①：球轴承	公差带①：滚子轴承
外圈承受固定载荷	轻、正常、重	一般机械、铁路机车车辆轴箱	轴向易移动，可采用剖分式轴承座	H7、G7②	
	冲击		轴向能移动，可采用整体或剖分式轴承座	J7、JS7	
方向不定载荷	轻、正常	电动机、泵、曲轴主轴承			
	正常、重		轴向不移动，采用整体式轴承座	K7	
	重、冲击	牵引电动机		M7	
外圈承受旋转载荷	轻	带张紧轮		J7	K7
	正常	轮毂轴承		M7	N7
	重			—	N7、P7

① 并列公差带随尺寸的增大从左至右选择。对旋转精度有较高要求时，可相应提高一个公差等级。
② 不适用于剖分式轴承座。

表 12-9　推力轴承和轴的配合——轴公差带

载荷情况		轴承类型	轴承公称内径/mm	公差带
仅有轴向载荷		推力球和推力圆柱滚子轴承	所有尺寸	j6、js6
径向和轴向联合载荷	轴圈承受固定载荷	推力调心滚子轴承、推力角接触球轴承、推力圆锥滚子轴承	≤250 >250	j6 js6
	轴圈承受旋转载荷或方向不定载荷		≤200 >200～400 >400	k6 m6 n6

注：要求较小过盈时，可分别用 j6、k6、m6 代替 k6、m6、n6。

表 12-10　轴和轴承座孔的几何公差

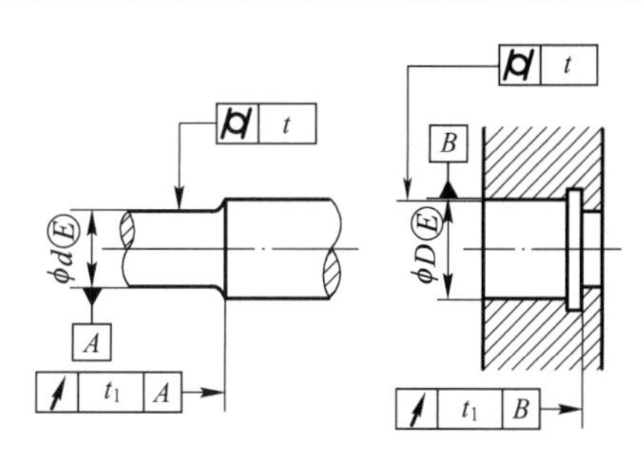

公称尺寸/mm		圆柱度 t/μm				轴向圆跳动 t_1/μm			
		轴　颈		轴承座孔		轴　肩		轴承座孔肩	
		轴承公差等级							
>	≤	0	6（6X）	0	6（6X）	0	6（6X）	0	6（6X）
—	6	2.5	1.5	4	2.5	5	3	8	5
6	10	2.5	1.5	4	2.5	6	4	10	6
10	18	3	2	5	3	8	5	12	8
18	30	4	2.5	6	4	10	6	15	10
30	50	4	2.5	7	4	12	8	20	12
50	80	5	3	8	5	15	10	25	15
80	120	6	4	10	6	15	10	25	15
120	180	8	5	12	8	20	12	30	20
180	250	10	7	14	10	20	12	30	20
250	315	12	8	16	12	25	15	40	25
315	400	13	9	18	13	25	15	40	25
400	500	15	10	20	15	25	15	40	25

表 12-11　配合表面及端面的表面粗糙度

轴或轴承座孔直径/mm		轴或轴承座孔配合表面直径公差等级					
		IT7		IT6		IT5	
		表面粗糙度 Ra 值/μm					
>	≤	磨	车	磨	车	磨	车
—	80	1.6	3.2	0.8	1.6	0.4	0.8
80	500	1.6	3.2	1.6	3.2	0.8	1.6
500	1 250	3.2	6.3	1.6	3.2	1.6	3.2
端面		3.2	6.3	6.3	6.3	6.3	3.2

表 12-12 向心推力轴承和推力轴承的轴向游隙（参考） μm

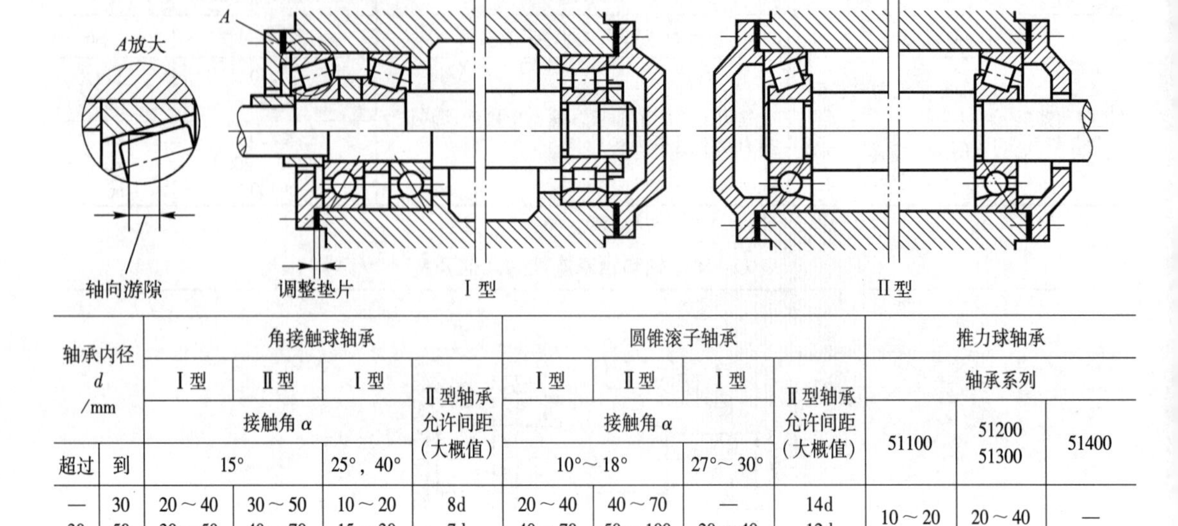

轴承内径 d /mm		角接触球轴承				圆锥滚子轴承				推力球轴承		
		Ⅰ型	Ⅱ型	Ⅰ型	Ⅱ型轴承允许间距（大概值）	Ⅰ型	Ⅱ型	Ⅰ型	Ⅱ型轴承允许间距（大概值）	轴承系列		
		接触角 α				接触角 α				51100	51200 51300	51400
超过	到	15°		25°，40°		10°～18°		27°～30°				
—	30	20～40	30～50	10～20	8d	20～40	40～70	—	14d	10～20	20～40	—
30	50	30～50	40～70	15～30	7d	40～70	50～100	20～40	12d			
50	80	40～70	50～100	20～40	6d	50～100	80～150	30～50	11d	20～40	40～60	60～80
80	120	50～100	60～150	30～50	5d	80～150	120～200	40～70	10d			

注：本表不属 GB/T 275，仅供参考。

第13章　润滑与密封

润滑与密封见表13-1～表13-23。

13.1 润　滑　剂

表13-1　常用润滑油的主要性质和用途

<table>
<tr><th rowspan="2">名称</th><th rowspan="2">代号</th><th colspan="2">运动黏度/($mm^2 \cdot s^{-1}$)</th><th rowspan="2">倾点/℃
不高于</th><th rowspan="2">闪点（开口）/℃
不低于</th><th rowspan="2">主　要　用　途</th></tr>
<tr><th>40℃</th><th>100℃</th></tr>
<tr><td rowspan="8">全损耗系统用油
(GB 443—1989)</td><td>L-AN10</td><td>9.00～11.0</td><td rowspan="8">—</td><td rowspan="8">-5</td><td>130</td><td>用于高速轻载机械轴承的润滑和冷却</td></tr>
<tr><td>L-AN15</td><td>13.5～16.5</td><td rowspan="3">150</td><td rowspan="2">用于小型机床齿轮箱、传动装置轴承、中小型电机、风动工具等</td></tr>
<tr><td>L-AN22</td><td>19.8～24.2</td></tr>
<tr><td>L-AN32</td><td>28.8～35.2</td><td>用于一般机床齿轮变速、中小型机床导轨及100 kW以上电机轴承</td></tr>
<tr><td>L-AN46</td><td>41.4～50.6</td><td rowspan="2">160</td><td>主要用在大型机床、大型刨床上</td></tr>
<tr><td>L-AN68</td><td>61.2～74.8</td><td rowspan="3">主要用在低速重载的纺织机械及重型机床、锻压、铸造设备上</td></tr>
<tr><td>L-AN100</td><td>90.0～110</td><td rowspan="2">180</td></tr>
<tr><td>L-AN150</td><td>135～165</td></tr>
<tr><td rowspan="7">工业闭式齿轮油
(GB 5903—2011)</td><td>L-CKC68</td><td>61.2～74.8</td><td rowspan="7">—</td><td rowspan="6">-8</td><td rowspan="2">180</td><td rowspan="7">适用于煤炭、水泥、冶金工业部门大型封闭式齿轮传动装置的润滑</td></tr>
<tr><td>L-CKC100</td><td>90.0～110</td></tr>
<tr><td>L-CKC150</td><td>135～165</td><td rowspan="4">200</td></tr>
<tr><td>L-CKC220</td><td>198～242</td></tr>
<tr><td>L-CKC320</td><td>288～352</td></tr>
<tr><td>L-CKC460</td><td>414～506</td></tr>
<tr><td>L-CKC680</td><td>612～748</td><td>-5</td><td>220</td></tr>
<tr><td rowspan="5">蜗轮蜗杆油
(SH/T 0094—1998)</td><td>L-CKE220</td><td>198～242</td><td rowspan="5">—</td><td rowspan="5">-6</td><td rowspan="2">200</td><td rowspan="5">用于蜗杆蜗轮传动的润滑</td></tr>
<tr><td>L-CKE320</td><td>288～352</td></tr>
<tr><td>L-CKE460</td><td>414～506</td><td rowspan="3">220</td></tr>
<tr><td>L-CKE680</td><td>612～748</td></tr>
<tr><td>L-CKE1000</td><td>900～1100</td></tr>
</table>

表 13-2 常用润滑脂的主要性质和用途

名称	代号	滴点/℃ 不低于	工作锥入度 (25℃，150 g) /0.1 mm	主要用途
钙基润滑脂 (GB/T 491—2008)	1 号	80	310～340	有耐水性能。用于工作温度低于 55～60℃的各种工农业、交通运输机械设备的轴承润滑，特别是有水或潮湿处
	2 号	85	265～295	
	3 号	90	220～250	
	4 号	95	175～205	
钠基润滑脂 (GB/T 492—1989)	2 号	160	265～295	不耐水（或潮湿）。用于工作温度在 -10～110℃的一般中负荷机械设备轴承润滑
	3 号		220～250	
通用锂基润滑脂 (GB/T 7324—2010)	1 号	170	310～340	有良好的耐水性和耐热性。适用于 -20～120℃宽温度范围内各种机械的滚动轴承、滑动轴承及其他摩擦部位的润滑
	2 号	175	265～295	
	3 号	180	220～250	
钙钠基润滑脂 (SH/T 0368—2003)	2 号	120	250～290	用于工作温度在 80～100℃、有水分或较潮湿环境中工作的机械润滑，多用于铁路机车、列车、小电动机、发电机滚动轴承（温度较高者）润滑。不适于低温工作
	3 号	135	200～240	
滚珠轴承脂 (SH/T 0386—1992)		120	250～290	用于机车、汽车、电机及其他机械的滚动轴承润滑
7407 号齿轮润滑脂 (SH/T 0469—1994)		160	75～90	适用于各种低速，中、重载荷齿轮、链和联轴器等的润滑，使用温度不高于 120℃，可承受冲击载荷不大于 25 000 MPa

13.2 油杯、油标、油塞

表 13-3 直通式压注油杯（JB/T 7940.1—1995 摘录） mm

d	H	h	h_1	S 公称尺寸	S 极限偏差	钢球（按 GB/T 308）
M6	13	8	6	8	0 -0.22	3
M8×1	16	9	6.5	10		
M10×1	18	10	7	11		

标记示例：油杯 M10×1 JB/T 7940.1（M10×1，直通式压注油杯）

表 13-4　压配式压注油杯（JB/T 7940.4—1995 摘录）　mm

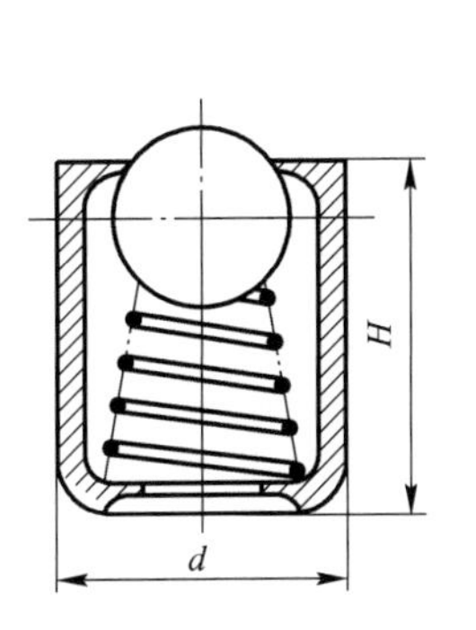

d 公称尺寸	d 极限偏差	H	钢球（按 GB/T 308）
6	+0.040 +0.028	6	4
8	+0.049 +0.034	10	5
10	+0.058 +0.040	12	6
16	+0.063 +0.045	20	11
25	+0.085 +0.064	30	13

标记示例：油杯 6　JB/7940.4（d = 6 mm，压配式压注油杯）

表 13-5　旋盖式油杯（JB/T 7940.3—1995 摘录）　mm

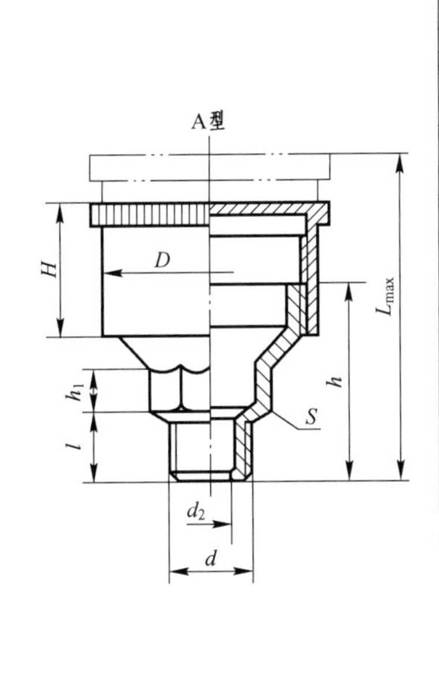

最小容量/cm^3	d	l	H	h	h_1	d_1	D A型	D B型	L max	S 公称尺寸	S 极限偏差
1.5	M8×1	8	14	22	7	3	16	18	33	10	0 −0.22
3	M10×1		15	23	8	4	20	22	35	13	0 −0.27
6			17	26			26	28	40		
12	M14×1.5	12	20	30	10	5	32	34	47	18	
18			22	32			36	40	50		
25			24	34			41	44	55		
50	M16×1.5		30	44			51	54	70	21	0 −0.33
100			38	52			68	68	85		
200	M24×1.5	16	48	64	16	6	—	86	105	30	—

标记示例：油杯 A25　JB/T 7940.3（最小容量 25 cm^3，A 型旋盖式油杯）

注：B 型油杯除尺寸 D 和滚花部分尺寸稍有不同外，其余尺寸与 A 型相同。

表 13-6 压配式圆形油标（JB/T 7941.1—1995 摘录） mm

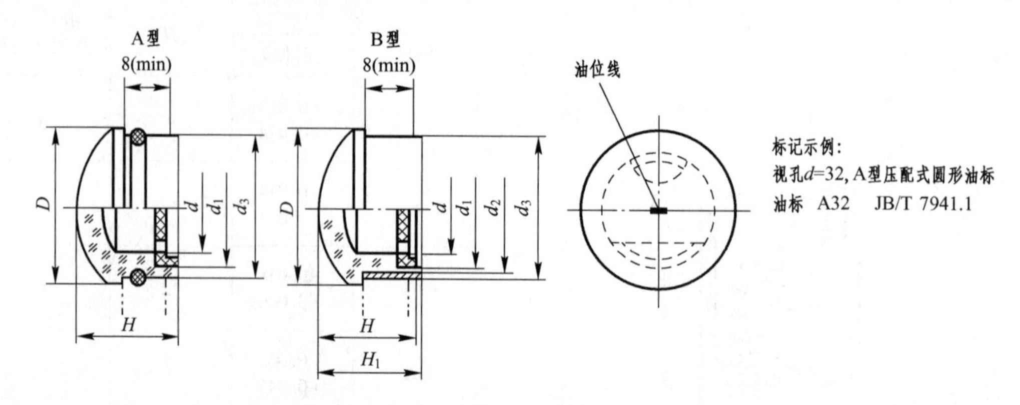

d	D	d_1		d_2		d_3		H	H_1	O 型橡胶密封圈（按 GB/T 3452.1）
		公称尺寸	极限偏差	公称尺寸	极限偏差	公称尺寸	极限偏差			
12	22	12	−0.050 −0.160	17	−0.050 −0.160	20	−0.065 −0.195	14	16	15×2.65
16	27	18		22	−0.065 −0.185	25				20×2.65
20	34	22	−0.065 −0.195	28		32	−0.080 −0.240	16	18	25×3.55
25	40	28		34	−0.080 −0.240	38				31.5×3.55
32	48	35	−0.080 −0.240	41		45		18	20	38.7×3.55
40	58	45		51	−0.100 −0.290	55	−0.100 −0.290			48.7×3.55
50	70	55	−0.100 −0.290	61		65		22	24	—
63	85	70		76		80				

表 13-7 长形油标（JB/T 7941.3—1995 摘录） mm

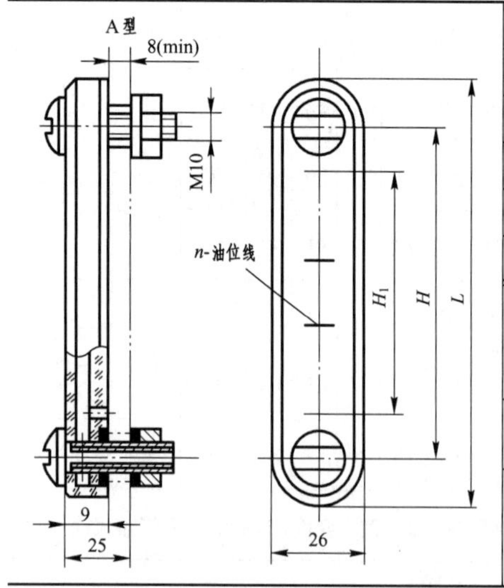

H 公称尺寸	H 极限偏差	H_1	L	条数 n
80	±0.17	40	110	2
100		60	130	3
125	±0.20	80	155	4
160		120	190	6

O 形橡胶密封圈（按 GB/T 3452.1）	六角螺薄母（按 GB/T 6172）	弹性垫圈（按 GB/T 861）
10×2.65	M10	10

标记示例：

$H=80$，A 型长形油标：

油标 A80 JB/T 7941.3

注：B 型长形油标见 JB/T 7941.3—1995。

表 13-8　管状油标（JB/T 7941.4—1995 摘录）　mm

H	O 形橡胶密封圈（按 GB/T 3452.1）	六角薄螺母（按 GB/T 6172）	弹性垫圈（按 GB/T 861）
80，100，125，160，200	11.8×2.65	M12	12

标记示例：

H=200，A 形管状油标

油标　A200　JB/T 7941.4

B 形管状油标尺寸见 JB/T 7941.4—1995

表 13-9　杆式油标　mm

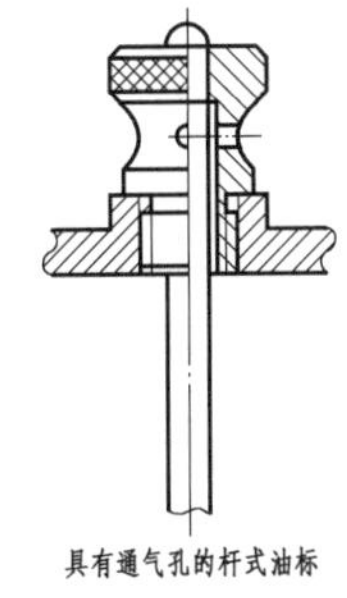
具有通气孔的杆式油标

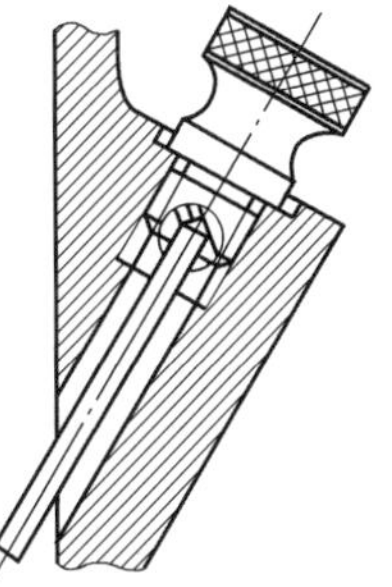

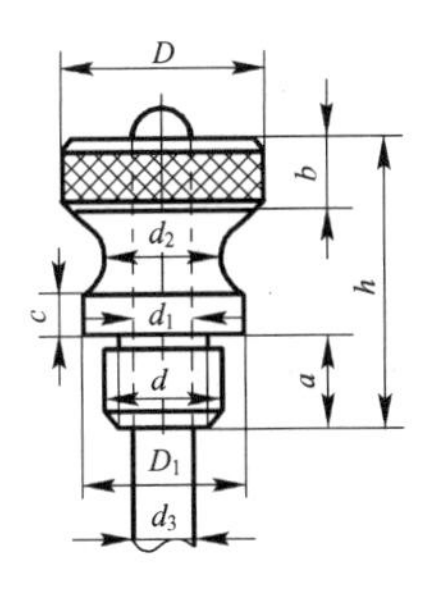

d	d_1	d_2	d_3	h	a	b	c	D	D_1
M12	4	12	6	28	10	6	4	20	16
M16	4	16	6	35	12	8	5	26	22
M20	6	20	8	42	15	10	6	32	26

13.3 螺塞和封油圈

表 13-10　外六角螺塞、纸封油圈、皮封油圈　mm

外六角螺塞

封油圈

<table>
<tr><th rowspan="2">d</th><th rowspan="2">d1</th><th rowspan="2">D</th><th rowspan="2">e</th><th rowspan="2">s</th><th rowspan="2">L</th><th rowspan="2">h</th><th rowspan="2">b</th><th rowspan="2">b1</th><th rowspan="2">C</th><th rowspan="2">D0</th><th colspan="2">H</th></tr>
<tr><th>纸圈</th><th>皮圈</th></tr>
<tr><td>M10×1</td><td>8.5</td><td>18</td><td>12.7</td><td>11</td><td>20</td><td>10</td><td rowspan="4">3</td><td rowspan="2">2</td><td>0.7</td><td>18</td><td rowspan="5">2</td><td rowspan="6">2</td></tr>
<tr><td>M12×1.25</td><td>10.2</td><td>22</td><td>15</td><td>13</td><td>24</td><td rowspan="2">12</td><td rowspan="4">1.0</td><td>22</td></tr>
<tr><td>M14×1.5</td><td>11.8</td><td>23</td><td>20.8</td><td>18</td><td>25</td><td rowspan="4">3</td><td>22</td></tr>
<tr><td>M18×1.5</td><td>15.8</td><td>28</td><td rowspan="2">24.2</td><td rowspan="2">21</td><td>27</td><td rowspan="3">15</td><td>25</td></tr>
<tr><td>M20×1.5</td><td>17.8</td><td>30</td><td rowspan="2">30</td><td rowspan="5">4</td><td>30</td></tr>
<tr><td>M22×1.5</td><td>19.8</td><td>32</td><td>27.7</td><td>24</td><td rowspan="4">1.5</td><td>32</td><td rowspan="4">3</td></tr>
<tr><td>M24×2</td><td>21</td><td>34</td><td>31.2</td><td>27</td><td>32</td><td>16</td><td rowspan="3">4</td><td>35</td><td rowspan="3">2.5</td></tr>
<tr><td>M27×2</td><td>24</td><td>38</td><td>34.6</td><td>30</td><td>35</td><td>17</td><td>40</td></tr>
<tr><td>M30×2</td><td>27</td><td>42</td><td>39.3</td><td>34</td><td>38</td><td>18</td><td>45</td></tr>
<tr><td colspan="13">材料：螺塞—Q235；纸封油圈—石棉橡胶纸；皮封油圈—工业用革</td></tr>
</table>

13.4 密 封 件

表 13-11 毡圈油封及毡槽 mm

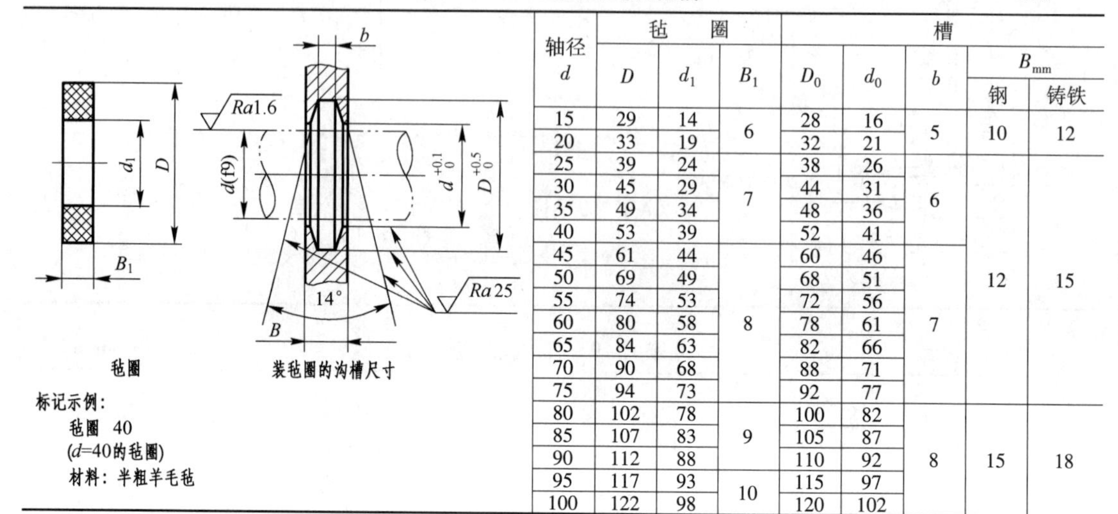

毡圈　　装毡圈的沟槽尺寸

标记示例：
毡圈 40
(d=40的毡圈)
材料：半粗羊毛毡

轴径 d	毡圈 D	毡圈 d_1	毡圈 B_1	槽 D_0	槽 d_0	槽 b	槽 B_{mm} 钢	槽 B_{mm} 铸铁
15	29	14	6	28	16	5	10	12
20	33	19		32	21			
25	39	24	7	38	26	6	12	15
30	45	29		44	31			
35	49	34		48	36			
40	53	39		52	41			
45	61	44	8	60	46	7		
50	69	49		68	51			
55	74	53		72	56			
60	80	58		78	61			
65	84	63		82	66			
70	90	68		88	71			
75	94	73		92	77			
80	102	78	9	100	82	8	15	18
85	107	83		105	87			
90	112	88		110	92			
95	117	93	10	115	97			
100	122	98		120	102			

注：本标准适用于线速度 $v<5$ m/s。

表 13-12 液压气动用 O 形橡胶密封圈（GB/T 3452. 1—2005 摘录） mm

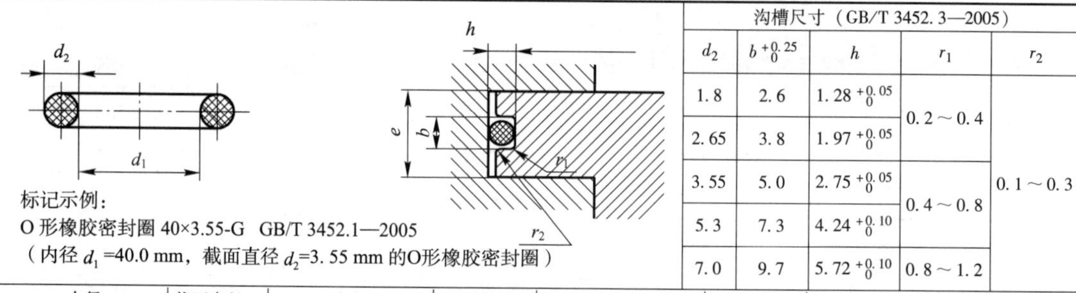

沟槽尺寸（GB/T 3452. 3—2005）				
d_2	$b^{+0.25}_{0}$	h	r_1	r_2
1. 8	2. 6	$1.28^{+0.05}_{0}$	0. 2～0. 4	0. 1～0. 3
2. 65	3. 8	$1.97^{+0.05}_{0}$		
3. 55	5. 0	$2.75^{+0.05}_{0}$	0. 4～0. 8	
5. 3	7. 3	$4.24^{+0.10}_{0}$		
7. 0	9. 7	$5.72^{+0.10}_{0}$	0. 8～1. 2	

标记示例：
O 形橡胶密封圈 40×3.55-G GB/T 3452.1—2005
（内径 d_1=40.0 mm，截面直径 d_2=3. 55 mm 的O形橡胶密封圈）

内径 d_1	极限偏差(±) G系列	极限偏差(±) A系列	截面直径 d_2 1.80±0.08	2.65±0.09	3.55±0.10
11.8	0.19	0.16	*	*	
12.5	0.21	0.17	*	*	
13.2	0.21	0.17	*	*	
14.0	0.22	0.18	*	*	
15.0	0.22	0.18	*	*	
16.0	0.23	0.19	*	*	
17.0	0.24	0.20	*	*	
18.0	0.25	0.20	*	*	*
19.0	0.25	0.21	*	*	*
20.0	0.26	0.21	*	*	*
21.2	0.27	0.22	*	*	*
22.4	0.28	0.23	*	*	*
23.6	0.29	0.24	*	*	*
25.0	0.30	0.24	*	*	*
26.5	0.31	0.25	*	*	*
30.0	0.34	0.27	*	*	*

内径 d_1	极限偏差(±) G系列	极限偏差(±) A系列	截面直径 d_2 1.80±0.08	2.65±0.09	3.55±0.10	5.30±0.13
31.5	0.35	0.28	*	*	*	
32.5	0.36	0.29	*	*	*	
33.5	0.36	0.29	*	*	*	
34.5	0.37	0.30	*	*	*	
35.5	0.38	0.31	*	*	*	
36.5	0.38	0.31	*	*	*	
37.5	0.39	0.32	*	*	*	
38.7	0.40	0.32	*	*	*	
40.0	0.41	0.33	*	*	*	*
41.2	0.42	0.34	*	*	*	*
42.5	0.43	0.35	*	*	*	*
43.7	0.44	0.35	*	*	*	*
45.0	0.44	0.36	*	*	*	*
47.5	0.46	0.37	*	*	*	*
50.0	0.48	0.39	*	*	*	*
51.5	0.49	0.40		*	*	*
53.0	0.50	0.41		*	*	*

内径 d_1	极限偏差(±) G系列	极限偏差(±) A系列	截面直径 d_2 2.65±0.09	3.55±0.10	5.30±0.13
54.5	0.51	0.42	*	*	*
56.0	0.52	0.42	*	*	*
58.0	0.55	0.44	*	*	*
60.0	0.55	0.45	*	*	*
61.5	0.56	0.46	*	*	*
63.0	0.57	0.46	*	*	*
65.0	0.58	0.48	*	*	*
67.0	0.60	0.48	*	*	*
69.0	0.61	0.50	*	*	*
71.0	0.63	0.51	*	*	*
73.0	0.64	0.52	*	*	*
75.0	0.65	0.53	*	*	*
80.0	0.69	0.56	*	*	*
85.0	0.72	0.59	*	*	*
90.0	0.76	0.62	*	*	*

内径 d_1	极限偏差(±) G系列	极限偏差(±) A系列	截面直径 d_2 2.65±0.09	3.55±0.10	5.30±0.13	7.0±0.15
95.0	0.79	0.64	*	*	*	
100	0.82	0.67	*	*	*	
106	0.87	0.71	*	*	*	
112	0.91	0.74	*	*	*	
118	0.95	0.77	*	*	*	*
125	0.99	0.81	*	*	*	*
132	1.04	0.85	*	*	*	*
140	1.09	0.89	*	*	*	*
145	1.13	0.92	*	*	*	*
150	1.15	0.95	*	*	*	*

注：1. * 表示有产品。
2. 工作压力超过 10 MPa 时，需采用挡圈结构形式，见相关标准。
3. GB/T 3452. 1 适用于一般用途（G 系列）和航空及类似的应用（A 系列）。

表 13-13　旋转轴唇形密封圈的形式、尺寸及安装要求（GB/T 13871.1—2007 摘录）　mm

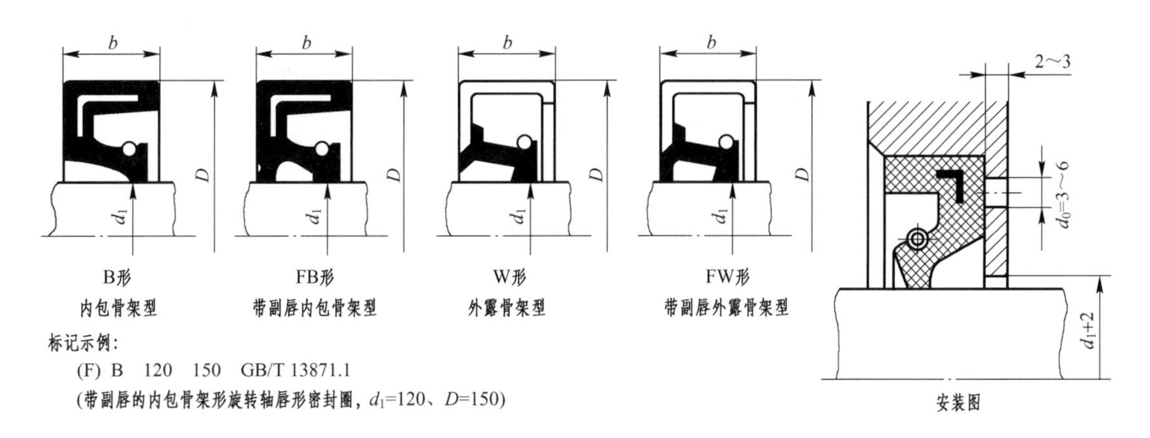

标记示例：

(F) B　120　150　GB/T 13871.1

(带副唇的内包骨架形旋转轴唇形密封圈，d_1=120、D=150)

d_1	D	b	d_1	D	b	d_1	D	b
6	16，22	7 ± 0.3	25	40，47，52	7 ± 0.3	55	72，(75)，80	8 ± 0.3
7	22		28	40，47，52		60	80，85	
8	22，24		30	42，47，(50)		65	85，90	10 ± 0.4
9	22		30	52	8 ± 0.3	70	90，95	
10	22，25		32	45，47，52		75	95，100	
12	24，25，30		35	50，52，55		80	100，110	
15	26，30，35		38	52，58，62		85	110，120	12 ± 0.4
16	30，(35)		40	55，(60)，62		90	(115)，120	
18	30，35		42	55，62		95	120	
20	35，40，(45)		45	62，65		100	125	
22	35，40，47		50	68，(70)，72		105	(130)	

旋转轴唇形密封圈的安装要求

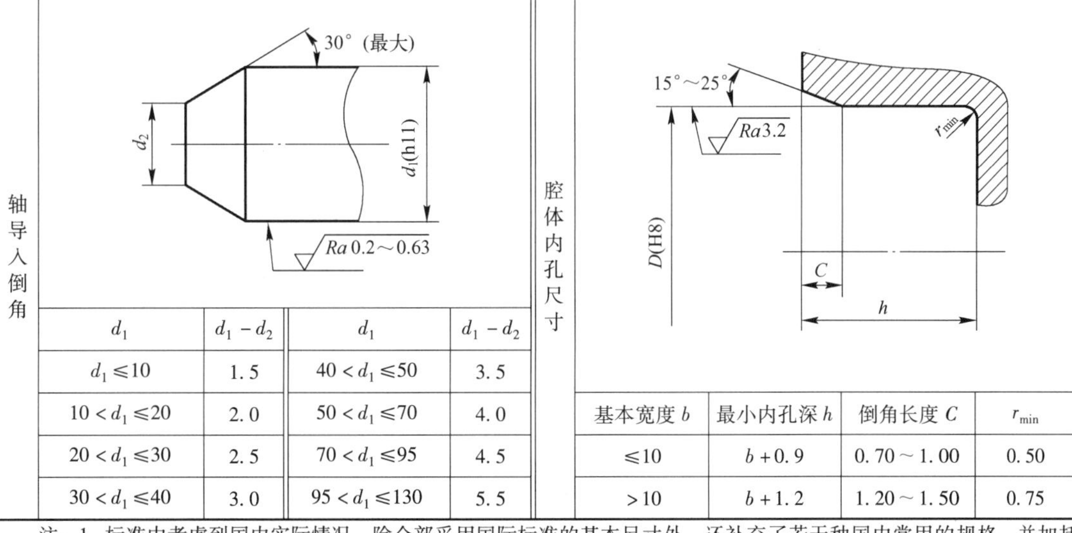

轴导入倒角

d_1	d_1-d_2	d_1	d_1-d_2
$d_1 \leq 10$	1.5	$40 < d_1 \leq 50$	3.5
$10 < d_1 \leq 20$	2.0	$50 < d_1 \leq 70$	4.0
$20 < d_1 \leq 30$	2.5	$70 < d_1 \leq 95$	4.5
$30 < d_1 \leq 40$	3.0	$95 < d_1 \leq 130$	5.5

腔体内孔尺寸

基本宽度 b	最小内孔深 h	倒角长度 C	r_{min}
≤10	$b+0.9$	0.70～1.00	0.50
>10	$b+1.2$	1.20～1.50	0.75

注：1. 标准中考虑到国内实际情况，除全部采用国际标准的基本尺寸外，还补充了若干种国内常用的规格，并加括号以示区别。

2. 安装要求中若轴端采用倒圆倒入导角，则倒圆的圆角半径不小于表中的 d_1-d_2 之值。

表 13-14 J 形无骨架橡胶油封

mm

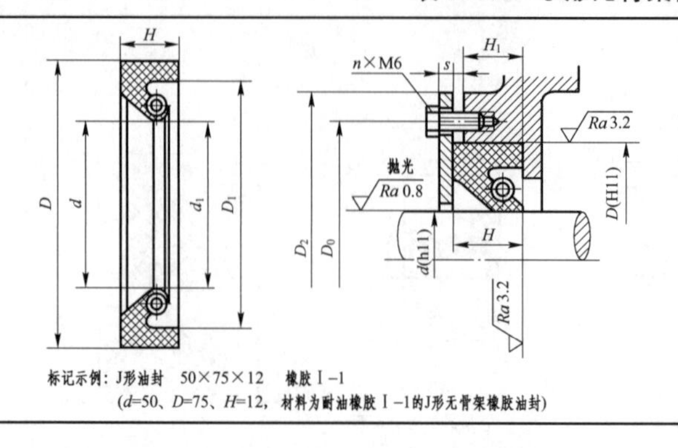

标记示例：J形油封 50×75×12 橡胶Ⅰ-1
(d=50、D=75、H=12，材料为耐油橡胶Ⅰ-1的J形无骨架橡胶油封)

轴径	d	30～95（按5进位）	100～170（按10进位）
油封尺寸	D	$d+25$	$d+30$
	D_1	$d+16$	$d+20$
	d_1	$d-1$	
	H	12	16
油封槽尺寸	s	6～8	8～10
	D_0	$D+15$	
	D_2	D_0+15	
	n	4	6
	H_1	$H-(1～2)$	

表 13-15 油沟式密封槽

mm

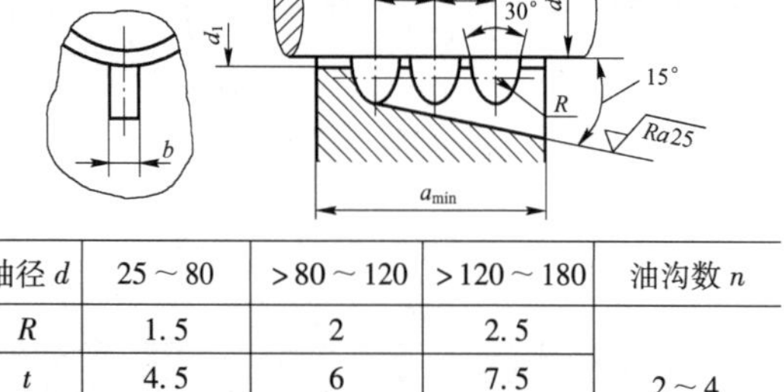

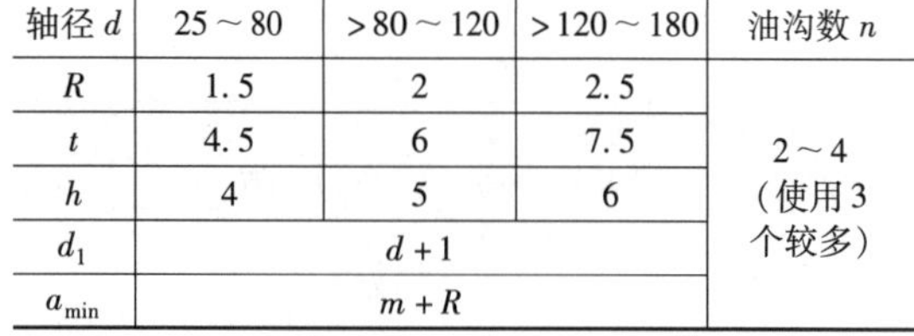

轴径 d	25～80	>80～120	>120～180	油沟数 n
R	1.5	2	2.5	2～4（使用3个较多）
t	4.5	6	7.5	
h	4	5	6	
d_1	$d+1$			
a_{min}	$m+R$			

表 13-16 迷宫式密封槽

mm

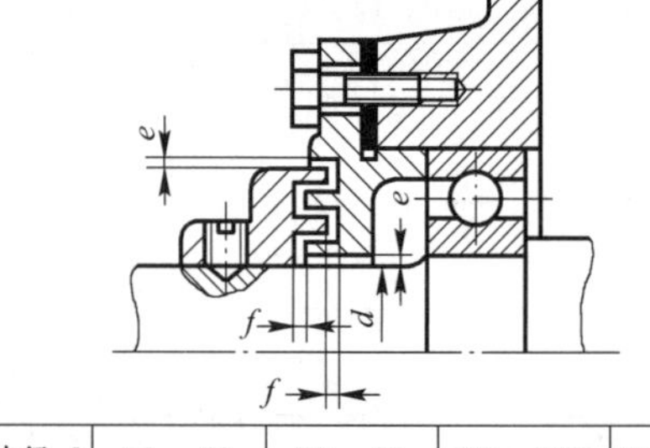

轴径 d	10～50	50～80	80～110	110～180
e	0.2	0.3	0.4	0.5
f	1	1.5	2	2.5

表 13-17 挡油环、甩油环

mm

挡 油 环

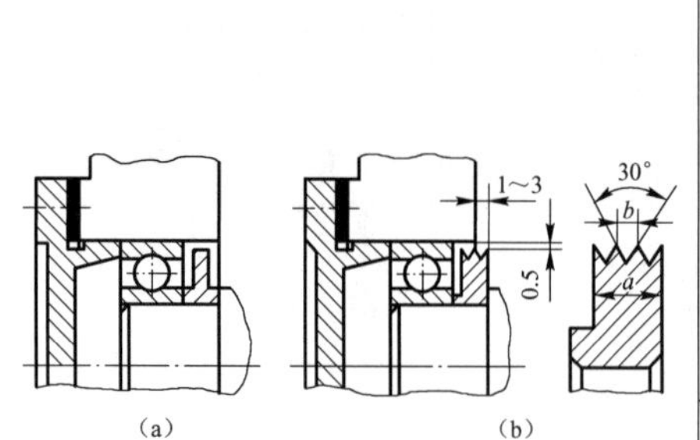

(a) 用于油润滑和脂润滑 a=6～9 mm
(b) 用于脂润滑，密封效果较好 b=2～3 mm

甩 油 环

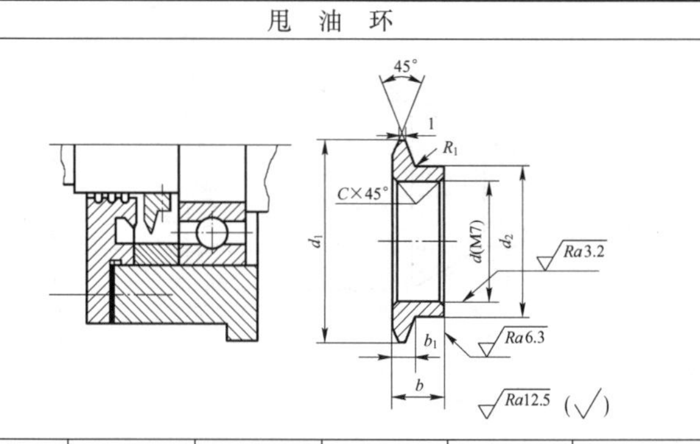

d	d_1	d_2	b	b_1	C
30	48	36	12	4	0.5
35	65	42			
40	75	50		5	
50	90	60			
55	100	65			1
65	115	80	15		
80	140	95	30	7	

13.5　通　气　器

表 13-18　通　气　塞　　　mm

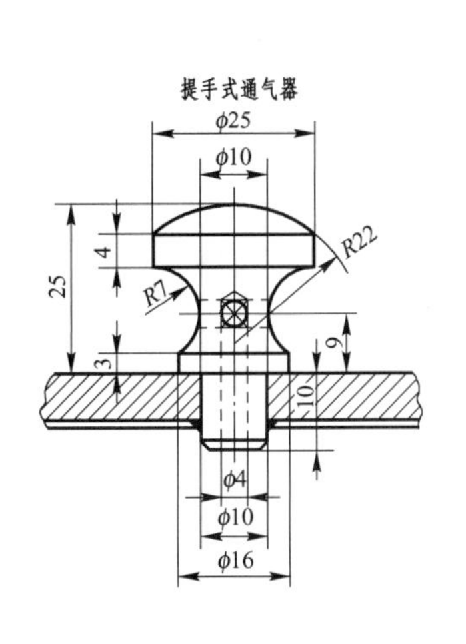

d	D	D_1	S	L	t	a	d_1
M12 × 1. 25	18	16. 5	14	19	10	2	4
M16 × 1. 5	22	19. 6	17	23	12	2	5
M20 × 1. 5	30	25. 4	22	28	15	4	6
M22 × 1. 5	32	25. 4	22	29	15	4	7
M27 × 1. 5	38	31. 2	27	34	18	4	8
M30 × 2	42	36. 9	32	36	18	4	8

注：材料 Q235。S——扳手开口宽度。

表 13-19　通　气　帽　　　mm

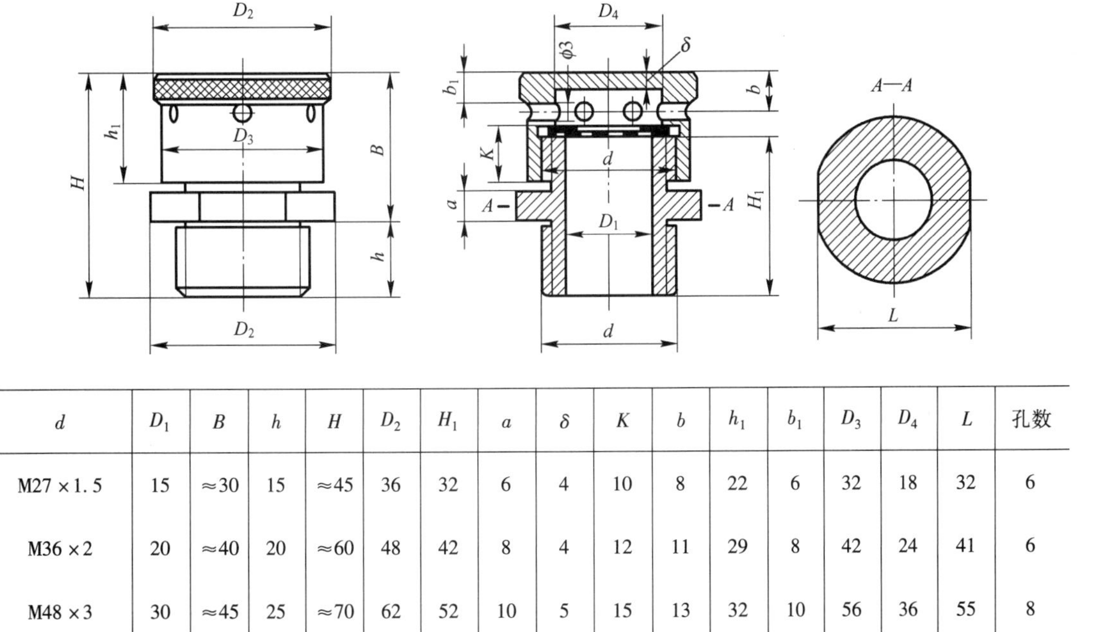

d	D_1	B	h	H	D_2	H_1	a	δ	K	b	h_1	b_1	D_3	D_4	L	孔数
M27 × 1. 5	15	≈30	15	≈45	36	32	6	4	10	8	22	6	32	18	32	6
M36 × 2	20	≈40	20	≈60	48	42	8	4	12	11	29	8	42	24	41	6
M48 × 3	30	≈45	25	≈70	62	52	10	5	15	13	32	10	56	36	55	8

表 13-20 通 气 器 mm

d	d_1	d_2	d_3	d_4	D	h	a	b
M18×1.5	M33×1.5	8	3	16	40	40	12	7
M27×1.5	M48×1.5	12	4.5	24	60	54	15	10
M36×1.5	M64×1.5	16	6	30	80	70	20	13

d	c	h_1	R	D_1	S	k	e	f
M18×1.5	16	18	40	25.4	22	6	2	2
M27×1.5	22	24	60	36.9	32	7	2	2
M36×1.5	28	32	80	53.1	46	10	3	3

S——扳手开口宽度

13.6 轴承端盖、套杯

表 13-21 凸缘式轴承盖 mm

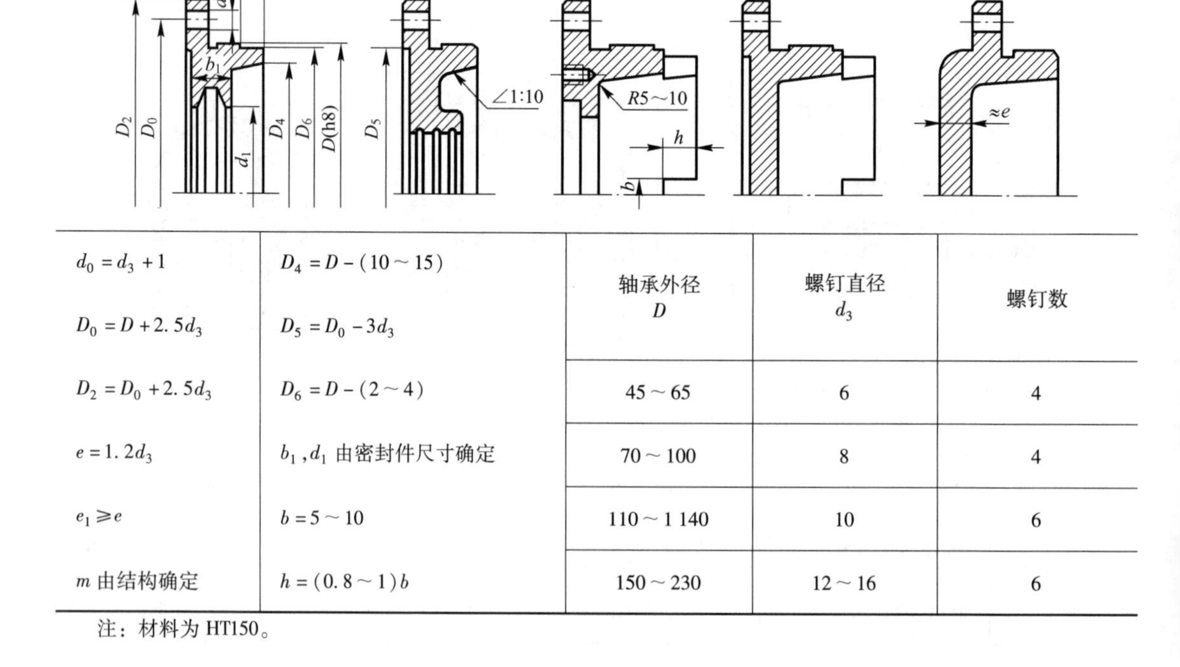

		轴承外径 D	螺钉直径 d_3	螺钉数
$d_0=d_3+1$	$D_4=D-(10\sim15)$			
$D_0=D+2.5d_3$	$D_5=D_0-3d_3$			
$D_2=D_0+2.5d_3$	$D_6=D-(2\sim4)$	45～65	6	4
$e=1.2d_3$	b_1，d_1 由密封件尺寸确定	70～100	8	4
$e_1\geqslant e$	$b=5\sim10$	110～1 140	10	6
m 由结构确定	$h=(0.8\sim1)b$	150～230	12～16	6

注：材料为 HT150。

表 13-22　嵌入式轴承盖

mm

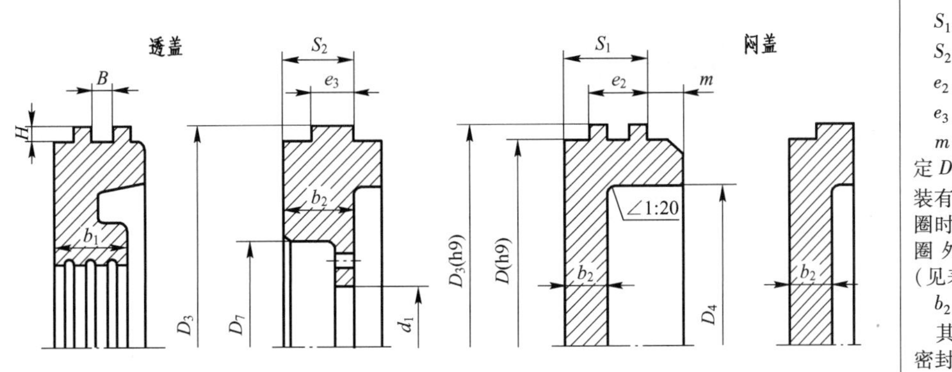

$S_1 = 15 \sim 20$

$S_2 = 10 \sim 15$

$e_2 = 8 \sim 12$

$e_3 = 5 \sim 8$

m 由结构确定 $D_3 = D + e_2$，装有 O 形密封圈时，按 O 形圈外径取整（见表 13-12）

$b_2 = 8 \sim 10$

其余尺寸由密封尺寸确定

注：材料为 HT150。

表 13-23　套杯

mm

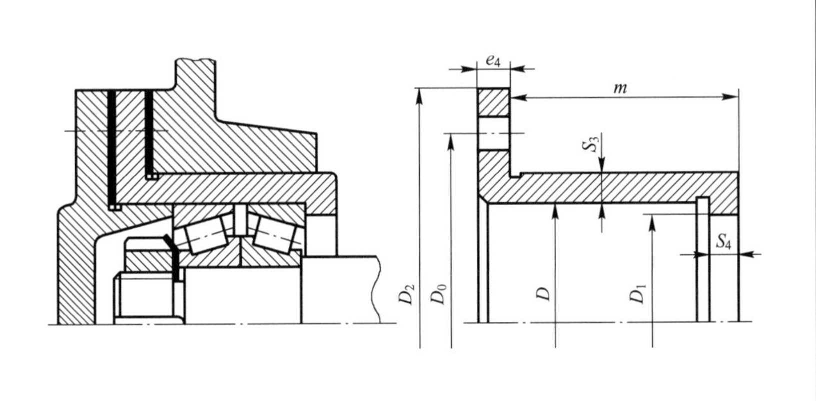

S_3，S_4，$e_4 = 7 \sim 12$

$D_0 = D + 2S_3 + 2.5d_3$

D_1 由轴承安装尺寸确定

$D_2 = D_0 + 2.5d_3$

m 由结构确定

d_3 见表 4-1

注：材料为 HT150。

第 14 章　联　轴　器

联轴器内容见表 14-1 ～ 表 14-7。

表 14-1　联轴器轴孔和键槽的形式、代号及系列尺寸（GB/T 3852—2017 摘录）　mm

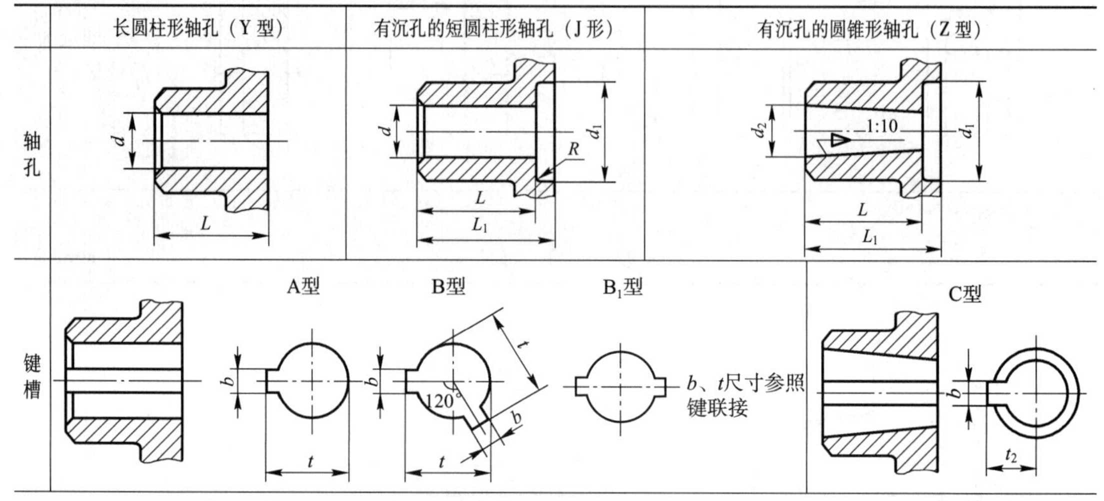

轴孔和 C 型键槽尺寸

直径 d_1 d_2	轴孔长度 L Y 型	轴孔长度 L J，Z 型	L_1	沉孔 d_1	沉孔 R	C 型键槽 b	C 型键槽 t_2 公称尺寸	C 型键槽 t_2 极限偏差
16	42	30	42	38	1.5	3	8.7	±0.1
18						4	10.1	
19							10.6	
20	52	38	52				10.9	
22							11.9	
24						5	13.4	
25	62	44	62	48			13.7	
28							15.2	
30	82	60	82	55			15.8	
32					2	6	17.3	
35							18.8	
38				65			20.3	
40	112	84	112			10	21.2	±0.2
42							22.2	
45				80		12	23.7	
48							25.2	
50				95			26.2	

直径 d_1 d_2	轴孔长度 L Y 型	轴孔长度 L J，Z 型	L_1	沉孔 d_1	沉孔 R	C 型键槽 b	C 型键槽 t_2 公称尺寸	C 型键槽 t_2 极限偏差
55	112	84	112	95	2.5	14	29.2	±0.2
56							29.7	
60	142	107	142	105		16	31.7	
63							32.2	
65							34.2	
70				120		18	36.8	
71							37.3	
75							39.3	
80	172	132	172	140		20	41.6	
85					3		44.1	
90				160		22	47.1	
95							49.6	
100	212	167	212	180		25	51.3	
110							56.3	
120				210		28	62.3	
125					4		64.8	
130	252	202	252	235			66.4	

轴孔与轴伸的配合、键槽宽度 b 的极限偏差

d，d_2	圆柱形轴孔与轴伸的配合		圆锥形轴孔的直径偏差	键槽宽度 b 的极限偏差
6 ～ 30	H7/j6	根据使用要求也可选用 H7/r6 和 H7/n6	JS10（圆锥角度及圆锥形状公差应小于直径公差）	P9（或 JS9，D10）
>30 ～ 50	H7/k6			
>50	H7/m6			

注：1. 无沉孔的圆锥形轴孔（Z_1 型）和 B_1 型、D 型键槽尺寸，详见 GB/T 3852—2017。
2. Y 型限用于圆柱形轴伸的电动机端。

表 14–2 凸缘联轴器（GB/T 5843—2003 摘录）

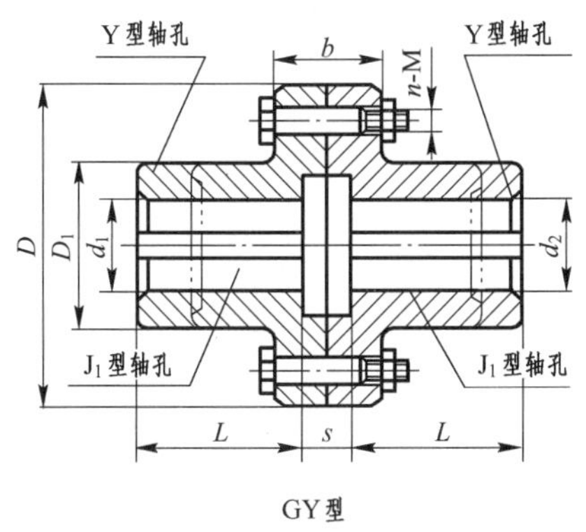

GY 型

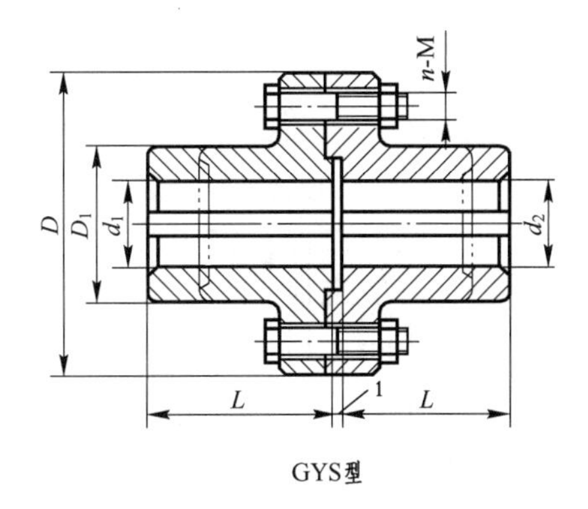

GYS 型

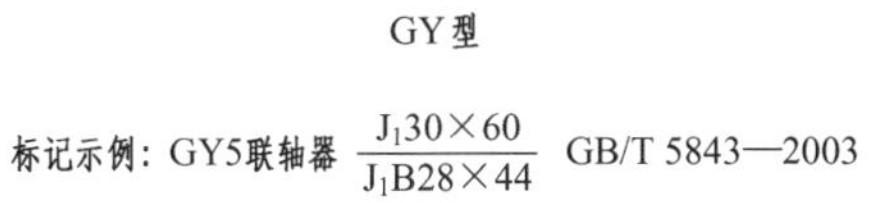

标记示例：GY5 联轴器 $\frac{J_1 30\times 60}{J_1 B28\times 44}$ GB/T 5843—2003

主动端：J_1 型轴孔，A 型键槽，d=30 mm，L=60 mm
从动端：J_1 型轴孔，B 型键槽，d=28 mm，L=44 mm

型号	公称转矩 T_n/(N·m)	许用转速 [n]/($r\cdot min^{-1}$)	轴孔直径 d_1，d_2/mm	轴孔长度 L/mm Y 型	轴孔长度 L/mm J_1 型	D /mm	D_1 /mm	b /mm	s /mm	转动惯量 I/($kg\cdot m^2$)	质量 m/kg
GY1 GYS1	25	12 000	12，14	32	27	80	30	26	6	0.000 8	1.16
			16，18，19	42	30						
GY2 GYS2	63	10 000	16，18，19	42	30	90	40	28		0.001 5	1.72
			20，22，24	52	38						
			25	62	44						
GY3 GYS3	112	9 500	20，22，24	52	38	100	45	30		0.002 5	2.38
			25，28	62	44						
GY4 GYS4	224	9 000	25，28	62	44	105	55	32		0.003	3.15
			30，32，35	82	60						
GY5 GYS5	400	8 000	30，32，35，38	82	60	120	68	36	8	0.007	5.43
			40，42	112	84						
GY6 GYS6	900	6 800	38	82	60	140	80	40		0.015	7.59
			40，42，45，48，50	112	84						
GY7 GYS7	1 600	6 000	48，50，55，56	112	84	160	100	40		0.031	13.1
			60，63	142	107						
GY8 GYS8	3 150	4 800	60，63，65，70，71，75	142	107	200	130	50	10	0.103	27.5
			80	172	132						
GY9 GYS9	6 300	3 600	75	142	107	260	160	66		0.319	47.8
			80，85，90，95	172	132						
			100	212	167						
GY10 GYS10	10 000	3 200	90，95	172	132	300	200	72		0.720	82.0
			100，110，120，125	212	167						
GY11 GYS11	25 000	2 500	120，125	212	167	380	260	80		2.278	162.3
			130，140，150	252	202						
			160	302	242						
GY12 GYS12	50 000	2 000	150	252	202	460	320	92	12	5.923	285.6
			160，170，180	302	242						
			190，200	352	282						

注：1. 质量、转动惯量是按 GY 型联轴器 Y/J_1 轴孔组合形式和最小轴孔直径计算的。
2. 本联轴器不具备径向、轴向和角向的补偿性能，刚性好，传递转矩大，结构简单，工作可靠，维护简便，适用于两轴对中精度良好的一般轴系传动。

表 14-3　GICL 型鼓形齿式联轴器（ZB/T 8854. 3—2001 摘录）

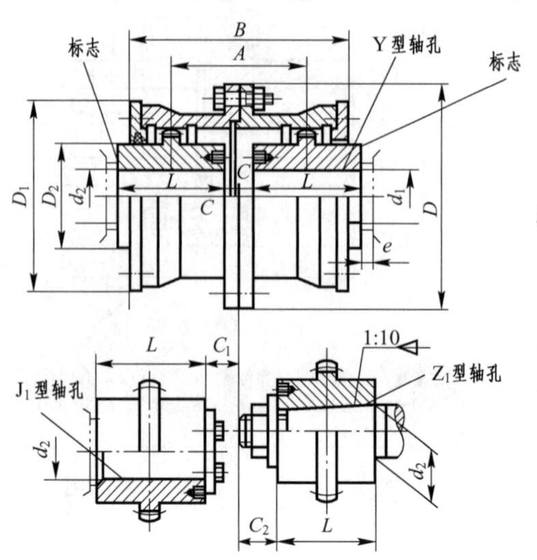

标记示例：

GICL4 联轴器 $\dfrac{50\times112}{J_1B45\times84}$　ZB/T 8854.3—2001

主动端：Y型轴孔，A型键槽，d_1=50 mm，L=112 mm

从动端：J_1型轴孔，B型键槽，d_2=45 mm，L=84 mm

型号	公称转矩 T_n/(N·m)	许用转速 $[n]$/(r·min^{-1})	轴孔直径 d_1，d_2，d_z /mm	轴孔长度 L Y /mm	轴孔长度 L J_1，Z_1 /mm	D /mm	D_1 /mm	D_2 /mm	B /mm	A /mm	C /mm	C_1 /mm	C_2 /mm	e /mm	转动惯量 I/(kg·m^2)	质量 m/kg
GICL1	630	4 000	16，18，19	42	—	125	95	60	115	75	20	—	—	30	0.009	5.9
			20，22，24	52	38						10	—	24			
			25，28	62	44						2.5	—	19			
			30，32，35，38	82	60							15	22			
GICL2	1 120	4 000	25，28	62	44	144	120	75	135	88	10.5	—	29	30	0.02	9.7
			30，32，35，38	82	60						2.5	12.5	30			
			40，42，45，48	112	84							13.5	28			
GICL3	2 240	4 000	30，32，35，38	82	60	174	140	95	155	106	3	24.5	25	30	0.047	17.2
			40，42，45，48，50，55，56	112	84							17	28			
			60	142	107								35			
GICL4	3 550	3 600	32，35，38	82	60	196	165	115	178	125	14	37	32	30	0.091	24.9
			40，42，45，48，50，55，56	112	84						3	17	28			
			60，63，65，70	142	107								35			
GICL5	5 000	3 300	40，42，45，48，50，55，56	112	84	224	183	130	198	142	3	25	28	30	0.167	38
			60，63，65，70，71，75	142	107							20	35			
			80	172	132							22	43			
GICL6	7 100	3 000	48，50，55，56	112	84	241	200	145	218	160	6	35	35	30	0.267	48.2
			60，63，65，70，71，75	142	107						4	20	35			
			80，85，90	172	132							22	43			
GICL7	10 000	2 680	60，63，65，70，71，75	142	107	260	230	160	244	180	4	35	35	30	0.453	68.9
			80，85，90，95	172	132							22	43			
			100	212	167								48			
GICL8	14 000	2 500	65，70，71，75	142	107	282	245	175	264	193	5	35	35	30	0.646	83.3
			80，85，90，95	172	132							22	43			
			100，110	212	167								48			
GICL9	18 000	2 350	70，71，75	142	107	314	270	200	284	208	10	45	45	30	1.036	110
			80，85，90，95	172	132						5	22	43			
			100，110，120，125	212	167								49			

注：1. J_1 型轴孔根据需要也可以不使用轴端挡圈。

2. 本联轴器具有良好的补偿两轴综合位移的能力，外形尺寸小，承载能力高，能在高转速下可靠地工作，适用于重型机械及长轴的连接，但不宜用于立轴的连接。

表 14-4 弹性套注销联轴器（GB/T 4323—2017 摘录）

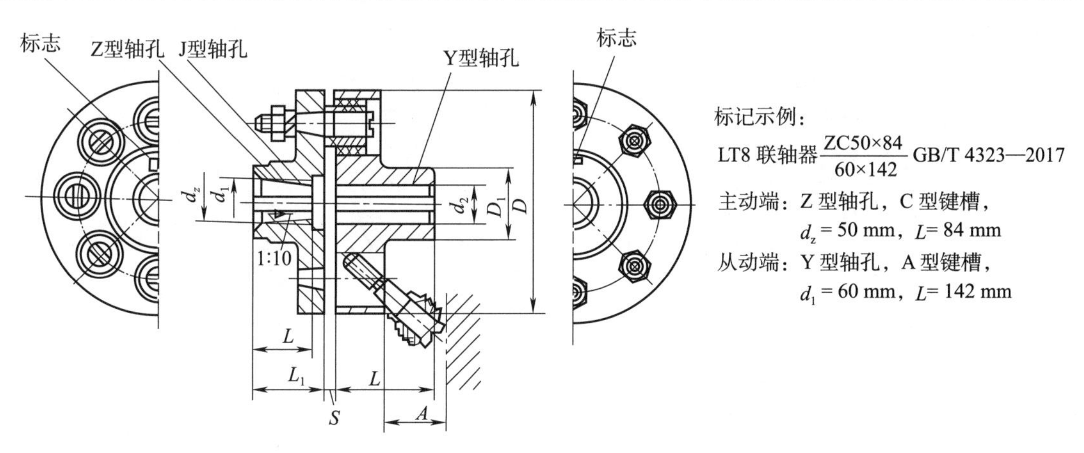

型号	公称转矩 /(N·m)	许用转速 /(r·min^{-1})	轴孔直径 d_1、d_2、d_z	轴孔长度 Y 型 L	轴孔长度 J、Z 型 L_1	轴孔长度 J、Z 型 L	D	D_1	S	A	转动惯量 /(kg·m^2)	质量 /kg	许用补偿量（参考）径向 Δy/mm	许用补偿量（参考）角向 $\Delta\alpha$
			mm											
LT1	16	8 800	10，11	22	25	22	71	22	3	18	0.0004	0.7	0.2	1°30′
			12，14	27	32	27								
LT2	25	7 600	12，14	27	32	27	80	30	3	18	0.001	1.0		
			16，18，19	30	42	30								
LT3	63	6 300	16，18，19	30	42	30	95	35	4	35	0.002	2.2		
			20，22	38	52	38								
LT4	100	5 700	20，22，24	38	52	38	106	42	4	35	0.004	3.2		
			25，28	44	62	44								
LT5	224	4 600	25，28	44	62	44	130	56	5	45	0.011	5.5	0.3	
			30，32，35	60	82	60								
LT6	355	3 800	32，35，38	60	82	60	160	71	5	45	0.026	9.6		1°
			40，42	84	112	84								
LT7	560	3 600	40，42，45，48	84	112	84	190	80	5	45	0.06	15.7		
LT8	1 120	3 000	40，42，45，48，50，55	84	112	84	224	95	6	65	0.13	24.0	0.4	
			60，63，65	107	142	107								
LT9	1 600	2 850	50，55	84	112	84	250	110	6	65	0.20	31.0		
			60，63，65，70	107	142	107								
LT10	3 150	2 300	63，65，70，75	107	142	107	315	150	8	80	0.64	60.2		
			80，85，90，95	132	172	132								
LT11	6 300	1 800	80，85，90，95	132	172	132	400	190	10	100	2.06	114	0.5	0°30′
			100，110	167	212	167								
LT12	12 500	1 450	100，110，120，125	167	212	167	475	220	12	130	5.00	212		
			130	202	252	202								
LT13	22 400	1 150	120，125	167	212	167	600	280	14	180	16.0	416	0.6	
			130，140，150	202	252	202								
			160，170	242	302	242								

注：1. 质量、转动惯量按材料为铸钢、无孔、计算近似值。

2. 本联轴器具有一定补偿两轴线相对偏移和减震缓冲能力，适用于安装底座刚性好，冲击载荷不大的中、小功率轴系传动，可用于经常正反转、启动频繁的场合，工作温度为 −20 ~ +70℃。

表 14-5 弹性柱销联轴器（GB/T 5014—2017 摘录）

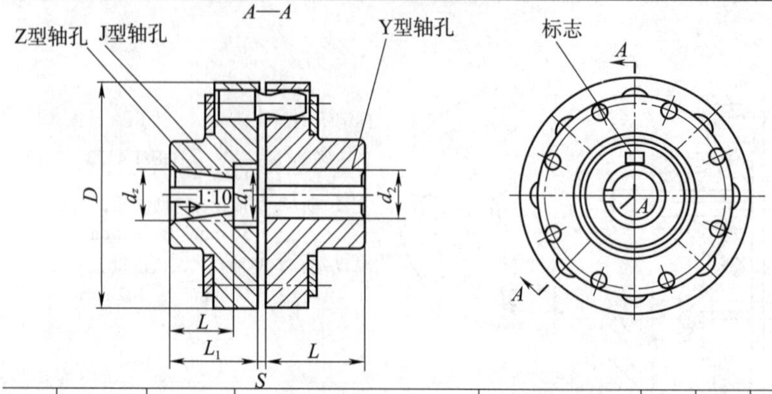

标记示例：

LX7 弹性柱销联轴器$\frac{ZC75 \times 107}{JB70 \times 107}$ GB/T 5014—2017

主动端：Z 型轴孔，C 型键槽，$d_z = 75$ mm，$L = 107$ mm

从动端：J 型轴孔，B 型键槽，$d_1 = 70$ mm，$L = 107$ mm

型号	公称转矩 /(N·m)	许用转速 /(r·min^{-1})	轴孔直径 d_1、d_2、d_z (mm)	轴孔长度 Y型 L (mm)	轴孔长度 J、Z型 L (mm)	轴孔长度 J、Z型 L_1 (mm)	D (mm)	S (mm)	转动惯量 /(kg·m^2)	质量 /kg	许用补偿量（参考）径向 Δy/mm	许用补偿量（参考）轴向 Δy/mm	许用补偿量（参考）角向 $\Delta\alpha$
LX1	250	8 500	12、14	32	27	—	90	2.5	0.002	2	0.15	±0.5	≤0°30′
			16、18、19	42	30	42							
			20、22、24	52	38	52							
LX2	560	6 300	20、22、24	52	38	52	120	2.5	0.009	5		±1	
			25、28	62	44	62							
			30、32、35	82	60	82							
LX3	1 250	4 750	30、32、35、38	82	60	82	160	2.5	0.026	8			
			40、42、45、48	112	84	112							
LX4	2 500	3 850	40、42、45、48、50、55、56	112	84	112	195	3	0.109	22		±1.5	
			60、63	142	107	142							
LX5	3 150	3 450	50、55、56	112	84	112	220	3	0.191	30			
			60、63、65、70、71、75	142	107	142							
LX6	6 300	2 720	60、63、65、70、71、75	142	107	142	280	4	0.543	53	0.20	±2	
			80、85	172	132	172							
LX7	11 200	2 360	70、71、75	142	107	142	320	4	1.314	98			
			80、85、90、95	172	132	172							
			100、110、	212	167	212							
LX8	16 000	2 120	80、85、90、95	172	132	172	360	5	2.023	119			
			100、110、120、125	212	167	212							
LX9	22 400	1 850	100、110、120、125	212	167	212	410	5	4.385	197			
			130、140	252	202	252							
LX10	35 500	1 600	110、120、125	212	167	212	480	6	9.760	322	0.25	±2.5	
			130、140、150	252	202	252							
			160、170、180	302	242	302							
LX11	50 000	1 400	130、140、150	252	202	252	540	6	20.05	520			
			160、170、180	302	242	302							
			190、200、220	352	282	352							
LX12	80 000	1 220	160、170、180	302	242	302	630	7	37.71	714			
			190、200、220	352	282	352							
			240、250、260	410	330	—							
LX13	125 000	1 060	190、200、220	352	282	352	710	8	71.37	1 057			
			240、250、260	410	330	—							
			280、300	470	380	—							
LX14	180 000	950	240、250、260	410	330	—	800	8	170.6	1 956			
			280、300、320	470	380	—							
			340	550	450	—							

注：1. 质量、转动惯量按 J/Y 组合型最小轴孔直径计算。

2. 本联轴器结构简单，制造容易，装拆更换弹性元件方便，有微量补偿两轴线偏移和缓冲吸振能力，主要用于载荷较平衡，起动频繁，对缓冲要求不高的中、低速轴系传动，工作温度为 -20～+70℃。

表 14-6　梅花形弹性联轴器（GB/T 5272—2017 摘录）

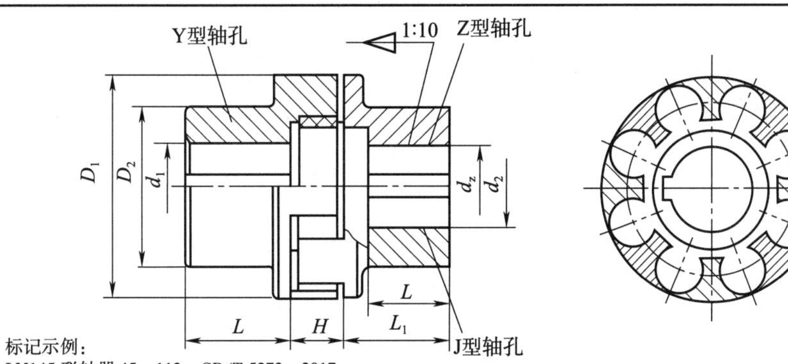

标记示例：
LM145 联轴器 45 × 112　GB/T 5272—2017
主动端：Y 型轴孔，A 型键槽，d_1 = 45 mn，L = 112 mm
从动端：Y 型轴孔，A 型键槽，d_2 = 45 mm，L = 112 mm

型号	公称转矩 /(N·m)	最大转矩 /(N·m)	许用转速 /(r·min⁻¹)	轴孔直径 d_1、d_2、d_z	轴孔长度 Y 型	J、Z 型		D_1	D_2	H	转动惯量 /(kg·m²)	质量 /kg
					L	L_1	L					
				mm								
LM50	28	50	15 000	10，11	22	—	—	50	42	16	0. 0002	1. 00
				12，14	27	—	—					
				16，18，19	30	—	—					
				20，22，24	38	—	—					
LM70	112	200	11 000	12，14	27	—	—	70	55	23	0. 0011	2. 5
				16，18，19	30	—	—					
				20，22，24	38	—	—					
				25，28，	44	—	—					
				30，32，35，38	60	—	—					
LM85	160	288	9 000	16，18，19	30	—	—	85	60	24	0. 0022	3. 42
				20，22，24	38	—	—					
				25，28	44	—	—					
				30，32，35，38	60	—	—					
LM105	355	640	7 250	18，19	30	—	—	105	65	27	0. 0051	5. 15
				20，22，24	38	—	—					
				25，18	44	—	—					
				30，32，35，38	60	—	—					
				40，42	84	—	—					
LM125	450	810	6 000	20，22，24	38	52	38	125	85	33	0. 014	10. 1
				25，28	44	62	44					
				30，32，35，38	60	82	60					
				40，42，45，48，50，55	84	—	—					

续上表

型号	公称转矩 /(N·m)	最大转矩 /(N·m)	许用转速 /($r \cdot min^{-1}$)	轴孔直径 d_1、d_2、d_z	轴孔长度			D_1	D_2	H	转动惯量 /($kg \cdot m^2$)	质量 /kg
					Y 型	J、Z 型						
					L	L_1	L					
				mm								
LM145	710	1 280	5 250	25, 28,	44	62	44	145	95	39	0.025	13.1
				30, 32, 35, 38	60	82	60					
				40, 42, 45, 48, 50, 55	84	112	84					
				60, 63, 65	107	—	—					
LM170	1 250	2 250	4 500	30, 32, 35, 38	60	82	60	170	120	41	0.055	21.2
				40, 42, 45, 48, 50, 55	84	112	84					
				60, 63, 65, 70, 75	107	—	—					
				80, 85	132	—	—					
LM200	2 000	3 600	3 750	35, 38	60	82	60	200	135	48	0.119	33.0
				40, 42, 45, 48, 50, 55	84	112	84					
				60, 63, 65, 70, 75	107	142	107					
				80, 85, 90, 95	132	—	—					
LM230	3 150	5 670	3 250	40, 42, 45, 48, 50, 55	84	112	84	230	150	50	0.217	45.5
				60, 63, 65, 70, 75	107	142	107					
				80, 85, 90, 95	132	—	—					
LM260	5 000	9 000	3 000	45, 48, 50, 55	84	112	84	260	180	60	0.458	75.2
				60, 63, 65, 70, 75	107	142	107					
				80, 85, 90, 95	132	172	132					
				100, 110, 120, 125	167	—	—					
LM300	7 100	12 780	2 500	60, 63, 65, 70, 75	107	142	107	300	200	67	0.804	99.2
				80, 85, 90, 95	132	172	132					
				100, 110, 120, 125	167	—	—					
				130, 140,	202	—	—					
LM360	12 500	22 500	2 150	60, 63, 65, 70, 75	107	142	107	360	225	73	1.73	148.1
				80, 85, 90, 95	132	172	132					
				100, 110, 120, 125	167	212	167					
				130, 140, 150	202	—	—					
LM400	14 000	25 200	1 900	80, 85, 90, 95	132	172	132	400	250	73	2.84	197.5
				100, 110, 120, 125	167	212	167					
				130, 140, 150	202	—	—					
				160	242	—	—					

注：LMS 型（法兰型）联轴器和 LML（带制动轮型）联轴器的类型、基本尺寸和主要尺寸见 GB/T 5272—2017。

表 14-7　尼龙滑块联轴器（JB/ZQ 4384—2006 摘录）

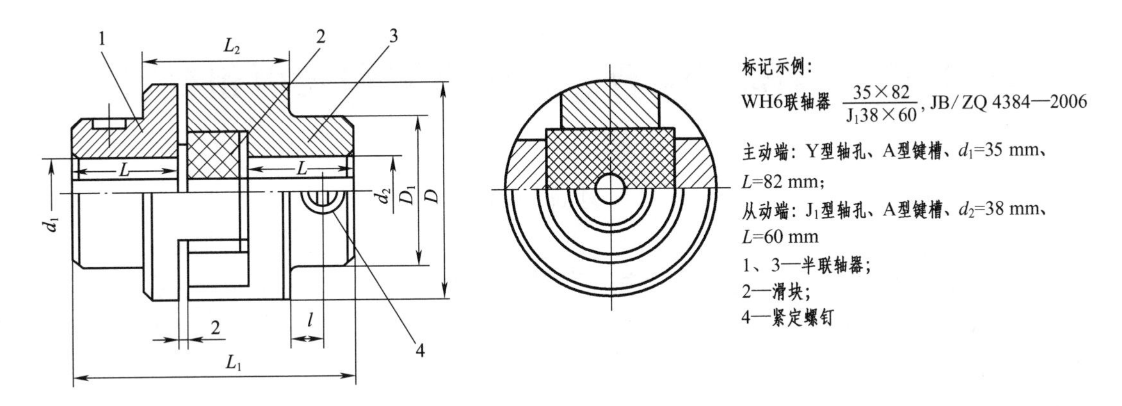

型号	公称转矩 /(N·m)	许用转速 /(r·min^{-1})	轴孔直径 d_1，d_2	轴孔长度 L Y 型	轴孔长度 L J_1 型	D	D_1	L_2	l	质量 /kg	转动惯量 /(kg·m^2)
			/mm								
WH1	16	10 000	10，11	25	22	40	30	52	5	0.6	0.000 7
			12，14	32	27						
WH2	31.5	8 200	12，14			50	32	56	5	1.5	0.003 8
			16，(17)，18	42	30						
WH3	63	7 000	(17)，18，19			70	40	60	5	1.8	0.0006 3
			20，22	52	38						
WH4	160	5 700	20，22，24			80	50	64	8	2.5	0.013
			25，28	62	44						
WH5	280	4 700	25，28			100	70	75	10	5.8	0.045
			30，32，35	82	60						
WH6	500	3 800	30，32，35，38			120	80	90	15	9.5	0.12
			40，42，45	112	84						
WH7	900	3 200	40，42，45，48			150	100	120	25	25	0.43
			50，55								
WH8	1 800	2 400	50，55			190	120	150	25	55	1.98
			60，63，65，70	142	107						
WH9	3 550	1 800	65，70，75			250	150	180	25	85	4.9
			80，85	172	132						
WH10	5 000	1 500	80，85，90，95			330	190	180	40	120	7.5
			100	212	167						

注：1. 装配时两轴的许用补偿量：轴向 $\Delta X = 1 \sim 2$ mm，径向 $\Delta Y \leqslant 0.2$ mm，角向 $\Delta\alpha \leqslant 0°40'$。
2. 括号内的数值尽量不用。
3. 本联轴器具有一定补偿两轴相对偏移量、减振和缓冲性能，适用于中、小功率，转速较高、转矩较小的轴系传动，如控制器、油泵装置等，工作温度为 $-20 \sim +70$℃。

第 15 章　极限与配合、几何公差和表面粗糙度

15.1　极限与配合

孔（或轴）的公称尺寸、上极限尺寸和下极限尺寸的关系如图 15-1 所示。在实际应用中，为简化起见常不画出孔（或轴），仅用公差带图来表示其公称尺寸、尺寸公差及偏差的关系，如图 15-2 所示。

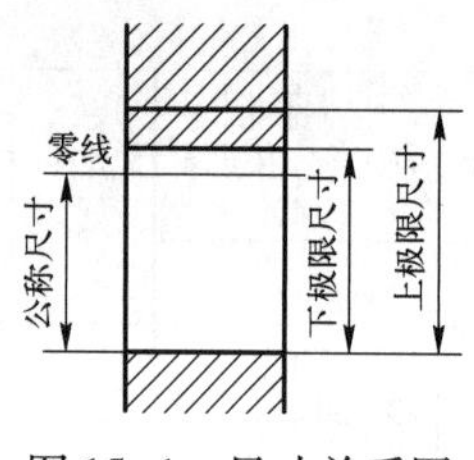

图 15-1　尺寸关系图

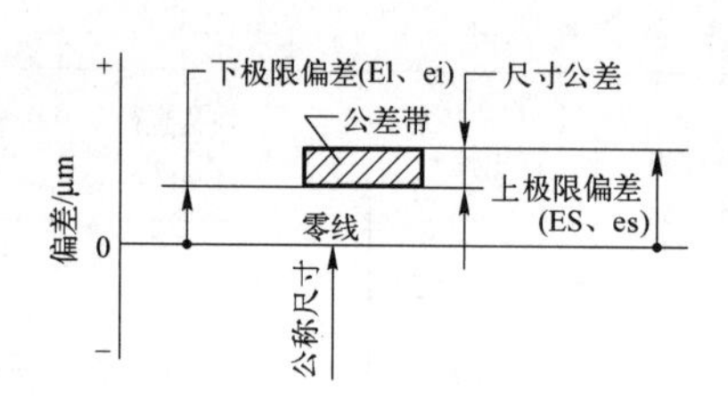

图 15-2　公差带图

基本偏差是确定公差带相对零线的极限偏差，它可以是上极限偏差或下极限偏差，一般为靠近零线的偏差，如图 15-2 所示的基本偏差为下极限偏差。基本偏差的代号规定对孔用大写字母 A，…，ZC 表示，对轴用小写字母 a，…，zc 表示。图 15-3 所示为基本偏差系列及其代号。其中，基本偏差 H 代表基准孔，h 代表基准轴。极限偏差即上极限偏差和下极限偏差。上极限偏差的代号，对孔用大写字母“ES，表示，对轴用小写字母“es”表示。下极限偏差的代号，对孔用大写字母“EI”表示，对轴用小写字母“ei”表示。

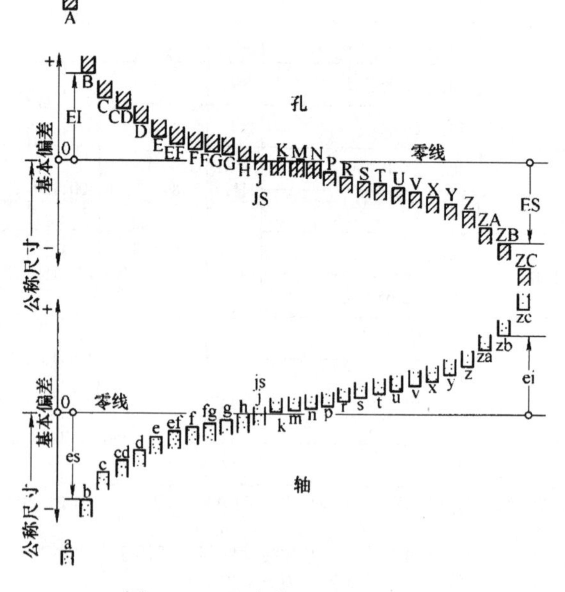

图 15-3　基本偏差系列示意图

标准公差等级代号用符号 IT 和数字组成，例如 IT7。当其与代表基本偏差的字母一起组成公差带时，省略 IT 字母，即公差带用基本偏差的字母和公差等级数字表示。例如，H7 表示孔公差带；h7 表示轴公差带。标准公差等级分 IT01、IT0、IT1 至 IT18 共 20 级。标注公差的尺寸用公称尺寸后跟所要求的公差带或对应的偏差值表示。例如 $\phi80$H7、$\phi80$g6、$\phi80^{-0.012}_{-0.034}$、$\phi80$g6（$^{-0.012}_{-0.034}$）。公称尺寸至 500 mm 的各级的标准公差数值见表 15-1。

配合用相同的公称尺寸后跟孔、轴公差带表示。孔、轴公差带写成分数形式，分子为孔公差带，分母为轴公差带。例如 $\phi80\,\dfrac{\text{H7}}{\text{k6}}$。

表 15-1　公称尺寸至 500 mm 的标准公差数值（GB/T 1800.3—2009 摘录）　μm

公称尺寸 /mm	标准公差等级																	
	IT	IT2	IT3	IT4	IT5	IT6	IT7	IT8	IT9	IT10	IT11	IT12	IT13	IT14	IT15	IT16	IT17	IT18
≤3	0.8	1.2	2	3	4	6	10	14	25	40	60	100	140	250	400	600	1 000	1 400
>3～6	1	1.5	2.5	4	5	8	12	18	30	48	75	120	180	300	480	750	1 200	1 800
>6～10	1	1.5	2.5	4	6	9	15	22	36	58	90	150	220	360	580	900	1 500	2 200
>10～18	1.2	2	3	5	8	11	18	27	43	70	110	180	270	430	700	1 100	1 800	2 700
>18～30	1.5	2.5	4	6	9	13	21	33	52	84	130	210	330	520	840	1 300	2 100	3 300
>30～50	1.5	2.5	4	7	11	16	25	39	62	100	160	250	390	620	1 000	1 600	2 500	3 900
>50～80	2	3	5	8	13	19	30	46	74	120	190	300	460	740	1 200	1 900	3 000	4 600
>80～120	2.5	4	6	10	15	22	35	54	87	140	220	350	540	870	1 400	2 200	3 500	5 400
>120～180	3.5	5	8	12	18	25	40	63	100	160	250	400	630	1 000	1 600	2 500	4 000	6 300
>180～250	4.5	7	10	14	20	29	46	72	115	185	290	460	720	1 150	1 850	2 900	4 600	7 200
>250～315	6	8	12	16	23	32	52	81	130	210	320	520	810	1 300	2 100	3 200	5 200	8 100
>315～400	7	9	13	18	25	36	57	89	140	230	360	570	890	1 400	2 300	3 600	5 700	8 900
>400～500	8	10	15	20	27	40	63	97	155	250	400	630	970	1 550	2 500	4 000	6 300	9 700

注：1. 公称尺寸大于 500 mm 的 IT1～IT5 的数值为试行的。
2. 公称尺寸小于或等于 1 mm 时，无 IT4～IT18。

配合分基孔制配合和基轴制配合。在一般情况下，优先选用基孔制配合。如有特殊需要，允许将任一孔、轴公差带组合成配合。配合有间隙配合、过渡配合和过盈配合。属于哪一种配合取决于孔、轴公差带的相互关系。基孔制（基轴制）配合中，基本偏差 a～h（A～H）用于间隙配合；基本偏差 j～zc（J～ZC）用于过渡配合和过盈配合。各种偏差的应用及具体数值见表 15-2～表 15-7。

表 15-2　轴的各种基本偏差的应用

配合种类	基本偏差	配合特性及应用
间隙配合	a，b	可得到特别大的间隙很少应用
	c	可得到很大的间隙，一般适用于缓慢、松弛的间隙配合。用于工作条件较差（如农业机械）、受力变形，或为了便于装配而必须保证有较大的间隙。推荐配合为 H11/c11。其较高级的配合，如 H8/c7 适用于轴在高温工作的紧密动配合，例如内燃机排气阀和导管
	d	一般用于 IT7～IT11 级，适用于松的转动配合，如密封盖、滑轮、空转带轮等与轴的配合。也适用于大直径滑动轴承配合，如透平机、球磨机、轧滚成型和重型弯曲机及其他重型机械中的一些滑动支承
	e	多用于 IT7～IT9 级，通常适用要求有明显间隙、易于转动的支承配合，如大跨距、多支点支承等。高等级的轴适用于大型、高速、重载支承配合，如涡轮发电机、大型电动机、内燃机、凸轮轴及摇臂支承等
	f	多用于 IT6～IT8 级的一般转动配合。当温度影响不大时，被广泛用于普通润滑油（或润滑脂）润滑的支承，如齿轮箱、小电动机、泵等的转轴与滑动支承的配合

续上表

配合种类	基本偏差	配合特性及应用
间隙配合	g	配合间隙很小，制造成本高，除很轻负荷的精密装置外，不推荐用于转动配合。多用于IT5～IT7级，最适合不回转的精密滑动配合，也用于插销等定位配合，如精密连杆轴承、活塞、滑阀及连杆销等
	h	多用于IT4～IT11级。广泛用于无相对转动的零件，作为一般的定位配合。若没有温度、变形影响，也用于精密滑动配合
过渡配合	js	为完全对称偏差（±IT/2），平均为稍有间隙的配合，多用于IT4～IT7级，要求间隙比基础偏差为h的轴小，并允许略有过盈的定位配合，如联轴器，可用手或木锤装配
	k	平均为没有间隙的配合，适用于IT4～IT7级。推荐用于稍有过盈的定位配合。例如为了消除振动用的定位配合。一般用木锤装配
	m	平均为具有不大过盈的过渡配合。适用于IT4～IT7级，一般可用木锤装配，但在最大过盈时，要求相当的压入力
	n	平均过盈比m轴稍大，很少得到间隙，适用IT4～IT7级，用锤或压力机装配，通常推荐用于紧密的组件配合。H6/n5配合时为过盈配合
	p	与H6或H7配合时是过盈配合，与H8孔配合时则为过渡配合。对非铁类零件，为较轻的压入配合，当需要时易于拆卸。对钢、铸铁或铜、钢组件装配是标准压入配合
过盈配合	r	对铁类零件为中等打入配合，对非铁类零件为轻打入配合，当需要时可以拆卸。与H8孔配合，直径在100 mm以上时为过盈配合，直径小时为过渡配合
	s	用于钢和铁制零件的永久和半永久装配，可产生相当大的结合力。当用弹性材料，如轻合金时，配合性质与铁类零件基本偏差为p的轴相当。例如套环压装在轴上、阀座等配合。尺寸较大时，为了避免损伤配合表面，需用热胀或冷缩法装配
	t、u、v、x、y、z	过盈量依次增大，一般不推荐

表15-3　优先配合特性及应用举例

基孔制	基轴制	优先配合特性及应用举例
$\frac{H11}{c11}$	$\frac{C11}{h11}$	间隙非常大，用于很松的、转动很慢的间隙配合；要求大公差与大间隙的外露组件；要求装配方便的很松的配合
$\frac{H9}{d9}$	$\frac{D9}{h9}$	间隙很大的自由转动配合，用于精度非主要要求时，或有大的温度变动、高转速或大的轴颈压力时
$\frac{H8}{f7}$	$\frac{F8}{h7}$	间隙不大的转动配合，用于中等转速与中等轴颈压力的精确转动；也用于装配较易的中等定位配合
$\frac{H7}{g6}$	$\frac{G7}{h6}$	间隙很小的滑动配合，用于不希望自由转动、但可自由移动和滑动并精密定位时，也可用于要求明确的定位配合
$\frac{H7}{h6}$、$\frac{H8}{h7}$ $\frac{H9}{h9}$、$\frac{H11}{h11}$	$\frac{H7}{h6}$、$\frac{H8}{h7}$ $\frac{H9}{h9}$、$\frac{H11}{h11}$	均为间隙定位配合，零件可自由装拆，而工作时一般相对静止不动。在最大实体条件下的间隙为零，在最小实体条件下的间隙由公差等级决定
$\frac{H7}{k6}$	$\frac{K7}{h6}$	过渡配合，用于精密定位
$\frac{H7}{n6}$	$\frac{N7}{h6}$	过渡配合，允许有较大过盈的更精密定位
$\frac{H7^{*}}{p6}$	$\frac{P7}{h6}$	过盈定位配合，即小过盈配合，用于定位精度特别重要时，能以最好的定位精度达到部件的刚性及对中性要求，而对内孔承受压力无特殊要求，不依靠配合的紧固性传递摩擦负荷
$\frac{H7}{s6}$	$\frac{S7}{h6}$	中等压入配合，适用于一般钢件，或用于薄壁件的冷缩配合，用于铸铁件可得到最紧的配合
$\frac{H7}{u6}$	$\frac{U7}{h6}$	压入配合，适用于可以承受大压入力的零件或不宜承受大压入力的冷缩配合

注：＊小于或等于3 mm为过渡配合。

表 15-4　线性尺寸的未注公差（GB/T 1804—2000 摘录） mm

公差等级	线性尺寸的极限偏差数值								倒圆半径与倒角高度尺寸的极限偏差数值			
	尺寸分段								尺寸分段			
	0.5～3	>3～6	>6～30	>30～120	>120～400	>400～1 000	>1 000～2 000	>2 000～4 000	0.5～3	>3～6	>6～30	>30
f（精密级）	±0.05	±0.05	±0.1	±0.15	±0.2	±0.3	±0.5	—	±0.2	±0.5	±1	±2
m（中等级）	±0.1	±0.1	±0.2	±0.3	±0.5	±0.8	±1.2	±2				
c（粗糙级）	±0.2	±0.3	±0.5	±0.8	±1.2	±2	±3	±4	±0.4	±1	±2	±4
v（最粗级）	—	±0.5	±1	±1.5	±2.5	±4	±6	±8				

在图样、技术文件或标准中的表示方法示例：GB/T 1804—m（表示选用中等级）

表 15-5　各种加工方法可达到的公差等级

加工方法	公差等级（IT）																			
	01	0	1	2	3	4	5	6	7	8	9	10	11	12	13	14	15	16	17	18
研磨	■	■	■	■	■	■	■													
珩磨						■	■	■	■											
圆磨							■	■	■	■										
平磨							■	■	■	■										
金刚石车							■	■	■											
金刚石镗							■	■	■											
拉削							■	■	■	■										
铰孔								■	■	■	■	■								
车									■	■	■	■	■							
镗									■	■	■	■	■							
铣										■	■	■	■							
刨、插												■	■							
钻											■	■	■	■						
滚压、挤压											■	■								
冲压											■	■	■	■	■					
压铸												■	■	■	■					
粉末冶金成形								■	■	■										
粉末冶金烧结									■	■	■	■								
砂型铸造、气割																		■	■	■
锻造																	■	■		

表 15-6 轴的极限偏差（GB/T 1800.2—2020 摘录） μm

公称尺寸/mm		公差带														
		a		b			c					d				
大于	至	10	11 *	10	11 *	12 *	8	9 *	10 *	▲11	12	7	8 *	▲9	10 *	11 *
—	3	-270 -310	-270 -330	-140 -180	-140 -200	-140 -240	-60 -74	-60 -85	-60 -100	-60 -120	-60 -160	-20 -30	-20 -34	-20 -45	-20 -60	-20 -80
3	6	-270 -318	-270 -345	-140 -188	-140 -215	-140 -260	-70 -88	-70 -100	-70 -118	-70 -145	-70 -190	-30 -42	-30 -48	-30 -60	-30 -78	-30 -105
6	10	-280 -338	-280 -370	-150 -208	-150 -240	-150 -300	-80 -102	-80 -116	-80 -138	-80 -170	-80 -230	-40 -55	-40 -62	-40 -76	-40 -98	-40 -130
10 14	14 18	-290 -338	-290 -340	-150 -220	-150 -260	-150 -330	-95 -122	-95 -138	-95 -165	-95 -205	-95 -275	-50 -68	-50 -77	-50 -93	-50 120	-50 -160
18 24	24 30	-300 -384	-300 -430	-160 -244	-160 -290	-160 -370	-110 -143	-110 -162	-110 -194	-110 -240	-110 -320	-65 -86	-65 -98	-65 -117	-65 -149	-65 -195
30	40	-310 -410	-310 -470	-170 -270	-170 -330	-170 -420	-120 -159	-120 -182	-120 -220	-120 -280	-120 -370	-80 -105	-80 -119	-80 -142	-80 -180	-80 -240
40	50	-320 -420	-320 -480	-180 -280	-180 -340	-180 -430	-130 -169	-130 -192	-130 -230	-130 -290	-130 -380					
50	65	-340 -460	-340 -530	-190 -310	-190 -380	-190 -490	-140 -186	-140 -214	-140 -260	-140 -330	-140 -440	-100 -130	-100 -146	-100 -174	-100 -220	-100 -290
65	80	-360 -480	-360 -550	-200 -320	-200 -390	-200 -500	-150 -196	-150 -224	-150 -270	-150 -340	-150 -450					
80	100	-380 -520	-380 -600	-220 -360	-220 -440	-220 -570	-170 -224	-170 -257	-170 -310	-170 -390	-170 -520	-120 -155	-120 -174	-120 -207	-120 -260	-120 -340
100	120	-410 -550	-410 -630	-240 -380	-240 -460	-240 -590	-180 -234	-180 -267	-180 -320	-180 -400	-180 -530					
120	140	-460 -620	-460 -710	-260 -420	-260 -510	-260 -660	-200 -263	-200 -300	-200 -360	-200 -450	-200 -600	-145 -185	-145 -208	-145 -245	-145 -305	-145 -395
140	160	-520 -680	-520 -770	-280 -440	-280 -530	-280 -680	-210 -273	-210 -310	-210 370	-210 -460	-210 -610					
160	180	-580 -740	-580 -830	-310 -470	-310 -560	-310 -710	-230 -293	-230 -330	-230 -390	-230 -480	-230 -630					
180	200	-660 -845	-660 -950	-340 -525	-340 -630	-340 -800	-240 -312	-240 -355	-240 -425	-240 -530	-240 -700	-170 -216	-170 -242	-170 -285	-170 -355	-170 -460
200	225	-740 -925	-740 -1 030	-380 -565	-380 -670	-380 -840	-260 -332	-260 -375	-260 -445	-260 -550	-260 -720					
225	250	-820 -1 005	-820 -1 110	-420 -605	-420 -710	-420 -880	-280 -352	-280 -395	-280 -465	-280 -570	-280 -740					
250	280	-920 -1 130	-920 -1 240	-480 -690	-480 -800	-480 -1 000	-300 -381	-300 -430	-300 -510	-300 -620	-300 -820	-190 -242	-190 -271	-190 -320	-190 -400	-190 -510
280	315	-1 050 -1 260	-1 050 -1 370	-540 -750	-540 -860	-540 -1 060	-330 -411	-330 -460	-330 -540	-330 -650	-330 -850					
315	355	-1 200 -1 430	-1 200 -1 560	-600 -830	-600 -960	-600 -1 170	-360 -449	-360 -500	-360 -590	-360 -720	-360 -930	-210 -267	-210 -299	-210 -350	-210 -440	-210 -570
355	400	-1 350 -1 580	-1 350 -1 710	-680 -910	-680 -1 040	-680 -1 250	-400 -489	-400 -540	-400 -630	-400 -760	-400 -970					
400	450	-1 500 -1 750	-1 500 -1 900	-760 -1 010	-760 -1 160	-760 -1 390	-440 -537	-440 -595	-440 -690	-440 -840	-440 -1 070	-230 -293	-230 -327	-230 -385	-230 -480	-230 -630
450	500	-1 650 -1 900	-1 650 -2 050	-840 -1 090	-840 -1 240	-840 -1 470	-480 -577	-480 -635	-480 -730	-480 -880	-480 -1 110					

续上表

公称尺寸/mm		公差带														
		e				f					g			h		
大于	至	6	7*	8*	9*	5*	6*	▲7	8*	9*	5*	▲6	7*	4	5	▲6
—	3	-14 -20	-14 -24	-14 -28	-14 -39	-6 -10	-6 -12	-6 -16	-6 -20	-6 -31	-2 -6	-2 -8	-2 -12	0 -3	0 -4	0 -6
3	6	-20 -28	-20 -32	-20 -38	-20 -50	-10 -15	-10 -18	-10 -22	-10 -28	-10 -40	-4 -9	-4 -12	-4 -16	0 -4	0 -5	0 -8
6	10	-25 -34	-25 -40	-25 -47	-25 -61	-13 -19	-13 -22	-13 -28	-13 -35	-13 -49	-5 -11	-5 -14	-5 -20	0 -4	0 -6	0 -9
10	14	-32 -43	-32 -50	-32 -59	-32 -75	-16 -24	-16 -27	-16 -34	-16 -43	-16 -59	-6 -14	-6 -17	-6 -24	0 -5	0 -8	0 -11
14	18															
18	24	-40 -53	-40 61	-40 -73	-40 -92	-20 -29	-20 -33	-20 -41	-20 -53	-20 -72	-7 -16	-7 -20	-7 -28	0 -6	0 -9	0 -13
24	30															
30	40	-50 -66	-50 -75	-50 -89	-50 -112	-25 -36	-25 -41	-25 -50	-25 -64	-25 -87	-9 -20	-9 -25	-9 -34	0 -7	0 -11	0 -16
40	50															
50	65	-60 -79	-60 -90	-60 -106	-60 -134	-30 -43	-30 -49	-30 -60	-30 -76	-30 -104	-10 -23	-10 -29	-10 -40	0 -8	0 -3	0 -19
65	80															
80	100	-72 -94	-72 -107	-72 -126	-72 -159	-36 -51	-36 -58	-36 -71	-36 -90	-36 -123	-12 -27	-12 -34	-12 -47	0 -10	0 -15	0 -22
100	120															
120	140	-85 -110	-85 -125	-85 -148	-85 -185	-43 -61	-43 -68	-43 -83	-43 -106	-43 -143	-14 -32	-14 -39	-14 -54	0 -12	0 -18	0 -25
140	160															
160	180															
180	200	-100 -129	-100 -146	-100 -172	-100 -215	-50 -70	-50 -79	-50 -96	-50 -122	-50 -165	-15 -35	-15 -44	-15 -61	0 -14	0 -20	0 -29
200	225															
225	250															
250	280	-110 -142	-110 -162	-110 -191	-110 -240	-56 -79	-56 -88	-56 -108	-56 -137	-56 -185	-17 -40	-17 -49	-17 -69	0 -16	0 -23	0 -32
280	315															
315	355	-125 -161	-125 -182	-125 -214	-125 -265	-62 -87	-62 -98	-62 -119	-62 -151	-62 -202	-18 -43	-18 -54	-18 -75	0 -18	0 -25	0 -36
355	400															
400	450	-135 -175	-135 -198	-135 -232	-135 -290	-68 -95	-68 -108	-68 -131	-68 -165	-68 -223	-20 -47	-20 -60	-20 -83	0 -20	0 -27	0 -40
450	500															

续上表

公称尺寸/mm		公 差 带														
		h							j			js				
大于	至	▲7	8*	▲9	10*	▲11	12*	13	5	6	7	5*	6*	7*	8	9
—	3	0 -10	0 -14	0 -25	0 -40	0 -60	0 -100	0 -140	±2	+4 -2	+6 -4	±2	±3	±5	±7	±12
3	6	0 -12	0 -18	0 -30	0 -48	0 -75	0 -120	0 -180	+3 -2	+6 -2	+8 -4	±2.5	±4	±6	±9	±15
6	10	0 -15	0 -22	0 -36	0 -58	0 -90	0 -150	0 -220	+4 -2	+7 -2	+10 -5	±3	±4.5	±7	±11	±18
10 14	14 18	0 -18	0 -27	0 -43	0 -70	0 -110	0 -180	0 -270	+5 -3	+8 -3	+12 -6	±4	±5.5	±9	±13	±21
18 24	24 30	0 -21	0 -33	0 -52	0 -84	0 -130	0 -210	0 -330	+5 -4	+9 -4	+13 -8	±4.5	±6.5	±10	±16	±26
30 40	40 50	0 -25	0 -39	0 -62	0 -100	0 -160	0 -250	0 -390	+6 -5	+11 -5	+15 -10	±5.5	±8	±12	±19	±31
50 65	65 80	0 -30	0 -46	0 -74	0 -120	0 -190	0 -300	0 -460	+6 -7	+12 -7	+18 -12	±6.5	±9.5	±15	±23	±37
80 100	100 120	0 -35	0 -54	0 -87	0 -140	0 -220	0 -350	0 -540	+6 -9	+13 -9	+20 -15	±7.5	±11	±17	±27	±43
120 140 160	140 160 180	0 -40	0 -63	0 -100	0 -160	0 -250	0 -400	0 -630	+7 -11	+14 -11	+22 -18	±9	±12.5	±20	±31	±50
180 200 225	200 225 250	0 -46	0 -72	0 -115	0 -185	0 -290	0 -460	0 -720	+7 -13	+16 -13	+25 -21	±10	±14.5	±23	±36	±57
250 280	280 315	0 -52	0 -81	0 -130	0 -210	0 -320	0 -520	0 -810	+7 -16	±16	±26	±11.5	±16	±26	±40	±65
315 355	355 400	0 -57	0 -89	0 -140	0 -230	0 -360	0 -570	0 -890	+7 -18	±18	-29 -28	±12.5	±18	±28	±44	±70
400 450	450 500	0 -63	0 -97	0 -155	0 -250	0 -400	0 -630	0 -970	+7 -20	±20	±31 -32	±13.5	±20	±31	±48	±77

续上表

公称尺寸/mm		公差带														
		js	k			m			n			p			r	
大于	至	10	5 *	▲6	7 *	5 *	6 *	7 *	5 *	▲6	7 *	5 *	▲6	7 *	5 *	6 *
—	3	±20	+4 0	+6 0	+10 0	+6 +2	+8 +2	+12 +2	+8 +4	+10 +4	+14 +4	+10 +6	+12 +6	+16 +6	+14 +10	+16 +10
3	6	±24	+6 +1	+9 +1	+13 +1	+9 +4	+12 +4	+16 +4	+13 +8	+16 +8	+20 +8	+17 +12	+20 +12	+24 +12	+20 +15	+23 +15
6	10	±29	+7 +1	+10 +1	+16 +1	+12 +6	+15 +6	+21 +6	+16 +10	+19 +10	+25 +10	+21 +15	+24 +15	+30 +15	+25 +19	+28 +19
10	14	±35	+9 +1	+12 +1	+19 +1	+15 +7	+18 +7	+25 +7	+20 +12	+23 +12	+30 +12	+26 +18	+29 +18	+36 +18	+31 +23	+34 +23
14	18															
18	24	±42	+11 +2	+15 +2	+23 +2	+17 +8	+21 +8	+29 +8	+24 +15	+28 +15	+36 +15	+31 +22	+35 +22	+43 +22	+37 +28	+41 +28
24	30															
30	40	±50	+13 +2	+18 +2	+27 +2	+20 +9	+25 +9	+34 +9	+28 +17	+33 +17	+42 +17	+37 +26	+42 +26	+51 +26	+45 +34	+50 +34
40	50															
50	65	±60	+15 +2	+21 +2	+32 +2	+24 +11	+30 +11	+41 +11	+33 +20	+39 +20	+50 +20	+45 +32	+51 +32	+62 +32	+54 +41	+60 +41
65	80														+56 +43	+62 +43
80	100	±70	+18 +3	+25 +3	+38 +3	+28 +13	+35 +13	+48 +13	+38 +23	+45 +23	+58 +23	+52 +37	+59 +37	+72 +37	+66 +51	+73 +51
100	120														+69 +54	+76 +54
120	140	±80	+21 +3	+28 +3	+43 +3	+33 +15	+40 +15	+55 +15	+45 +27	+52 +27	+67 +27	+61 +43	+68 +43	+83 +43	+81 +63	+88 +63
140	160														+83 +65	+90 +65
160	180														+86 +68	+93 +68
180	200	±92	+24 +4	+33 +4	+50 +4	+37 +17	+46 +17	+63 +17	+51 +31	+60 +31	+77 +31	+70 +50	79 50	+96 +50	+97 +77	+106 +77
200	225														+100 +80	+109 +80
225	250														+104 +84	+113 +84
250	280	±105	+27 +4	+36 +4	+56 +4	+43 +20	+52 +20	+72 +20	+57 +34	+66 +34	+86 +34	+79 +56	+88 +56	+108 +56	+117 +94	+126 +94
280	315														+121 +98	+130 +98
315	355	±115	+29 +4	+40 +4	+61 +4	+46 +21	+57 +21	+78 +21	+62 +37	+73 +37	+94 +37	+87 +62	+98 +62	+119 +62	+133 +108	+144 +108
355	400														+139 +114	+150 +114
400	450	±125	+32 +5	+45 +5	+68 +5	+50 +23	+63 +23	+86 +23	+67 +40	+80 +40	+103 +40	+95 +68	+108 +68	+131 +68	+153 +126	+166 +126
450	500														+159 +132	+172 +132

续上表

公称尺寸/mm		公差带														
		r	s			t			u				v	x	y	z
大于	至	7*	5*	▲6	7*	5*	6*	7*	5	▲6	7*	8	6*	6*	6*	6*
—	3	+20 +10	+18 +14	+20 +14	+24 +14	—	—	—	+22 +18	+24 +18	+28 +18	+32 +18	—	+26 +20	—	+32 +26
3	6	+27 +15	+24 +19	+27 +19	+31 +19	—	—	—	+28 +23	+31 +23	+35 +23	+41 +23	—	+36 +28	—	+43 +35
6	10	+34 +19	+29 +23	+32 +23	+38 +23	—	—	—	+34 +28	+37 +28	+43 +28	+50 +28	—	+43 +34	—	+51 +42
10	14	+41 +23	+36 +28	+39 +28	+46 +28	—	—	—	+41 +33	+44 +33	+51 +33	+60 +33	—	+51 +40	—	+61 +50
14	18					—	—	—					+50 +39	+56 +45	—	+71 +60
18	24	+49 +28	+44 +35	+48 +35	+56 +35	—	—	—	+50 +41	+54 +41	+62 +41	+74 +41	+60 +47	+67 +54	+76 +63	+86 +73
24	30					+50 +41	+54 +41	+62 +41	+57 +48	+61 +48	+69 +48	+81 +48	+68 +55	+77 +64	+88 +75	+101 +88
30	40	+59 +34	+54 +43	+59 +43	+68 +43	+59 +48	+64 +48	+73 +48	+71 +60	+76 +60	+85 +60	+99 +60	+84 +68	+96 +80	+110 +94	+128 +112
40	50					+65 +54	+70 +54	+79 +54	+81 +70	+86 +70	+95 +70	+109 +70	+97 +81	+113 +97	+130 +114	+152 +136
50	65	+71 +41	+66 +53	+72 +53	+83 +53	+79 +66	+85 +66	+96 +66	+100 +87	+106 +87	+117 +87	+133 +87	+121 +102	+141 +122	+163 +144	+191 +172
65	80	+72 +43	+72 +59	+78 +59	+89 +59	+88 +75	+94 +75	+105 +75	+115 +102	+121 +102	+132 +102	+148 +102	+139 +120	+165 +146	+193 +174	+229 +210
80	100	+86 +51	+86 +71	+93 +71	+106 +71	+106 +91	+113 +91	+126 +91	+139 +124	+146 +124	+159 +124	+178 +124	+168 +146	+200 +178	+236 +214	+280 +258
100	120	+89 +54	+94 +79	+101 +79	+114 +79	+119 +104	+126 +104	+139 +104	+159 +144	+166 +144	+179 +144	+198 +144	+194 +172	+232 +210	+276 +254	+332 +310
120	140	+103 +63	+110 +92	+117 +92	+132 +92	+140 +122	+147 +122	+162 +122	+188 +170	+195 +170	+210 +170	+233 +170	+227 +202	+273 +248	+325 +300	+390 +365
140	160	+105 +65	+118 +100	+125 +100	+140 +100	+152 +134	+159 +134	+174 +134	+208 +190	+215 +190	+230 +190	+253 +190	+253 +228	+305 +280	+365 +340	+440 +415
160	180	+108 +68	+126 +108	+133 +108	+148 +108	+164 +146	+171 +146	+186 +146	+228 +210	+235 +210	+250 +210	+273 +210	+277 +252	+335 +310	+405 +380	+490 +465
180	200	+123 +77	+142 +122	+151 +122	+168 +122	+186 +166	+195 +166	+212 +166	+256 +236	+265 +236	+282 +236	+308 +236	+313 +284	+379 +350	+454 +425	+549 +520
200	225	+126 +80	+150 +130	+159 +130	+176 +130	+200 +180	+209 +180	+226 +180	+278 +258	+287 +258	+304 +258	+330 +258	+339 +310	+414 +385	+499 +470	+604 +575
225	250	+130 +84	+160 +140	+169 +140	+186 +140	+216 +196	+225 +196	242 +196	+304 +284	+313 +284	+330 +284	+356 +284	+369 +340	+454 +425	+549 +520	+669 +640
250	280	146 +94	+181 +158	+190 +158	+210 +158	+241 +218	+250 +218	+270 +218	+338 +315	+347 +315	+367 +315	+396 +315	+417 +385	+507 +475	+612 +580	+742 +710
280	315	+150 +98	+193 +170	+202 +170	+222 +170	+263 +240	+272 +240	+292 +240	+373 +350	+382 +350	+402 +350	+431 +350	+457 +425	+557 +525	+682 +650	+822 +790
315	355	+165 +108	+215 +190	+226 +190	+247 +190	+293 +268	+304 +268	+325 +268	+415 +390	+426 +390	+447 +390	+479 +390	+511 +475	+626 +590	+766 +730	+936 +900
355	400	+171 +114	+233 +208	+244 +208	+268 +208	+319 +294	−330 +294	+351 +294	+460 +435	+471 +435	+492 +435	+524 +435	+566 +530	+696 +660	+856 +820	+1 036 +1 000
400	450	+189 +126	+259 +232	+272 +232	+295 +232	+357 +330	+370 +330	+393 +330	+517 +490	+530 +490	+553 +490	+587 +490	+635 +595	+780 +740	+960 +920	+1 140 +1 100
450	500	+195 +132	+279 +252	+292 +252	+315 +252	+387 +360	+400 +360	+423 +360	+567 +540	+580 +540	+603 +540	+637 +540	+700 +660	+860 +820	+1 040 +1 000	+1 290 +1 250

注：1. 公称尺寸小于1 mm时，各级的a和b均不采用；

2. ▲为优先公差带，*为常用公差带，其余为一般用途公差带。

表 15-7　孔的极限偏差（GB/T 1800.2—2020 摘录）　μm

公称尺寸/mm		公差带														
		A	B		C			D					E			F
大于	至	11 *	11 *	12 *	10	▲11	12	7	8 *	▲9	10 *	11 *	8 *	9 *	10 *	6 *
—	3	+330 +270	+200 +140	+240 +140	+100 +60	+120 +60	+160 +60	+30 +20	+34 +20	+45 +20	+60 +20	+80 +20	+28 +14	+39 +14	+54 +14	+12 +6
3	6	+345 +270	+215 +140	+260 +140	+118 +70	+145 +70	+190 +70	+42 +30	+48 +30	+60 +30	+78 +30	+105 +30	+38 +20	+50 +20	+68 +20	+18 +10
6	10	+370 +280	+240 +150	+300 +150	+138 +80	+170 +80	+230 +80	+55 +40	+62 +40	+76 +40	+98 +40	+130 +40	+47 +25	+61 +25	+83 +25	+22 +13
10	14	+400 +290	+260 +150	+330 +150	+165 +95	+205 +95	+275 +95	+68 +50	+77 +50	+93 +50	+120 +50	+160 50	+59 +32	+75 +32	+102 +32	+27 +16
14	18															
18	24	+430 +300	+290 +160	+370 +160	+194 +110	+240 +110	+320 +110	+86 +65	+98 +65	+117 +65	+149 +65	+195 +65	+73 +40	+92 +40	+124 +40	+33 +20
24	30															
30	40	+470 +310	+330 +170	+420 +170	+220 +120	+280 +120	+370 +120	+150 +80	+119 +80	+142 +80	+180 +80	+240 +80	+89 +50	+112 +50	+150 +50	+41 +25
40	50	+480 +320	+340 +180	+430 +180	+230 +130	+290 +130	+380 +130									
50	65	+530 +340	+380 +190	+490 +190	+260 +140	+330 +140	+440 +140	+130 +100	+146 +100	+174 +100	+220 +100	+290 +100	+106 +60	+134 +60	+180 +60	+49 +30
65	80	+550 +360	+390 +200	+500 +200	+270 +150	+340 +150	+450 +150									
80	100	+600 +380	+440 +220	+570 +220	+310 +170	+390 +170	+520 +170	+155 +120	+174 +120	+207 +120	+260 +120	+340 +120	+126 +72	+159 +72	+212 +72	+58 +36
100	120	+630 +410	+460 +240	+590 +240	+320 +180	+400 +180	+530 +180									
120	140	+710 +460	+510 +260	+660 +260	+360 +200	+450 +200	+600 +200	+185 +145	+208 +145	+245 +145	+305 +145	+395 +145	+148 +85	+185 +85	+245 +85	+68 +43
140	160	+770 +520	+530 +280	+680 +280	+370 +210	+460 +210	+610 +210									
160	180	+830 +580	+560 +310	+710 +310	+390 +230	+480 +230	+630 +230									
180	200	+950 +660	+630 +340	+800 +340	+425 +240	+530 +240	+700 +240	+216 +170	+242 +170	+285 +170	+355 +170	+460 +170	+172 +100	+215 +100	+285 +100	+79 +50
200	225	+1 030 +740	+670 +380	+840 +380	+445 +260	+550 +260	+720 +260									
225	250	+1 110 820	+710 +420	+880 +420	+465 +280	+570 +280	+740 +180									
250	280	+1 240 +920	+800 +480	+1 000 +480	+510 +300	+620 +300	+820 +300	+242 +190	+271 +190	+320 +190	+400 +190	+510 +190	+191 +110	+240 +110	+320 +110	+88 +56
280	315	+1 370 +1 050	+860 +540	+1 060 +540	+540 +330	+650 +330	+850 +330									
315	355	+1 560 +1 200	+960 +600	+1 170 +600	+590 +360	+720 +360	+930 +360	+267 +210	+299 +210	+350 +210	+440 +210	+570 +210	+214 +125	+265 +125	+355 +125	+98 +62
355	400	+1 710 +1 350	+1 040 +680	+1 250 +680	+630 +400	+760 +400	+970 +400									
400	450	+1 900 +1 500	+1 160 +760	+1 390 +760	+690 +440	+840 +440	+1 070 +440	+293 +230	+327 +230	+385 +230	+480 +230	+630 +230	+232 +135	+290 +135	+385 +135	+108 +68
450	500	+2 050 +1 650	+1 240 +840	+1 470 +840	+730 +480	+880 +480	+1 110 +480									

续上表

公称尺寸/mm		公差带														
		F			G			H								
大于	至	7*	▲8	9*	5	6*	▲7	5	6*	▲7	▲8	▲9	10*	▲11	12*	13
—	3	+16 +6	+20 +6	+31 +6	+6 +2	+8 +2	+12 +2	+4 0	+6 0	+10 0	+14 0	+25 0	+40 0	+60 0	+100 0	+140 0
3	6	+22 +10	+28 +10	+40 +10	+9 +4	+12 +4	+16 +4	+5 0	+8 0	+12 0	+18 0	+30 0	+48 0	+75 0	+120 0	+180 0
6	10	+28 +13	+35 +13	+49 +13	+11 +5	+14 +5	+20 +5	+6 0	+9 0	+15 0	+22 0	+36 0	+58 0	+90 0	+150 0	+220 0
10	14	+34 +16	+43 +16	+59 +16	+14 +6	+17 +6	+24 +6	+8 0	+11 0	+18 0	+27 0	+43 0	+70 0	+110 0	+180 0	+270 0
14	18															
18	24	+41 +20	+53 +20	+72 +20	+16 +7	+20 +7	+28 +7	+9 0	+13 0	+21 0	+33 0	+52 0	+84 0	+130 0	210 0	+330 0
24	30															
30	40	+50 +25	+64 +25	+87 +25	+20 +9	+25 +9	+34 +9	+11 0	+16 0	+25 0	+39 0	+62 0	+100 0	+160 0	+250 0	+390 0
40	50															
50	65	+60 +30	+76 +30	+104 +30	+23 +10	+29 +10	+40 +10	+13 0	+19 0	+30 0	+46 0	+74 0	+120 0	+190 0	+300 0	+460 0
65	80															
80	100	+71 +36	+90 +36	+123 +36	+27 +12	+34 +12	+47 +12	+15 0	+22 0	+35 0	+54 0	+87 0	+140 0	+220 0	+350 0	+540 0
100	120															
120	140	+83 +43	+106 +43	+143 +43	+32 +14	+39 +14	+54 +14	+18 0	+25 0	+40 0	+63 0	+100 0	+160 0	+250 0	+400 0	+630 0
140	160															
160	180															
180	200	+96 +50	+122 +50	+165 +50	+35 +15	+44 +15	+61 +15	+20 0	+29 0	+46 0	+72 0	+115 0	+185 0	+290 0	+460 0	+720
200	225															
225	250															
250	280	+108 +56	+137 +56	+186 +56	+40 +17	+49 +17	+69 +17	+23 0	+32 0	+52 0	+81 0	+130 0	+210 0	+320 0	+520 0	+810 0
280	315															
315	355	+119 +62	+151 +62	+202 +62	+43 +18	+54 +18	+75 +18	+25 0	+36 0	+57 0	+89 0	+140 0	+230 0	+360 0	+570 0	+890 0
355	400															
400	450	+131 +68	+165 +68	+223 +68	+47 +20	+60 +20	+83 +20	+27 0	+40 0	+63 0	+97 0	+155 0	+250 0	+400 0	+630 0	+970 0
450	500															

续上表

公称尺寸/mm		公差带														
		J			JS						K			M		
大于	至	6	7	8	5	6*	7*	8*	9	10	6*	▲7	8*	5*	7*	8*
—	3	+2 -4	+4 -6	+6 -8	±2	±3	±5	±7	±12	±20	0 -6	0 -10	0 -14	-2 -8	-2 -12	-2 -16
3	6	+5 -3	±6	+10 -8	±2.5	±4	±6	±9	±15	±24	+2 -6	+3 -9	+5 -13	-1 -9	0 -12	+2 -16
6	10	+5 -4	+8 -7	+12 -10	±3	±4.5	±7	±11	±18	±29	+2 -7	+5 -10	+6 -16	-3 -12	0 -15	+1 -21
10	14	+6 -5	+10 -8	+15 -12	±4	±5.5	±9	±13	±21	±36	+2 -9	+6 -12	+8 -19	-4 -15	0 -18	+2 -25
14	18															
18	24	+8 -5	+12 -9	+20 -13	±4.5	±6.5	±10	±16	±26	±42	+2 -11	+6 -15	+10 -23	-4 -17	0 -21	+4 -29
24	30															
30	40	+10 -6	+14 -11	+24 -15	±5.5	±8	±12	±19	±31	±50	+3 -13	+7 -18	+12 -27	-4 -20	0 -25	+5 -34
40	50															
50	65	+13 -6	+18 -12	+28 -18	±6.5	+9.5	±15	±23	±37	±60	+4 -15	+9 -21	+14 -32	-5 -24	0 -30	+5 -41
65	80															
80	100	+16 -6	+22 -13	+34 -20	±7.5	±11	±17	±27	±43	±70	+4 -18	+10 -25	+16 -38	-6 -28	0 -35	+6 -48
100	120															
120	140	+18 -7	+26 -14	+41 -22	±9	±12.5	±20	±31	±50	±80	+4 -21	+12 -28	+20 -43	-8 -33	0 -40	+8 -55
140	160															
160	180															
180	200	+22 -7	+30 -16	+47 -25	±10	±14.5	±23	±36	±57	±92	+5 -24	+13 -33	+22 -50	-8 -37	0 -46	+9 -63
200	225															
225	250															
250	280	+25 -7	+36 -16	+55 -26	±11.5	±16	±26	±40	±65	±105	+5 -27	+16 -36	+25 -56	-9 -41	0 -52	+9 -72
280	315															
315	355	+29 -7	+39 -18	+60 -29	±12.5	±18	±28	±44	±70	±115	+7 -29	+17 -40	+28 -61	-10 -46	0 -57	+11 -78
355	400															
400	450	+33 -7	+43 -20	+66 -31	±13.5	±20	±31	±48	±77	±125	+8 -32	+18 -45	+29 -68	-10 -50	0 -63	+11 -86
450	500															

续上表

公称尺寸/mm		公差带														
		N			P				R			S		T		U
大于	至	6*	▲7	8*	6*	▲7	8	9	6*	7*	8	6*	▲7	6*	7*	▲7
—	3	-4 -10	-4 -14	-4 -18	-6 -12	-6 -16	-6 -20	-10 -31	-10 -16	-10 -20	-10 -24	-14 -20	-14 -24	—	—	-18 -28
3	6	-5 -13	-4 -16	-2 -20	-9 -17	-8 -20	-12 -30	-12 -42	-12 -20	-11 -23	-15 -33	-16 -24	-15 -27	—	—	-19 -31
6	10	-7 -16	-4 -19	-3 -25	-12 -21	-9 -24	-15 -37	-15 -51	-16 -25	-13 -28	-19 -41	-20 -29	-17 -32	—	—	-22 -37
10	14	-9 -20	-5 -23	-3 -30	-15 -26	-11 -29	-18 -45	-18 -61	-20 -31	-16 -34	-23 -50	-25 -36	-21 -39	—	—	-26 -44
14	18															
18	24	-11 -24	-7 -28	-3 -36	-18 -31	-14 -35	-22 -55	-22 -74	-24 -37	-20 -41	-28 -61	-31 -44	-27 -48	—	—	-33 -54
24	30													-37 -50	-33 -54	-40 -61
30	40	-12 -28	-8 -33	-3 -42	-21 -37	-17 -42	-26 -65	-26 -88	-29 -45	-25 -50	-34 -73	-38 -54	-34 -59	-43 -59	-39 -64	-51 -76
40	50													-49 -65	-45 -70	-61 -86
50	65	-14 -33	-9 -39	-4 -50	-26 -45	-21 -51	-32 -78	-32 -106	-35 -54	-30 -60	-41 -87	-47 -66	-42 -72	-60 -79	-55 -85	-76 -106
65	80								-37 -56	-32 -62	-43 -89	-53 -72	-48 -78	-69 -88	-64 -94	-91 -121
80	100	-16 -38	-10 -45	-4 -58	-30 -52	-24 -59	-37 -91	-37 -124	-44 -66	-38 -73	-51 -105	-64 -86	-58 -93	-84 -106	-78 -113	-111 -146
100	120								-47 -69	-41 -76	-54 -108	-72 -94	-66 -101	-97 -119	-91 -126	-131 -166
120	140	-20 -45	-12 -52	-4 -67	-36 -61	-28 -68	-43 -106	-43 -143	-56 -81	-48 -88	-63 -126	-85 -110	-77 -117	-115 -140	-107 -147	-155 -195
140	160								-58 -83	-50 -90	-65 -128	-93 -118	-85 -125	-127 -152	-119 -159	-175 -215
160	180								-61 -86	-53 -93	-68 -131	-101 -126	-93 -133	-139 -164	-131 -171	-195 -235
180	200	-20 -51	-14 -60	-5 -77	-41 -70	-33 -79	-50 -122	-50 -165	-68 -97	-60 -106	-77 -149	-113 -142	-105 -151	-157 -186	-149 -195	-219 -265
200	225								-71 -100	-63 -109	-80 -152	-121 -150	-113 -159	-171 -200	163 -209	-241 -287
225	250								-75 -104	-67 -113	-84 -156	-131 -160	-123 -169	-187 -216	-179 -225	-267 -313
250	280	-25 -57	-14 -66	-5 -86	-47 -79	-36 -88	-56 -137	-56 -186	-85 -117	-74 -126	-94 -175	-149 -181	-138 -190	-209 -241	-198 -250	-295 -347
280	315								-89 -121	-78 -130	-98 -179	-161 -193	-150 -200	-231 -263	-220 -272	-330 -282
315	355	-26 -62	-16 -73	-5 -94	-51 -87	-41 -98	-62 -151	-62 -202	-97 -133	-74 -114	-108 -197	-179 -215	-169 -226	-257 -293	-247 -304	-369 -426
355	400								-103 -139	-93 -150	-114 -203	-197 -233	-187 -244	-283 -319	-273 -330	-414 -471
400	450	-27 -67	-17 -80	-6 -103	-55 -95	-45 -108	-68 -165	-68 -223	-113 -153	-103 -166	-126 -223	-219 -259	-209 -272	-317 -357	-307 -370	-467 -530
450	500								-119 -159	-109 -172	-132 -229	-239 -279	-229 -292	-347 -387	-337 -400	-517 -580

注：1. 公式尺寸小于 1 mm 时，各级的 A 和 B 均不采用；

2. ▲为优先公差带，* 为常用公差带，其余为一般用途公差带。

15.2 几何公差

几何公差内容见表 15-8 ～ 表 15-12。

表 15-8 几何特征符号附加符号及其标注（GB/T 1182—2008 摘录）

公差特征项目的符号						被测要素、基准要素的标注要求及其他附加符号			
公差	特征项目	符号	公差	特征项目	符号	说　明	符　号	说　明	符　号
形状公差	直线度	—	方向公差	平行度	//	被测要素的标注	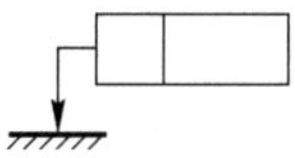	延伸公差带	Ⓟ
形状公差	平面度	▱	方向公差	垂直度	⊥	基准要素的标注	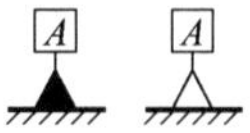	自由状态（非刚性零件）条件	Ⓕ
形状公差	圆　度	○	方向公差	倾斜度	∠	基准目标的标注	$\phi 2$ / $A1$	全周（轮廓）	
形状公差	圆柱度	⌭	位置公差	同轴（同心）度	◎	理论正确尺寸	50	包容要求	Ⓔ
形状、方向或位置公差	线轮廓度	⌒	位置公差	对称度	⌯	最大实体要求	Ⓜ	公共公差带	CZ
形状、方向或位置公差	面轮廓度	⌓	位置公差	位置度	⌖	最小实体要求	Ⓛ	任意横截面	ACS
			跳动公差	圆跳动	↗				
			跳动公差	全跳动	⌰				

公差框格

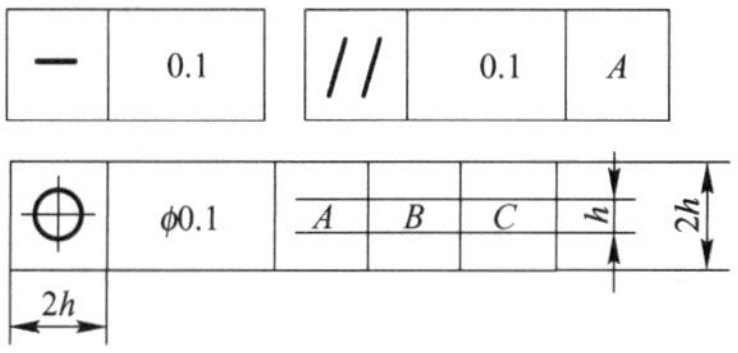

公差要求在矩形方框中给出，该方框由 2 格或多格组成、框格中的内容从左到右按以下次序填写：

——公差特征的符号；

——公差值；

——如需要，用一个或多个字母表示基准要素或基准体系。

（h 为图样中采用字母的高度）

注：公差框格的宽度及高度、采用字母的高度均非本标准规定，仅供读者参考。

表 15-9 直线度、平面度公差（GB/T 1184—2008 摘录） μm

主参数 L 图例

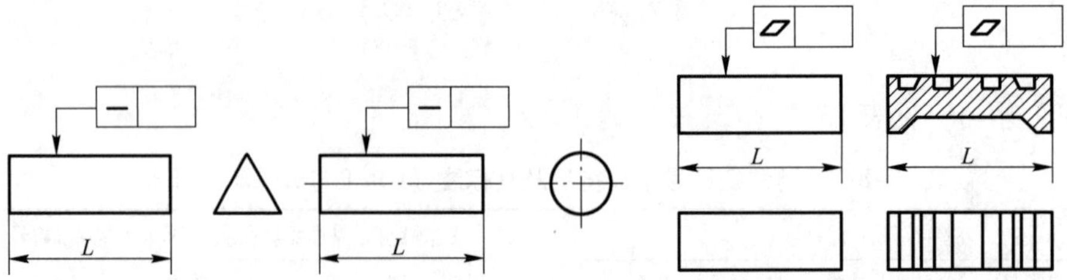

公差等级	主参数 L/mm													应用举例
	≤10	>10~16	>16~25	>25~40	>40~63	>63~100	>100~160	>160~250	>250~400	>400~630	>630~1 000	>1 000~1 600	>1 600~2 500	
5 6	2 3	2.5 4	3 5	4 6	5 8	6 10	8 12	10 15	12 20	15 25	20 30	25 40	30 50	普通精度机床导轨，柴油机进、排气门导杆
7 8	5 8	6 10	8 12	10 15	12 20	15 25	20 30	25 40	30 50	40 60	50 80	60 100	80 120	轴承体的支承面，压力机导轨及滑块，减速器箱体、油泵、轴系支承轴承的接合面
9 10	12 20	15 25	20 30	25 40	30 50	40 60	50 80	60 100	80 120	100 150	120 200	150 250	200 300	辅助机构及手动机械的支承面，液压管件和法兰的连接面
11 12	30 60	40 80	50 100	60 120	80 150	100 200	120 250	150 300	200 400	250 500	300 600	400 800	500 1 000	离合器的摩擦片，汽车发动机缸盖结合面

标注示例	说明	标注示例	说明
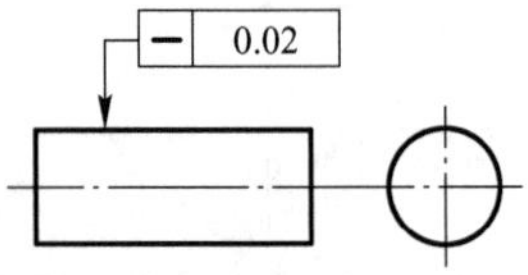 — 0.02	圆柱表面上任一素线必须位于轴向平面内，距离为公差值 0.02 mm 的两平行平面之间	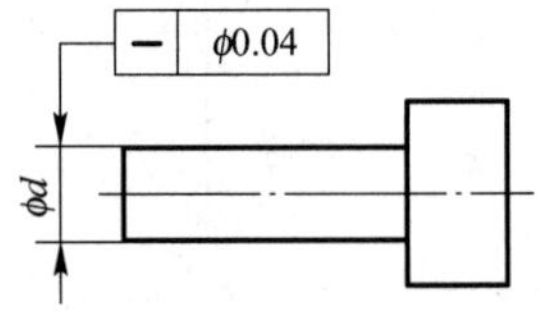 — ϕ0.04 ϕd	ϕd 圆柱体的轴线必须位于直径为公差值 0.04 mm的圆柱面内
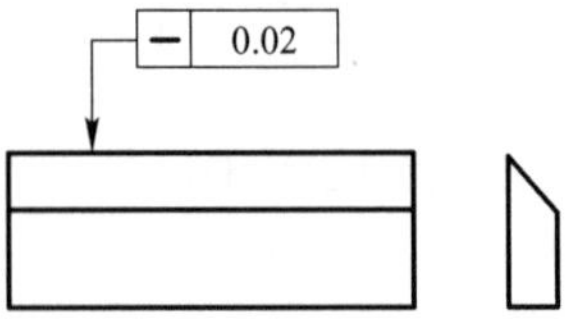 — 0.02	棱线必须位于箭头所示方向，距离为公差值 0.02 mm 的两平行平面内	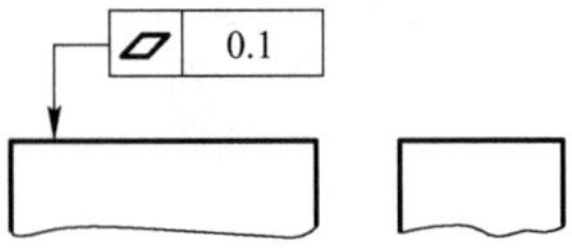 ⏥ 0.1	上表面必须位于距离为公差值 0.1 mm 的两平行平面内

注：表中“应用举例”非 GB/T 1182—2008 内容，仅供参考。

表 15-10 圆度、圆柱度公差（GB/T 1184—2008 摘录） μm

主参数 *d*（*D*）图例

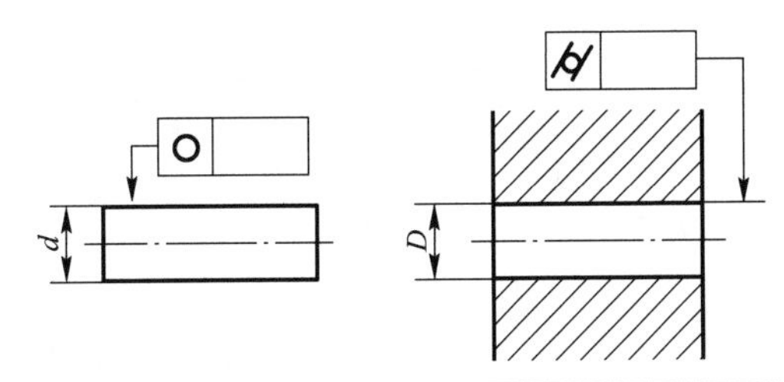

公差等级	主参数 *d*（*D*）/mm												应用举例
	>3 ~6	>6 ~10	>10 ~18	>18 ~30	>30 ~50	>50 ~80	>80 ~120	>120 ~180	>180 ~250	>250 ~315	>315 ~400	>400 ~500	
5	1.5	1.5	2	2.5	2.5	3	4	5	7	8	9	10	安装 P6、P0 级滚动轴承的配合面，中等压力下的液压装置工作面（包括泵、压缩机的活塞和气缸），风动绞车曲轴，通用减速器轴颈，一般机床主轴
6	2.5	2.5	3	4	4	5	6	8	10	12	13	15	
7	4	4	5	6	7	8	10	12	14	16	18	20	发动机的胀圈、活塞销及连杆中装衬套的孔等，千斤顶或压力油缸活塞，水泵及减速器轴颈，液压传动系统的分配机构，拖拉机汽缸体与汽缸套配合面，炼胶机冷铸轧辊
8	5	6	8	9	11	13	15	18	20	23	25	27	
9	8	9	11	13	16	19	22	25	29	32	36	40	起重机、卷扬机用的滑动轴承，带软密封的低压泵的活塞和气缸 通用机械杠杆与拉杆、拖拉机的活塞环与套筒孔
10	12	15	18	21	25	30	35	40	46	52	57	63	
11	18	22	27	33	39	46	54	63	72	81	89	97	
12	30	36	43	52	62	74	87	100	115	130	140	155	

标注示例	说明
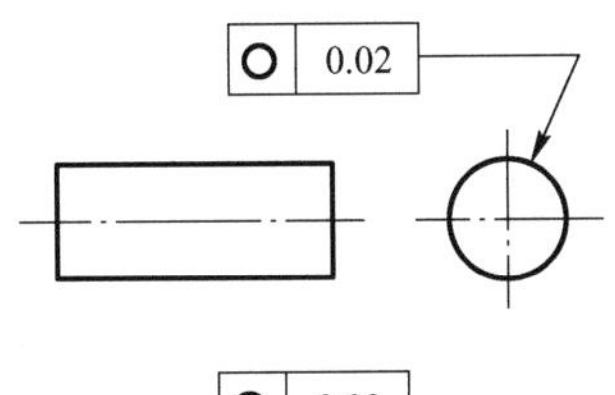 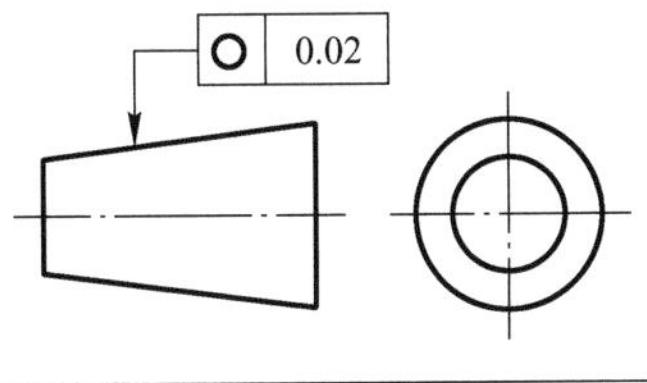	被测圆柱（或圆锥）面任一正截面的圆周必须位于半径差为公差值 0.02 mm 的两同心圆之间
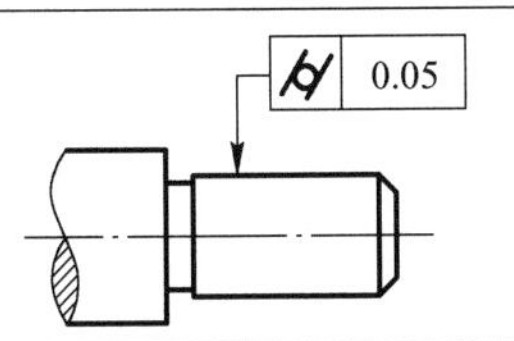	被测圆柱面必须位于半径差为公差值 0.05 mm 的两同轴圆柱面之间

注：同表 15-8。

表 15-11 平行度、垂直度、倾斜度公差（GB/T 1184—2008 摘录）

μm

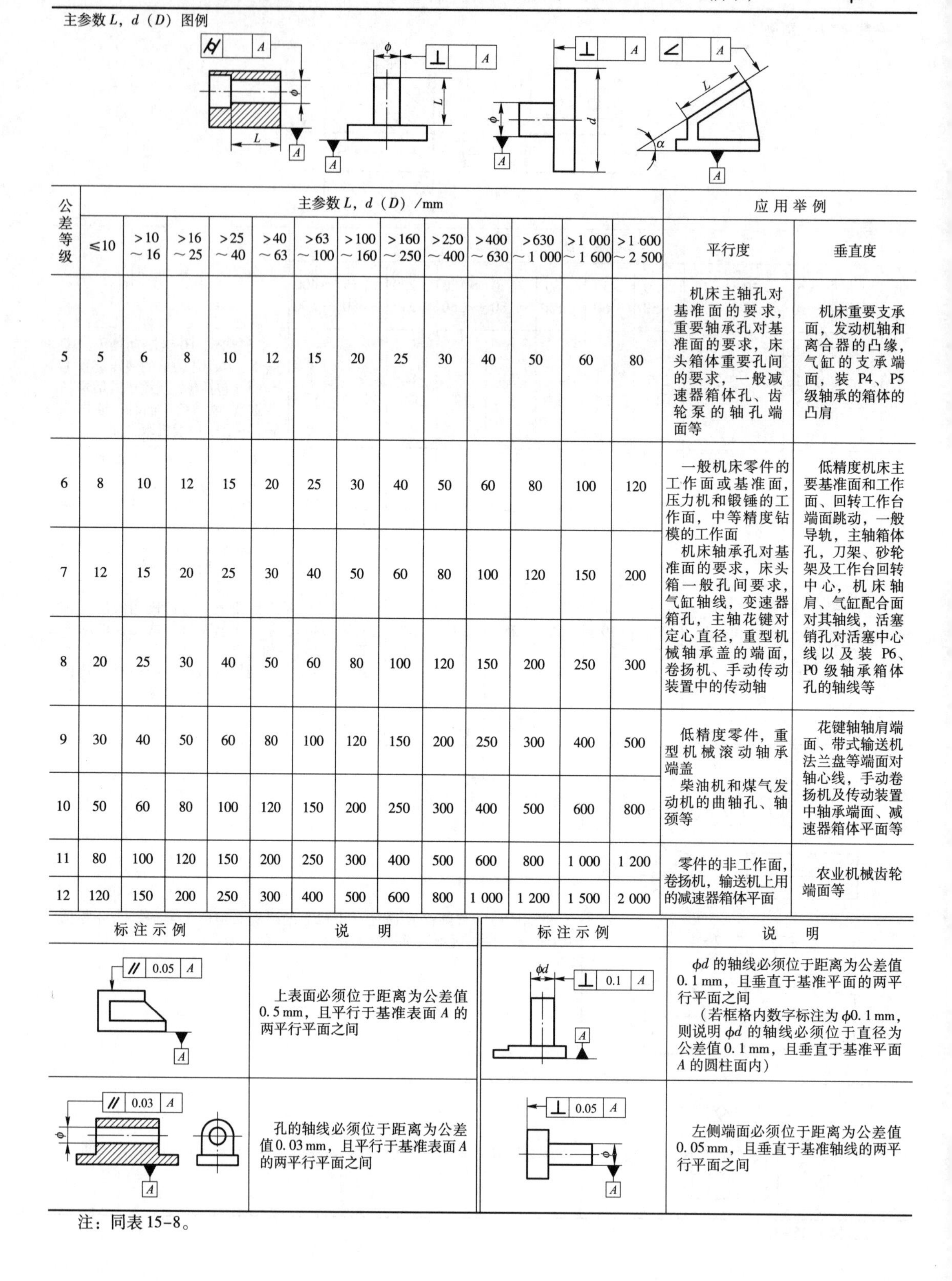

主参数 L，d（D）图例

公差等级	主参数 L，d（D）/mm													应用举例	
	≤10	>10~16	>16~25	>25~40	>40~63	>63~100	>100~160	>160~250	>250~400	>400~630	>630~1 000	>1 000~1 600	>1 600~2 500	平行度	垂直度
5	5	6	8	10	12	15	20	25	30	40	50	60	80	机床主轴孔对基准面的要求，重要轴承孔对基准面的要求，床头箱体重要孔间的要求，一般减速器箱体孔、齿轮泵的轴孔端面等	机床重要支承面，发动机轴和离合器的凸缘，气缸的支承端面，装 P4、P5 级轴承的箱体的凸肩
6	8	10	12	15	20	25	30	40	50	60	80	100	120	一般机床零件的工作面或基准面，压力机和锻锤的工作面，中等精度钻模的工作面 机床轴承孔对基准面的要求，床头箱一般孔间要求，气缸轴线，变速器箱孔，主轴花键对定心直径，重型机械轴承盖的端面，卷扬机、手动传动装置中的传动轴	低精度机床主要基准面和工作面、回转工作台端面跳动，一般导轨，主轴箱体孔，刀架、砂轮架及工作台回转中心，机床轴肩、气缸配合面对其轴线，活塞销孔对活塞中心线以及装 P6、P0 级轴承箱体孔的轴线等
7	12	15	20	25	30	40	50	60	80	100	120	150	200		
8	20	25	30	40	50	60	80	100	120	150	200	250	300		
9	30	40	50	60	80	100	120	150	200	250	300	400	500	低精度零件，重型机械滚动轴承端盖 柴油机和煤气发动机的曲轴孔、轴颈等	花键轴轴肩端面、带式输送机法兰盘等端面对轴心线，手动卷扬机及传动装置中轴承端面、减速器箱体平面等
10	50	60	80	100	120	150	200	250	300	400	500	600	800		
11	80	100	120	150	200	250	300	400	500	600	800	1 000	1 200	零件的非工作面，卷扬机，输送机上用的减速器箱体平面	农业机械齿轮端面等
12	120	150	200	250	300	400	500	600	800	1 000	1 200	1 500	2 000		

标注示例	说明	标注示例	说明
// 0.05 A	上表面必须位于距离为公差值 0.5 mm，且平行于基准表面 A 的两平行平面之间	⊥ 0.1 A	ϕd 的轴线必须位于距离为公差值 0.1 mm，且垂直于基准平面的两平行平面之间 （若框格内数字标注为 ϕ0.1 mm，则说明 ϕd 的轴线必须位于直径为公差值 0.1 mm，且垂直于基准平面 A 的圆柱面内）
// 0.03 A	孔的轴线必须位于距离为公差值 0.03 mm，且平行于基准表面 A 的两平行平面之间	⊥ 0.05 A	左侧端面必须位于距离为公差值 0.05 mm，且垂直于基准轴线的两平行平面之间

注：同表 15-8。

表 15-12　同轴度、对称度、圆跳动和全跳动公差（GB/T 1184—2008 摘录）　μm

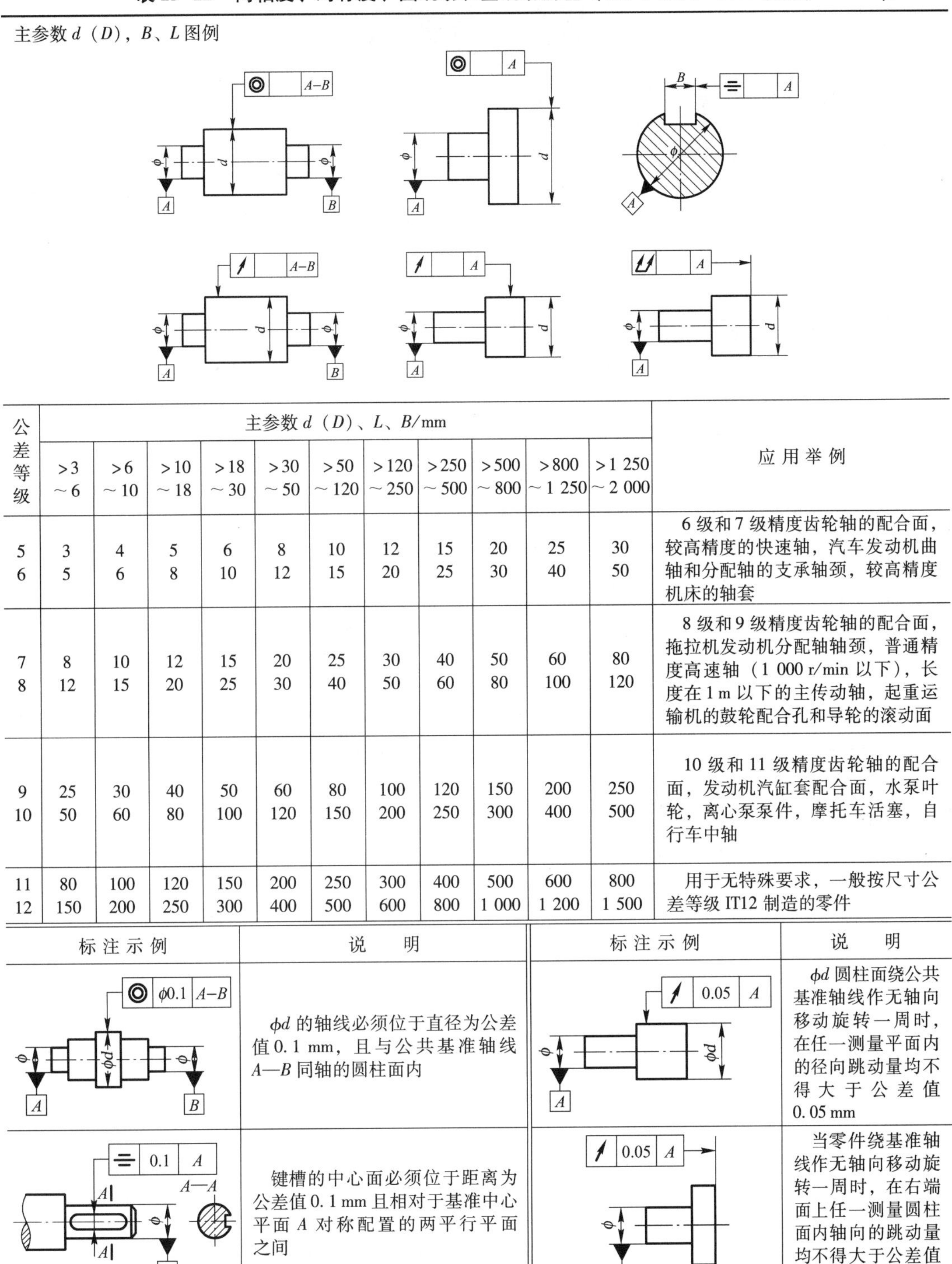

主参数 *d*（*D*），*B*、*L* 图例

公差等级	主参数 *d*（*D*）、*L*、*B*/mm >3~6	>6~10	>10~18	>18~30	>30~50	>50~120	>120~250	>250~500	>500~800	>800~1 250	>1 250~2 000	应用举例
5 6	3 5	4 6	5 8	6 10	8 12	10 15	12 20	15 25	20 30	25 40	30 50	6 级和 7 级精度齿轮轴的配合面，较高精度的快速轴，汽车发动机曲轴和分配轴的支承轴颈，较高精度机床的轴套
7 8	8 12	10 15	12 20	15 25	20 30	25 40	30 50	40 60	50 80	60 100	80 120	8 级和 9 级精度齿轮轴的配合面，拖拉机发动机分配轴轴颈，普通精度高速轴（1 000 r/min 以下），长度在 1 m 以下的主传动轴，起重运输机的鼓轮配合孔和导轮的滚动面
9 10	25 50	30 60	40 80	50 100	60 120	80 150	100 200	120 250	150 300	200 400	250 500	10 级和 11 级精度齿轮轴的配合面，发动机汽缸套配合面，水泵叶轮，离心泵泵件，摩托车活塞，自行车中轴
11 12	80 150	100 200	120 250	150 300	200 400	250 500	300 600	400 800	500 1 000	600 1 200	800 1 500	用于无特殊要求，一般按尺寸公差等级 IT12 制造的零件

标注示例	说　明	标注示例	说　明
◎ ϕ0.1 A–B	ϕ*d* 的轴线必须位于直径为公差值 0.1 mm，且与公共基准轴线 *A*—*B* 同轴的圆柱面内	↗ 0.05 A	ϕ*d* 圆柱面绕公共基准轴线作无轴向移动旋转一周时，在任一测量平面内的径向跳动量均不得大于公差值 0.05 mm
⌯ 0.1 A	键槽的中心面必须位于距离为公差值 0.1 mm 且相对于基准中心平面 *A* 对称配置的两平行平面之间	↗ 0.05 A	当零件绕基准轴线作无轴向移动旋转一周时，在右端面上任一测量圆柱面内轴向的跳动量均不得大于公差值 0.05 mm

注：同表 15-8。

15.3 表面粗糙度

表面粗糙度内容见表 15-13 ～ 表 15-18。

表 15-13 表面粗糙度主要评定参数 *Ra*、*Rz* 的数值系列（GB/T 1031—2009 摘录） μm

Ra	0.012	0.2	3.2	50	*Rz*	0.025	0.4	6.3	100	1 600
	0.025	0.4	6.3	100		0.05	0.8	12.5	200	—
	0.05	0.8	12.5	—		0.1	1.6	25	400	—
	0.1	1.6	25	—		0.2	3.2	50	800	—

注：1. 在表面粗糙度参数常用的参数范围内（*Ra* 为 0.025 ～ 6.3 μm，*Rz* 为 0.1 ～ 25 μm），推荐优先选用 *Ra*。
2. 根据表面功能和生产的经济合理性，当选用的数值系列不能满足要求时，可选取表 9 - 12 中的补充系列值。

表 15-14 表面粗糙度主要评定参数 *Ra*、*Rz* 的补充系列值（GB/T 1031—2009 摘录） μm

Ra	0.008	0.125	2.0	32	*Rz*	0.032	0.50	8.0	125
	0.010	0.160	2.5	40		0.040	0.63	10.0	160
	0.016	0.25	4.0	63		0.063	1.00	16.0	250
	0.020	0.32	5.0	80		0.080	1.25	20	320
	0.032	0.50	8.0	—		0.125	2.0	32	500
	0.040	0.63	10.0	—		0.160	2.5	40	630
	0.063	1.00	16.0	—		0.25	4.0	63	1 000
	0.080	1.25	20	—		0.32	5.0	80	1 250

表 15-15 加工方法与表面粗糙度 *Ra* 值的关系（参考）

加工方法		*Ra*	加工方法		*Ra*	加工方法		*Ra*
砂模铸造		80 ～ 20*	铰孔	粗铰	40 ～ 20	齿轮加工	插齿	5 ～ 1.25*
模型锻造		80 ～ 10		半精铰，精铰	2.5 ～ 0.32*		滚齿	2.5 ～ 1.25*
车外圆	粗车	20 ～ 10	拉削	半精拉	2.5 ～ 0.63		剃齿	1.25 ～ 0.32*
	半精车	10 ～ 2.5		精拉	0.32 ～ 0.16	切螺纹	板牙	10 ～ 2.5
	粗车	1.25 ～ 0.32	刨削	粗刨	20 ～ 10		铣	5 ～ 1.25*
镗孔	粗镗	40 ～ 10		精刨	1.25 ～ 0.63		磨削	2.5 ～ 0.32*
	半精镗	2.5 ～ 0.63*	钳工加工	粗锉	40 ～ 10	镗磨		0.32 ～ 0.04
	精镗	0.63 ～ 0.32		细锉	10 ～ 2.5	研磨		0.63 ～ 0.16*
圆柱铣和端铣	粗铣	20 ～ 5*		刮削	2.5 ～ 0.63	精研磨		0.08 ～ 0.02
	精铣	1.25 ～ 0.63*		研磨	1.25 ～ 0.08	抛光	一般地	1.25 ～ 0.16
钻孔，扩孔		20 ～ 5	插削		40 ～ 2.5		精抛	0.08 ～ 0.04
锪孔，锪端面		5 ～ 1.25	磨削		5 ～ 0.01*			

注：1. 表中数据系指钢材加工而言。
2. * 为该加工方法可达到的 *Ra* 极限值。

表 15-16　标注表面结构的图形符号和完整图形符号的组成（GB/T 131—2006 摘录）

符　　号		意义及说明
基本图形符号		表示对表面结构有要求的图形符号。当不加注粗糙度参数值或有关说明（如表面处理、局部热处理状况等）时，仅适用于简化代号标注，没有补充说明时不能单独使用
扩展图形符号		要求去除材料的图形符号。在基本图形符号上加一短横，表示指定表面是用去除材料的方法获得，如通过机械加工获得的表面
		不允许去除材料的图形符号。在基本图形符号上加一个圆圈，表示指定表面是用不去除材料方法获得
完整图形符号	 允许任何工艺　去除材料　不去除材料	当要求标注表面结构特征的补充信息时，应在基本图形符号和扩展图形符号的长边上加一横线
表面结构完整图形符号的组成	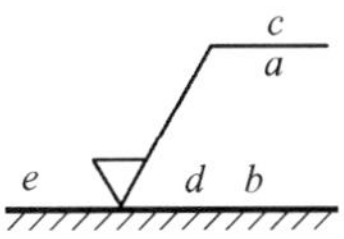 c a e d b	为了明确表面结构要求，除了标注表面结构参数和数值外，必要时应标注补充要求。补充要求包括传输带、取样长度、加工工艺、表面纹理及方向、加工余量等。即在完整图形符号中，对表面结构的单一要求和补充要求，注写在左图所示位置。为了保证表面的功能特征，应对表面结构参数规定不同要求。图中 *a*～*e* 位置注写以下内容： *a*——注写表面结构的单一要求，标注表面结构参数代号、极限值和传输带（传输带是两个定义的滤波器之间的波长范围，见 GB/T 6062 和 GB/T 18777）或取样长度。为了避免误解，在参数代号和极限值间应插入空格。传输带或取样长度后应有一斜线“/”，之后是表面结构参数代号，最后是数值 示例 1：0.0025 - 0.8/*Rz*6.3（传输带标注） 示例 2：- 0.8/*Rz*6.3（取样长度标注） *a*、*b*——注写两个或多个表面结构要求，在位置 *a* 注写第一个表面结构要求；在位置 *b* 注写第二个表面结构要求；如果要注写第三个或更多个表面结构要求，图形符号应在垂直方向扩大，以空出足够的空间。扩大图形符号时，*a* 和 *b* 的位置随之上移 *c*——注写加工方法、表面处理、涂层或其他加工工艺要求，如车、磨、镀等 *d*——注写表面纹理和方向 *e*——注写加工余量，以 mm 为单位给出数值
文本中用文字表达图形符号	在报告和合同的文本中用文字表达完整图形符号时，应用字母分别表示：APA，允许任何工艺；MRR，去除材料，NMR，不去除材料 示例：MRR *Ra*0.8；*Rz*13.2	

表 15-17　表面结构代号的含义示例

代号（GB/T 131—2006）	含　义
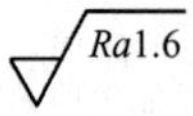 Ra1.6	表示去除材料，单向上限值，*R* 轮廓，粗糙度算术平均偏差 1.6 μm
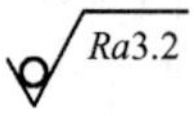 Ra3.2	表示不允许去除材料，单向上限值，*R* 轮廓，粗糙度算术平均偏差 3.2 μm
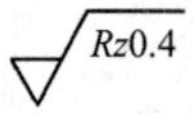 Rz0.4	表示去除材料，单向上限值，*R* 轮廓，粗糙度最大高度 0.4 μm

表 15-18　表面结构要求在图样中的标注（GB/T 131—2006 摘录）

		图　例	意义及说明
表面结构符号、代号的标注位置与方向	总原则	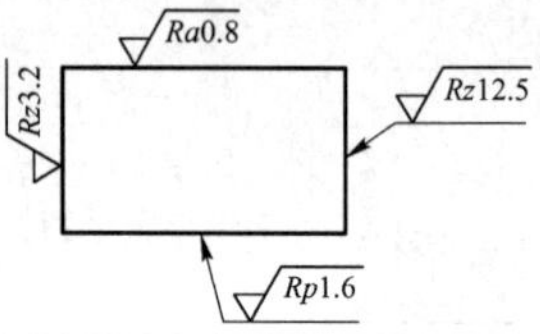	总原则是根据 GB/T 4458.4—2003《机械制图　尺寸注法》的规定，使表面结构的注写和读取方向与尺寸的注写和读取方向一致
	标注在轮廓线上或指引线上	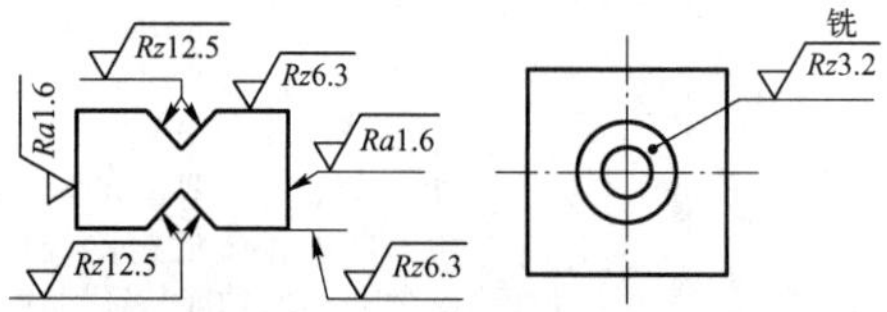	表面结构要求可标注在轮廓线上，其符号应从材料外指向并接触表面。必要时，表面结构符号也可用带箭头或黑点的指引线引出标注
	标注在延长线上	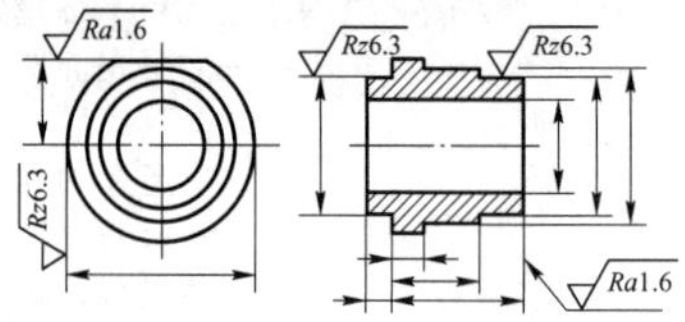	表面结构要求可以直接标注在延长线上，或用带箭头的指引线引出标注
	标注在特征尺寸的尺寸线上或形位公差的框格上	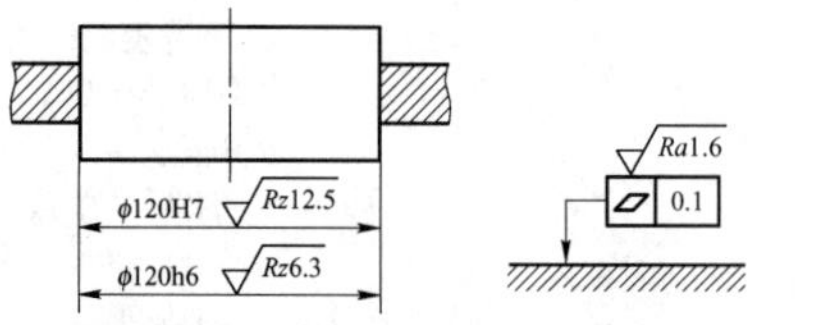 （a）标注在特征尺寸的尺寸线上　（b）标注在形位公差的框格上	在不致引起误解时，表面结构要求可以标注在给定的尺寸线上，见左图（a） 表面结构要求可标注在形位公差框格的上方，见左图（b）
	两种或多种工艺获得的同一表面的注法	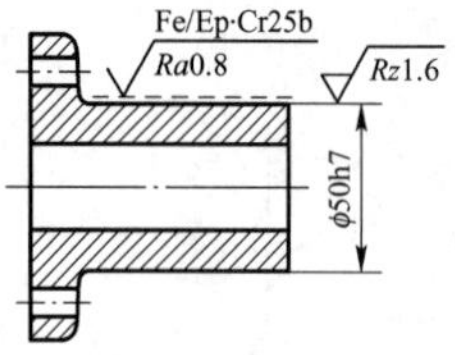	由几种不同的工艺方法获得的同一表面，当需要明确每种工艺方法的表面结构要求时，可按左图进行标注 （E_e/E_p，Cr25b：钢材、表面电镀铬，组合镀覆层特征为光亮，总厚度 25 μm 以上）

表面结构要求对每一表面一般只标注一次，并尽可能注在相应的尺寸及其公差的同一视图上。除非另有说明，所标注的表面结构要求是对完工零件表面的要求

第16章　渐开线圆柱齿轮精度、锥齿轮精度和圆柱蜗杆蜗轮精度

16.1　渐开线圆柱齿轮精度

16.1.1　定义与代号

在GB/T 10095. 1—2008中规定了渐开线圆柱齿轮轮齿同侧齿面的精度，见表16-1。

表16-1　轮齿同侧齿面偏差的定义与代号（GB/T 10095. 1—2008摘录）

名　　称	代号	定　义
单个齿距偏差（见图16-1）	f_{pt}	在端平面上，在接近齿高中部的一个与齿轮轴线同心的圆上、实际齿距与理论齿距的代数差
齿距累积偏差（见图16-1）	F_{pk}	任意k个齿距的实际弧长与理论弧长的代数差
齿距累计总偏差（见图16-1）	F_p	齿轮同侧齿面任意弧段（$k=1$至$k=z$）内的最大齿距累积偏差
螺旋线总偏差（见图16-3）	F_β	在计值范围L_β内，包容实际螺旋线迹线的两条设计螺旋线迹线间的距离
螺旋线形状偏差（见图16-3）	$f_{f\beta}$	在计值范围L_β内，包容实际螺旋线迹线的两条与平均螺旋线迹线完全相同的曲线间的距离、且两条曲线与平均螺旋线迹线的距离为常数
螺旋线倾斜偏差（见图16-3）	$f_{H\beta}$	在计值范围L_β的两端与平均螺旋线迹线相交的两条设计螺旋线迹线间的距离

名　　称	代号	定　义
齿廓总偏差（见图16-2）	F_α	在计值范围L_α内，包含实际齿廓迹线的两条设计齿廓迹线间的距离
齿廓形状偏差（见图16-2）	f_α	在计值范围L_α内，包容实际齿廓迹线的两条与平均齿廓迹线完全相同的曲线间的距离，且两条曲线与平均齿廓迹线的距离为常数
齿廓倾斜偏差（见图16-2）	$f_{H\alpha}$	在计值范围L_α内，两端与平均齿廓迹线相交的两条设计齿廓迹线间的距离
切向综合总偏差（见图16-4）	F_i'	被测齿轮与测量齿轮单面啮合检验时，被测齿轮一转内，齿轮分度圆上实际圆周位移与理论圆周位移的最大差值。（在检验过程中，只有同侧齿面单面接触）
一齿切向综合偏差（见图16-4）	f_i'	在一个齿距内的切向综合偏差值

在GB/T 1095. 2—2008中规定了渐开线圆柱齿轮轮齿径向综合偏差与径向跳动精度，见表16-2。

表16-2　径向综合偏差与径向跳动的定义与代号（GB/T 10095. 2—2008摘录）

名　　称	代号	定　　义
径向综合总偏差（见图16-5）	F_i''	在径向（双面）综合检验时，产品齿轮的左、右齿面同时与测量齿轮接触，并转过一圈时出现的中心距最大值和最小值之差
一齿径向综合偏差（见图16-5）	f_i''	当产品齿轮啮合一整圈时，对应一个齿距（360°/z）的径向综合偏差值

名　　称	代号	定　　义
径向跳动偏差（见图16-6）	F_r	当测头（球形、圆柱形、砧形）相继置于每个齿槽内时，它到齿轮轴线的最大和最小径向距离之差。检查中，测头在近似齿高中部与左、右齿面接触

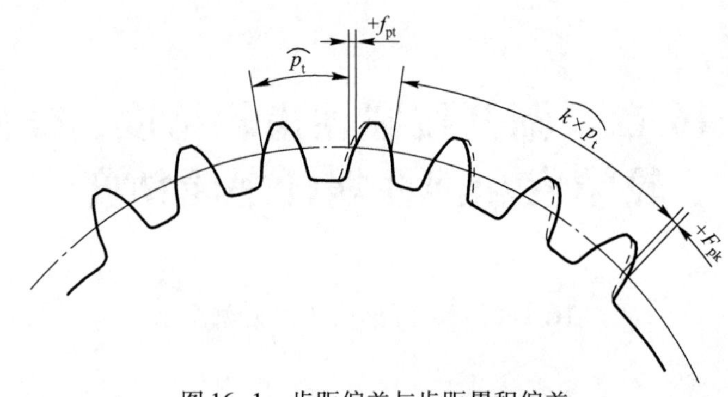

图 16-1　齿距偏差与齿距累积偏差

----理论齿廓　——实际齿廓　在此例中 $F_{pk}=F_{p3}$

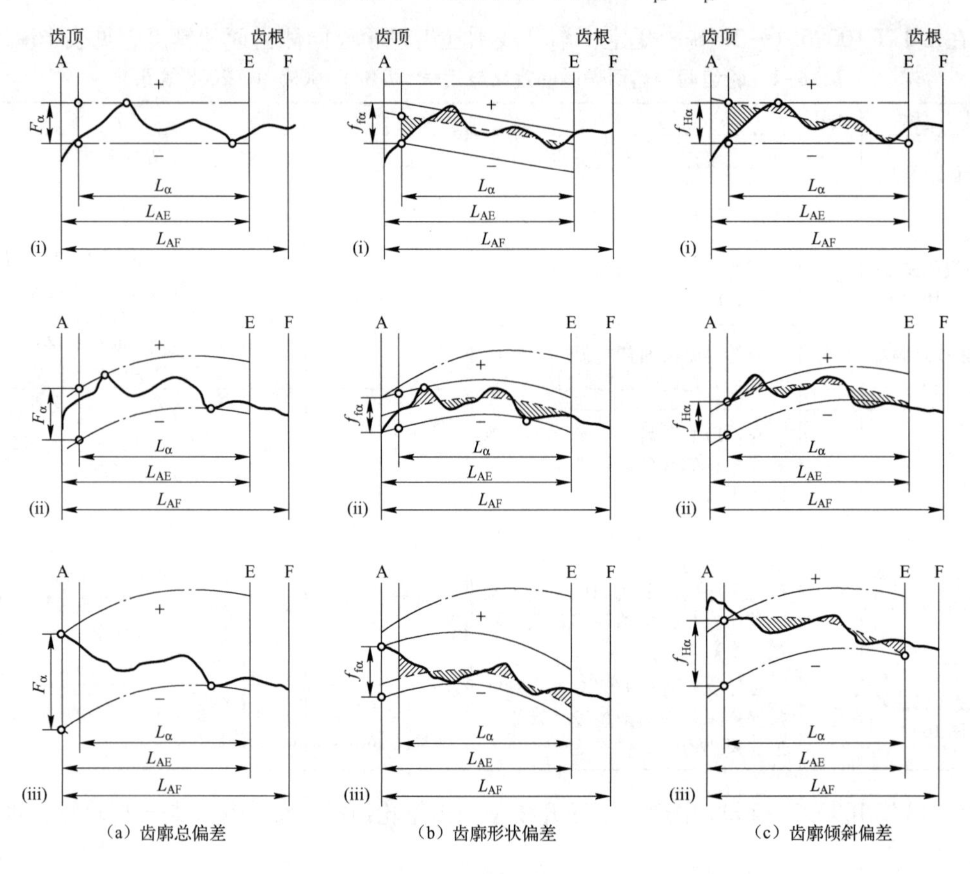

图 16-2　齿廓偏差

L_{AF}—可用长度；L_{AE}—有效长度；L_α—齿廓计算范围

—·——·—设计齿廓；实际齿廓；-----平均齿廓

（ⅰ）设计齿廓：未修形的渐开线　　实际齿廓：在减薄区内偏向体内

（ⅱ）设计齿廓：修形的渐开线（举例）实际齿廓：在减薄区内偏向体内

（ⅲ）设计齿廓：修形的渐开线（举例）实际齿廓：在减薄区内偏向体外

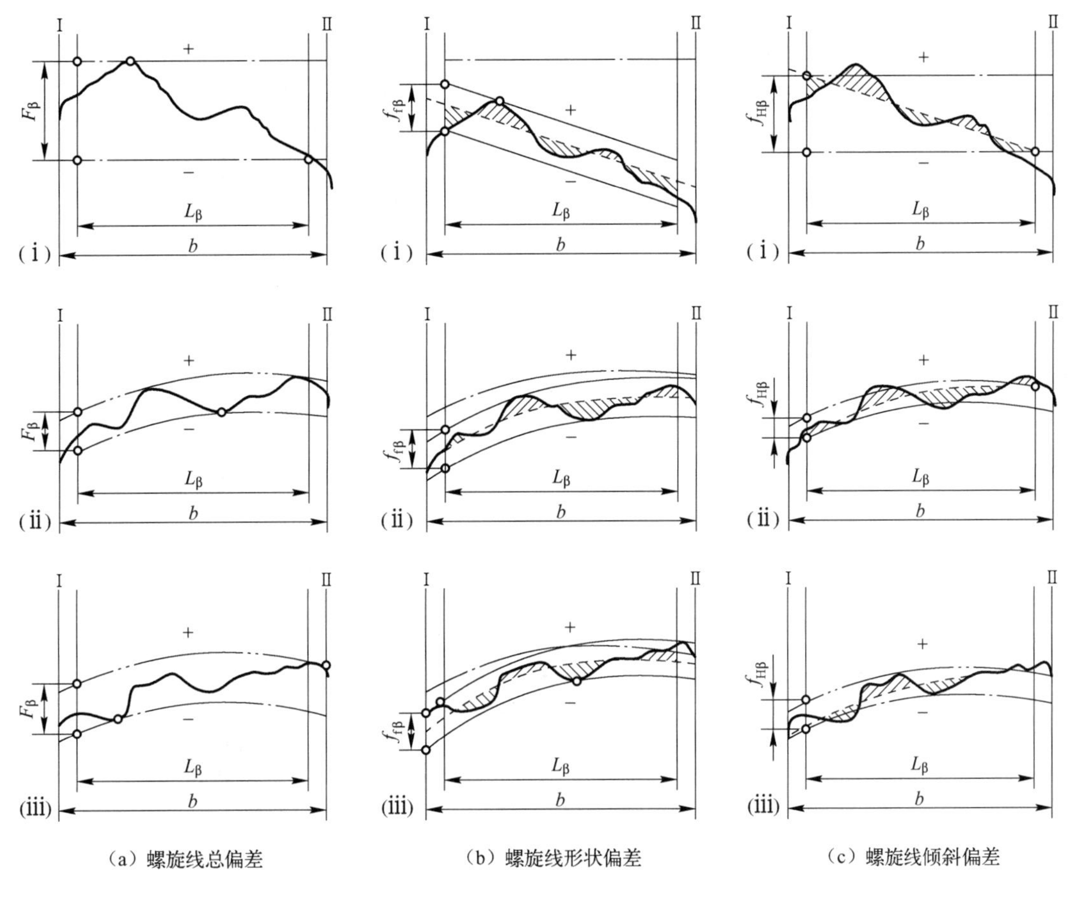

图 16-3　螺旋线偏差

b——齿轮螺旋线长度（与齿宽成正比）；L_β——螺旋线计值范围

—·—·——设计螺旋线；实际螺旋线；- - - - - - - - -平均螺旋线

（ⅰ）设计螺旋线：未修形的螺旋线　　实际螺旋线：在减薄区偏向体内

（ⅱ）设计螺旋线：修形的螺旋线（举例）实际螺旋线：在减薄区偏向体内

（ⅲ）设计螺旋线：修形的螺旋线（举例）实际螺旋线：在减薄区偏向体外

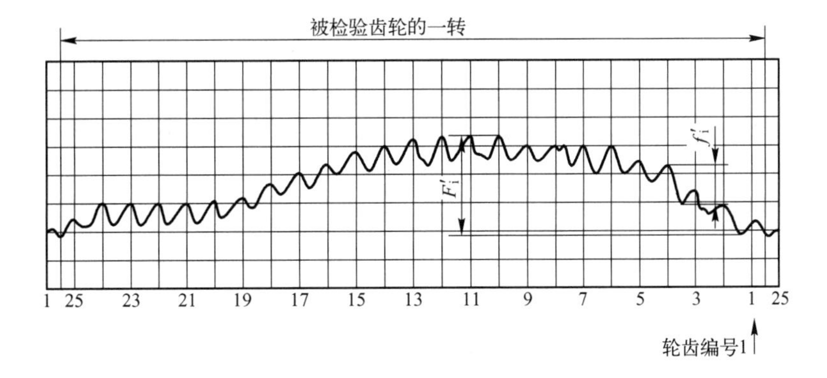

图 16-4　切向综合偏差

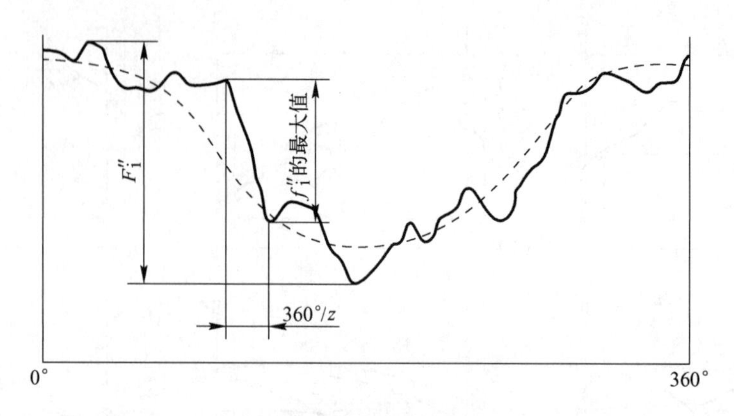

图 16-5　径向综合偏差

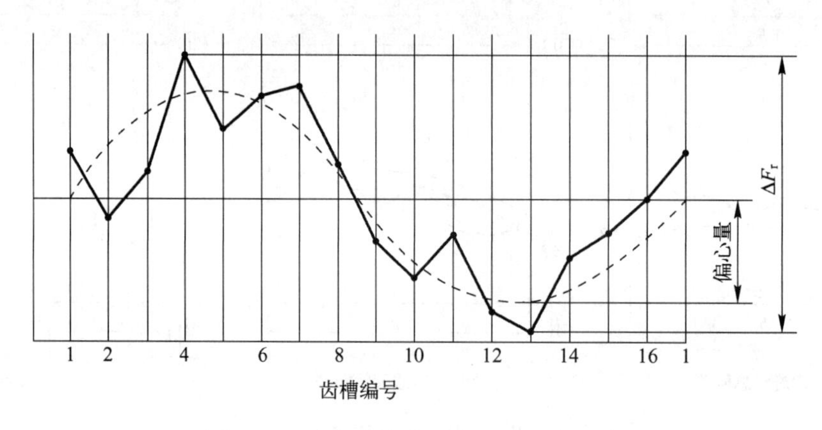

图 16-6　一个齿轮（16 齿）的径向跳动

16.1.2　齿轮精度

1. 精度等级及应用

GB/T 10095.1—2008 规定了 13 个精度等级，其中 0 级最高，12 级最低。GB/T 10095.2—2008 规定了 9 个精度等级，其中 4 级最高，12 级最低。

在技术文件中，如果所要求的齿轮精度等级为 GB/T 10095.1 的某级精度而无其他规定则齿距偏差（f_{pt}、F_{pk}、F_p）、齿廓总偏差（F_α）、螺旋线总偏差（F_β）的允许值均按该精度等级。GB/T 10095.1 规定可按供需双方协议对工作齿面和非工作齿面规定不同的精度等级或对不同的偏差项目规定不同的精度等级。

径向综合偏差精度等级不一定与 GB/T 10095.1 中的要素偏差规定相同的精度等级，当文件需叙述齿轮精度要求时，应注明 GB/T 10095.1 或 GB/T 10095.2。

根据齿轮精度对齿轮传动性能的影响，可能将评定齿轮精度的偏差项目分为：

（1）影响运动传递准确性的项目：F_p（F_{pk}、F_i'、F_τ）

（2）影响传动平稳性的项目：f_{pt}和 F_α（f_i'）。

（3）影响载荷分布均匀性的项目：F_β。

表 16-3 所列为各种精度等级齿轮的适用参考范围。

表 16-3　各种精度等级齿轮的适用范围

精度等级	工作条件与适用范围	圆周速度/$(m \cdot s^{-1})$		齿面的最后加工
		直齿	斜齿	
5	用于高速平稳且低噪声的高速传动中的齿轮，精密机构中的齿轮，透平机中的齿轮，检测 8、9 级的测量齿轮，重要的航空、船用齿轮箱齿轮	>20	>40	特精密的磨齿和珩磨用精密滚刀滚齿
6	用于高速下平稳工作，需要高效率及低噪声的齿轮，航空、汽车用齿轮，读数装置中的精密齿轮，机床传动齿轮	≥15	≥30	精密磨齿或剃齿
7	在高速和适度功率或大功率和适当速度下工作的齿轮，机床变速箱进给齿轮，起重机齿轮，汽车以及读数装置中的齿轮	≥10	≥15	用精确刀具加工；对于淬硬齿轮必须精整加工（磨齿、研齿、珩齿）
8	一般机器中无特殊精度要求的齿轮，机床变速齿轮，汽车制造业中不重要齿轮，冶金、起重、农业机械中的重要齿轮	≥6	≥10	滚、插齿均可，不用磨齿，必要时剃齿或研齿
9	用于不提精度要求的粗糙工作的齿轮，因结构上考虑，受载低于计算载荷的传动用齿轮，重载、低速不重要工作机械的传动齿轮，农机齿轮	≥2	≥4	不需要特殊的精加工工序

2. 齿轮检验项目和数值

表 16-4　齿轮检验项目

f_{pt}	单个齿距偏差	见表 16-5	F_{pk}	齿距累积偏差	$F_{pk}=f_{pt}+1.6\sqrt{(k-1)}m$
F_p	齿距累积总偏差	见表 16-5	F_τ	径向跳动公差	见表 16-5
F_α	齿廓总偏差	见表 16-5	F_β	螺旋线总偏差	见表 16-7
F_i'	切向综合总偏差	$F_i'=F_\alpha+f_i'$	f_i'	一齿切向综合偏差	见表 16-5
F_i''	径向综合总偏差	见表 16-6	f_i''	一齿径向综合偏差	见表 16-6

表 16-5　齿廓总偏差 F_α、单个齿距偏差 f_{pt}、齿距累积总偏差 F_p、一齿切向综合偏差 f_i'、径向跳动公差 F_τ

分度圆直径 d/mm	模数 m/mm	精度等级																			
		6	7	8	9	6	7	8	9	6	7	8	9	6	7	8	9	6	7	8	9
		F_α/μm				$\pm f_{pt}$/μm				F_p/μm				(f_i'/K) /μm				F_τ/μm			
$5 \leq d \leq 20$	$0.5 \leq m_n \leq 2$	6.5	9	13	18	6.5	9.5	13	19	16	23	32	45	19	27	38	54	13	18	25	36
	$2 < m_n \leq 3.5$	9.5	13	19	26	7.5	10	15	21	17	23	33	47	23	32	45	64	13	19	27	38

续上表

分度圆直径 d/mm	模数 m/mm	精度等级																			
		6	7	8	9	6	7	8	9	6	7	8	9	6	7	8	9	6	7	8	9
		F_α/μm				$\pm f_{pt}$/μm				F_p/μm				(f_i'/K)/μm				F_γ/μm			
$20<d\leqslant50$	$0.5\leqslant m_n\leqslant2$	7.5	10	15	21	7	10	14	20	20	29	41	57	20	29	41	58	16	23	32	46
	$2<m_n\leqslant3.5$	10	14	20	29	7.5	11	15	22	21	30	42	59	24	34	48	68	17	24	34	47
	$3.5<m_n\leqslant6$	12	18	25	35	8.5	12	17	24	22	31	44	62	27	38	54	77	17	25	35	49
	$6<m_n\leqslant10$	15	22	31	43	10	14	20	28	23	33	46	65	31	44	63	89	19	26	37	52
$50<d\leqslant125$	$0.5\leqslant m_n\leqslant2$	8.5	12	17	23	7.5	11	15	21	26	37	52	74	22	31	44	62	21	29	42	59
	$2<m_n\leqslant3.5$	11	16	22	31	8.5	12	17	23	27	38	53	76	25	36	51	72	21	30	43	61
	$3.5<m_n\leqslant6$	13	19	27	38	9	13	18	26	28	39	55	78	29	40	57	81	22	31	44	62
	$6<m_n\leqslant10$	16	23	33	46	10	15	21	30	29	41	58	82	33	47	66	93	23	33	46	65
$125<d\leqslant280$	$0.5\leqslant m_n\leqslant2$	10	14	20	28	8.5	12	17	24	35	49	69	98	24	34	49	69	28	39	55	78
	$2\leqslant m_n\leqslant3.5$	13	18	25	36	9	13	18	26	35	50	70	100	28	39	56	79	28	40	56	80
	$3.5\leqslant m_n\leqslant6$	15	21	30	42	10	14	20	28	36	51	72	102	31	44	62	88	29	41	58	82
	$6\leqslant m_n\leqslant10$	18	25	36	50	11	16	23	32	37	53	75	106	35	50	70	100	30	42	60	85
$280<d\leqslant560$	$0.5\leqslant m_n\leqslant2$	12	17	23	33	9.5	13	19	27	46	64	91	129	27	39	54	77	36	51	73	103
	$2<m_n\leqslant3.5$	15	21	29	41	10	14	20	29	46	65	92	131	31	44	62	87	37	52	74	105
	$3.5<m_n\leqslant6$	17	24	34	48	11	16	22	31	47	66	94	133	34	48	68	96	38	53	75	105
	$6<m_n\leqslant10$	20	28	40	56	12	17	25	35	48	68	97	137	38	54	76	108	39	55	77	109

注：f_i' 值由表中值乘以 K 得到。当 $\varepsilon_\gamma<4$ 时，$K=0.2\left(\frac{\varepsilon_\gamma+1}{\varepsilon_\gamma}\right)$；当 $\varepsilon_\gamma\geqslant4$ 时，$K=0.4$。其中，ε_γ 为总重合度。

表 16-6　一齿径向综合偏差 f_i''、径向综合总偏差 F_i''

分度圆直径 d/mm	法向模数 m_n/mm	精度等级				精度等级			
		6	7	8	9	6	7	8	9
		f_i''/μm				F_i''/μm			
$5\leqslant d\leqslant20$	$0.2\leqslant m_n\leqslant0.5$	2.5	3.5	5	7	15	21	30	42
	$0.5<m_n\leqslant0.8$	4	5.5	7.5	11	16	23	33	46
	$0.8<m_n\leqslant1.0$	5	7	10	14	18	25	35	50
	$1.0<m_n\leqslant1.5$	6.5	9	13	18	19	27	38	54
	$1.5<m_n\leqslant2.5$	9.5	13	19	26	22	32	45	63
	$2.5<m_n\leqslant4.0$	14	20	29	41	28	39	56	79

续上表

分度圆直径 d/mm	法向模数 m_n/mm	精度等级				精度等级			
		6	7	8	9	6	7	8	9
		f_i''/μm				F_i''/μm			
20 < d ≤ 50	$0.2 \leq m_n \leq 0.5$	2.5	3.5	5	7	19	26	37	52
	$0.5 < m_n \leq 0.8$	4	5.5	7.5	11	20	28	40	56
	$0.8 < m_n \leq 1.0$	5	7	10	14	21	30	42	60
	$1.0 < m_n \leq 1.5$	6.5	9	13	18	23	32	45	64
	$1.5 < m_n \leq 2.5$	9.5	13	19	26	26	37	52	73
	$2.5 < m_n \leq 4.0$	14	20	29	41	31	44	63	89
	$4.0 < m_n \leq 6.0$	22	31	43	61	39	56	79	111
	$6.0 < m_n \leq 10$	34	48	67	95	52	74	104	147
50 < d ≤ 125	$0.2 \leq m_n \leq 0.5$	2.5	3.5	5	7.5	23	33	46	66
	$0.5 < m_n \leq 0.8$	4	5.5	8	11	25	35	49	70
	$0.8 < m_n \leq 1.0$	5	7	10	14	26	36	52	73
	$1.0 < m_n \leq 1.5$	6.5	9	13	18	27	39	55	77
	$1.5 < m_n \leq 2.5$	9.5	13	19	26	31	43	61	86
	$2.5 < m_n \leq 4.0$	14	20	29	41	36	51	72	102
	$4.0 < m_n \leq 6.0$	22	31	44	62	44	62	88	124
	$6.0 < m_n \leq 10.0$	34	48	67	95	57	80	114	161
125 < d ≤ 280	$0.2 \leq m_n \leq 0.5$	2.5	3.5	5.5	7.5	30	42	60	85
	$0.5 < m_n \leq 0.8$	4	5.5	8	11	31	44	63	89
	$0.8 < m_n \leq 1.0$	5	7	10	14	33	46	65	92
	$1.0 < m_n \leq 1.5$	6.5	9	13	18	34	48	68	97
	$1.5 < m_n \leq 2.5$	9.5	13	19	27	37	53	75	106
	$2.5 < m_n \leq 4.0$	16	21	29	41	43	61	86	121
	$4.0 < m_n \leq 6.0$	22	31	44	62	51	72	102	144
	$6.0 < m_n \leq 10$	34	48	67	95	64	90	127	180
280 < d ≤ 560	$0.2 \leq m_n \leq 0.5$	2.5	4	5.5	7.5	39	55	78	110
	$0.5 < m_n \leq 0.8$	4	5.5	8	11	40	57	81	114
	$0.8 < m_n \leq 1.0$	5	7.5	10	15	42	59	83	117
	$1.0 < m_n \leq 1.5$	6.5	9	13	18	43	61	86	122
	$1.5 < m_n \leq 2.5$	9.5	13	19	27	46	65	92	131
	$2.5 < m_n \leq 4.0$	15	21	29	41	52	73	104	146
	$4.0 < m_n \leq 6.0$	22	31	44	62	60	84	119	169
	$6.0 < m_n \leq 10.0$	34	48	68	96	73	103	145	205

表 16-7　螺旋线总偏差 F_β　　μm

分度圆直径 d /mm	齿宽 b /mm	精度等级 6	7	8	9
$5 \leqslant d \leqslant 20$	$4 \leqslant b \leqslant 10$	8.5	12	17	24
	$10 < b \leqslant 20$	9.5	14	19	28
	$20 < b \leqslant 40$	11	16	22	31
	$40 < b \leqslant 80$	13	19	26	37
$20 < d \leqslant 50$	$4 \leqslant b \leqslant 10$	9	13	18	25
	$10 < b \leqslant 20$	10	14	20	29
	$30 < b \leqslant 40$	11	16	23	32
	$40 < b \leqslant 80$	13	19	27	38
	$80 < b \leqslant 160$	16	23	32	46
$50 < d \leqslant 125$	$4 \leqslant b \leqslant 10$	9.5	13	19	27
	$10 < b \leqslant 20$	11	15	21	30
	$20 < b \leqslant 40$	12	17	24	34
	$40 < b \leqslant 80$	14	20	28	39
	$80 < b \leqslant 160$	17	24	33	47
	$160 < b \leqslant 250$	20	28	40	56
$125 < d \leqslant 280$	$4 \leqslant b \leqslant 10$	10	14	20	29
	$10 < b \leqslant 20$	11	16	22	32
	$20 < b \leqslant 40$	13	18	25	36
	$40 < b \leqslant 80$	15	21	29	41
	$80 < b \leqslant 160$	17	25	35	49
	$160 < b \leqslant 250$	25	29	41	58
$280 < d \leqslant 560$	$10 \leqslant b \leqslant 20$	12	17	24	34
	$20 < b \leqslant 40$	13	19	27	38
	$40 < b \leqslant 80$	15	22	31	44
	$80 < b \leqslant 160$	18	26	36	52
	$160 < b \leqslant 250$	21	30	43	60
	$250 < b \leqslant 400$	25	35	49	70

表 16-8 建议的齿轮检验组及检验项目，可按齿轮工作性能及有关要求选择一个检验组来评定齿轮质量。

表 16-8　建议的齿轮检验组及项目

检验形式	检验组及项目	检验形式	检验组及项目
单项检验	① f_{pt}、F_p、F_α、F_β、F_r ② f_{pt}、F_p、F_α、F_β、F_r、F_{pk} ③ f_{pt}、F_r（仅用于 10 ～ 12 级）	综合检验	④ F_i''、f_i'' ⑤ F_i'、f_i'（协议有要求时）

16.1.3　侧隙和齿厚偏差

1. 侧隙

侧隙是在装配好的齿轮副中，相啮合的轮齿之间的间隙。当两个齿轮的工作齿面相互接触时，其非工作齿面之间的最短距离为法向间隙 j_{bn}；周向间隙 j_{wt} 是指将相互啮合的齿轮中的一个固定，另一个齿轮能够转过的节圆弧长的最大值。

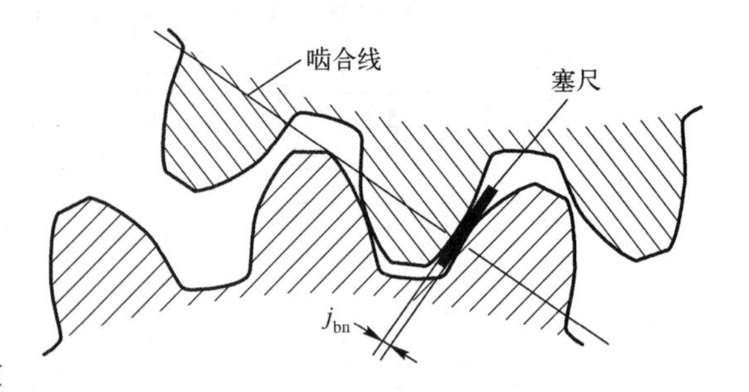

图 16-7　用塞尺测量侧隙（法向平面）

GB/Z 18620.2—2008 定义了侧隙、侧隙检验方法（见图 16-7）及最小侧隙的推荐数据。

表 16-9 所列为中、大模数齿轮推荐的最小侧隙 j_{bnmin} 数据。

表 16-9　对中、大模数齿轮推荐的最小侧隙 j_{bnmin} 数据　mm

m_n	最小中心距 a_i					
	50	100	200	400	800	1600
1.5	0.09	0.11	—	—	—	—
2	0.10	0.12	0.15	—	—	—
3	0.12	0.4	0.17	0.24	—	—
5	—	0.8	0.21	0.28	—	—
8	—	0.24	0.27	0.34	0.47	—
12	—	—	0.35	0.42	0.55	—
18	—	—	—	0.54	0.67	0.94

2. 齿厚偏差

侧隙是通过减薄齿厚的方法实现的，齿厚偏差（图 16-8）是指分度圆上实际齿厚与理论齿厚之差（对斜齿轮指法向齿厚）。分度圆上弦齿厚及弦齿高见表 16-11。

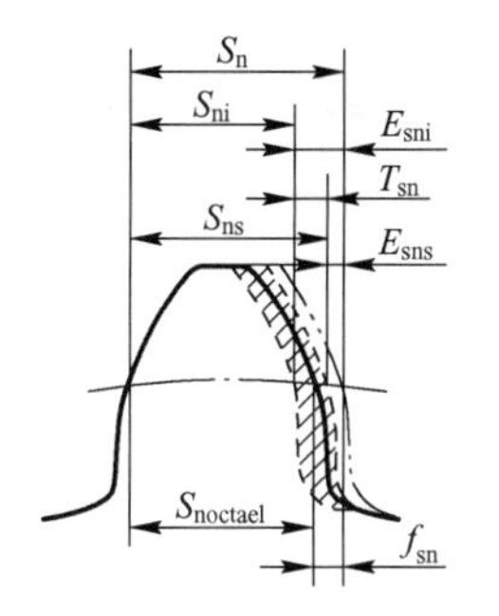

图 16-8　齿厚偏差

（1）齿厚上偏差

确定齿厚的上偏差 E_{sns} 除应考虑最小侧隙外，还要考虑齿轮和齿轮副的加工和安装误差，关系式为

$$E_{sns1}+E_{sns2}=-2f_a\tan\alpha_n-\frac{j_{bnmin}+J_n}{\cos\alpha_n}$$

式中：E_{sns1}、E_{sns2}——小齿轮和大齿轮的齿厚上偏差；

f_a——中心距偏差；

J_n——齿轮和齿轮副的加工、安装误差对侧隙减小的补偿量，其值如下：

$$J_n=\sqrt{f_{pb1}^2+f_{pb2}^2+2(F_\beta\cos\alpha_n)^2+(F_{\Sigma\delta}\sin\alpha_n)^2+(F_{\Sigma\beta}\cos\alpha_n)^2}$$

其中：f_{pb1}、f_{pb2}——小齿轮和大齿轮的基节偏差，

F_β——小齿轮和大齿轮的螺旋线总偏差，

α_n——法向压力角，

$F_{\Sigma\delta}$、$F_{\Sigma\beta}$——齿轮副轴线平行度偏差，其中，$F_{\Sigma\beta}=0.5\left(\frac{L}{b}\right)F_\beta$，两轮分别计算，取小值（其中，$L$ 为轴承跨距，mm；b 为齿宽，mm）；$F_{\Sigma\delta}=2F_{\Sigma\beta}$。

求得两齿轮的齿厚上偏差之和后，可以按等值分配方法分配给大齿轮和小齿轮，也可以使小齿轮的齿厚减薄量小于大齿轮的齿厚减薄量，以使大、小齿轮的齿根弯曲强度匹配。

（2）齿厚公差

齿厚公差的选择基本上与轮齿精度无关，除了十分必要的场合，不应采用较小的齿厚公差，以利于在不影响齿轮性能和承载能力的前提下获得较经济的制造成本。

齿厚公差 T_{sn} 的确定：

$$T_{sn}=\sqrt{F_r^2+b_r^2}\times 2\tan\alpha_n$$

式中：F_r——径向跳动公差；

b_r——切齿径向进刀公差，可按表 16-10 选用。

表 16-10 切齿径向进刀公差

齿轮精度等级	5	6	7	8	9
b_r	IT8	1.26IT8	IT9	1.26IT9	IT10

（3）齿厚下偏差

齿厚下偏差 E_{sni} 按下式求得

$$E_{sni} = E_{sns} - T_{sn}$$

（4）按使用经验选定齿厚公差

在实际的齿轮设计中，常常按实际使用经验来选定齿轮齿厚的上下偏差 E_{sns}、E_{sni} 齿厚极限偏差 E_{sn} 的参考值见表 16-12。这种选定方法不适用于对最小侧隙有严格要求的齿轮。

表 16-11 非变位直齿圆柱齿轮分度圆上弦齿厚及弦齿高（$\alpha=20°$，$h_a^*=1$）

弦齿厚 $S_x=K_1m$　　弦齿高 $h_x=K_2m$

齿数 z	K_1	K_2
10	1.564 3	1.061 6
11	1.565 5	1.056 0
12	1.566 3	1.051 4
13	1.567 0	1.047 4
14	1.567 5	1.044 0
15	1.567 9	1.041 1
16	1.568 3	1.038 5
17	1.568 6	1.036 2
18	1.568 8	1.034 2
19	1.569 0	1.032 4
20	1.569 2	1.030 8
21	1.569 4	1.029 4
22	1.569 5	1.028 1
23	1.569 6	1.026 8
24	1.569 7	1.025 7
25	1.569 8	1.024 7
26		1.023 7
27	1.569 9	1.022 8
28		1.022 0
29	1.570 0	1.021 3
30	1.570 1	1.020 6
31		1.019 9
32	1.570 2	1.019 3
33		1.018 7
34		1.018 1
35		1.017 6
36	1.570 3	1.017 1
37		1.016 7
38	1.570 4	1.016 2
39		1.015 8
40		1.015 4

齿数 z	K_1	K_2
41	1.570 4	1.015 0
42		1.014 7
43		1.014 3
44	1.570 5	1.014 0
45		1.013 7
46		1.013 4
47		1.013 1
48		1.012 8
49		1.012 6
50		1.012 3
51		1.012 1
52	1.570 5	1.011 9
53		1.011 6
54		1.011 4
55		1.011 2
56	1.570 6	1.011 0
57		1.010 8
58		1.010 6
59		1.010 5
60		1.010 2
61	1.570 6	1.010 1
62		1.010 0
63		1.009 8
64		1.009 7
65		1.009 5
66	1.570 6	1.009 4
67		1.009 2
68		1.009 1
69	1.570 7	1.009 0
70		1.008 8
71	1.570 7	1.008 7
72		1.008 6

齿数 z	K_1	K_2
73	1.570 7	1.008 5
74		1.008 4
75		1.008 3
76	1.570 7	1.008 1
77		1.008 0
78		1.007 9
79		1.007 8
80		1.007 7
81	1.570 7	1.007 6
82		1.007 5
83		1.007 4
84		1.007 4
85		1.007 3
86	1.570 7	1.007 2
87		1.007 1
88		1.007 0
89		1.006 9
91		1.006 8
91	1.570 7	1.006 8
92		1.006 7
93		1.006 7
94		1.006 6
95		1.006 5
96	1.570 7	1.006 4
97		1.006 4
98		1.006 3
99		1.006 2
100		1.006 1
101	1.570 7	1.006 1
102		1.006 0
103		1.006 0
104		1.005 9
105		1.005 9

齿数 z	K_1	K_2
106	1.570 7	1.005 8
107		1.005 8
108		1.005 7
109		1.005 7
110		1.005 6
111	1.570 7	1.005 6
112		1.005 5
113		1.005 5
114		1.005 4
115		1.005 4
116	1.570 7	1.005 3
117		1.005 3
118		1.005 3
119		1.005 2
120		1.005 2
121	1.570 7	1.005 1
122		1.005 1
123		1.005 0
124		1.005 0
125		1.004 9
126	1.570 7	1.004 9
127		1.004 9
128		1.004 8
129		1.004 8
130		1.004 7
131	1.570 8	1.004 7
132		1.004 7
133		1.004 7
134		1.004 6
135		1.004 6
140	1.570 81	1.004 4
145		1.004 2
150		1.004 1
齿条		1.000 0

注：1. 对于斜齿圆柱和锥齿轮，使用本表时，应以当量齿数 z_v 代替 z $\left(\text{斜齿轮：} z_v=\frac{z}{\cos^3\beta}\text{；锥齿轮：} z_v=\frac{z}{\cos\delta}\right)$。

2. z_v 非整数时，可用插值法求出。

表 16-12　齿厚极限偏差 E_{sn} 参考值（非标准内容）　μm

精度等级	法向模数 m_n/mm	偏差名称	分度圆直径/mm									
			≤80	>80～125	>125～180	>180～250	>250～315	>315～400	>400～500	>500～630	>630～800	>800～1 000
5	>1～3.5	E_{sns} E_{sni}	-96 -120	-96 -120	-112 -140	-140 -175	-140 -175	-175 -224	-200 -256	-200 -256	-200 -256	-225 -288
	>3.5～6.3		-80 -96	-96 -128	-108 -144	-144 -180	-144 -180	-144 -180	-180 -225	-180 -225	-180 -225	-250 -320
	>6.3～10		-90 -108	-90 -108	-120 -160	-120 -160	-160 -200	-160 -200	-176 -220	-176 -220	-176 -220	-220 -275
	>10～16				-110 -132	-132 -176	-132 -176	-176 -220	-208 -260	-208 -260	-208 -260	-260 -325
	>16～25				-112 -140	-112 -168	-140 -168	-168 -224	-192 -256	-192 -256	-256 -320	-256 -320
6	>1～3.5	E_{sns} E_{sni}	-80 -120	-100 -160	-110 -132	-132 -176	-132 -176	-176 -220	-208 -260	-208 -260	-208 -325	-224 -350
	>3.5～6.3		-78 -104	-104 -130	-112 -168	-140 -224	-140 -224	-168 -224	-168 -224	-224 -280	-224 -280	-256 -320
	>6.3～10		-84 -112	-112 -140	-128 -192	-128 -192	-128 -192	-168 -256	-180 -288	-180 -288	-216 -288	-288 -360
	>10～16				-108 -180	-144 -216	-144 -216	-144 -216	-160 -240	-200 -320	-240 -320	-240 -320
	>16～25				-132 -176	-132 -176	-176 -220	-176 -220	-200 -250	-200 -300	-200 -300	-250 -400
7	>1～3.5	E_{sns} E_{sni}	-112 -168	-112 -168	-128 -192	-128 -192	-160 -256	-192 -256	-180 -288	-216 -360	-216 -360	-320 -400
	>3.5～6.3		-108 -180	-108 -180	-120 -200	-160 -240	-160 -240	-160 -240	-200 -320	-200 -320	-240 -320	-264 -352
	>6.3～10		-120 -160	-120 -160	-132 -220	-132 -220	-176 -264	-176 -264	-200 -300	-200 -300	-250 -400	-300 -400
	>10～16				-150 -250	-150 -250	-150 -250	-200 -300	-224 -336	-224 -336	-224 -336	-280 -448
	>16～25				-128 -192	-128 -256	-192 -256	-192 -256	-216 -360	-216 -360	-288 -432	-288 -432
8	>1～3.5	E_{sns} E_{sni}	-120 -200	-120 -200	-132 -220	-176 -264	-176 -264	-176 -264	-200 -300	-200 -300	-250 -400	-280 -448
	>3.5～6.3		-100 -150	-150 -220	-168 -280	-168 -280	-168 -280	-168 -280	-224 -336	-224 -336	-224 -336	-256 -384
	>6.3～10		-112 -168	-112 -168	-128 -256	-192 -256	-192 -256	-192 -256	-216 -288	-216 -360	-288 -432	-288 -432
	>10～16				-144 -216	-144 -288	-216 -288	-216 -288	-240 -320	-240 -320	-240 -400	-320 -480
	>16～25				-180 -270	-180 -270	-180 -270	-180 -270	-200 -300	-300 -400	-300 -400	-300 -500
9	>1～3.5	E_{sns} E_{sni}	-112 -224	-168 -280	-192 -320	-192 -320	-192 -320	-256 -384	-288 -432	-288 -432	-288 -432	-320 -480
	>3.5～6.3		-144 -216	-144 -216	-160 -320	-160 -320	-240 -400	-240 -400	-240 -400	-240 -400	-320 -480	-360 -540
	>6.3～10		-160 -240	-160 -240	-180 -270	-180 -270	-180 -270	-270 -360	-300 -400	-300 -400	-300 -400	-300 -500
	>10～16				-200 -300	-200 -300	-200 -300	-200 -300	-224 -336	-336 -448	-336 -448	-336 -560
	>16～25				-252 -378	-252 -378	-252 -378	-252 -378	-284 -426	-284 -426	-284 -426	-426 -568

表 16-13　公法线长度 $W'(m=1, \alpha_0=20°)$

齿轮齿数 z	跨测齿数 K	公法线长度 W'	齿轮齿数 z	跨测齿数 K	公法线长度 W'	齿轮齿数 z	跨测齿数 K	公法线长度 W'	齿轮齿数 z	跨测齿数 K	公法线长度 W'	齿轮齿数 z	跨测齿数 K	公法线长度 W'
			41	5	13.858 8	81	10	29.179 7	121	14	41.548 4	161	18	53.917 1
			42	5	13.872 8	82	10	29.193 7	122	14	41.562 4	162	19	56.883 3
			43	5	13.886 8	83	10	29.207 7	123	14	41.576 4	163	19	56.897 2
4	2	4.484 2	44	5	13.900 8	84	10	29.221 7	124	14	41.590 4	164	19	55.911 3
5	2	4.498 2	45	6	16.867 0	85	10	29.235 7	125	14	41.604 4	165	19	56.925 3
6	2	4.512 2	46	6	16.881 0	86	10	29.249 7	126	15	44.570 6	166	19	56.939 3
7	2	4.526 2	47	6	16.895 0	87	10	29.263 7	127	15	44.584 6	167	19	56.953 3
8	2	4.540 2	48	6	16.909 0	88	10	29.277 7	128	15	44.598 6	168	19	56.967 3
9	2	4.554 2	49	6	16.923 0	89	10	29.291 7	129	15	44.612 6	169	19	56.981 3
10	2	4.568 3	50	6	16.937 0	90	11	32.257 9	130	15	44.626 6	170	19	56.995 3
11	2	4.582 3	51	6	16.951 0	91	11	32.271 8	131	15	44.640 6	171	20	59.961 5
12	2	4.596 3	52	6	16.966 0	92	11	32.285 8	132	15	44.654 6	172	20	59.975 4
13	2	4.610 3	53	6	16.979 0	93	11	32.299 8	133	15	44.668 6	173	20	59.989 4
14	2	4.624 3	54	7	19.945 2	94	11	32.313 8	134	15	44.682 6	174	20	60.003 4
15	2	4.638 3	55	7	19.959 1	95	11	32.327 9	135	16	47.649 0	175	20	60.017 4
16	2	4.652 3	56	7	19.973 1	96	11	32.341 9	136	16	47.662 7	176	20	60.031 4
17	2	4.666 3	57	7	19.987 1	97	11	32.355 9	137	16	47.676 7	177	20	60.045 5
18	3	7.632 4	58	7	20.001 1	98	11	32.369 9	138	16	47.690 7	178	20	60.059 5
19	3	7.646 4	59	7	20.015 2	99	12	35.336 1	139	16	47.704 7	179	20	60.073 5
20	3	7.660 4	60	7	20.029 2	100	12	35.350 0	140	16	47.718 7	180	21	63.039 7
21	3	7.674 4	61	7	20.043 2	101	12	35.364 0	141	16	47.732 7	181	21	63.053 6
22	3	7.688 4	62	7	20.057 2	102	12	35.378 0	142	16	47.746 8	182	21	63.067 6
23	3	7.702 4	63	8	23.023 3	103	12	35.392 0	143	16	47.760 8	183	21	63.081 6
24	3	7.716 5	64	8	23.037 3	104	12	35.406 0	144	17	50.727 0	184	21	63.095 6
25	3	7.730 5	65	8	23.051 3	105	12	34.420 0	145	17	50.740 9	185	21	63.109 6
26	3	7.744 5	66	8	23.065 3	106	12	35.434 0	146	17	50.754 9	186	21	63.123 6
27	4	10.710 6	67	8	23.079 3	107	12	36.448 1	147	17	50.768 9	187	21	63.137 6
28	4	10.724 6	68	8	23.093 3	108	13	38.414 2	148	17	50.782 9	188	21	63.151 6
29	4	10.738 6	69	8	23.107 3	109	13	38.428 2	149	17	50.796 9	189	22	66.117 9
30	4	10.752 6	70	8	23.121 3	110	13	38.442 2	150	17	50.810 9	190	22	66.131 8
31	4	10.766 6	71	8	23.135 3	111	13	38.456 2	151	17	50.824 9	191	22	66.145 8
32	4	10.780 6	72	9	26.101 5	112	13	38.470 2	152	17	50.838 9	192	22	66.159 8
33	4	10.794 6	73	9	26.115 5	113	13	38.484 2	153	18	53.805 1	193	22	66.173 8
34	4	10.808 6	74	9	26.129 5	114	13	38.498 2	154	18	53.819 1	194	22	66.187 8
35	4	10.822 6	75	9	26.143 5	115	13	38.512 2	155	18	53.833 1	195	22	66.201 8
36	5	13.788 8	76	9	26.157 5	116	13	38.526 2	156	18	53.847 1	196	22	66.215 8
37	5	13.802 8	77	9	26.171 5	117	14	41.492 4	157	18	53.861 1	197	22	66.229 8
38	5	13.816 8	78	9	26.185 5	118	14	41.506 4	158	18	53.875 1	198	23	69.196 1
39	5	13.830 8	79	9	26.199 5	119	14	41.520 4	159	18	53.889 1	199	23	69.210 1
40	5	13.844 8	80	9	26.213 5	120	14	41.534 4	160	18	53.903 1	200	23	69.224 1

注：1. 对标准直齿圆柱齿轮，公法线长度 $W=W'm$；W'为 $m=1$ mm、$\alpha_0=20°$时的公法线长度。

2. 对变位直齿圆柱齿轮，当变位系数较小，$|x|<0.3$ 时，跨测齿数 K 不变，按照上表查出，而公法线长度 $W=(W'+0.684x)m$，其中 x 为变位系数，当变位系数 x 较大，$|x|>0.3$ 时，跨测齿数为 K'，可按下式计算：

$$K'=z\frac{\alpha_x}{180°}+0.5，式中\ \alpha_x=\arccos\frac{2d\cos\alpha_0}{d_a+d_f}$$

而公法线长度为

$$W=[2.952\,1(K'-0.5)+0.014z+0.684x]m$$

3. 斜齿轮的公法线长度 W_n 在法面内测量，其值也可按上表确定，但必须根据假想齿数 z' 查表。z' 可按下式计算：$z'=K_\beta z$，式中 K_β 为与分度圆柱上齿的螺旋角 β 有关的假想齿数系数，见表 16-14。假想齿数常为非整数，其小数部分 $\Delta z'$ 所对应的公法线长度 $\Delta W'$ 可查表 16-15。故总的公法线长度：$W_n=(W'+\Delta W)m_n$，式中 m_n 为法面模数，W'为与假想齿数 z' 整数部分相对应的公法线长度，查表 16-13。

3. 公法线长度偏差

齿厚改变时，齿轮的公法线长度也随之改变。因此，可以通过测量公法线长度控制齿厚。公法线长度不以齿顶圆为测量基准，其测量方法简单，测量精度较高，在生产中广泛应用。齿轮公法线长度计算查表 16-13。

公法线长度偏差是指公法线的实际长度与公称长度之差，公法线长度偏差与齿厚偏差的关系如下：

公法线长度上偏差　$E_{bns}=E_{sns}\cos\alpha_n$

公法线长度下偏差　$E_{bni}=E_{sni}\cos\alpha_n$

表 16-14　假想齿数系数 K_β（$\alpha_n=20°$）

β	K_β	差　值	β	K_β	差　值	β	K_β	差　值	β	K_β	差　值
1°	1.000	0.002	16°	1.119	0.017	31°	1.548	0.047	46°	2.773	0.143
2°	1.002	0.002	17°	1.136	0.018	32°	1.595	0.051	47°	2.916	0.155
3°	1.004	0.003	18°	1.154	0.019	33°	1.646	0.054	48°	3.071	0.168
4°	1.007	0.004	19°	1.173	0.021	34°	1.700	0.058	49°	3.239	0.184
5°	1.011	0.005	20°	1.194	0.022	35°	1.758	0.062	50°	3.423	0.200
6°	1.016	0.006	21°	1.216	0.024	36°	1.820	0.067	51°	3.623	0.220
7°	1.022	0.006	22°	1.240	0.026	37°	1.887	0.072	52°	3.843	0.240
8°	1.028	0.008	23°	1.266	0.027	38°	1.959	0.077	53°	4.083	0.264
9°	1.036	0.009	24°	1.293	0.030	39°	2.036	0.083	54°	4.347	0.291
10°	1.045	0.009	25°	1.323	0.031	40°	2.119	0.088	55°	4.638	0.320
11°	1.054	0.011	26°	1.354	0.034	41°	2.207	0.096	56°	4.958	0.354
12°	1.065	0.012	27°	1.388	0.036	42°	2.303	0.105	57°	5.312	0.391
13°	1.077	0.013	28°	1.424	0.038	43°	2.408	0.112	58°	5.703	0.435
14°	1.090	0.014	29°	1.462	0.042	44°	2.520	0.121	59°	6.138	0.485
15°	1.114	0.015	30°	1.504	0.044	45°	2.641	0.132			

注：当分度圆螺旋角 β 为非整数时，K_β 可按差值用内插法求出。

表 16-15　假想齿数小数部分 $\Delta z'$ 的公法线长度 $\Delta W'$（$m_n=1$mm，$\alpha_n=20°$）

$\Delta z'$	0.00	0.01	0.02	0.03	0.04	0.05	0.06	0.07	0.08	0.09
0	0.000 0	0.000 1	0.000 3	0.000 4	0.000 6	0.000 7	0.000 8	0.001 0	0.001 1	0.001 3
0.1	0.001 4	0.001 5	0.001 7	0.001 8	0.002 0	0.002 1	0.002 2	0.002 4	0.002 5	0.002 7
0.2	0.002 8	0.002 9	0.003 1	0.003 2	0.003 4	0.003 5	0.003 6	0.003 8	0.003 9	0.004 1
0.3	0.004 2	0.004 3	0.004 5	0.004 6	0.004 8	0.004 9	0.005 1	0.005 2	0.005 3	0.005 5
0.4	0.005 6	0.005 7	0.005 9	0.006 0	0.006 1	0.006 3	0.006 4	0.006 6	0.006 7	0.006 9
0.5	0.007 0	0.007 1	0.007 3	0.007 4	0.007 6	0.007 7	0.007 9	0.008 0	0.008 1	0.008 3
0.6	0.008 4	0.008 5	0.008 7	0.008 8	0.008 9	0.009 1	0.009 2	0.009 4	0.009 5	0.009 7
0.7	0.009 8	0.009 9	0.010 1	0.010 2	0.010 4	0.010 5	0.010 6	0.010 8	0.010 9	0.011 1
0.8	0.011 2	0.011 4	0.011 5	0.011 6	0.011 8	0.011 9	0.012 0	0.012 2	0.012 3	0.012 4
0.9	0.012 6	0.012 7	0.012 9	0.013 0	0.013 2	0.013 3	0.013 5	0.013 6	0.013 7	0.013 9

注：查取示例，当 $\Delta z'=0.65$ 时，由上表查得 $\Delta W'=0.009\ 1$。

16.1.4　齿轮坯、轴中心距和轴线平行度

1. 齿轮坯的精度

GB/Z 18620.3—2008 规定了齿轮坯上确定基准轴线的基准面的形状公差（表 16-16）。当基准轴线与工作轴线不重合时，工作安装面相对于基准轴线的跳动公差不应大于表 16-17 规定的数值。

表 16-16 基准面与安装面的形状公差

确定轴线的基准面	公差项目		
	圆度	圆柱度	平面度
两个“短的”圆柱或圆锥形基准面	0.04 (L/b) F_β 或 0.1F_p 取两者中之小值		
一个“长的”圆柱或圆锥形基准面		0.04 (L/b) F_β 或 0.1F_p 取两者中之小值	
一个短的圆柱面和一个端面	0.06F_p		0.06 (D_d/b) F_β

注：1. 齿轮坯的公差应减至能经济地制造的最小值。

2. L——较大的轴承跨距（当有关轴跨距不同时）；D_d——基准圆直径；b——齿宽；F_β——螺旋线总偏差；F_p——齿距累积总偏差。

表 16-17 安装面的跳动公差

确定轴线的基准面	跳动量（总的指示幅度）	
	径向	轴向
仅指圆柱或圆锥形基准面	0.15$(L/b)F_\beta$或0.3F_p 取两者中之大值	
一个圆柱基准面和一个端面基准面	0.3F_p	0.2 (D_d/b) F_β

注：1. 齿轮坯的公差应减至能经济地制造的最小值。

2. 表中各参数含义参见表 16-17 注（2）。

齿轮的齿顶圈、齿轮孔以及安装齿轮的轴径尺寸公差与形状公差推荐按表 16-18 选用。

表 16-18 齿坯的尺寸和形状公差

齿轮精度等级		6	7	8	9	10
孔	尺寸公差 形状公差	IT6	IT7		IT8	
轴	尺寸公差 形状公差	IT5	IT6		IT7	
齿顶圆直径	作测量基准	IT8			IT9	
	不作测量基准	公差按 IT11 给定，但不大于 0.1m_n				

2. 轴中心距公差

中心距公差是设计者规定的允许偏差，确定中心距公差时应综合考虑轴、轴承和箱体的制造及安装误差，轴承跳动及温度变化等影响因素，并考虑中心距变动对重合度和侧隙的影响。

GB/Z 18620.3—2008 没有推荐中心距公差数值，表 16-19 所列为 GB/T 10095—1998 规定的中心距极限偏差可供选用。

表 16-19 中心距极限偏差 $\pm f_a$ μm

齿数精度等级	f_a	齿轮副的中心距/mm													
		大于6	10	18	30	50	80	120	180	250	315	400	500	630	800
		到10	18	30	50	80	120	180	250	315	400	500	630	800	1 000
5～6	$\frac{1}{2}$IT7	7.5	9	10.5	12.5	15	17.5	20	23	26	28.5	31.5	35	40	45
7～8	$\frac{1}{2}$IT8	11	13.5	16.5	19.5	23	27	31.5	36	40.5	44.5	48.5	55	62	70
9～10	$\frac{1}{2}$IT9	18	21.5	26	31	37	43.5	50	57.5	65	70	77.5	87	100	115

3. 轴线平行度偏差

由于轴线平行度偏差的影响与其向量的方向有关，对“轴线平面内的偏差”$f_{\Sigma\delta}$和“垂直平面内的偏差”$f_{\Sigma\beta}$作了不同的规定（见图 16-9）。轴线偏差的推荐最大值计算公式如下：

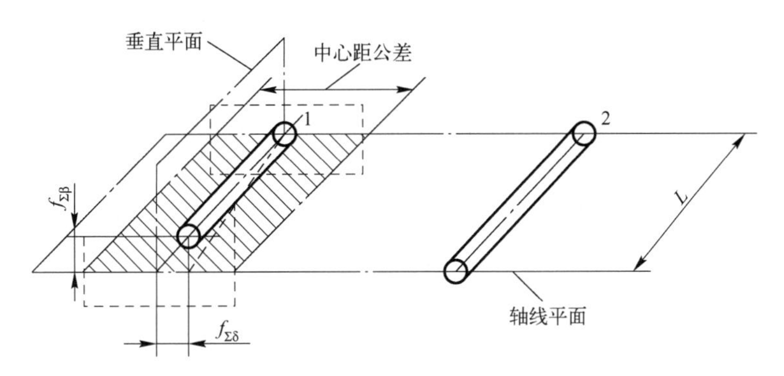

图 16-9 轴线平行度偏差

$$f_{\Sigma\beta}=0.5(L/b)F_{\beta}$$
$$f_{\Sigma\delta}=2f_{\Sigma\beta}=(L/b)F_{\beta}$$

式中：L——较大的轴承跨距，mm；

b——齿宽，mm；

F_{β}——螺旋线总偏差，μm。

16.1.5 齿面粗糙度

齿面粗糙度影响齿轮的传动精度和工作能力。齿面粗糙度规定值应优先从表 16-20 和表 16-21 中选用。*Ra* 和 *Rz* 均可作为齿面粗糙度指标，但两者不应在同一部分使用。齿轮精度等级和齿面粗糙度等级之间没有直接关系。

表 16-20 算术平均偏差 *Ra* 的推荐极限值

μm

精度等级	模数/mm		
	$m<6$	$6<m<25$	$m>25$
5	0.5	0.63	0.80
6	0.8	1.00	1.25
7	1.25	1.6	2
8	2	2.5	3.2
9	3.2	4.0	5

表 16-21 轮廓的最大高度 *Rz* 的推荐极限值

μm

精度等级	模数/mm		
	$m<6$	$6<m<25$	$m>25$
5	3.2	4	5
6	5	6.3	8
7	8	10	12.5
8	12.5	16	20
9	20	25	32

16.1.6 轮齿接触斑点

检测产品齿轮副在其箱体内所产生的接触斑点，可对轮齿间载荷分布进行评估。产品齿轮与测量齿轮的接触斑点，可用于装配后的齿轮的螺旋线和齿轮精度的评估。

图 16-10 和表 16-22 及表 16-23 给出了齿轮装配后（空载）检测时的齿轮精度等级和接触斑点分布之间关系的一般指示，但不适用于齿廓和螺旋线修形的齿轮齿面。

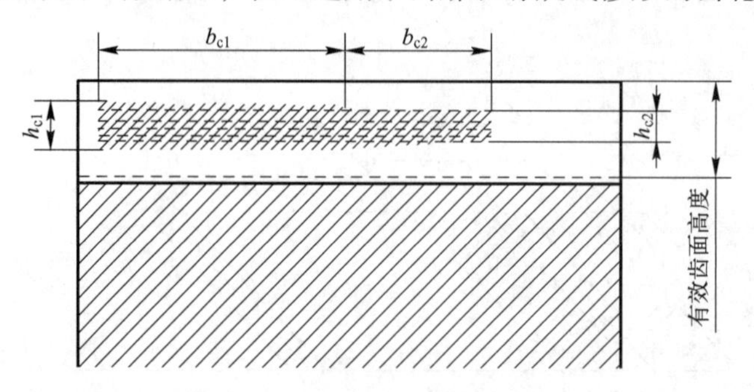

图 16-10　接触斑点分布的示意图

表 16-22　直齿轮装配后的接触斑点

精度等级	b_{c1}/% 齿长方向	h_{c1}/% 齿高方向	b_{c2}/% 齿长方向	h_{c2}/% 齿高方向
5 和 6	45	50	35	30
7 和 8	35	50	35	30
9 至 12	25	50	25	30

表 16-23　斜齿轮装配后的接触斑点

精度等级	b_{c1}/% 齿长方向	h_{c1}/% 齿高方向	b_{c2}/% 齿长方向	h_{c2}/% 齿高方向
5 和 6	45	40	35	20
7 和 8	35	40	35	20
9 至 12	25	40	25	20

16.1.7　精度等级的标注

在技术文件中需要叙述齿轮精度等级时应注明 GB/T 10095.1 或 GB/T 10095.2。关于齿轮精度等级的标注建议如下：

（1）若齿轮的各检验项目为同一精度等级，可标注精度等级和标准号。例如齿轮各检验项目同为 7 级精度，则标注为

7 GB/T 10095.1—2008　或　7 GB/T 10095.2—2008

（2）若齿轮各检验项目的精度等级不同，例如齿廓总偏差 F_α 为 6 级精度，单个齿距偏差 f_{pt}、齿距累计总偏差 F_p、螺旋线总偏差 F_β 均为 7 级精度，则标注为

6（F_α）、7（f_{pt}、F_p、F_β）　GB/T 10095.1—2008

齿轮零件图中的精度标注方法可参见第 18 章参考图例。

16.2　锥齿轮精度（GB/T 11365—1989 摘录）

16.2.1　精度等级与检验要求

本标准对锥齿轮及齿轮副规定有 12 个精度等级，1 级精度最高，12 级精度最低。锥齿轮副中两锥齿轮一般取相同精度等级，也允许取不同精度等级。

按照公差的特性对传动性能的影响，将锥齿轮与齿轮副的公差项目分成三个公差组（见表 16-24）。根据使用要求的不同，允许各公差组以不同精度等级组合，但对齿轮副中两

齿轮的同一公差组，应规定同一精度等级。

表 16-24　锥齿轮各项公差的分组

公差组	公差与极限偏差项目	误 差 特 性	对传动性能的主要影响
Ⅰ	F_i'，F_r，F_p，F_{pk}，$F_{i\Sigma}''$	以齿轮一转为周期的误差	传递运动的准确性
Ⅱ	f_i'，$f_{i\Sigma}''$，$f_{\Sigma K}$，$\pm f_{pt}$，f_c	在齿轮一周内，多次周期地重复出现的误差	传动的平稳性
Ⅲ	接触斑点	齿向线的误差	载荷分布的均匀性

注：F_i'为切向综合公差；F_r为齿圈跳动公差；F_p为齿距累积公差；F_{pk}为k个齿距累积公差；$F_{i\Sigma}''$为轴交角综合公差；f_i'为一齿切向综合公差；$f_{i\Sigma}''$为一齿轴交角综合公差；$f_{\Sigma K}$为周期误差的公差；$\pm f_{pt}$为齿距极限偏差；f_c为齿形相对误差的公差。

锥齿轮精度应根据传动用途、使用条件、传递功率、圆周速度以及其他技术要求决定。锥齿轮第Ⅱ公差组的精度主要根据圆周速度决定（见表 16-25）。

表 16-25　锥齿轮第Ⅱ组精度等级的选择

第Ⅱ组精度等级	直齿		非直齿	
	≤350HBW	>350HBW	≤350HBW	>350HBW
	圆周速度/($m \cdot s^{-1}$)（≤）			
7	7	6	16	13
8	4	3	9	7
9	3	2.5	6	5

注：1. 表中的圆周速度按锥齿轮平均直径计算。

2. 此表不属于国家标准内容，仅供参考。

锥齿轮及齿轮副的检验项目应根据工作要求和生产规模确定；对于 7、8、9 级精度的一般齿轮传动，推荐的检验项目如表 16-26 所示。

表 16-26　推荐的锥齿轮和齿轮副检验项目

项　　目		精度等级		
		7	8	9
公差组	Ⅰ	F_p 或 F_r		F_r
	Ⅱ	$\pm f_{pt}$		
	Ⅲ	接触斑点		
齿轮副	对锥齿轮	$E_{\bar{s}s}$，$E_{\bar{s}i}$		
	对箱体	$\pm f_a$		
	对传动	$\pm f_{AM}$，$\pm f_a$，$\pm E_\Sigma$，j_{nmin}		
齿轮毛坯公差		齿坯顶锥母线跳动公差 基准端面跳动公差 外径尺寸极限偏差 齿坯轮冠距和顶锥角极限偏差		

注：本表推荐项目的名称、代号和定义见表 16-27。

表 16-27　推荐的锥齿轮和锥齿轮副检验项目的名称、代号和定义

名　　称	代号	定　　义
齿距累积误差 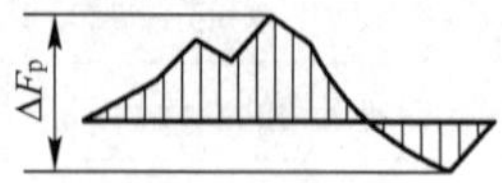 齿距累积公差	ΔF_p F_p	在中点分度圆*上，任意两个同侧齿面间的实际弧长与公称弧长之差的最大绝对值
齿圈跳动 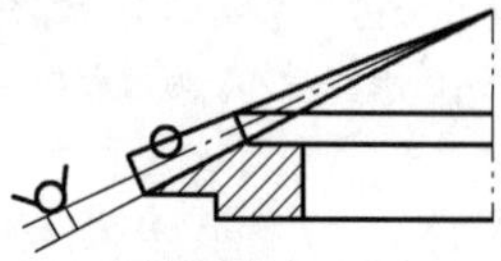 齿圈跳动公差	ΔF_r F_r	齿轮一转范围内，测头在齿槽内与齿面中部双面接触时，沿分锥法向相对齿轮轴线的最大变量动量
齿距偏差 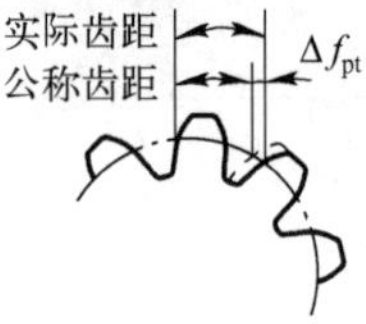 齿距极限偏差：上极限偏差 下极限偏差	Δf_{pt} $+f_{pt}$ $-f_{pt}$	在中点分度圆*上，实际齿距与公称齿距之差
接触斑点 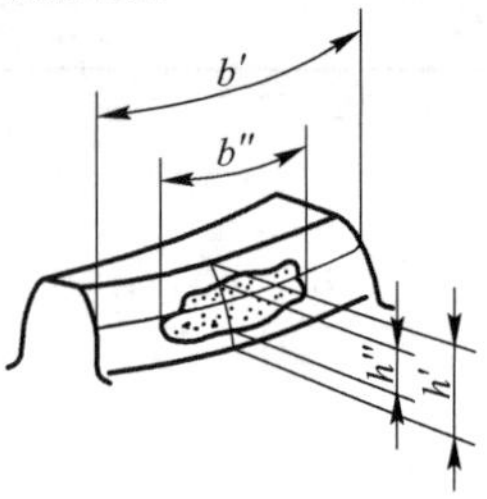		安装好的齿轮副（或被测齿轮与测量齿轮）在轻微力的制动下转动后，在齿轮工作齿面上得到的接触痕迹 接触斑点包括形状、位置、大小三方面的要求
齿轮副轴间距偏差 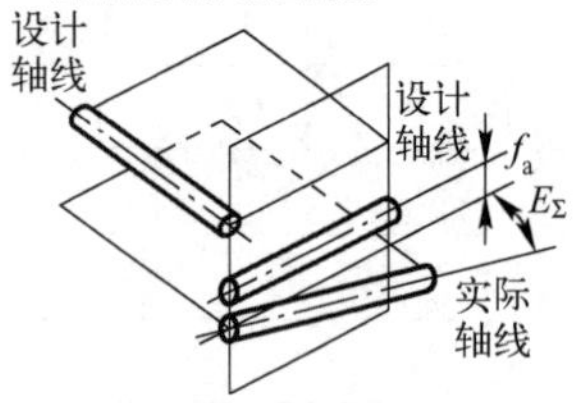 齿轮副轴间距极限偏差： 上极限偏差 下极限偏差	Δf_a $+f_a$ $-f_a$	齿轮副实际轴间距与公称轴间距之差
齿轮副轴交角偏差 齿轮副轴交角极限偏差： 上极限偏差 下极限偏差	ΔE_Σ $+E_\Sigma$ $-E_\Sigma$	齿轮副实际轴交角与公称轴交角之差，以齿宽中点处线值计
齿厚偏差 齿厚极限偏差：上极限偏差 下极限偏差 公　差	$\Delta E_{\bar{s}}$ $E_{\bar{s}s}$ $E_{\bar{s}i}$ $T_{\bar{s}}$	齿宽中点法向弦齿厚的实际值与公称值之差
齿圈轴向位移 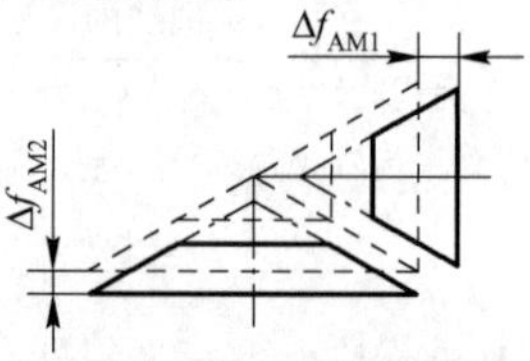 齿圈轴向位移极限偏差： 上极限偏差 下极限偏差	Δf_{AM} $+f_{AM}$ $-f_{AM}$	齿轮装配后，齿圈相对于滚动检查机上确定的最佳啮合位置的轴向位移量
齿轮副侧隙 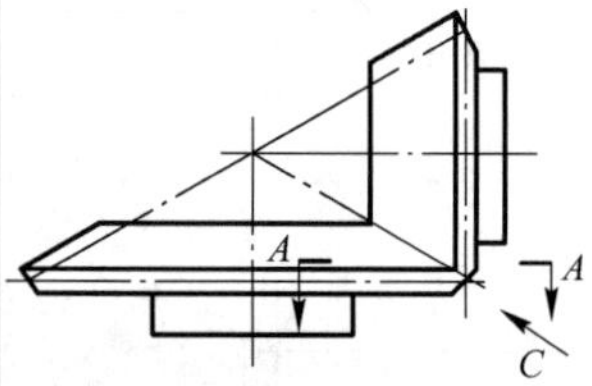 圆周侧隙 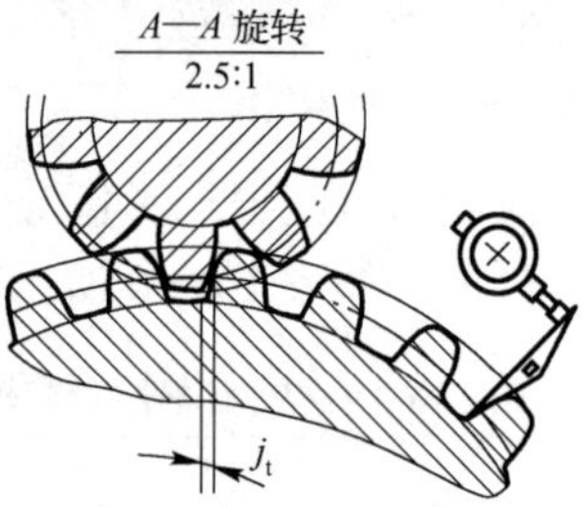	j_t	齿轮副按规定的位置安装后，其中一个齿轮固定时，另一个齿轮从工作齿面接触到非工作齿面接触所绕过的齿宽中点分度圆弧长
法向侧隙 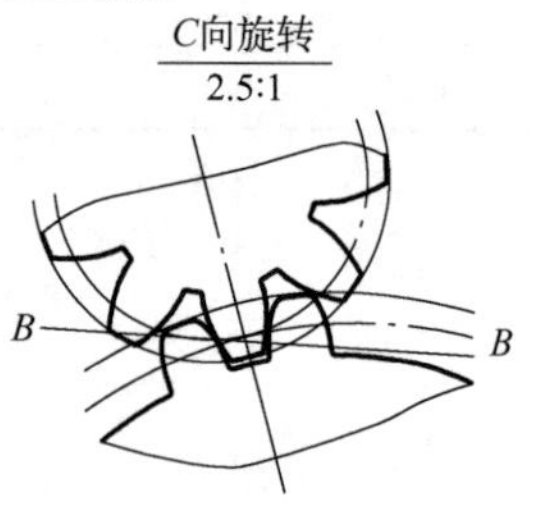 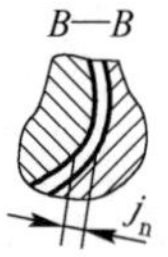	j_n j_{tmin} j_{tmax} j_{nmin} j_{nmax}	齿轮副按规定的位置安装后，工作齿面接触时，非工作齿面间的最小距离，以齿宽中点处计 $j_n = j_t \cos\beta \cos\alpha$

注：＊允许在齿面中部测量。

16.2.2　锥齿轮副的侧隙规定

本标准规定锥齿轮副的最小法向侧隙种类为 6 种：a，b，c，d，e 和 h。最小法向侧隙值 a 为最大，依次递减，h 为零（见图 16-11）。最小法向侧隙种类与精度等级无关，其值见表 16-28。最小法向侧隙种类确定后，可按表 16-30 查取齿厚上偏差 $E_{\bar{s}s}$。

表 16-28　最小法向侧隙值 j_{nmin}　μm

中点锥距/mm		小轮分锥角/（°）		最小法向侧隙 j_{nmin} 值		
				最小法向侧隙种类		
大于	到	大于	到	d	c	b
—	50	—	15	22	36	58
		15	25	33	52	84
		25	—	39	62	100
50	100	—	15	33	52	84
		15	25	39	62	100
		25	—	46	74	120
100	200	—	15	39	62	100
		15	25	54	87	140
		25	—	63	100	160
200	400	—	15	46	74	120
		15	25	72	115	185
		25	—	81	130	210

注：1. 表中数值用 $\alpha=20°$ 的正交齿轮副。
2. 对正交齿轮副按中点锥距 R_m 值查取 j_{nmin} 值。

最大法向侧隙 j_{nmax} 按下式计算：

$$j_{nmax}=(\left|E_{\bar{s}s1}+E_{\bar{s}s2}\right|+T_{\bar{s}1}+T_{\bar{s}2}+E_{\bar{s}\Delta1}+E_{\bar{s}\Delta2})\cos\alpha_n$$

式中：$E_{\bar{s}}$——制造误差的补偿部分，由表 16-30 查取。齿厚公差 $T_{\bar{s}}$ 按表 16-29 查取。

表 16-29　齿厚公差 $T_{\bar{s}}$ 值　μm

齿圈跳动公差		法向间隙公差种类		
大于	到	D	C	B
32	40	55	70	85
40	50	65	80	100
50	60	75	95	120
60	80	90	110	130
80	100	110	140	170
100	125	130	170	200

本标准规定锥齿轮副的法向侧隙公差种类为 5 种：A，B，C，D 与 H。在一般情况下，推荐法向侧隙公差种类与最小侧隙种类的对应关系如图 16-11 所示。

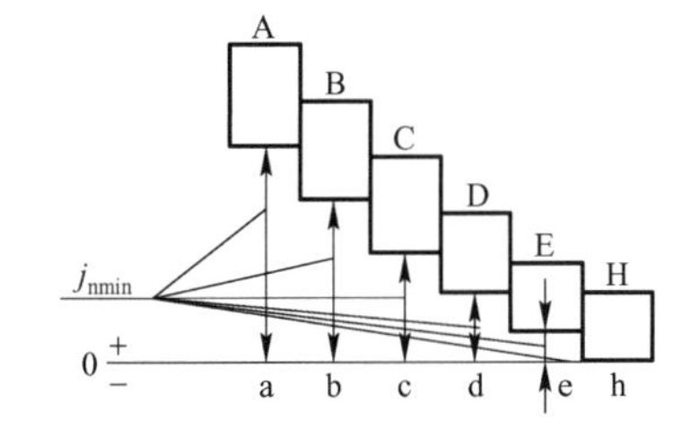

图 16-11　法向侧隙公差种类与最小侧隙种类对应关系

表 16－30　锥齿轮的 $E_{\bar{s}s}$ 与 $E_{\bar{s}\Delta}$ 值

μm

中点法向模数/mm	齿厚上偏差 $E_{\bar{s}s}$ 值									最大法向侧隙 j_{nmax} 的制造误差补偿部分 $E_{\bar{s}\Delta}$ 值																										
										第Ⅱ组精度等级																										
	中点分度圆直径/mm									7									8									9								
										中点分度圆直径/mm																										
	≤125			>125～400			>400～800			≤125			>125～400			>400～800			≤125			>125～400			>400～800			≤125			>125～400			>400～800		
	分锥角/(°)									分锥角/(°)																										
基本值	≤20	>20～45	>45	≤20	>20～45	>45	≤20	>20～45	>45	≤20	>20～45	>45	≤20	>20～45	>45	≤20	>20～45	>45	≤20	>20～45	>45	≤20	>20～45	>45	≤20	>20～45	>45	≤20	>20～45	>45	≤20	>20～45	>45	≤20	>20～45	>45
>1～3.5	－20	－20	－22	－28	－32	－30	－36	－50	－45	20	20	22	28	32	30	36	50	45	22	22	24	30	36	32	40	55	50	24	24	25	32	38	36	45	65	55
>3.5～6.3	－22	－22	－25	－32	－32	－30	－38	－55	－45	22	22	25	32	32	30	38	55	45	24	24	28	36	36	32	42	60	50	25	25	30	38	38	36	45	65	55
>6.3～10	－25	－25	－28	－36	－36	－34	－40	－55	－50	25	25	28	36	36	34	40	55	50	28	28	30	40	40	38	45	60	55	30	30	32	45	45	40	48	65	60

系数	最小法向侧隙种类	第Ⅱ组精度等级		
		7	8	9
	d	2	2.2	—
	c	2.7	3.0	3.2
	b	3.8	4.2	4.6

注：各最小法向侧隙种类的各种精度等级齿轮的 $E_{\bar{s}s}$ 值，由本表查出基本值乘以系数得出。

16.2.3　图样标注

在锥齿轮零件图上应标注锥齿轮的精度等级和最小法向侧隙种类及法向侧隙公差种类的数字（字母）代号。标注示例：

（1）锥齿轮的第Ⅰ公差组精度为 8 级，第Ⅱ、Ⅲ公差组精度为 7 级，最小法向侧隙种类为 c，法向侧隙公差种类为 B

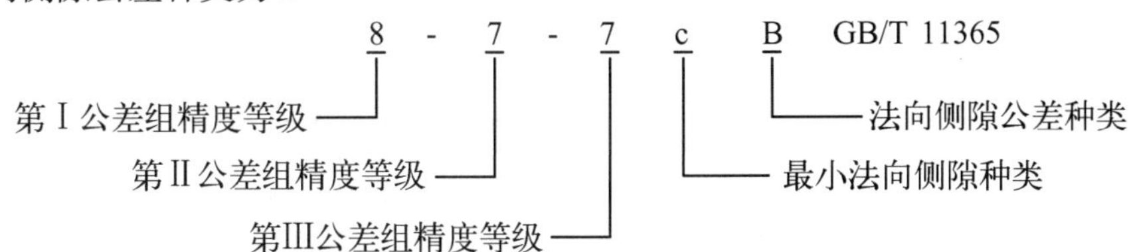

（2）锥齿轮的三个公差组精度同为 7 级，最小法向侧隙种类为 b，法向侧隙公差种类为 B

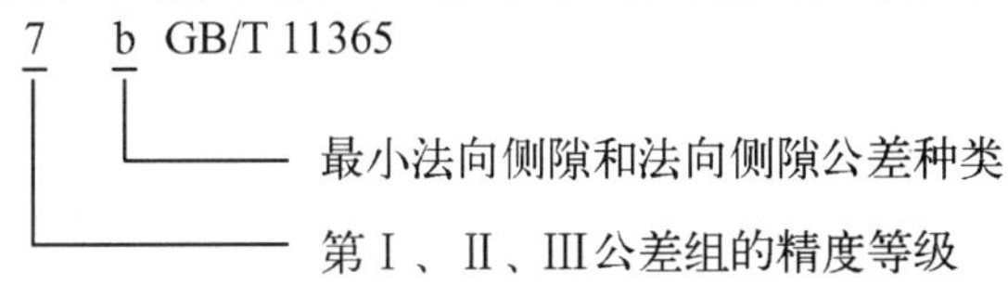

（3）锥齿轮的三个公差组精度同为 7 级，最小法向侧隙为 160 μm，法向侧隙公差种类为 B

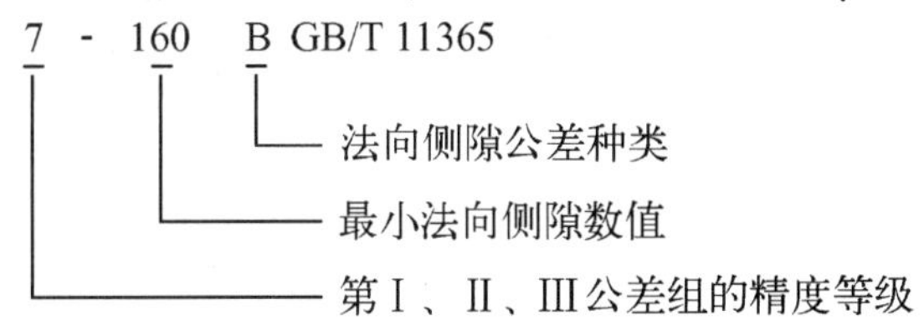

16.2.4　锥齿轮精度数值表

锥齿轮精度数值表见表 16-31 ~ 表 16-34。

表 16-31　锥齿轮的 F_r，$\pm f_{pt}$ 值　　μm

中点分度圆直径 /mm		中点法向模数 /mm	齿圈径向跳动公差 F_r			齿距极限偏差 $\pm f_{pt}$		
			第Ⅰ组精度等级			第Ⅱ组精度等级		
			7	8	9	7	8	9
—	125	≥1 ~ 3.5	36	45	56	14	20	28
		>3.5 ~ 6.3	40	50	63	18	25	36
		>6.3 ~ 10	45	56	71	20	28	40
125	400	≥1 ~ 3.5	50	63	80	16	22	32
		>3.5 ~ 6.3	56	71	90	20	28	40
		>6.3 ~ 10	63	80	100	22	32	45
400	800	≥1 ~ 3.5	63	80	100	18	25	36
		>3.5 ~ 6.3	71	90	112	20	28	40
		>6.3 ~ 10	80	100	125	25	36	50

表 16-32　锥齿轮齿距累积公差 F_p 值　μm

中点分度圆弧长 L/mm		第Ⅰ组精度等级		
大于	到	7	8	9
32	50	32	45	63
50	80	36	50	71
80	160	45	63	90
160	315	63	90	125
315	630	90	125	180
630	100 0	112	160	224

注：F_p 按中点分度圆弧长 L（mm）查表，

$$L = \frac{\pi d_m}{2} = \frac{\pi m_{nm} z}{2\cos\beta}$$

式中：β——锥齿轮螺旋角；

m_{nm}——中点法向模数；

d_m——齿宽中点分度圆直径。

表 16-33　接触斑点　%

第Ⅲ组精度等级	7	8，9
沿齿长方向	50～70	35～65
沿齿高方向	55～75	40～70

注：1. 表中数值范围用于齿面修形的齿轮；对齿面不做修形的齿轮，其接触斑点大小不小于其平均值。

2. 接触斑点的大小按百分比确定：

沿齿长方向——接触斑点长度 b'' 与工作长度 b' 之比，即 $b''/b' \times 100\%$；

沿齿高方向——接触斑点高度 h'' 与接触痕迹中部的工作齿高 h' 之比，即 $h''/h' \times 100\%$。

表 16-34　锥齿轮副检验安装误差项目 $\pm f_a$，$\pm f_{AM}$ 与 $\pm E_\Sigma$ 值　μm

中点锥距/mm		轴间距极限偏差 $\pm f_a$			齿圈轴向位移极限偏差 $\pm f_{AM}$											轴交角极限偏差 $\pm E_\Sigma$				
		第Ⅱ组精度等级			分锥角/(°)		第Ⅱ组精度等级 7			8			9			小轮分锥角/(°)		最小法向间隙种类		
							中点法向模数/mm													
大于	到	7	8	9	大于	到	≥1～3.5	>3.5～6.3	>6.3～10	≥1～3.5	>3.5～6.3	>6.3～10	≥1～3.5	>3.5～6.3	>6.3～10	大于	到	d	c	b
—	50	18	28	36	—	20	20	11	—	28	16	—	40	22	—	—	15	11	18	30
					20	45	17	9.5	—	24	13	—	34	19	—	15	25	16	26	42
					45	—	71	4	—	10	5.6	—	14	8	—	25	—	19	30	50
50	100	20	30	45	—	20	67	38	24	95	53	34	140	75	50	—	15	16	26	42
					20	45	56	32	21	80	45	30	120	63	42	15	25	19	30	50
					45	—	24	13	8.5	34	17	12	48	26	17	25	—	22	32	60
100	200	25	36	55	—	20	150	80	53	200	120	75	300	160	105	—	15	19	30	50
					20	45	130	81	45	180	100	63	260	140	90	15	25	26	45	71
					45	—	53	30	19	75	40	26	105	60	38	25	—	32	50	80
200	400	30	45	75	—	20	340	180	120	480	250	170	670	360	240	—	15	22	32	60
					20	45	280	150	100	400	210	140	560	300	200	15	25	36	56	90
					45	—	120	63	40	170	90	60	240	130	85	25	—	40	63	100

注：1. 表中 $\pm f_a$ 值用于无纵向修形的齿轮副。

2. 表中 $\pm f_{AM}$ 值用于 $\alpha = 20°$ 的非修形齿轮。

3. 表中 $\pm E_\Sigma$ 值的公差带位置相对于零线，可以不对称或取在一侧。

4. 表中 $\pm E_\Sigma$ 值用于 $\alpha = 20°$ 的正交齿轮副。

16.2.5　锥齿轮齿坯公差

锥齿轮齿坯公差见表 16-35 ～ 表 16-38。

表 16-35　齿坯轮冠距与顶锥角极限偏差

中点法向模数/mm	轮冠距极限偏差/μm	顶锥角极限偏差/（′）
>1.2～10	0 -75	+8 0

表 16-36　齿坯尺寸公差

精度等级	7，8	9
轴径尺寸公差	IT6	IT7
孔径尺寸公差	IT7	IT8
外径尺寸极限偏差	$\left(\begin{smallmatrix}0\\-\mathrm{IT8}\end{smallmatrix}\right)$	$\left(\begin{smallmatrix}0\\-\mathrm{IT9}\end{smallmatrix}\right)$

注：当 3 个公差组精度等级不同时，按最高的精度等级确定公差值。

表 16-37　齿坯顶锥母线跳动和基准端面跳动公差

项　目		尺寸范围		粗度等级	
		大于	到	7，8	9
顶锥母线跳动公差/μm	外径/mm	30 50	50 120	30 40	60 80
		120 250	250 500	50 60	100 120
		500 800	800 1 250	80 100	150 200
基准端面跳动公差/μm	基准端面直径/mm	30 50	50 120	12 15	20 25
		120 250	250 500	20 25	30 40
		500 800	800 1 250	30 40	50 60

注：同表 16-36 注。

表 16-38　锥齿轮表面粗糙度 *Ra* 推荐值　　μm

<table>
<tr><th rowspan="2">精度等级</th><th colspan="5">表面粗糙度</th></tr>
<tr><th>齿侧面</th><th>基准孔（轴）</th><th>端面</th><th>顶锥面</th><th>背锥面</th></tr>
<tr><td>7</td><td>0.8</td><td>—</td><td>—</td><td>—</td><td>—</td></tr>
<tr><td>8</td><td colspan="4">1.6</td><td>3.2</td></tr>
<tr><td>9</td><td colspan="2">3.2</td><td colspan="2" rowspan="2">3.2</td><td rowspan="2">6.3</td></tr>
<tr><td>10</td><td colspan="2">6.3</td></tr>
</table>

注：1. 齿侧面按第Ⅱ组，其他按第Ⅰ组精度等级查表。

2. 此表不属于国家标准内容，仅供参考。

16.3 圆柱蜗杆、蜗轮精度（GB/T 10089—2018 摘录）

16.3.1 精度等级与检验要求

标准 GB/T 10089—2018 规定圆柱蜗杆、蜗轮和蜗杆传动有 12 个精度等级，其中，1 级精度最高，12 级精度最低。对于动力传动的蜗杆、蜗轮，一般采用 7 ~ 9 级。

蜗杆和配对蜗轮的精度等级一般取成相同，也允许取成不相同。对于有特殊要求的蜗杆传动，除 F_r、F_i''、f_i'、f_r，项目外，其蜗杆、蜗轮左右齿面的精度等级也可取成不相同。

按照公差特性对传动性能的主要保证作用，将公差（或极限偏差）分成 3 个公差组，见表 16-39。根据使用要求不同，允许各公差组选用不同的精度等级组合，但在同一公差组中，各项公差与极限偏差应保持相同的精度等级。

表 16-39 蜗杆、蜗轮和蜗杆传动各项公差的分组

公差组	检验对象	公差与极限偏差项目	误差特性	对传动性能的主要影响
Ⅰ	蜗杆	—	一转为周期的误差	传递运动的准确性
	蜗轮	F_i'，F_i''，F_p，F_{pk}，F_r		
	传动	F_{ic}'		
Ⅱ	蜗杆	f_h，f_{hL}，$\pm f_{px}$，f_{pxL}，f_r	一周内多次周期重复出现的误差	传动的平稳性、噪声、振动
	蜗轮	f_i'，f_i''，$\pm f_{pt}$		
	传动	f_{ic}'		
Ⅲ	蜗杆	f_{f1}	齿向线的误差	载荷分布的均匀性
	蜗轮	f_{f2}		
	传动	接触斑点，$\pm f_a$，$\pm f_\Sigma$，$\pm f_x$		

注：F_i'—蜗轮切向综合公差；F_i''—蜗轮径向综合公差；F_p—蜗轮齿距累积公差；F_{pk}—蜗轮 k 个齿距累积公差；F_r—蜗轮齿圈径向圆跳动公差；F_{ic}'—蜗杆副的切向综合公差；f_h—蜗杆一转螺旋线公差；f_{hL}—蜗杆螺旋线公差；$\pm f_{px}$—蜗杆轴向齿距极限偏差；f_{pxL}—蜗杆轴向齿距累积公差；f_r—蜗杆齿槽径向圆跳动公差；f_i'—蜗轮一齿切向综合公差；f_i''—蜗轮一齿径向综合公差；$\pm f_{pt}$—蜗轮齿距极限偏差；f_{ic}'—蜗杆副的一齿切向综合公差；f_{f1}—蜗杆齿形公差；f_{f2}—蜗轮齿形公差；$\pm f_a$—蜗杆副的中心距极限偏差；$\pm f_\Sigma$—蜗轩副的轴交角极限偏差；$\pm f_x$—蜗杆副的中间平面极限偏差。

蜗杆、蜗轮精度应根据传动用途、使用条件、传递功率、圆周速度以及其他技术要求确定。其第Ⅱ公差组主要由蜗轮圆周速度决定，见表 16-40。

表 16-40 第Ⅱ公差组精度等级与蜗轮圆周速度的关系

项　目	第Ⅱ公差组精度等级		
	7	8	9
蜗轮圆周速度/(m/s)	≤7.5	≤3	≤1.5

注：此表不属于国家标准内容，仅供参考。

蜗杆、蜗轮和蜗杆传动的检验项目应根据工作要求、生产规模和生产条件确定。对于动力传动的一般圆柱蜗杆传动，推荐的检测项目见表 16-41。

表 16-41　推荐的圆柱蜗杆、蜗轮和蜗杆传动的检验项目

项　目			精度等级 7	精度等级 8	精度等级 9
公差组	Ⅰ	蜗杆	—		
		蜗轮	F_p		F_r
	Ⅱ	蜗杆	$\pm f_{px}$，f_{pxL}		
		蜗轮	$\pm f_{pt}$		
	Ⅲ	蜗杆	f_{f1}		
		蜗轮	f_{f2}		
蜗杆副	对蜗杆		E_{ss1}，E_{si1}		
	对蜗轮		E_{ss2}，E_{si2}		
	对箱体		$\pm f_a$，$\pm f_x$，$\pm f_\Sigma$		
	对传动		接触斑点，$\pm f_a$，j_{nmin}		
毛坯公差			蜗杆、蜗轮齿坯尺寸公差，形状公差，基准面径向和轴向圆跳动公差		

注：1. 当蜗杆副的接触斑点有要求时，蜗轮的齿形误差 f_{f2} 可不检验。
2. 本表推荐项目的名称、代号和定义见表 16-42。
3. 此表不属于国家标准内容，仅供参考。

表 16-42　推荐的圆柱蜗杆、蜗轮和蜗杆传动检验项目的名称、代号和定义

名　称	代号	定　义	名　称	代号	定　义
蜗轮齿距累积误差 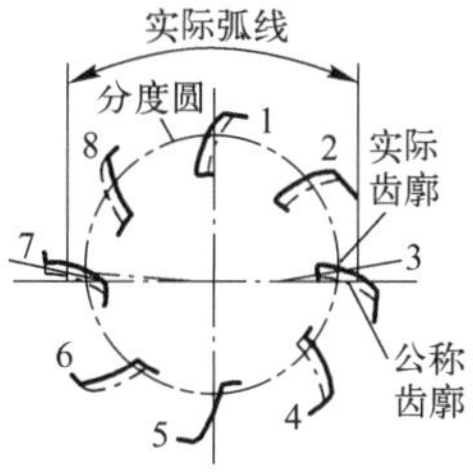 蜗轮齿距累积公差	ΔF_p F_p	在蜗轮分度圆上，任意两个同侧齿面间的实际弧长与公称弧长之差的最大绝对值	蜗轮齿圈径向圆跳动偏差 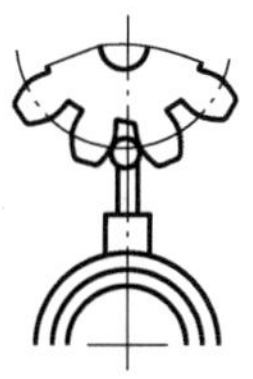 蜗轮齿圈径向圆跳动公差	ΔF_r F_r	在蜗轮一转范围内，测头在靠近中间平面的齿槽内与齿高中部的齿面双面接触，其测头相对于蜗轮轴线径向距离的最大变动量
蜗杆轴向齿距偏差 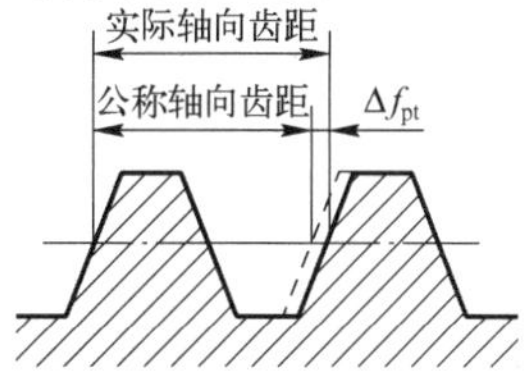 蜗杆轴向齿距极限偏差： 上极限偏差 下极限偏差	Δf_{px} $+f_{px}$ $-f_{px}$	在蜗杆轴向截面上实际齿距与公称齿距之差	蜗轮齿形误差 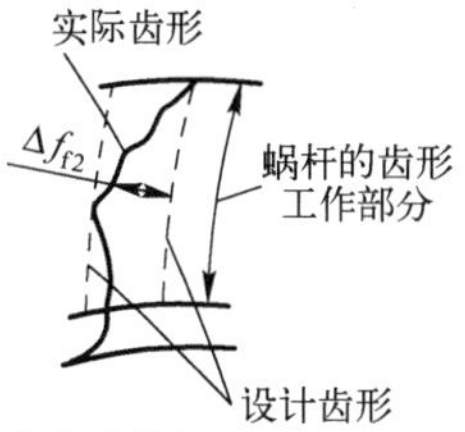 蜗轮齿形公差	Δf_{f2} f_{f2}	在蜗轮轮齿给定截面上的齿形工作部分内，包容实际齿形且矩离为最小的两条设计齿形间的法向距离 当两条设计齿形线为非等距离曲线时，应在靠近齿体内的设计齿形线的法线上确定其两者间的法向距离
蜗杆轴向齿距累积误差 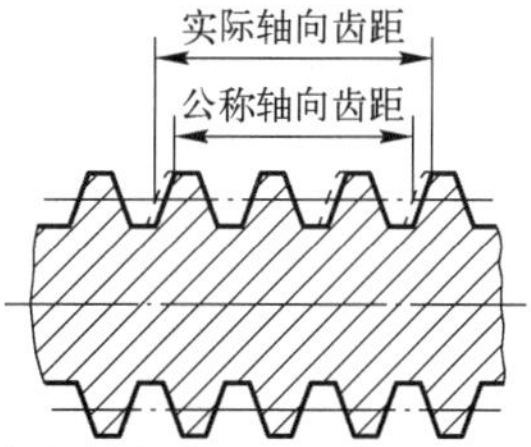 蜗杆轴向齿距累积公差	Δf_{pxL} f_{pxL}	在蜗杆轴向截面上的工作齿宽范围（两端不完整齿部分应除外）内，任意两个同侧齿面间实际轴向距离与公称轴向距离之差的最大绝对值	蜗杆齿厚偏差 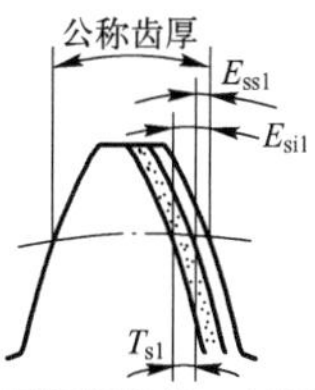 蜗杆齿厚极限偏差：上极限偏差 下极限偏差 蜗杆齿厚公差	ΔE_{s1} E_{ss1} E_{si1} T_{s1}	在蜗杆分度圆柱上，法向齿厚的实际值与公称值之差

续上表

名　　称	代号	定　　义	名　　称	代号	定　　义
蜗轮齿距偏差 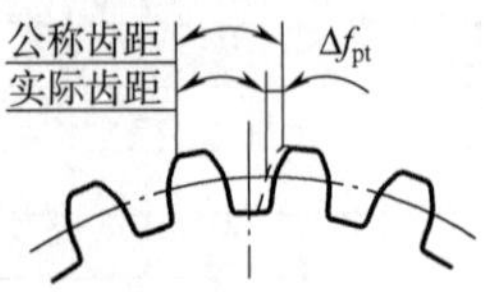 公称齿距　Δf_{pt} 实际齿距 蜗轮齿距极限偏差： 上极限偏差 下极限偏差	Δf_{pt} $+f_{pt}$ $-f_{pt}$	在蜗轮分度圆上，实际齿距与公称齿距之差 用相对法测量时，公称齿距是指所有实际齿距的平均值	蜗轮齿厚偏差 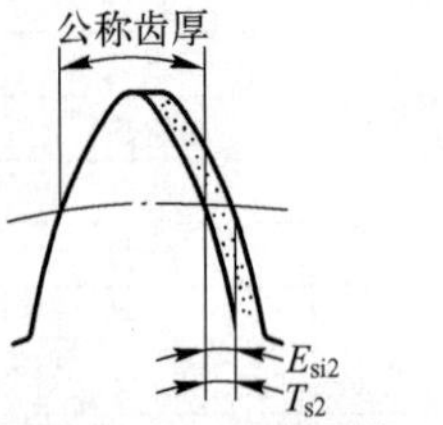 公称齿厚 E_{si2} T_{s2} 蜗轮齿厚极限偏差：上极限偏差 下极限偏差 蜗轮齿厚公差	ΔE_{s2} E_{ss2} E_{si2} T_{s2}	在蜗轮中间平面上，分度圆齿厚的实际值与公称值之差
蜗杆齿形误差 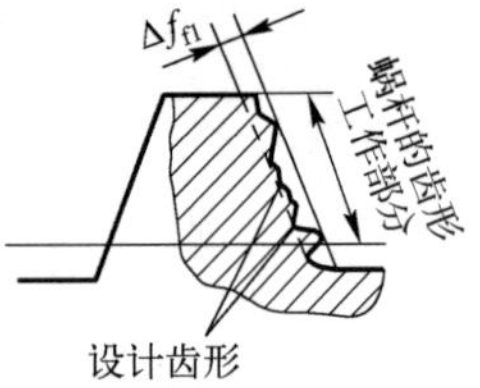 Δf_{f1} 蜗杆的齿形工作部分 设计齿形 蜗杆齿形公差	Δf_{f1} f_{f1}	在蜗杆轮齿给定截面上的齿形工作部分内，包容实际齿形且距离为最小的两条设计齿形间的法向距离 当两条设计齿形线为非等距离的曲线时，应在靠近齿体内设计齿形线的法线上确定其两者间的法向距离	蜗杆副的中心距偏差 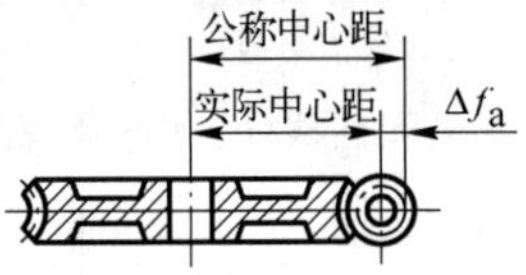 公称中心距 实际中心距　Δf_a 蜗杆副的中心距极限偏差： 上极限偏差 下极限偏差	Δf_a $+f_a$ $-f_a$	在安装好的蜗杆副中间平面内，实际中心距与公称中心距之差
蜗杆副的中间平面偏移 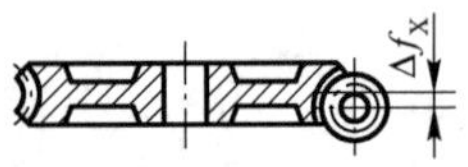 Δf_x 蜗杆副的中间平面极限偏差： 上极限偏差 下极限偏差	Δf_x $+f_x$ $-f_x$	在安装好的蜗杆副中，蜗轮中间平面与传动中间平面之间的距离	蜗杆副的侧隙 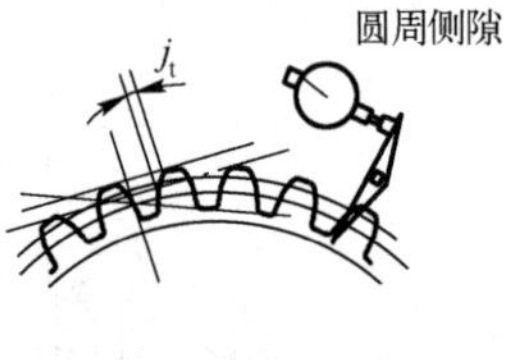 圆周侧隙 j_t	 j_t	在安装好的蜗杆副中，蜗杆固定不动时，蜗轮从工作齿面接触到非工作齿面接触所转过的分度圆弧长
蜗杆副的轴交角偏差 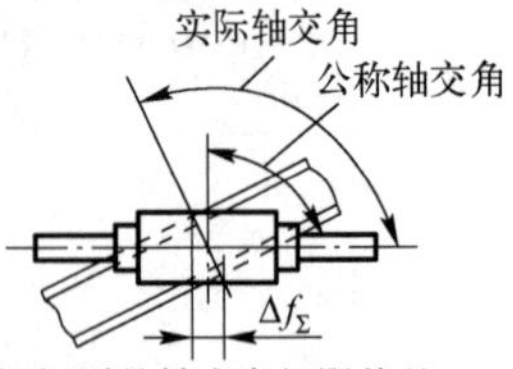 实际轴交角 公称轴交角 Δf_Σ 蜗杆副的轴交角极限偏差： 上极限偏差 下极限偏差	Δf_Σ $+f_\Sigma$ $-f_\Sigma$	在安装好的蜗杆副中，实际轴交角与公称轴交角之差 偏差值按蜗轮齿宽确定，以其线性值计	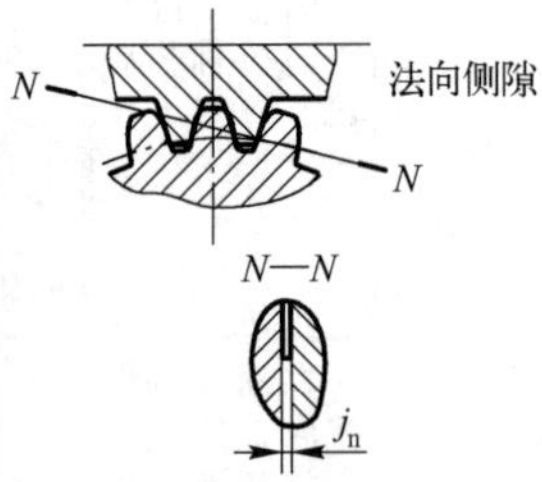 N　法向侧隙 N N—N j_n 最小圆周侧隙 最大圆周侧隙 最小法向侧隙 最大法向侧隙	j_n j_{tmin} j_{tmax} j_{nmin} j_{nmax}	在安装好的蜗杆副中，蜗杆和蜗轮的工作齿面接触时，两非工作齿面间的最小距离

16.3.2　蜗杆传动的侧隙规定

本标准按蜗杆传动的最小法向侧隙j_{nmin}的大小，将侧隙种类分为 8 种：a、b、c、d、e、f、g、h。a 的最小法向侧隙值最大，其他依次减小，h 为零，如图 16-12 所示。侧隙的种类与精度等级无关。

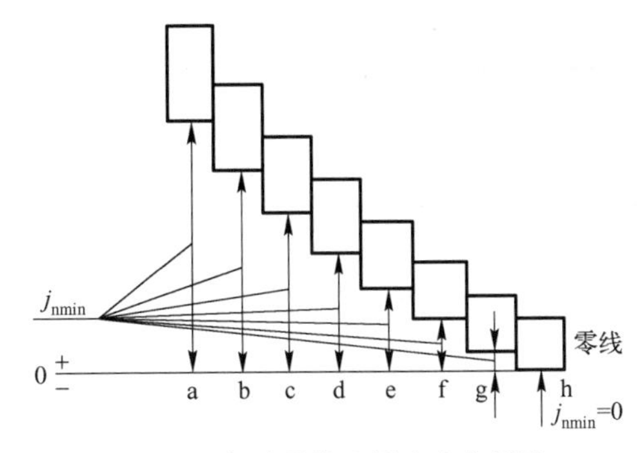

图 16-12　侧隙种类和最小法向侧隙

蜗杆传动的侧隙种类，应根据工作条件和使用要求选定，用代号（字母）表示。传动一般采用的最小法向侧隙的种类及其值，按表 16-43 的规定查取。

表 16-43　最小法向侧隙 j_{nmin} 值　μm

传动中心距 a/mm	侧隙种类		
	b	c	d
≤30	84	52	33
>30～50	100	62	39
>50～80	120	74	46
>80～120	140	87	54
>120～180	160	100	63
>180～250	185	115	72
>250～315	210	130	81
>315～400	230	140	89

注：传动的最小圆周侧隙$f_{tmin} \approx f_{nmin}/\cos\gamma'\cos\alpha_n$。
式中，γ'是蜗杆节圆柱导程角；α_n 为蜗杆法向齿形角。

传动的最小法向侧隙由蜗杆齿厚的减薄量来保证，即取蜗杆齿厚上偏差 $E_{ss1}=-(j_{nmin}/\cos\alpha_n+E_{s\Delta})$（其中 $E_{s\Delta}$为制造误差的补偿部分），齿厚下偏差 $E_{si1}=E_{ss1}-T_{s1}$。最大法向侧隙由蜗杆、蜗轮齿厚公差 T_{s1}、T_{s2}确定。蜗轮齿厚上偏差 $E_{ss2}=0$，下偏差 $E_{si2}=-T_{s2}$。对精度为 7、8、9 级的 $E_{s\Delta}$、T_{s1}和 T_{s2}的值，按表 16-44 ～ 表 16-46 中的规定查取。

表 16-44　蜗杆齿厚上偏差（E_{ss1}）中的制造误差补偿部分 $E_{s\Delta}$值　μm

传动中心距 a/mm	精度等级														
	7					8					9				
	模数 m/mm														
	≥1～3.5	>3.5～6.3	>6.3～10	>10～16	>16～25	≥1～3.5	>3.5～6.3	>6.3～10	>10～16	>16～25	≥1～3.5	>3.5～6.3	>6.3～10	>10～16	>16～25
≤30	45	50	60	—	—	50	68	80	—	—	75	90	110	—	—
>30～50	48	56	63	—	—	56	71	85	—	—	80	85	115	—	—
>50～80	50	58	65	—	—	58	75	90	—	—	90	100	120	—	—
>80～120	56	63	71	80	—	63	78	90	110	—	95	105	125	160	—
>120～180	60	68	75	85	115	68	80	95	115	150	100	110	130	165	215
>180～250	71	75	80	90	120	75	85	100	115	155	110	120	140	170	220
>250～315	75	80	85	95	120	80	90	100	120	155	120	130	145	180	225
>315～400	80	85	90	100	125	85	95	105	125	160	130	140	155	185	230

注：精度等级按蜗杆的第Ⅱ公差组确定。

表 16-45 蜗杆齿厚公差 T_{s1} 值

μm

模数 m/mm	精度等级		
	7	8	9
≥1～3.5	45	53	67
>3.5～6.3	56	71	90
>6.3～10	71	90	110
>10～16	95	120	150
>16～25	130	160	200

注：1. T_{s1}按蜗杆第Ⅱ公差组精度等级确定。
2. 当传动的最大法向侧隙 j_{nmax} 无要求时，允许 T_{s1} 增大，但最大不得超过表中值的 2 倍。

表 16-46 蜗轮齿厚公差 T_{s2} 值

μm

模数 m/mm	蜗轮分度圆直径 d_2/mm								
	≤125			>125～400			>400～800		
	精度等级								
	7	8	9	7	8	9	7	8	9
≥1～3.5	90	110	130	100	120	140	110	130	160
>3.5～6.3	110	130	160	120	140	170	120	140	170
>6.3～10	120	140	170	130	160	190	130	160	190
>10～16	—	—	—	140	170	210	160	190	230
>16～25	—	—	—	170	210	260	190	230	290

注：1. T_{s2}按蜗轮第Ⅱ公差组精度等级确定。
2. 在最小侧隙能保证的条件下，T_{s2}公差带允许采用对称分布。

16.3.3 图样标注

（1）在蜗杆、蜗轮工作图上，应分别标注其精度等级、齿厚极限偏差或相应的侧隙种类代号和国家标准代号。标注示例如下：

蜗杆的第Ⅱ、Ⅲ公差组的精度等级是 8 级，齿厚极限偏差为标准值，相配的侧隙种类是 c，标注为

蜗轮的第Ⅰ公差组为 7 级精度，第Ⅱ和第Ⅲ公差组同为 8 级精度，齿厚极限偏差为标准值，相配侧隙种类为 b，则标注为

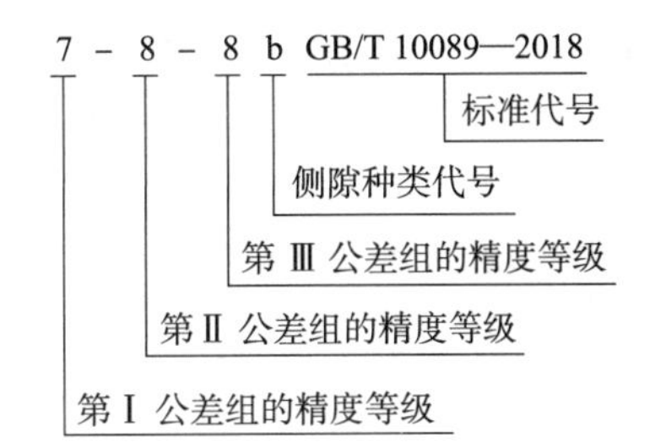

（2）对传动，应标注出相应的精度等级、侧隙种类代号和国家标准代号。标注示例如下：

传动的三个公差组的精度同为 8 级，侧隙种类为 d，则标注为

传动　8　d　CB/T 10089—2018
标准代号
侧隙种类代号
第Ⅰ、Ⅱ、Ⅲ公差组的精度等级

传动的第Ⅰ公差组的精度为 7 级，第Ⅱ、Ⅲ公差组的精度为 8 级，侧隙种类为 c，则标注为

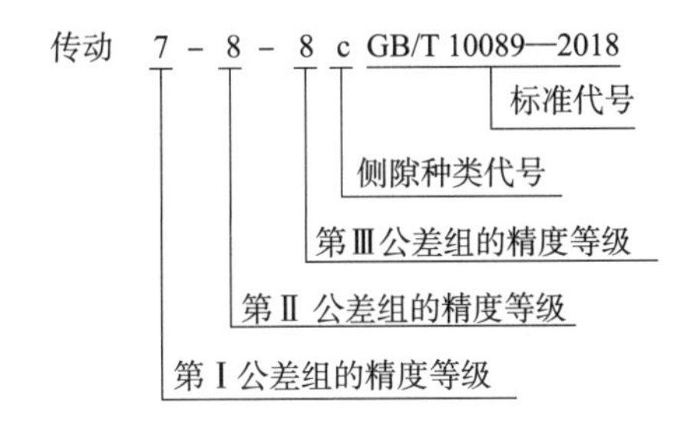

16.3.4　蜗杆、蜗轮和蜗杆传动精度数值表

蜗杆、蜗轮和蜗杆传动精度数值表见表 16-47 ～ 表 16-51。

表 16-47　蜗杆的公差和极限偏差 $\pm f_{px}$、f_{pxL} 和 f_{f1} 值　μm

模数 m/mm	蜗杆轴向齿距偏差 $\pm f_{px}$			蜗杆轴向齿距累积公差 f_{pxL}			蜗杆齿形公差 f_{f1}		
	精度等级								
	7	8	9	7	8	9	7	8	9
≥1～3.5	11	14	20	18	25	36	16	22	32
>3.5～6.3	14	20	25	24	34	48	22	32	45
>6.3～10	17	25	32	32	45	63	28	40	53
>10～16	22	32	46	40	56	80	36	53	75
>16～25	32	45	63	53	75	100	53	75	100

表 16-48　蜗轮齿距累积公差 F_p 值

μm

精度等级	分度圆弧长 L/mm									
	≤11.2	>11.2～20	>20～32	>32～50	>50～80	>80～160	>160～315	>315～630	>630～1 000	>1 000～1 600
7	16	22	28	32	36	45	63	90	112	140
8	22	32	40	45	50	63	90	125	160	200
9	32	45	56	63	71	90	125	180	224	280

注：F_p 按分度圆弧长 $L=\frac{1}{2}\pi d_2=\frac{1}{2}\pi m z_2$ 查表。

表 16-49　蜗轮的公差和极限偏差 F_r、$\pm f_{pt}$ 和 f_{f2} 值

μm

分度圆直径 d_2/mm	模数 m/mm	蜗轮齿圈径向圆跳动公差 F_r			蜗轮齿距极限偏差 $\pm f_{pt}$			蜗轮齿形公差 f_{f2}		
		精度等级								
		7	8	9	7	8	9	7	8	9
≤125	≥1～3.5	40	50	63	14	20	28	11	14	22
	>3.5～6.3	50	63	80	18	25	36	14	20	32
	>6.3～10	56	71	90	20	28	40	17	22	36
>125～400	≥1～3.5	45	56	71	16	22	32	13	18	28
	>3.5～6.3	56	71	90	20	28	40	16	22	36
	>6.3～10	63	80	100	22	32	45	19	28	45
	>10～16	71	90	112	25	36	50	22	32	50
>400～800	≥1～3.5	63	80	100	18	25	36	17	25	40
	>3.5～6.3	71	90	112	20	28	40	20	28	45
	>6.3～10	80	100	125	25	36	50	24	36	56
	>10～16	100	125	160	28	40	56	26	40	63
	>16～25	125	160	200	36	50	71	36	56	90

表 16-50　传动有关极限偏差 $\pm f_a$、$\pm f_x$ 及 $\pm f_\Sigma$ 值

μm

<table>
<tr><th rowspan="3">传动中心距 a/mm</th><th colspan="3">蜗杆副的中心距极限偏差 ±f_a</th><th colspan="3">蜗杆副的中间平面极限偏移 ±f_x</th></tr>
<tr><th colspan="6">精度等级</th></tr>
<tr><th>7</th><th>8</th><th>9</th><th>7</th><th>8</th><th>9</th></tr>
<tr><td>≤30
>30～50</td><td colspan="2">26
31</td><td>42
50</td><td colspan="2">21
25</td><td>34
40</td></tr>
<tr><td>>50～80
>80～120</td><td colspan="2">37
44</td><td>60
70</td><td colspan="2">30
36</td><td>48
56</td></tr>
<tr><td>>120～180
>180～250</td><td colspan="2">50
58</td><td>80
92</td><td colspan="2">40
47</td><td>64
74</td></tr>
<tr><td>>250～315
>315～400</td><td colspan="2">65
70</td><td>105
115</td><td colspan="2">52
56</td><td>85
92</td></tr>
</table>

蜗轮宽度 b_2/mm	蜗杆副的轴交角极限偏差 $\pm f_\Sigma$		
	精度等级		
	7	8	9
≤30	12	17	24
>30～50	14	19	28
>50～80	16	22	32
>80～120	19	24	36
>120～180	22	28	42
>180～250	25	32	48

表 16-51　接触斑点

精度等级	接触面积的百分比（%）		接触位置
	沿齿高不小于	沿齿长不小于	
7，8	55	50	接触斑点痕迹应偏于啮出端，但不允许在齿顶和啮入、啮出端的棱边接触
9	45	40	

注：采用修形齿面的蜗杆传动，接触斑点的要求可不受本标准规定的限制。

16.3.5　蜗杆、蜗轮的齿坯公差

蜗杆、蜗轮的齿坯公差见表 16-52 ~ 表 16-54。

表 16-52　蜗杆、蜗轮齿坯尺寸和形状公差

精　度　等　级		7	8	9
孔	尺寸公差	IT7		IT8
	形状公差	IT6		IT7
轴	尺寸公差	IT6		IT7
	形状公差	IT5		IT6
齿顶圆直径公差		IT8		IT9

注：1. 当三个公差组的精度等级不同时，按最高精度等级确定公差。
2. 当齿顶圆不作测量齿厚的基准时，尺寸公差按 IT11 确定，但不得大于 0.1 mm。

表 16-53　蜗杆、蜗轮齿坯基准圆面径向和端面圆跳动公差　μm

基准面直径 d/mm	精　度　等　级	
	7，8	9
≤31.5	7	10
>31.5 ~ 63	10	16
>63 ~ 125	14	22
>125 ~ 400	18	28
>400 ~ 800	22	36

注：1. 当三个公差组的精度等级不同时，按最高精度等级确定公差。
2. 当以齿顶圆作为测量基准时，也即为蜗杆、蜗轮的齿坯基准面。

表 16-54　蜗杆、蜗轮表面粗糙度 *Ra* 推荐值　μm

精　度　等　级	齿　　面		顶　　圆	
	蜗　　杆	蜗　　轮	蜗　　杆	蜗　　轮
7	0.8		1.6	3.2
8	1.6			
9	3.2		3.2	6.3

注：此表不属于国家标准内容，仅供参考。

第 17 章　电　动　机

Y 系列三相异步电动机是按照国际电工委员会（IEC）标准设计的，具有国际互换性的特点。其中，YE3 系列（IP55）三相异步电动机（机座号 63 ~ 355）（以下简称电动机）的相关技术数据由 GB/T 28575—2020 对其型式、基本参数与尺寸、技术要求、实验方法、检验规则、标志、包装及保用期的要求等做出了规定，电动机壳防护等级为 IP55（按 GB/T 4942. 1—2006）。

电动机的额定频率为 50 Hz，额定电压为 380 V。额定功率在 3 kW 及以下者为 Y 接法，其他额定功率均为 Δ 接法。

电动机型号由产品代号和规格代号两部分依次排列组成，应按 GB/T 4831—2016 的规定。

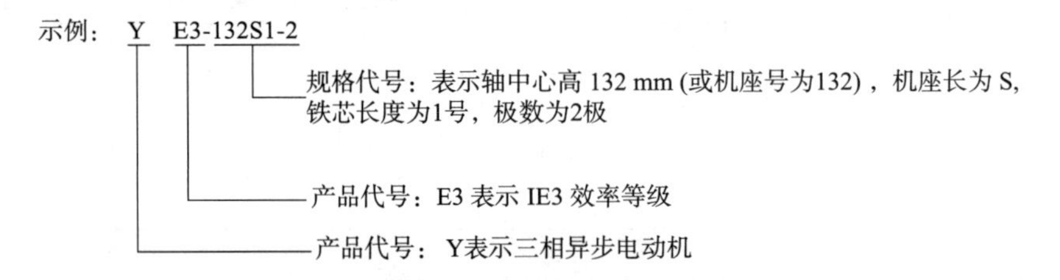

17. 1　电动机技术性能

电动机的结构尺寸由机座号确定，机座号与转速及额定功率的对应关系见表 17-1。

表 17-1　电动机的机座号与转速及额定功率的对应关系（GB/T 28575—2020 摘录）

机　座　号	同步转速/(r · min⁻¹)				
	3 000	1 500	1 000	750	600
	功率/kW				
63M1	0. 18	0. 12	—	—	—
62M2	0. 25	0. 18	—	—	—
71M1	0. 37	0. 25	0. 18	—	—
71M2	0. 55	0. 37	0. 25	—	—
80M1	0. 75	0. 55	0. 37	0. 18	—
80M2	1. 1	0. 75	0. 55	0. 25	—
90S	1. 5	1. 1	0. 75	0. 37	—
90L	2. 2	1. 5	1. 1	0. 55	—

续上表

机座号	同步转速/(r · min⁻¹)				
	3 000	1 500	1 000	750	600
	功率/kW				
100L1	3	2.2	1.5	0.75	—
100L2		3		1.1	
112M	4	4	2.2	1.5	
132S1	5.5	5.5	3	2.2	
132S2	7.5				
132M1	—	7.5	4	3	
132M2			5.5		
160M1	11	11	7.5	4	
160M2	15			5.5	
160L	18.5	15	11	7.5	
180M	22	18.5	—	—	
180L	—	22	15	11	
200L1	30	30	18.5	15	
200L2	37		22		
225S	—	37	—	18.5	
225M	45	45	30	22	
250M	55	55	37	30	
280S	75	75	45	37	
280M	90	90	55	45	
315S	110	110	75	55	45
315M	132	132	90	75	55
315L1	160	160	110	90	75
315L2	200	200	132	110	90
355M1	250	250	160	132	110
355M2			200	160	132
355L	315	315	250	200	160

注：S、M、L后面的数字1、2分别代表同一机座号和转速下不同的功率。

17.2　电动机的机座型式和结构尺寸

电动机的机座有多种形式，不同安装方式的基座结构尺寸见表17-2～表17-7，电动机各安装面公差要求见GB/T 28575—2020。

表 17–2　机座带底脚，端盖上无凸缘的电动机机座结构尺寸（GB/T 28575—2020 摘录）

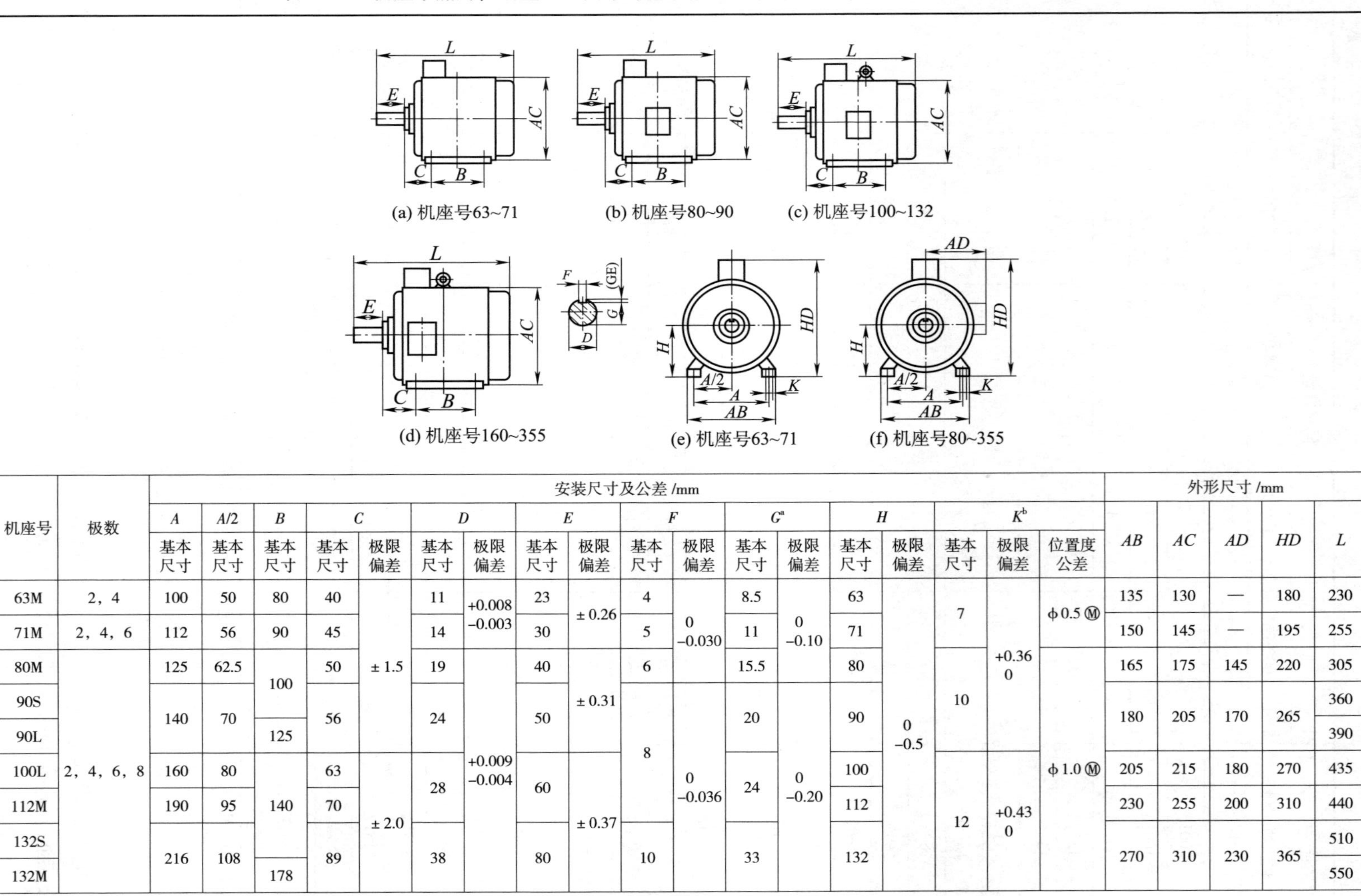

(a) 机座号63~71　(b) 机座号80~90　(c) 机座号100~132
(d) 机座号160~355　(e) 机座号63~71　(f) 机座号80~355

机座号	极数	安装尺寸及公差 /mm																			外形尺寸 /mm				
		A	*A*/2	*B*	*C*		*D*		*E*		*F*		G^a		*H*		K^b			*AB*	*AC*	*AD*	*HD*	*L*
		基本尺寸	基本尺寸	基本尺寸	基本尺寸	极限偏差	基本尺寸	极限偏差	基本尺寸	极限偏差	基本尺寸	极限偏差	基本尺寸	极限偏差	基本尺寸	极限偏差	基本尺寸	极限偏差	位置度公差					
63M	2，4	100	50	80	40	±1.5	11	+0.008 −0.003	23	±0.26	4	0 −0.030	8.5	0 −0.10	63	0 −0.5	7	+0.36 0	ϕ0.5 Ⓜ	135	130	—	180	230
71M	2，4，6	112	56	90	45		14		30		5		11		71					150	145	—	195	255
80M	2，4，6，8	125	62.5	100	50		19	+0.009 −0.004	40	±0.31	6		15.5		80		10		ϕ1.0 Ⓜ	165	175	145	220	305
90S		140	70		56		24		50		8	0 −0.036	20	0 −0.20	90					180	205	170	265	360
90L				125																				390
100L		160	80	140	63	±2.0	28		60	±0.37			24		100		12	+0.43 0		205	215	180	270	435
112M		190	95		70										112					230	255	200	310	440
132S		216	108		89		38		80		10		33		132					270	310	230	365	510
132M				178																				550

续上表

<table>
<tr><th rowspan="3">机座号</th><th rowspan="3">极数</th><th colspan="20">安装尺寸及公差 /mm</th><th colspan="5">外形尺寸 /mm</th></tr>
<tr><th>A</th><th>A/2</th><th>B</th><th colspan="2">C</th><th colspan="2">D</th><th colspan="2">E</th><th colspan="2">F</th><th colspan="2">G[a]</th><th colspan="2">H</th><th colspan="3">K[b]</th><th rowspan="2">AB</th><th rowspan="2">AC</th><th rowspan="2">AD</th><th rowspan="2">HD</th><th rowspan="2">L</th></tr>
<tr><th>基本尺寸</th><th>基本尺寸</th><th>基本尺寸</th><th>基本尺寸</th><th>极限偏差</th><th>基本尺寸</th><th>极限偏差</th><th>基本尺寸</th><th>极限偏差</th><th>基本尺寸</th><th>极限偏差</th><th>基本尺寸</th><th>极限偏差</th><th>基本尺寸</th><th>极限偏差</th><th>基本尺寸</th><th>极限偏差</th><th>位置度公差</th></tr>
<tr><td>160M</td><td rowspan="5">2，4，6，8</td><td rowspan="2">254</td><td rowspan="2">127</td><td>210</td><td rowspan="2">108</td><td rowspan="5">± 3.0</td><td rowspan="2">42</td><td rowspan="4">+0.018
+0.002</td><td rowspan="5">110</td><td rowspan="5">± 0.43</td><td rowspan="2">12</td><td rowspan="11">0
−0.043</td><td rowspan="2">37</td><td rowspan="20">0
−0.20</td><td rowspan="2">160</td><td rowspan="10">0
−0.5</td><td rowspan="4">14.5</td><td rowspan="4">+0.43
0</td><td rowspan="8">ϕ1.2 Ⓜ</td><td rowspan="2">320</td><td rowspan="2">340</td><td rowspan="2">26</td><td rowspan="2">425</td><td>730</td></tr>
<tr><td>160L</td><td>254</td><td>760</td></tr>
<tr><td>180M</td><td rowspan="2">279</td><td rowspan="2">139.5</td><td>241</td><td rowspan="2">121</td><td rowspan="2">48</td><td rowspan="2">14</td><td rowspan="2">42.5</td><td rowspan="2">180</td><td rowspan="2">355</td><td rowspan="2">390</td><td rowspan="2">285</td><td rowspan="2">460</td><td>770</td></tr>
<tr><td>180L</td><td>279</td><td>800</td></tr>
<tr><td>200L</td><td>318</td><td>159</td><td>305</td><td>133</td><td>55</td><td rowspan="16">+0.030
+0.011</td><td>16</td><td>49</td><td>200</td><td rowspan="4">18.5</td><td rowspan="16">+0.52
0</td><td>395</td><td>445</td><td>320</td><td>520</td><td>860</td></tr>
<tr><td>225S</td><td>4，8</td><td rowspan="3">356</td><td rowspan="3">178</td><td>286</td><td rowspan="3">149</td><td rowspan="15">± 4.0</td><td>60</td><td>140</td><td>± 0.50</td><td>18</td><td>53</td><td rowspan="3">225</td><td rowspan="3">435</td><td rowspan="3">495</td><td rowspan="3">350</td><td rowspan="3">575</td><td>830</td></tr>
<tr><td rowspan="2">225M</td><td>2</td><td rowspan="2">311</td><td>55</td><td>110</td><td>± 0.43</td><td>16</td><td>49</td><td>830</td></tr>
<tr><td>4，6，8</td><td rowspan="2">60</td><td rowspan="8">140</td><td rowspan="13">± 0.50</td><td rowspan="4">18</td><td rowspan="2">53</td><td>860</td></tr>
<tr><td rowspan="2">250M</td><td>2</td><td rowspan="2">406</td><td rowspan="2">203</td><td rowspan="2">349</td><td rowspan="2">168</td><td rowspan="2">250</td><td rowspan="6">24</td><td rowspan="12">ϕ2.0 Ⓜ</td><td rowspan="2">490</td><td rowspan="2">550</td><td rowspan="2">390</td><td rowspan="2">635</td><td rowspan="2">990</td></tr>
<tr><td>4，6，8</td><td rowspan="2">65</td><td rowspan="2">58</td></tr>
<tr><td rowspan="2">280S</td><td>2</td><td rowspan="4">457</td><td rowspan="4">228.5</td><td rowspan="2">368</td><td rowspan="4">190</td><td rowspan="4">280</td><td rowspan="10">0
−1.0</td><td rowspan="4">550</td><td rowspan="4">630</td><td rowspan="4">435</td><td rowspan="4">705</td><td rowspan="2">990</td></tr>
<tr><td>4，6，8</td><td>75</td><td>20</td><td>0
−0.052</td><td>67.5</td></tr>
<tr><td rowspan="2">280M</td><td>2</td><td rowspan="2">419</td><td>65</td><td>18</td><td>0
−0.043</td><td>58</td><td rowspan="2">1 040</td></tr>
<tr><td>4，6，8</td><td>75</td><td>20</td><td>0
−0.052</td><td>67.5</td></tr>
<tr><td rowspan="2">315S</td><td>3</td><td rowspan="6">508</td><td rowspan="6">254</td><td rowspan="2">406</td><td rowspan="6">216</td><td>65</td><td>18</td><td>0
−0.043</td><td>58</td><td rowspan="6">315</td><td rowspan="6">28</td><td rowspan="6">635</td><td rowspan="6">645</td><td rowspan="6">530</td><td rowspan="6">845</td><td>1 180</td></tr>
<tr><td>4，6，8，10</td><td>80</td><td>170</td><td>22</td><td>0
−0.052</td><td>71</td><td>1 290</td></tr>
<tr><td rowspan="2">315M</td><td>2</td><td rowspan="2">457</td><td>65</td><td>140</td><td>18</td><td>0
−0.043</td><td>58</td><td>1 210</td></tr>
<tr><td>4，6，8，10</td><td>80</td><td>170</td><td>22</td><td>0
−0.052</td><td>71</td><td>1 320</td></tr>
<tr><td rowspan="2">315L</td><td>23</td><td rowspan="2">508</td><td>65</td><td>140</td><td>18</td><td>0
−0.043</td><td>58</td><td>1 210</td></tr>
<tr><td>4，6，8，10</td><td>80</td><td>170</td><td>22</td><td>0
−0.052</td><td>71</td><td>1 320</td></tr>
<tr><td rowspan="2">355M</td><td>2</td><td rowspan="4">610</td><td rowspan="4">305</td><td rowspan="2">560</td><td rowspan="4">254</td><td rowspan="4">± 4.0</td><td>75</td><td>+0.030
+0.011</td><td>140</td><td rowspan="4">± 0.50</td><td>20</td><td rowspan="4">0
−0.052</td><td>67.5</td><td rowspan="4">0
−0.20</td><td rowspan="4">355</td><td rowspan="4">0
−1.0</td><td rowspan="4">28</td><td rowspan="4">+0.52
0</td><td rowspan="4">ϕ2.0 Ⓜ</td><td rowspan="4">730</td><td rowspan="4">710</td><td rowspan="4">655</td><td rowspan="4">1 010</td><td>1 500</td></tr>
<tr><td>4，6，8，10</td><td>95</td><td>+0.035
+0.013</td><td>170</td><td>25</td><td>86</td><td>1 530</td></tr>
<tr><td rowspan="2">355L</td><td>2</td><td rowspan="2">630</td><td>75</td><td>+0.030
+0.011</td><td>140</td><td>20</td><td>67.5</td><td>1 500</td></tr>
<tr><td>4，6，8，10</td><td>95</td><td>+0.035
+0.013</td><td>170</td><td>25</td><td>86</td><td>1 530</td></tr>
</table>

注：出线盒的位置在电动机顶部，根据用户要求，也可以放在侧面。[a] $C = D - GE$，GE 的极限偏差对机座号 80 及以下为（$^{+0.10}_{0}$），其余为（$^{+0.20}_{0}$）。[b] K 孔的位置度公差以轴伸的轴线为基准。

表 17–3　机座带底脚，端盖上有凸缘（带通孔）的电动机机座结构尺寸（GB/T 28575—2020 摘录）

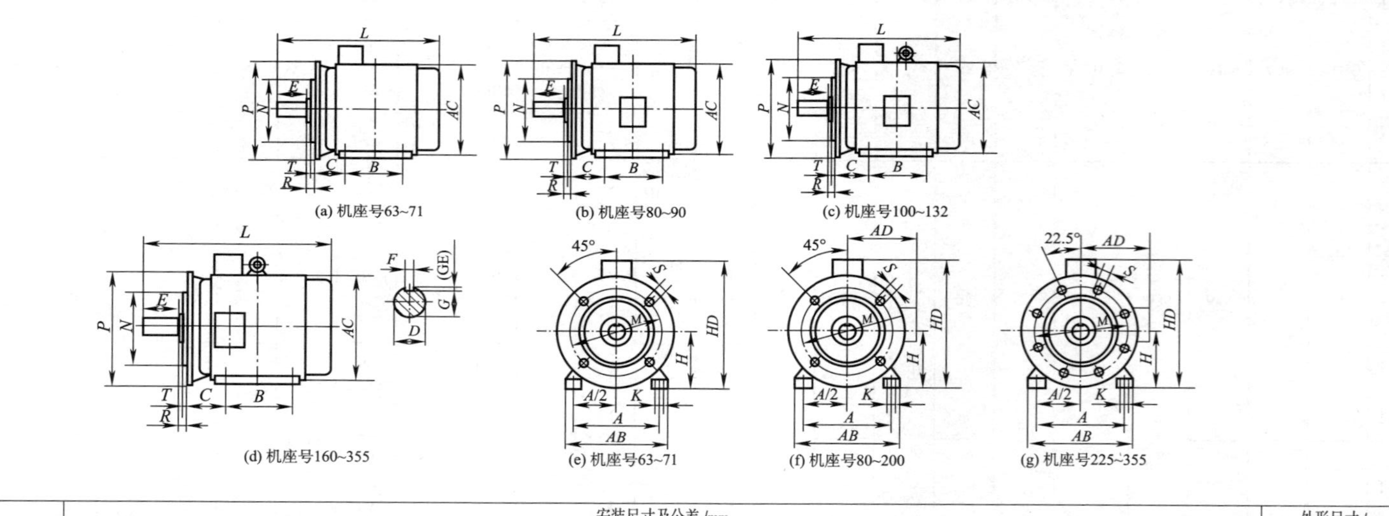

(a) 机座号63~71　(b) 机座号80~90　(c) 机座号100~132
(d) 机座号160~355　(e) 机座号63~71　(f) 机座号80~200　(g) 机座号225~355

机座号	凸缘号	极数	安装尺寸及公差 /mm																														外形尺寸 /mm				
			A	A/2	B	C		D		E		F		G^a		H		K^b			M	N		P^c	R^d		S^b			T		凸缘孔数	AB	AC	AD	HD	L
			基本尺寸	基本尺寸	基本尺寸	基本尺寸	极限偏差	基本尺寸	极限偏差	基本尺寸	极限偏差	基本尺寸	极限偏差	基本尺寸	极限偏差	基本尺寸	极限偏差	基本尺寸	极限偏差	位置度公差		基本尺寸	极限偏差		基本尺寸	极限偏差	基本尺寸	极限偏差	位置度公差	基本尺寸	极限偏差						
63M	FF115	2，4	100	50	80	40	±1.5	11	+0.008 −0.003	23	±0.26	4	0 −0.030	8.5	0 −0.10	63	0 −0.5	7	+0.36 0	φ0.5Ⓜ	115	95	+0.013 −0.009	140	0	±1.5	10	+0.36 0	φ1.0Ⓜ	3	0 −0.10	4	135	130	—	180	230
71M	FF130	2，4，6	112	56	90	45		14		30		5		11		71					130	110		160						3.5	0 −0.12		150	145	—	195	255
80M	FF165	2，4，6，8	125	62.5	100	50		19	+0.009 −0.004	40	±0.31	6		15.5		80		10		φ1.0Ⓜ	165	130	+0.014 −0.011	200			12	+0.43 0					165	175	145	220	305
90S			140	70		56		24		50		8	0 −0.036	20	0 −0.20	90																	180	205	170	265	395
90L					125																																425
100L	FF215		160	80	140	63	±2.0	28		60	±0.37			24		100		12			215	180		250		±2.0	14.5		φ1.2Ⓜ	4			205	215	180	270	435
112M			190	95		70										112			+0.43 0														230	255	200	310	475
132S	FF265		216	108		89		38	+0.018 +0.002	80		10		33		132					265	230	+0.016 −0.013	300									270	310	230	365	535
132M					178																																550

续上表

机座号	凸缘号	极数	安装尺寸及公差/mm																														外形尺寸/mm				
			A	A/2	B	C		D		E		F		G[a]		H		K[b]			M	N		P[c]	R[d]		S[b]			T		凸缘孔数	AB	AC	AD	HD	L
			基本尺寸	基本尺寸	基本尺寸	基本尺寸	极限偏差	基本尺寸	极限偏差	基本尺寸	极限偏差	基本尺寸	极限偏差	基本尺寸	极限偏差	基本尺寸	极限偏差	基本尺寸	极限偏差	位置度公差		基本尺寸	极限偏差		基本尺寸	极限偏差	基本尺寸	极限偏差	位置度公差	基本尺寸	极限偏差						
160M	FF300	2，4，6，8	254	127	210	108	±3.0	42	+0.018 +0.002	110	±0.43	12	0 −0.043	37	0 −0.20	160		14.5	+0.47 0	φ1.2Ⓜ	300	250	+0.016 −0.013	350	0	±3.0	18.5	+0.52 0	φ2.0Ⓜ	5	0 −0.12	4	320	340	260	425	730
160L					254																																760
180M			279	139.5	241	121		48				14		42.5		180																	355	390	285	460	805
180L					279																																835
200L	FF350		318	159	305	133		55	+0.030 +0.011			16		49		200	0 −0.5	18.5			350	300	±0.016	400									395	445	320	520	890
225S	FF400	4，8	356	178	286	149	±4.0	60		140	±0.50	18		53		225			+0.52 0		400	350	±0.018	450		±4.0						8	435	495	350	575	865
225M		2			311			55		110	±0.43	16		49																							865
		4，6，8						60		140	±0.50	18		53																							895
250M	FF500	2	406	203	349	168										250		24		φ2.0Ⓜ	500	450	±0.020	550									490	550	390	635	995
		4，6，8						65						58																							
280S		2	457	228.5	368	190										280	0 −1.0																				1 030
		4，6，8						75				20	0 −0.052	67.5	0 −0.20																		550	630	435	705	1 080
280M		2			419			65				18	0 −0.043	58																							
		4，6，8						75				20	0 −0.052	67.5																							
315S	FF600	2	508	254	406	216	±4.0	65	+0.030 +0.011	140	±0.50	18	0 −0.043	58		315		28	+0.52 0	φ2.0Ⓜ	600	550	±0.022	660	0	±4.0	24	+0.52 0	φ2.0Ⓜ	6	0 −0.15	8	635	645	530	845	1 180
		4，6，8，10						80		170		22	0 −0.052	71																							1 290
315M		2			457			65		140		18	0 −0.043	58																							1 210
		4，6，8，10						80		170		22	0 −0.052	71																							1 320
315L		2			508			65		140		18	0 −0.0043	58																							1 210
		4，6，8，10						80		170		22	0 −0.052	71																							1 320
355M	FF740	2	610	305	560	254		75		140		20		67.5		355					740	680	±0.025	800									730	710	655	1 010	1 500
		4，6，8，10						95	+0.035 +0.013	170		25		86																							1 530
355L		2			630			75	+0.030 +0.011	140		20		67.5																							1 500
		4，6，8，10						95	+0.035 +0.013	170		25		86																							1 530

注：出线盒的位置在电视机顶部，根据用户要求，也可以放在侧面。

[a] $G=D-\mathrm{GE}$，CE 极限偏差对机座号 80 及以下为（$^{+0.10}_{0}$），其余为（$^{+0.20}_{0}$）。

[b] K、S 孔的位置度公差以轴伸的轴线为基准。

[c] P 尺寸为上极限值。

[d] R 为凸缘配合面至轴伸肩的距离。

表 17-4　机座不带底脚，端盖上有凸缘（带通孔）的电动机机座结构尺寸（GB/T 28575—2020 摘录）

(a) 机座号63~71　(b) 机座号80~90　(c) 机座号100~132

(d) 机座号160~280　(e) 机座号63~90　(f) 机座号100~200　(g) 机座号225~280

机座号	凸缘号	极数	安装尺寸及公差 /mm																				凸缘孔数	外形尺寸 /mm			
			D		E		F		G^a		M	N		P^c	R^d		S^b			T				AC	AD	HF	L
			基本尺寸	极限偏差	基本尺寸	极限偏差	基本尺寸	极限偏差	基本尺寸	极限偏差		基本尺寸	极限偏差		基本尺寸	极限偏差	基本尺寸	极限偏差	位置度公差	基本尺寸	极限偏差					
63M	FF115	2，4	11	+0.008 −0.003	23	±0.26	4	0 −0.030	8.5	0 −0.10	115	95	+0.013 −0.009	140	0	±1.5	10	+0.36 0	ϕ1.0Ⓜ	3	0 −0.10	4	130	120	—	230
71M	FF130	2，4，6	14		30		5		11		130	110		160						3.5	0 −0.12		145	125	—	255
80M	FF165	2，4，6，8	19	+0.009 −0.004	40	±0.31	6		15.5		165	130	+0.014 −0.011	200			12	+0.43 0					175	145	—	305
90S			24		50		8	0 −0.036	20														205	170	—	395
90L																										425
100L	FF215		28		60	±0.37			24		215	180		250		±2.0	14.5			4			215	180	240	435
112M																							255	200	275	475
132S	FF265		38	+0.018 +0.002	80		10		33		265	230	+0.016 −0.013	300									310	230	335	535
132M																										550
160M	FF300		42		110	±0.43	12	0 −0.043	37		300	250		350		±3.0	18.5	+0.52 0	ϕ1.2Ⓜ	5			340	260	390	730
160L																										760
180M			48				14		42.5														390	285	435	805
180L																										835
200L	FF350		55	+0.030 +0.011			16		49	0 −0.20	350	300	±0.016	400									445	320	495	890
225S	FF400	4，8	60		140	±0.50	18		53		400	350	±0.018	450		±4.0						8	495	350	550	865
225M		2	55		110	±0.43	16		49																	865
		4，6，8	60		140	±0.50	18		53		500	450	±0.020	550												895
250M	FF500	2																					550	390	615	995
		4，6，8	65						58																	
280S		2																					630	435	675	1 030
		4，6，8	75				20	0 −0.052	67.5																	
		2	65				18	0 −0.043	58																	1 080
280M		4，6，8	75				20	0 −0.052	67.5																	

[a] $G=D-GE$，GE 极限偏差对机座号 80 及以下为（$^{+0.10}_{0}$）其余为（$^{+0.20}_{0}$）。[b] S 孔的位置度公差以轴伸的轴线为基准。[c] P 尺寸为上极限值。[d] R 为凸缘配合面至轴伸肩的距离。

表 17-5 机座带底脚，端盖上有凸缘（带螺孔）的电动机机座结构尺寸（GB/T 28575—2020 摘录）

(a) 机座号63~71

(b) 机座号80~90

(c) 机座号100~112

(d) 机座号63~71

(e) 机座号80~112

机座号	凸缘号	极数	安装尺寸及公差 /mm																													外形尺寸 /mm				
			A	A/2	B	C		D		E		F		G[a]		H		K[b]			M	N		P[c]	R[d]		S[b]		T		凸缘孔数	AB	AC	AD	HD	L
			基本尺寸	基本尺寸	基本尺寸	基本尺寸	极限偏差	基本尺寸	极限偏差	基本尺寸	极限偏差	基本尺寸	极限偏差	基本尺寸	极限偏差	基本尺寸	极限偏差	基本尺寸	极限偏差	位置度公差		基本尺寸	极限偏差		基本尺寸	极限偏差	基本尺寸	位置度公差	基本尺寸	极限偏差						
63M	FT75	2，4	110	50	80	40	±1.5	11	+0.008 -0.003	23	±0.26	4	0 -0.030	8.5	0 -0.10	63	0 -0.5	7	+0.36 0	φ0.5Ⓜ	75	60	+0.012 -0.007	90	0	±1.0	M5	φ0.4Ⓜ	2.5	0 -0.10	4	135	130	—	180	230
71M	FT85	2，4，6	112	56	90	45		14		30		5		11		71					85	70		105			M6	φ0.5Ⓜ				150	145	—	195	255
80M	FT100	2，4，6，8	125	62.5	100	50		19	+0.009 -0.004	40	±0.31	6		15.5		80		10			100	80		120		±1.5			3.0			165	175	145	220	305
90S	FT115		140	70		56		24		50		8	0 -0.036	20	0 -0.20	90				φ1.0Ⓜ	115	95	+0.013 -0.009	140			M8	φ1.0Ⓜ				180	205	170	265	360
90L					125																															390
100L	PT130		160	80	140	63	±2.0	28		60	±0.37			24		100		12	+0.43 0		130	110		160					3.5	0 -0.12		205	215	180	270	435
112M			190	95		70										112																230	255	200	310	440

注：出线盒的位置在电动机顶部，根据用户要求，也可以放在侧面。

[a] $G=D-GE$，GE 极限偏差对机座号 80 及以下为（$^{+0.10}_{0}$），其余为（$^{+0.20}_{0}$）。

[b] K、S 孔的位置度公差以轴伸的轴线为基准。

[c] P 尺寸为上极限值。

[d] R 为凸缘配合面至轴伸肩的距离。

表 17-6　机座不带底脚，端盖上有凸缘（带螺孔）的电动机机座结构尺寸（GB/T 28575—2020 摘录）

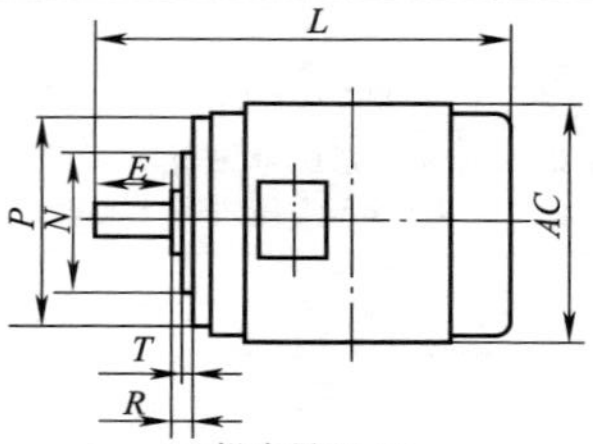

(a) 机座号63~71 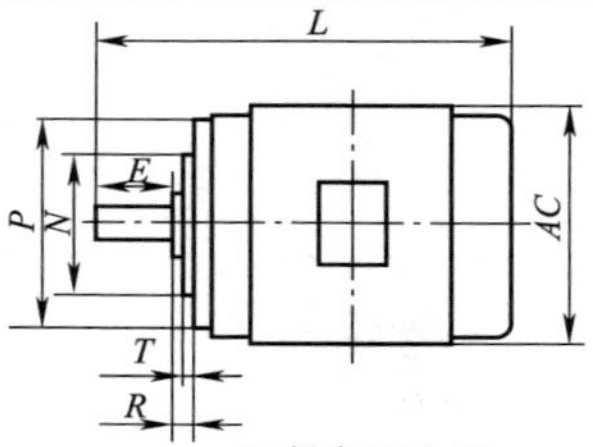　(b) 机座号80~90 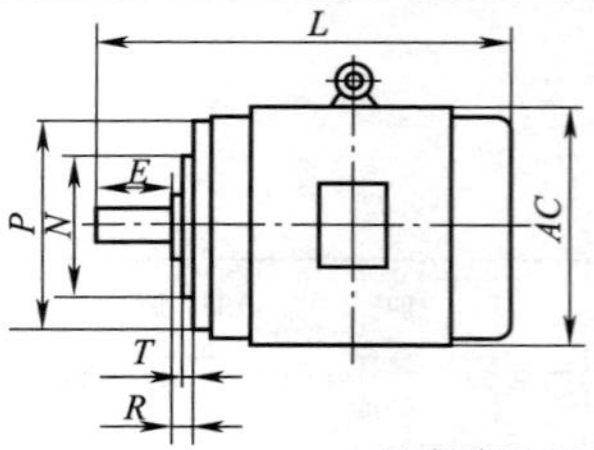　(c) 机座号100~112

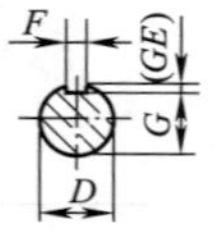

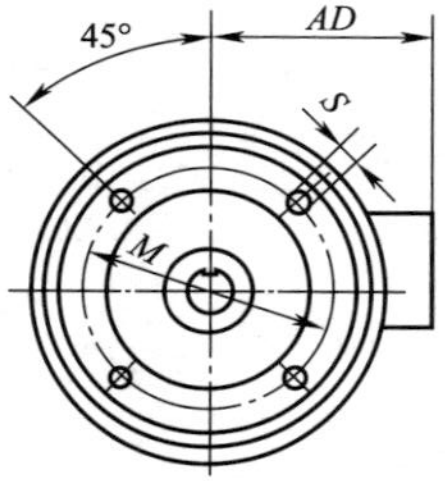

(d) 机座号63~90 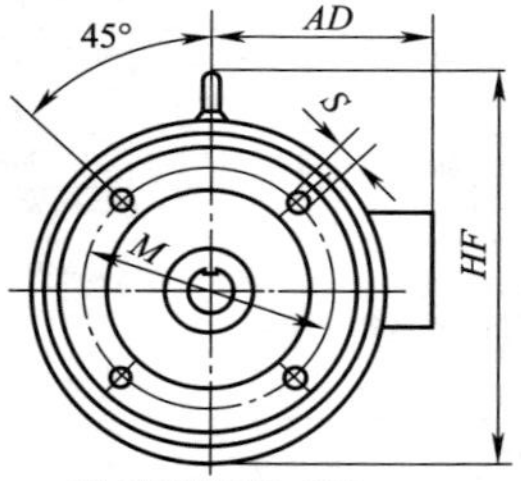　(e) 机座号100~112

代替号	凸缘号	极数	安装尺寸及公差 /mm																			外形尺寸 /mm			
			D		E		F		G^{a}		M	N		P^{c}	R^{d}		S^{b}		T		凸缘孔数	AC	AD	HF	L
			基本尺寸	极限偏差	基本尺寸	极限偏差	基本尺寸	极限偏差	基本尺寸	极限偏差		基本尺寸	极限偏差		基本尺寸	极限偏差	基本尺寸	位置度公差	基本尺寸	极限偏差					
63M	FT75	2，4	11	+0.008 −0.003	23	±0.26	4	0 −0.030	8.5	0 −0.10	75	60	+0.012 +0.007	90	0	±1.0	M5	ϕ0.4Ⓜ	2.5	0 −0.10	4	130	120	—	230
71M	FT85	2，4，6	14		30		5		11		85	70		105			M6	ϕ0.5Ⓜ				145	125		255
80M	FT100	2，4，6，8	19	+0.009 −0.004	40	±0.31	6		15.5		100	80		120		±1.5			3.0			175	145		305
90S	FT115		24		50		8	0 −0.036	20	0 −0.20	115	95	+0.013 +0.009	140			M8	ϕ1.0Ⓜ				205	170		360
90L																									390
100L	FT130		28		60	±0.37			24		130	110		160					3.5			215	180	245	435
112M																				0 −0.12		255	200	275	440

[a] $G=D-GE$，GE 极限偏差对代替号 80 及以下为（$^{+0.10}_{0}$），其余为（$^{+0.20}_{0}$）。

[b] S 孔的位置度公差以轴伸的轴线为基准。

[c] P 尺寸为上极限值。

[d] R 为凸缘配合面至轴伸肩的距离。

表 17-7　立式安装，机座不带底脚，端盖上有凸缘（带螺孔），轴伸向下的电动机机座结构尺寸（GB/T 28575—2020 摘录）

(a) 机座号180~200　　(b) 机座号225~355

机座号	凸缘号	极数	安装尺寸及公差 /mm																				外形尺寸 /mm			
			D		*E*		*F*		*G*[a]		*M*	*N*		*P*[c]	*R*[d]		*S*[b]			*T*		凸缘孔数	*AC*	*AD*	*HF*	*L*
			基本尺寸	极限偏差	基本尺寸	极限偏差	基本尺寸	极限偏差	基本尺寸	极限偏差		基本尺寸	极限偏差		基本尺寸	极限偏差	基本尺寸	极限偏差	位置度公差	基本尺寸	极限偏差					
180M	FF300	2，4，6，8	48	+0.018 +0.002	110	±0.43	14		42.5		300	250	+0.014 −0.013	350		±3.0						4	390	285	505	825
180L																										845
200L	FF350		55				16		49		350	300	±0.016	400									445	320	565	940
225S	FF400	4，8	60		140	±0.50	18	0 −0.043	53		400	350	±0.018	450									495	350	625	945
225M		2	55		110	±0.43	16		49																	945
		4，6，8	60				18		53																	975
250M	FF500	2									500	450	±0.020	550			18.5		ϕ1.2Ⓜ	5	0 −0.12		550	390	670	1 095
		4，6，8	65						58																	
280S		2			140																					1 155
		4，6，8	75				20	0 −0.052	67.5														630	435	745	
280M		2	65				18	0 −0.043	58																	1 195
		4，6，8	75	+0.030 +0.011			20	0 −0.052	67.5																	
315S	FF600	2	65				18	0 −0.043	58	0 −0.20	600	550	±0.022	660	0	±4.0		+0.52 0				8	645	530	900	1 280
		4，6，8，10	80		170	±0.50	22	0 −0.052	71																	1 400
315M		2	65		140		18	0 −0.043	58																	1 310
		4，6，8，10	80		170		22	0 −0.052	71																	1 430
315L		2	65		140		18	0 −0.043	58								24		ϕ2.0Ⓜ	6	0 −0.15					1 310
		4，6，8，10	80		170		22		71																	1 430
355M	FF740	2	75		140		20		67.5		740	680	±0.02	800									710	655	1 010	1 640
		4，6，8，10	95	+0.035 +0.013	170		25	0 −0.052	86																	1 670
355L		2	75	+0.030 +0.011	140		20		67.5																	1 640
		4，6，8，10	95	+0.035 +0.013	170		25		86																	1 670

[a] $G = D - GE$，GE 极限偏差为（$^{+0.20}_{0}$）。

[b] S 孔的位置度公差以轴伸的轴线为基准。

[c] P 尺寸为上极限值。

[d] R 为凸缘配合面至轴伸肩的距离。

17.3 YE3 系列（IP55）超高效率三相异步电动机的其他技术要求

电动机的技术要求见表 17-8（为便于实际生产中选用，此处仍采用 GB/T 28575—2012 的数据），电动机运行的工作环境要求：海拔高度不超过 1 000 m，环境温度 -15 ~ 40 ℃。

表 17-8 电动机技术要求（GB/T 28575—2012 摘录）

<table>
<tr><th rowspan="3">功率</th><th colspan="15">电动机转速/(r·min⁻¹)</th></tr>
<tr><th>3 000</th><th>1 500</th><th>1 000</th><th>3 000</th><th>1 500</th><th>1 000</th><th>3 000</th><th>1 500</th><th>1 000</th><th>3 000</th><th>1 500</th><th>1 000</th><th>3 000</th><th>1 500</th><th>1 000</th></tr>
<tr><th colspan="3">效率保证值（%）</th><th colspan="3">功率因数</th><th colspan="3">堵转转矩/额定转矩</th><th colspan="3">最小转矩/额定转矩</th><th colspan="3">最大转矩/额定转矩</th></tr>
<tr><td>0.75</td><td>80.7</td><td>82.5</td><td>78.9</td><td>0.82</td><td>0.75</td><td>0.71</td><td>2.5</td><td rowspan="5">2.3</td><td rowspan="21">20</td><td rowspan="3">1.5</td><td rowspan="3">1.6</td><td>1.5</td><td rowspan="21">2.3</td><td rowspan="18">2.3</td><td rowspan="13">2.1</td></tr>
<tr><td>1.1</td><td>82.7</td><td>84.1</td><td>81.0</td><td>0.83</td><td>0.76</td><td>0.73</td><td rowspan="5">2.5</td><td rowspan="7">1.3</td></tr>
<tr><td>1.5</td><td>84.2</td><td>85.3</td><td>82.5</td><td>0.84</td><td>0.77</td><td>0.73</td></tr>
<tr><td>2.2</td><td>85.9</td><td>86.7</td><td>84.3</td><td>0.85</td><td>0.81</td><td>0.74</td><td rowspan="3">1.4</td><td rowspan="3">1.5</td></tr>
<tr><td>3</td><td>87.1</td><td>87.7</td><td>85.6</td><td>0.87</td><td>0.82</td><td>0.74</td></tr>
<tr><td>4</td><td>88.1</td><td>88.6</td><td>86.8</td><td>0.88</td><td>0.82</td><td>0.74</td><td>2.2</td></tr>
<tr><td>5.5</td><td>89.2</td><td>89.6</td><td>88.0</td><td>0.88</td><td>0.83</td><td>0.75</td><td rowspan="10">2.0</td><td rowspan="2">2.0</td><td rowspan="4">1.2</td><td rowspan="4">1.4</td></tr>
<tr><td>7.5</td><td>90.1</td><td>90.4</td><td>89.1</td><td>0.88</td><td>0.84</td><td>0.79</td></tr>
<tr><td>11</td><td>91.2</td><td>91.4</td><td>90.3</td><td>0.89</td><td>0.85</td><td>0.80</td><td rowspan="2">2.2</td><td rowspan="6">2.3</td></tr>
<tr><td>15</td><td>91.9</td><td>92.1</td><td>91.2</td><td>0.89</td><td>0.86</td><td>0.81</td></tr>
<tr><td>18.5</td><td>92.4</td><td>92.6</td><td>91.7</td><td>0.89</td><td>0.86</td><td>0.81</td><td rowspan="5">2.0</td><td rowspan="4">1.1</td><td rowspan="4">1.2</td></tr>
<tr><td>22</td><td>92.7</td><td>93.0</td><td>92.2</td><td>0.89</td><td>0.86</td><td>0.81</td></tr>
<tr><td>30</td><td>93.3</td><td>93.6</td><td>92.9</td><td>0.89</td><td>0.86</td><td>0.83</td></tr>
<tr><td>37</td><td>93.7</td><td>93.9</td><td>93.3</td><td>0.89</td><td>0.86</td><td>0.84</td><td rowspan="11">2.0</td></tr>
<tr><td>45</td><td>94.0</td><td>94.2</td><td>93.7</td><td>0.90</td><td>0.86</td><td>0.85</td><td rowspan="2">1.0</td><td rowspan="2">1.1</td><td rowspan="2">1.1</td></tr>
<tr><td>55</td><td>94.3</td><td>94.6</td><td>94.1</td><td>0.90</td><td>0.86</td><td>0.86</td><td>2.2</td></tr>
<tr><td>75</td><td>94.7</td><td>95.0</td><td>94.6</td><td>0.90</td><td>0.88</td><td>0.84</td><td rowspan="6">1.8</td><td rowspan="8">2.0</td><td rowspan="5">0.9</td><td rowspan="5">1.0</td><td rowspan="5">1.0</td></tr>
<tr><td>90</td><td>95.0</td><td>95.2</td><td>94.9</td><td>0.90</td><td>0.88</td><td>0.85</td></tr>
<tr><td>110</td><td>95.2</td><td>95.4</td><td>95.1</td><td>0.90</td><td>0.89</td><td>0.85</td><td rowspan="8">2.2</td></tr>
<tr><td>132</td><td>95.4</td><td>95.6</td><td>95.4</td><td>0.90</td><td>0.89</td><td>0.86</td></tr>
<tr><td>160</td><td>95.6</td><td>95.8</td><td>95.6</td><td>0.91</td><td>0.89</td><td>0.86</td></tr>
<tr><td>200</td><td>95.8</td><td>96.0</td><td>95.8</td><td>0.91</td><td>0.90</td><td>0.87</td><td rowspan="3">1.8</td><td rowspan="3">0.8</td><td rowspan="2">0.9</td><td rowspan="2">0.9</td><td rowspan="5">2.2</td></tr>
<tr><td>250</td><td>95.8</td><td>96.0</td><td>95.8</td><td>0.91</td><td>0.90</td><td>0.87</td><td rowspan="4">1.6</td></tr>
<tr><td>315</td><td>95.8</td><td>96.0</td><td>95.8</td><td>0.91</td><td>0.90</td><td>0.86</td><td rowspan="3">0.8</td><td>0.8</td></tr>
<tr><td>355</td><td>95.8</td><td>96.0</td><td>—</td><td>0.91</td><td>0.88</td><td>—</td><td rowspan="2">1.7</td><td>—</td><td rowspan="2">0.7</td><td>—</td><td>—</td></tr>
<tr><td>375</td><td>95.8</td><td>96.0</td><td>—</td><td>0.91</td><td>0.88</td><td>—</td><td>—</td><td>—</td><td>—</td></tr>
</table>

第 3 部分
参考图例及设计题目

第18章　参考图例

18.1　减速器装配图

一级圆柱齿轮减速器，见图18-1；
一级圆柱齿轮减速器（嵌入式轴承盖），见图18-2；
二级圆柱齿轮减速器，见图18-3；
二级圆柱齿轮减速器，见图18-4；
二级圆柱齿轮减速器（同轴式焊接结构箱体），见图18-5；
一级锥齿轮减速器，见图18-6；
二级圆锥—圆柱齿轮减速器，见图18-7；
一级蜗杆减速器（蜗杆下置式），见图18-8；
一级蜗杆减速器（蜗杆上置式），见图18-9；
一级蜗杆减速器（大端盖结构），见图18-10；
蜗杆-齿轮减速器，见图18-11。

18.2　减速器零件图

箱盖，见图18-12；
箱座，见图18-13；
齿轮轴，见图18-14；
大齿轮，见图18-15；
轴，见图18-16；
小锥齿轮轴，见图18-17；
大锥齿轮，见图18-18；
蜗杆，见图18-19；
蜗轮，见图18-20；
轮缘，见图18-21；
轮芯，见图18-22。

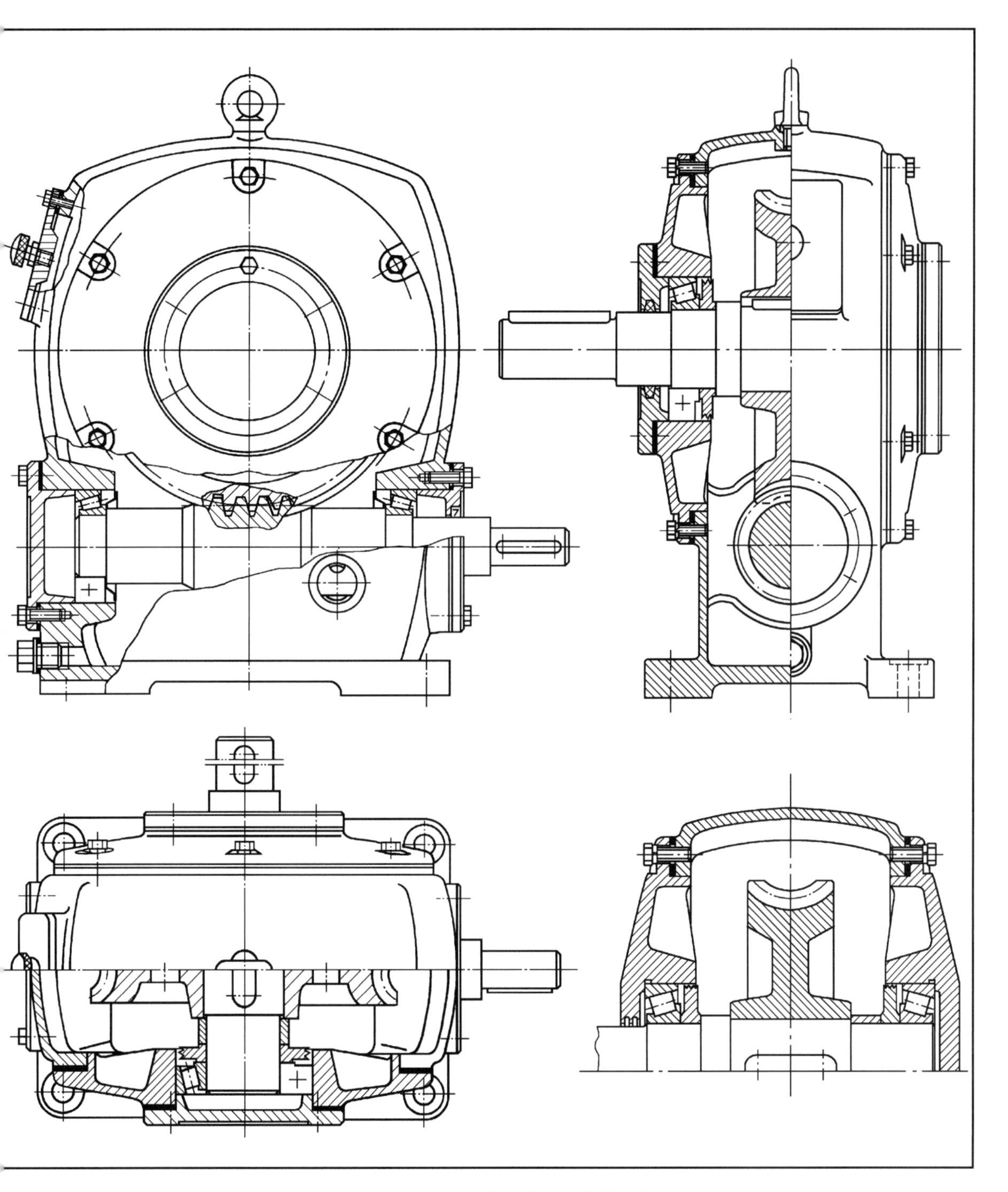

图18-10　一级蜗杆减速器（大端盖结构）

蜗杆在下的整体式蜗杆减速器，结构简单，外形美观。蜗轮轴的轴承（安装在两个大端盖上，蜗轮与上箱壁必须有足够的间隙，便于在安装蜗杆时抬起蜗轮。蜗轮尺寸小，故整体用青铜制造。

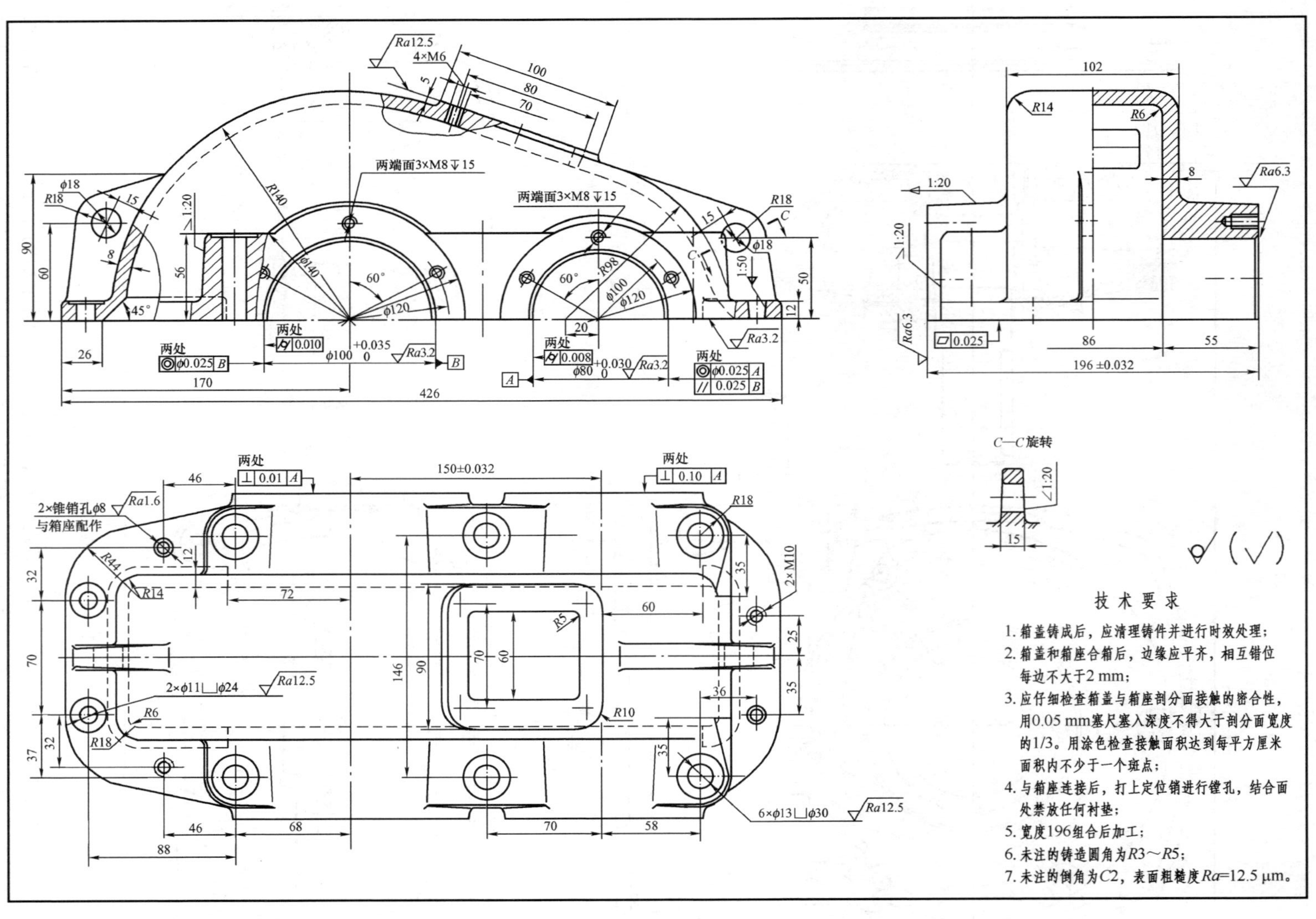
两端面3×M8↧15
两端面3×M8↧15
4×M6
两处
C—C旋转
2×锥销孔ϕ8
与箱座配件
2×ϕ11⌴ϕ24
6×ϕ13⌴ϕ30
2×M10
技 术 要 求
1. 箱盖铸成后，应清理铸件并进行时效处理；
2. 箱盖和箱座合箱后，边缘应平齐，相互错位每边不大于2 mm；
3. 应仔细检查箱盖与箱座剖分面接触的密合性，用0.05 mm塞尺塞入深度不得大于剖分面宽度的1/3。用涂色检查接触面积达到每平方厘米面积内不少于一个斑点；
4. 与箱座连接后，打上定位销进行镗孔，结合面处禁放任何衬垫；
5. 宽度196组合后加工；
6. 未注的铸造圆角为R3～R5；
7. 未注的倒角为C2，表面粗糙度Ra=12.5 μm。

图 18–12　箱盖

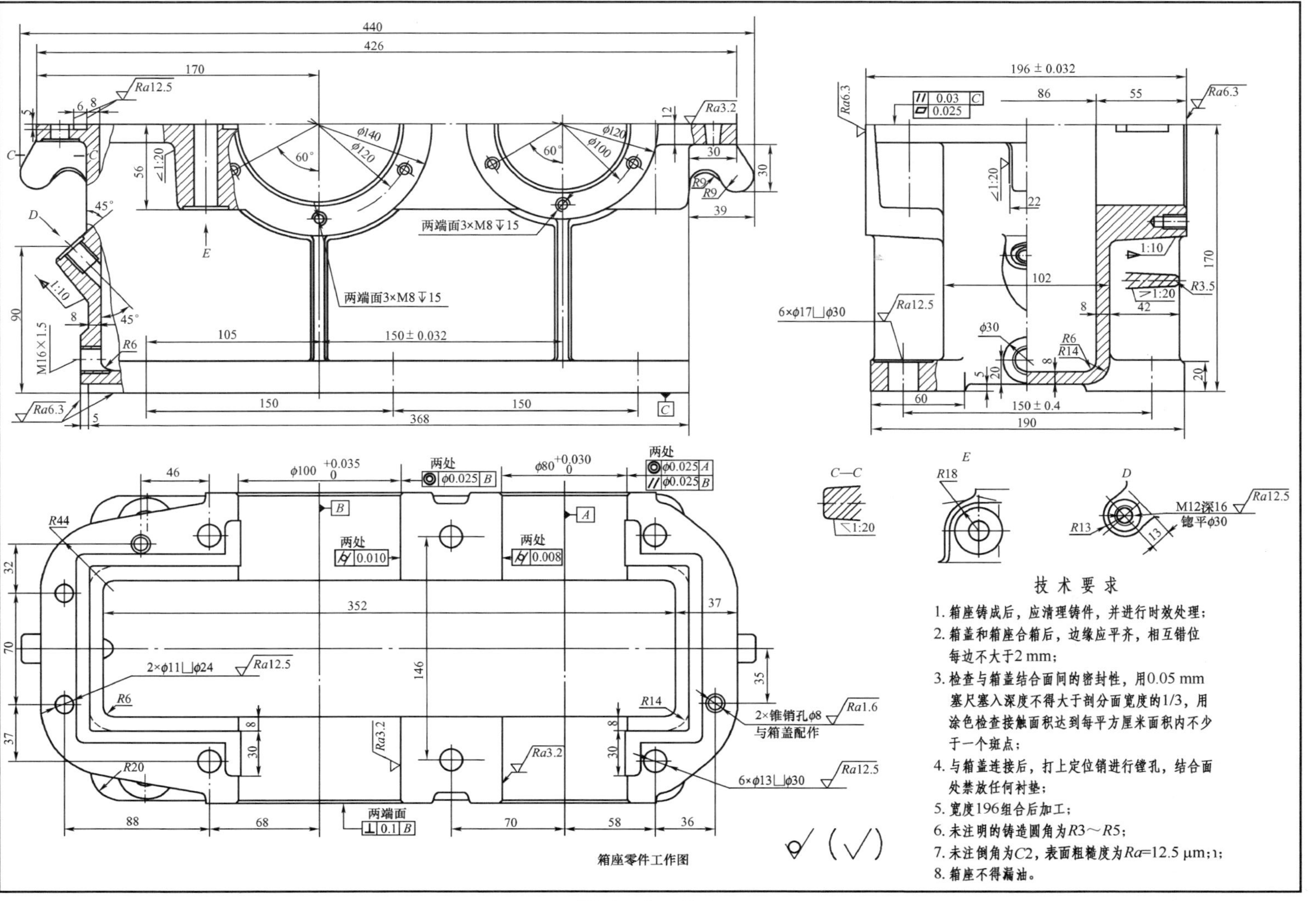
两端面3×M8↧15
两端面3×M8↧15
6×ϕ17⌴ϕ30
C—C
M12深16
锪平ϕ30
技术要求
1. 箱座铸成后，应清理铸件，并进行时效处理；
2. 箱盖和箱座合箱后，边缘应平齐，相互错位每边不大于2 mm；
3. 检查与箱盖结合面间的密封性，用0.05 mm塞尺塞入深度不得大于剖分面宽度的1/3，用涂色检查接触面积达到每平方厘米面积内不少于一个斑点；
4. 与箱盖连接后，打上定位销进行镗孔，结合面处禁放任何衬垫；
5. 宽度196组合后加工；
6. 未注明的铸造圆角为R3～R5；
7. 未注倒角为C2，表面粗糙度为Ra=12.5 μm;ı;
8. 箱座不得漏油。
两处
两处
两处
两处
2×ϕ11⌴ϕ24
2×锥销孔ϕ8
与箱盖配作
6×ϕ13⌴ϕ30
两端面
箱座零件工作图

图 18–13 箱座

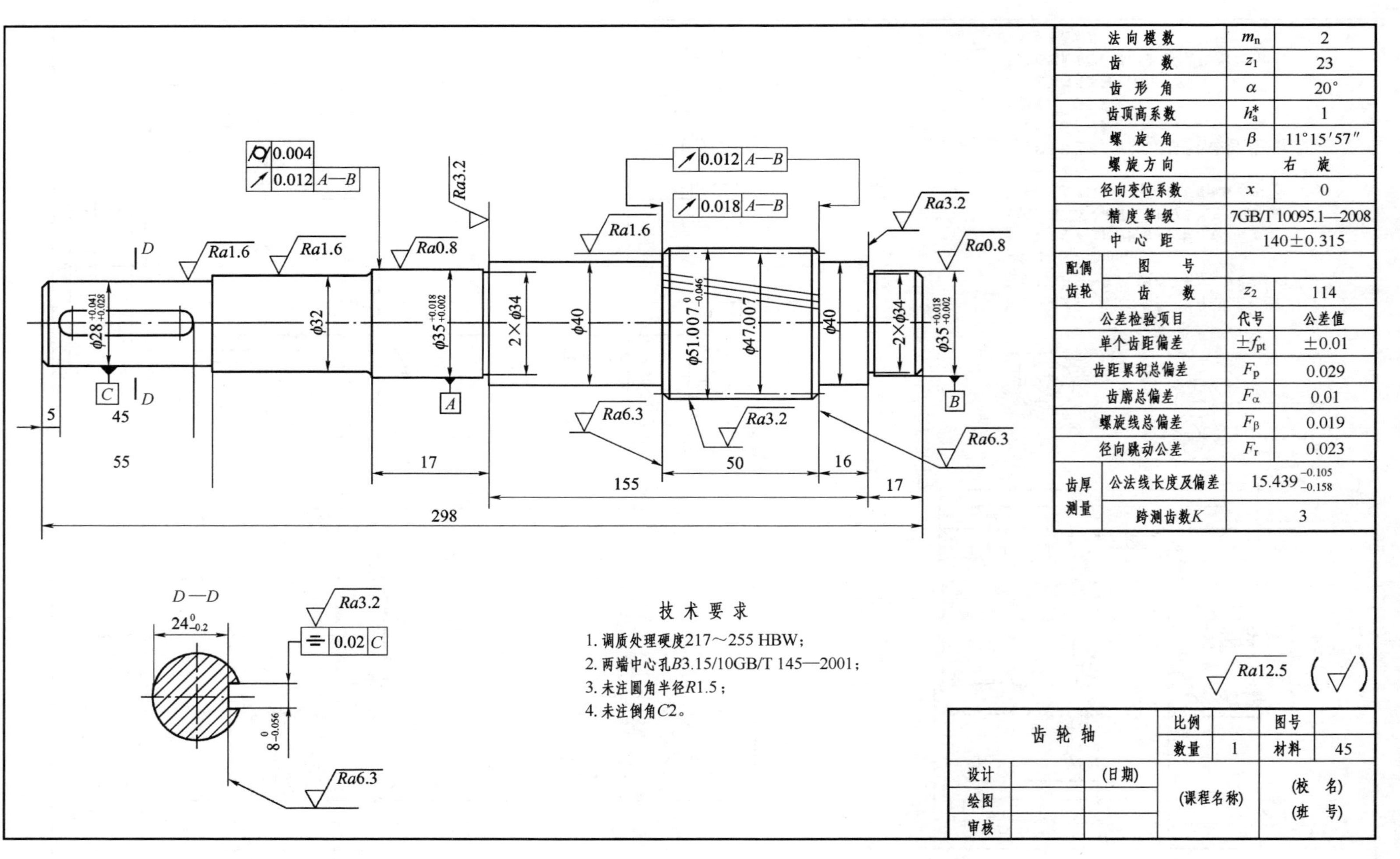

法向模数		m_n	2
齿数		z_1	23
齿形角		α	20°
齿顶高系数		h_a^*	1
螺旋角		β	11°15′57″
螺旋方向		右旋	
径向变位系数		x	0
精度等级		7GB/T 10095.1—2008	
中心距		140±0.315	
配偶齿轮	图号		
	齿数	z_2	114
公差检验项目		代号	公差值
单个齿距偏差		$\pm f_{pt}$	±0.01
齿距累积总偏差		F_p	0.029
齿廓总偏差		F_α	0.01
螺旋线总偏差		F_β	0.019
径向跳动公差		F_r	0.023
齿厚测量	公法线长度及偏差	$15.439_{-0.158}^{-0.105}$	
	跨测齿数K	3	

图 18-14　齿轮轴

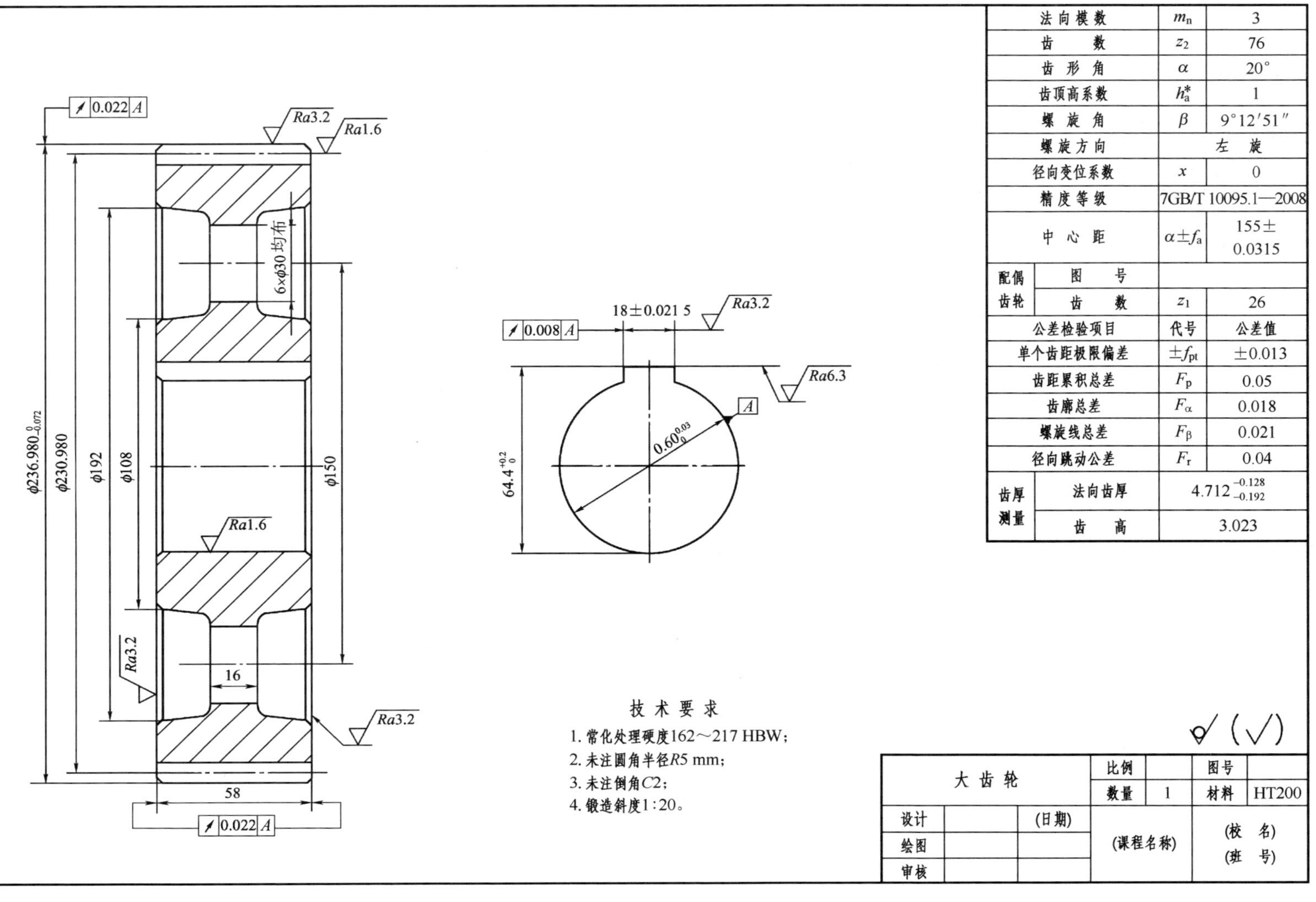

法向模数	m_n	3
齿数	z_2	76
齿形角	α	20°
齿顶高系数	h_a^*	1
螺旋角	β	9°12′51″
螺旋方向	左旋	
径向变位系数	x	0
精度等级	7GB/T 10095.1—2008	
中心距	$\alpha \pm f_a$	155±0.0315
配偶齿轮 图号		
配偶齿轮 齿数	z_1	26
公差检验项目	代号	公差值
单个齿距极限偏差	$\pm f_{pt}$	±0.013
齿距累积总差	F_p	0.05
齿廓总差	F_α	0.018
螺旋线总差	F_β	0.021
径向跳动公差	F_r	0.04
齿厚测量 法向齿厚	$4.712^{-0.128}_{-0.192}$	
齿厚测量 齿高	3.023	

图18-15 大齿轮

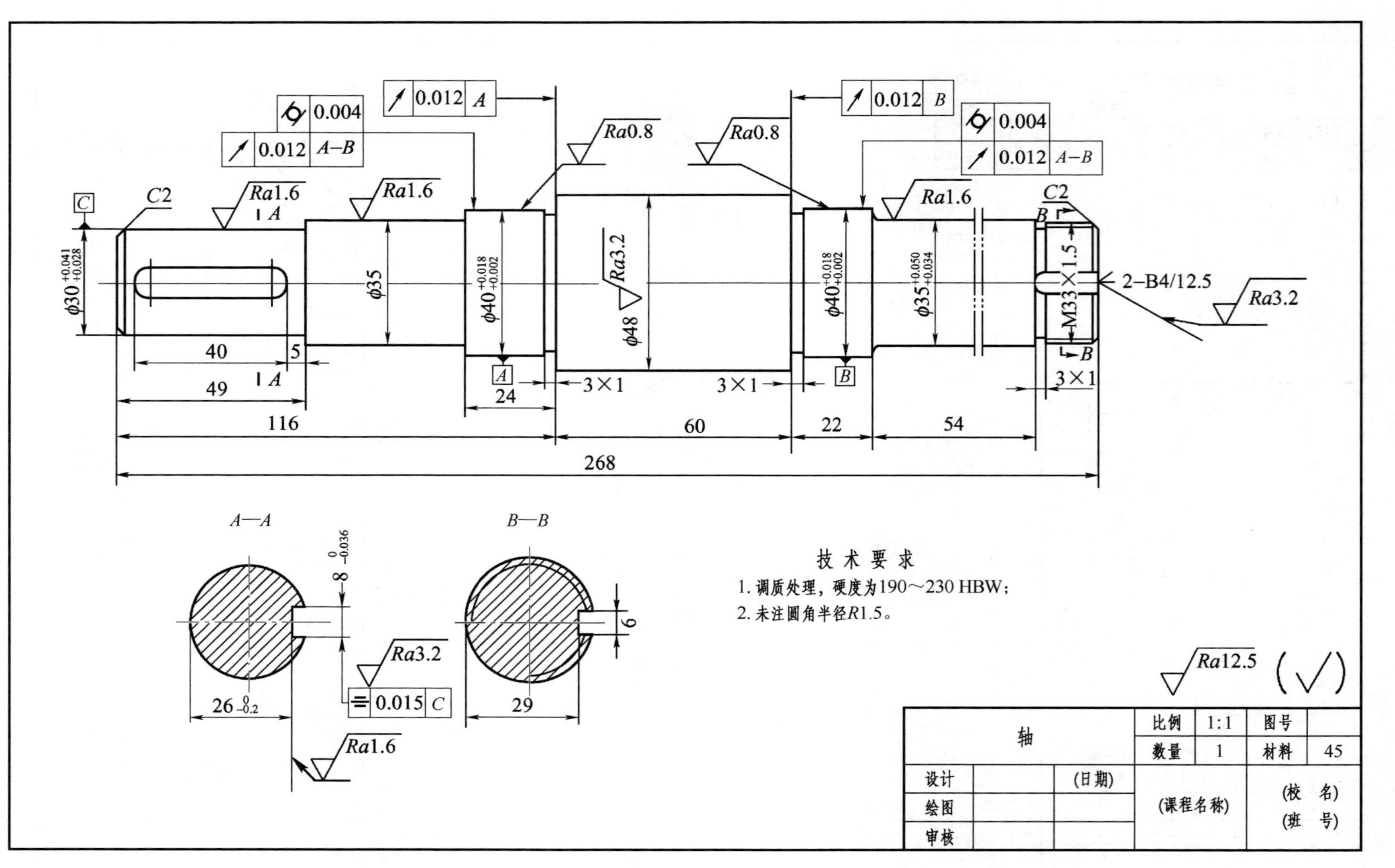
技术要求
1. 调质处理，硬度为190～230 HBW；
2. 未注圆角半径R1.5。
轴
比例
1:1
图号
数量
1
材料
45
设计
(日期)
绘图
审核
(课程名称)
(校 名)
(班 号)
A—A
B—B
2-B4/12.5
M33×1.5
Ra12.5
268
116
60
22
54
24
49
40

图 18-16 轴

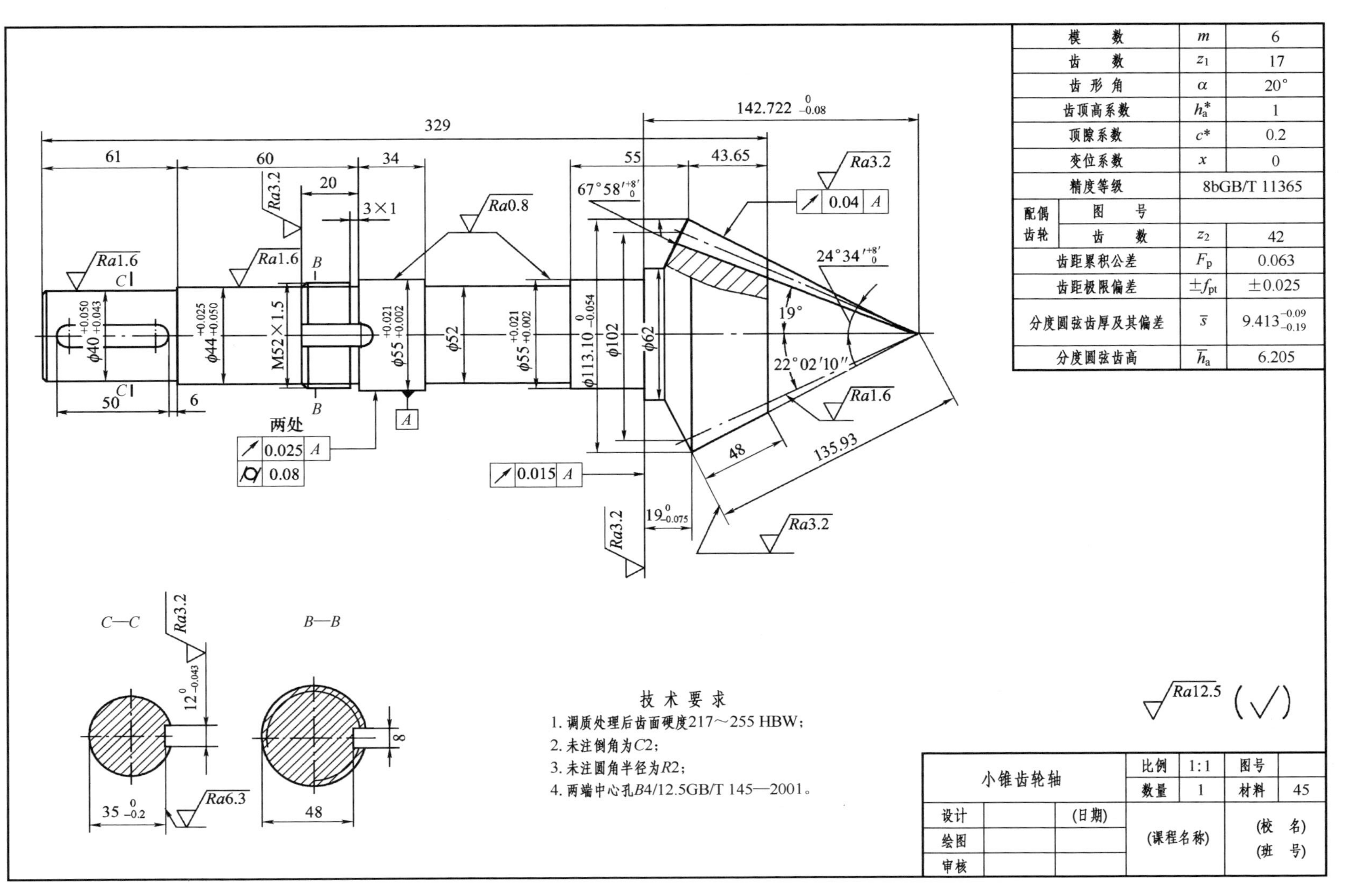
模数 m 6
齿数 z_1 17
齿形角 α 20°
齿顶高系数 h_a^* 1
顶隙系数 c^* 0.2
变位系数 x 0
精度等级 8bGB/T 11365
配偶齿轮 图号
配偶齿轮 齿数 z_2 42
齿距累积公差 F_p 0.063
齿距极限偏差 $\pm f_{pt}$ ±0.025
分度圆弦齿厚及其偏差 $\overline{s}$ $9.413_{-0.19}^{-0.09}$
分度圆弦齿高 $\overline{h}_a$ 6.205
329
61
60
34
20
3×1
55
43.65
$142.722_{-0.08}^{0}$
$67°58'^{+8'}_{0}$
$24°34'^{+8'}_{0}$
19°
22°02′10″
48
135.93
$19_{-0.075}^{0}$
50
6
$\phi 40_{+0.043}^{+0.050}$
$\phi 44_{+0.025}^{+0.050}$
M52×1.5
$\phi 55_{+0.002}^{+0.021}$
φ52
$\phi 55_{+0.002}^{+0.021}$
$\phi 113.10_{-0.054}^{0}$
φ102
φ62
Ra1.6
Ra1.6
Ra3.2
Ra0.8
Ra3.2
Ra1.6
Ra3.2
Ra3.2
两处
0.025 A
0.08
0.015 A
0.04 A
A
B
B
C
C
C—C
B—B
Ra3.2
$12_{-0.043}^{0}$
8
$35_{-0.2}^{0}$
Ra6.3
48
Ra12.5 (√)
技术要求
1. 调质处理后齿面硬度217～255 HBW；
2. 未注倒角为C2；
3. 未注圆角半径为R2；
4. 两端中心孔B4/12.5GB/T 145—2001。
小锥齿轮轴
比例 1:1
图号
数量 1
材料 45
设计
(日期)
绘图
审核
(课程名称)
(校 名)
(班 号)

图 18-17 小锥齿轮轴

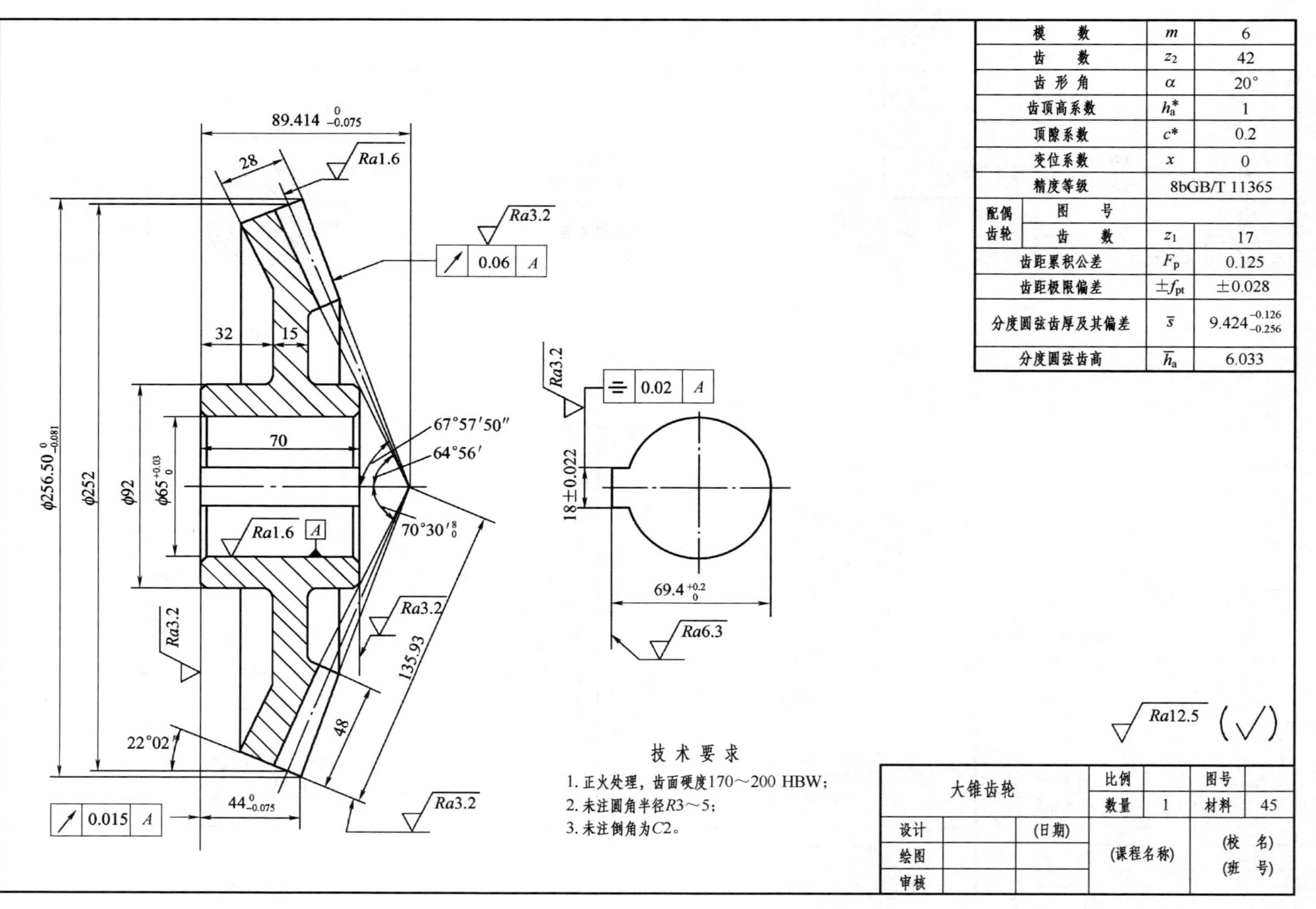

模数	m	6
齿数	z_2	42
齿形角	α	20°
齿顶高系数	h_a^*	1
顶隙系数	c^*	0.2
变位系数	x	0
精度等级	8bGB/T 11365	
配偶齿轮 图号		
配偶齿轮 齿数	z_1	17
齿距累积公差	F_p	0.125
齿距极限偏差	$\pm f_{pt}$	±0.028
分度圆弦齿厚及其偏差	$\bar{s}$	$9.424^{-0.126}_{-0.256}$
分度圆弦齿高	$\bar{h}_a$	6.033

图 18-18 大锥齿轮

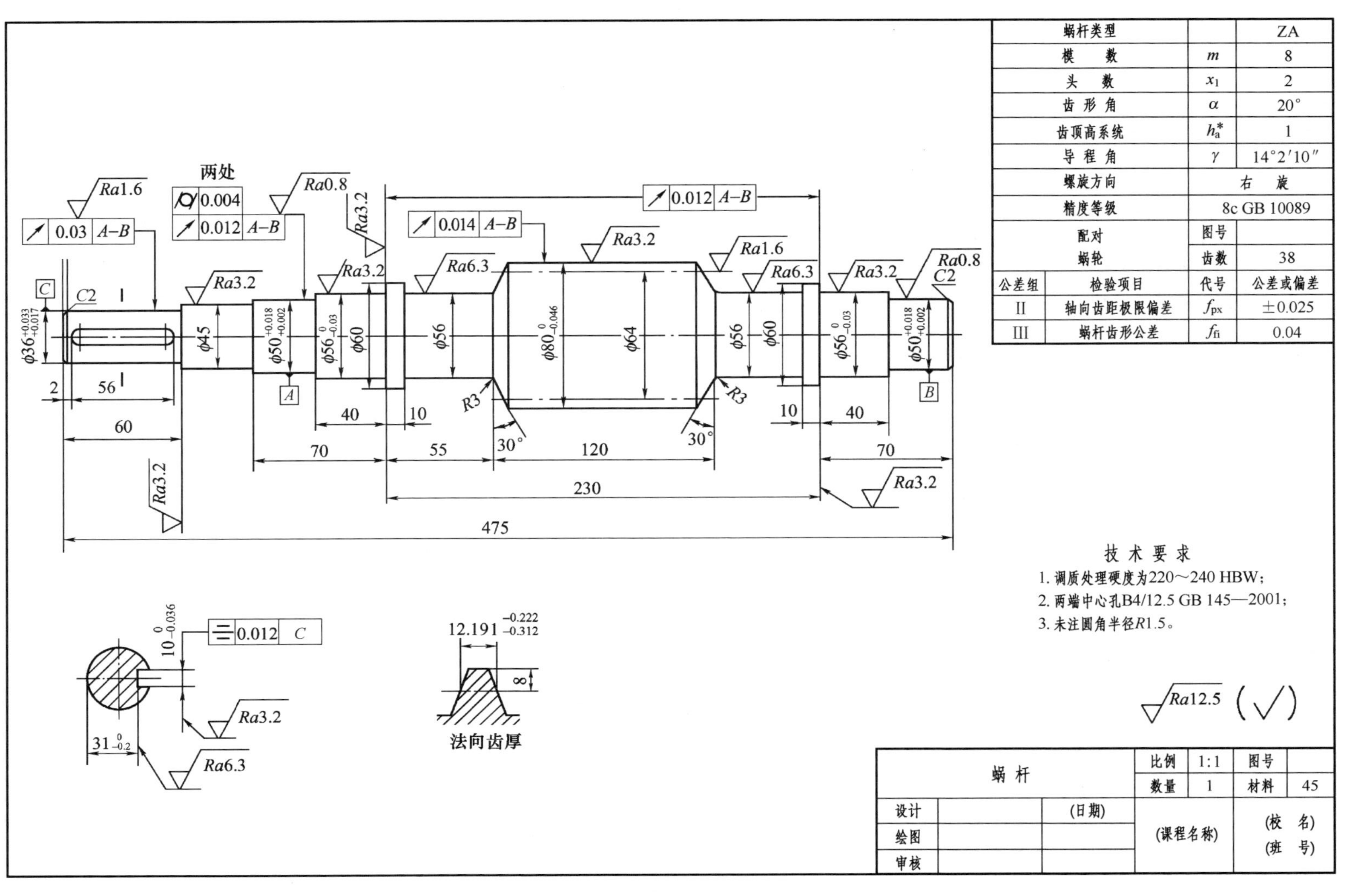
蜗杆类型 ZA
模数 m 8
头数 x_1 2
齿形角 α 20°
齿顶高系统 h_a^* 1
导程角 γ 14°2′10″
螺旋方向 右旋
精度等级 8c GB 10089
配对蜗轮 图号
齿数 38
公差组 检验项目 代号 公差或偏差
II 轴向齿距极限偏差 f_{px} ±0.025
III 蜗杆齿形公差 f_{f1} 0.04
两处
0.004
0.012 A–B
0.03 A–B
0.014 A–B
0.012 A–B
Ra1.6
Ra0.8
Ra3.2
Ra6.3
C2
φ36 +0.033 +0.017
φ45
φ50 +0.018 +0.002
φ56 0 −0.03
φ60
φ56
φ80 0 −0.046
φ64
R3
30°
2
56
60
70
40
10
55
120
230
475
10 0 −0.036
0.012 C
31 0 −0.2
12.191 −0.222 −0.312
8
法向齿厚
技术要求
1. 调质处理硬度为220～240 HBW;
2. 两端中心孔B4/12.5 GB 145—2001;
3. 未注圆角半径R1.5。
Ra12.5 (√)
蜗杆
比例 1:1
图号
数量 1
材料 45
设计
(日期)
绘图
审核
(课程名称)
(校名)
(班号)

图 18-19 蜗杆

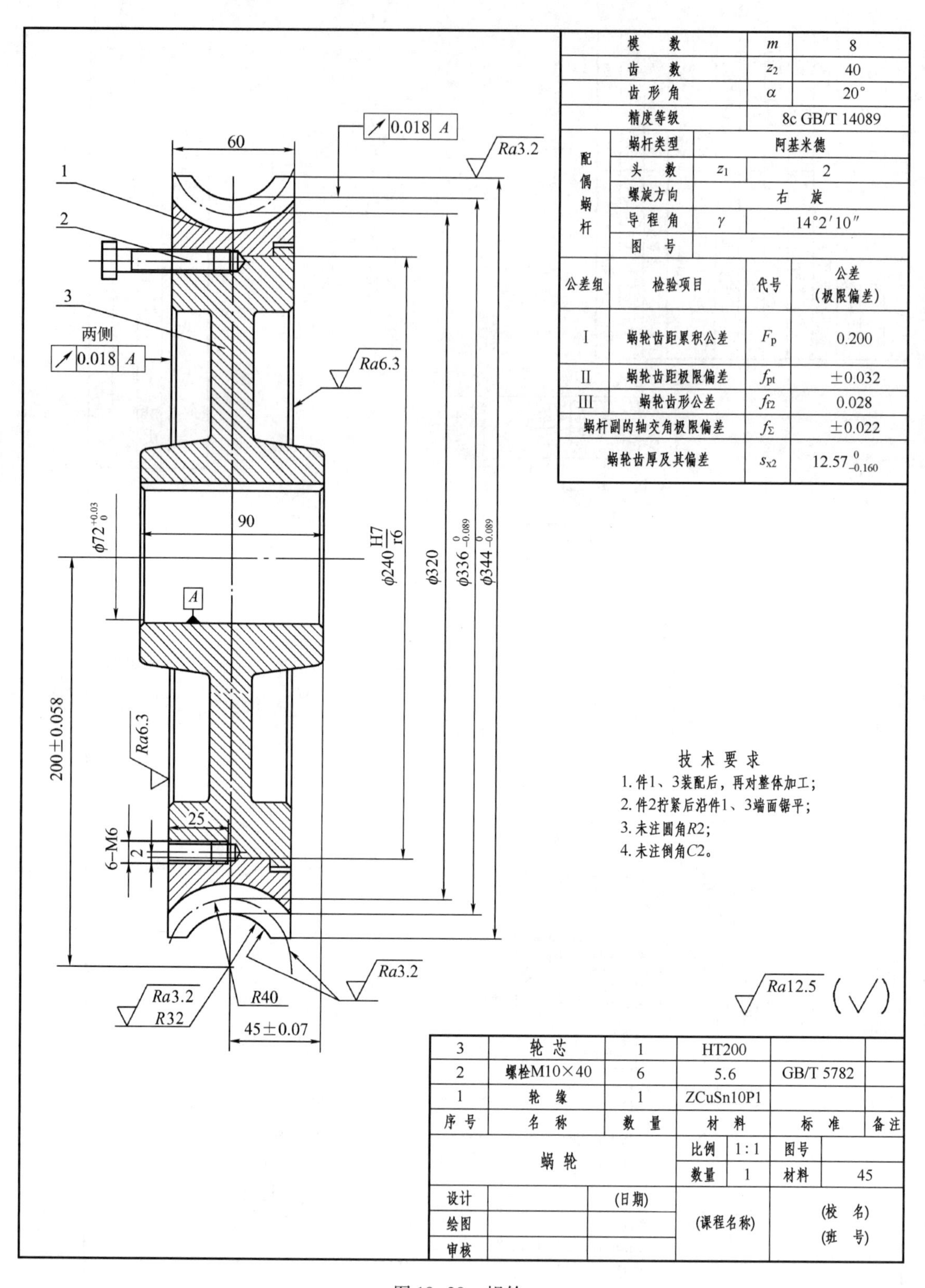

模　数		m	8
齿　数		z_2	40
齿形角		α	20°
精度等级		8c GB/T 14089	
配偶蜗杆	蜗杆类型	阿基米德	
	头　数	z_1	2
	螺旋方向	右　旋	
	导程角	γ	14°2′10″
	图　号		
公差组	检验项目	代号	公差（极限偏差）
I	蜗轮齿距累积公差	F_p	0.200
II	蜗轮齿距极限偏差	f_{pt}	±0.032
III	蜗轮齿形公差	f_{f2}	0.028
蜗杆副的轴交角极限偏差		f_Σ	±0.022
蜗轮齿厚及其偏差		s_{x2}	$12.57^{0}_{-0.160}$

技 术 要 求

1. 件1、3装配后，再对整体加工；
2. 件2拧紧后沿件1、3端面锯平；
3. 未注圆角$R2$；
4. 未注倒角$C2$。

3	轮　芯	1	HT200		
2	螺栓M10×40	6	5.6	GB/T 5782	
1	轮　缘	1	ZCuSn10P1		
序号	名　称	数　量	材　料	标　准	备注

蜗　轮		比例	1∶1	图号	
		数量	1	材料	45
设计		(日期)	（课程名称）	（校　名） （班　号）	
绘图					
审核					

图 18-20　蜗轮

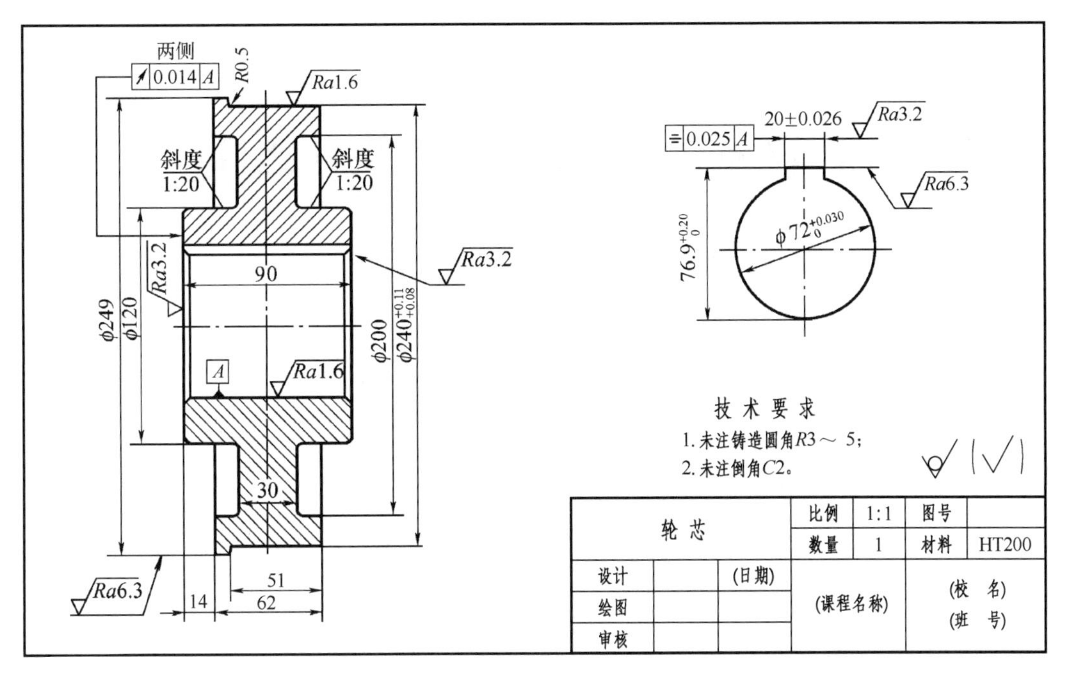

图 18-21　轮芯

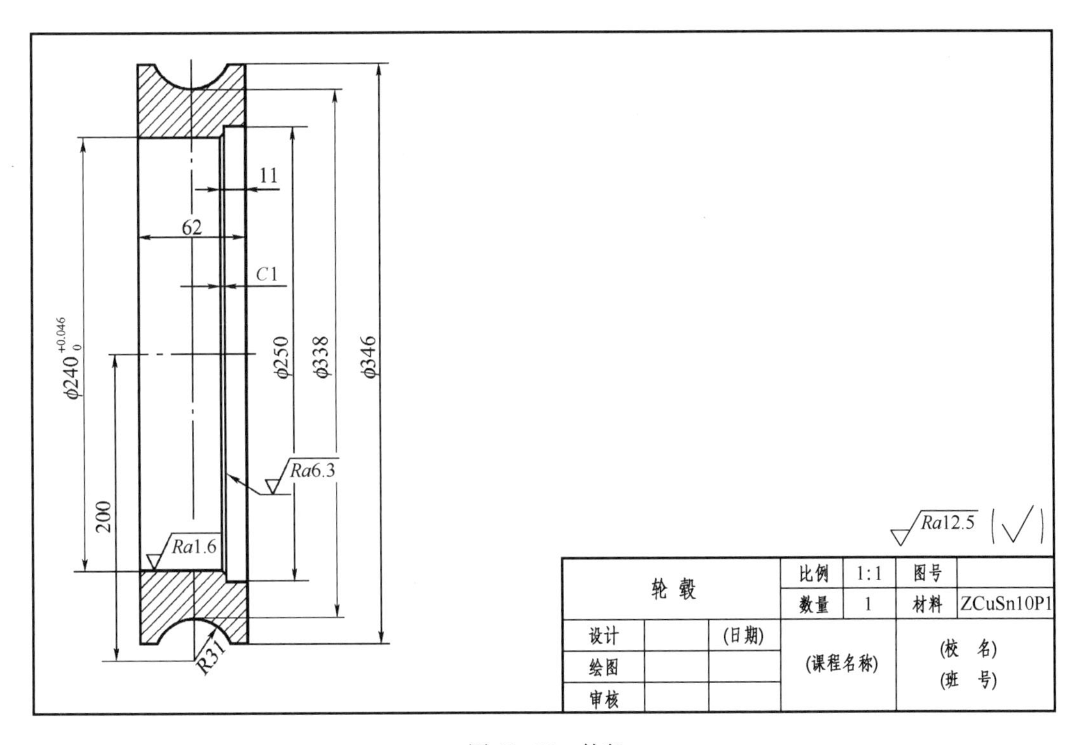

图 18-22　轮毂

第 19 章　机械设计课程设计题目

题目 1　设计用于带式运输机的传动装置

图 19–1 所示为带式运输机的传动装置 9 种参考方案。带式运输机原始数据见表 19–1、表 19–2。

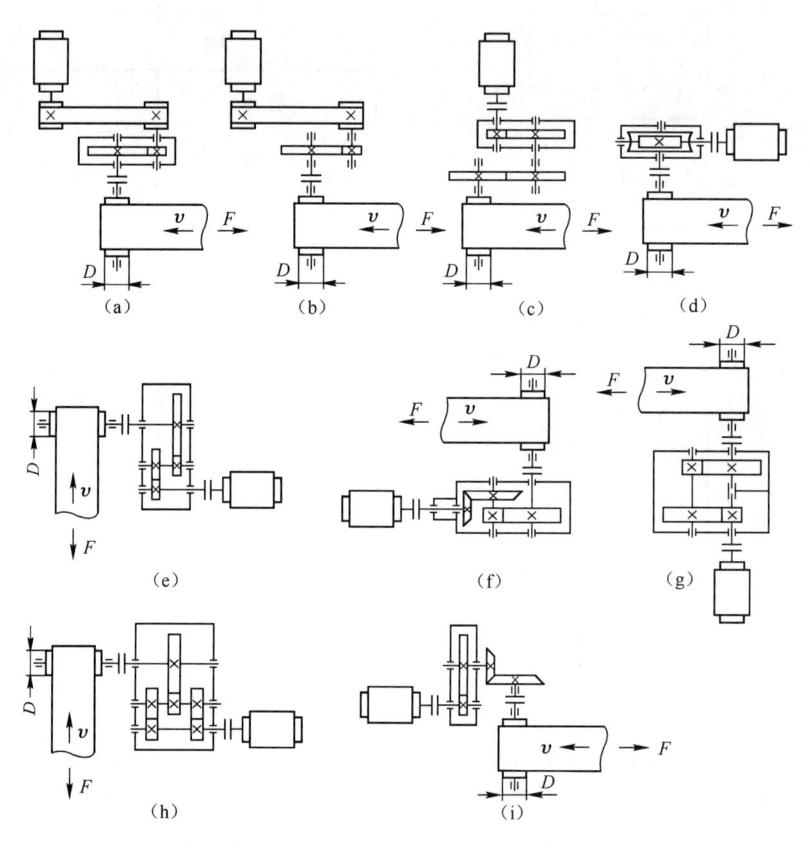

图 19–1　带式运输机的传动装置参考方案

1. 原始数据

表 19–1　带式运输机的数据

数据编号	S1	S2	S3	S4	S5	S6	S7	S8	S9	S10	S11	S12
运输带工作拉力 F/N	1 800	1 850	1 900	2 000	2 060	2 120	2 180	2 240	2 300	2 360	2 430	2 500
运输带工作速度 v/(m·s^{-1})	1. 28	1，32	1. 36	1. 4	1. 45	1. 5	1. 55	1. 28	1. 32	1. 36	1. 4	1. 45
卷筒直径 D/mm	300	307	315	325	335	345	300	307	315	325	335	345

续上表

数据编号	S13	S14	S15	S16	S17	S18	S19	S20	S21	S22	S23	S24
运输带工作拉力 F/N	2 580	2 650	1 800	1 850	1 900	2 000	2 060	2 120	2 180	2 240	2 300	2 360
运输带工作速度 v/($m \cdot s^{-1}$)	1.55	1.55	1.28	1，32	1.36	1.4	1，45	1.5	1.55	1.28	1.32	1.36
卷筒直径 D/mm	300	307	315	325	335	345	300	307	315	325	335	345

表 19-2　带式运输机的数据（蜗杆减速器用数据）

数 据 编 号	Sw1	Sw2	Sw3	Sw4	Sw5	Sw6	Sw7	Sw8	Sw9	Sw10
运输带工作拉力 F/N	2 580	2 650	2 720	2 800	2 900	2 580	2 650	2 720	2 800	2 900
运输带工作速度 v/($m \cdot s^{-1}$)	1	1.06	1.12	1.18	1	1.06	1.12	1.18	1	1.06
卷筒直径 D/mm	380	400	412	425	400	412	425	387	412	425

2. 工作条件

（1）锅炉房运煤三班制，每班工作 4 h，空载起动、连续、单向运转，载荷平稳。

（2）使用期限及检修间隔：工作期限为 10 年，每年工作 250 日；检修期定为三年。

（3）生产批量及生产条件：生产几十台，无铸钢设备。

3. 设计任务

（1）对图 19-1 给出的 9 种可行方案，选择三种方案，从结构尺寸、加工、价格、效率、寿命等方面进行分析比较；说明你所设计方案的优缺点及应用场合。

（2）设计减速器。

4. 设计工作量

（1）减速器装配图一张（A_0 或 A_1 图纸）。

（2）零件工作图 2 ～ 4 张，由老师指定。

（3）设计说明书 6 000 ～ 8 000 字。

5. 任务分配

学生的设计任务由指导教师选定并填写任务分配表，每位学生完成的任务应该不同，在方案相同的情况下，数据也要不同，并指定所应该画的零件图。

任务分配表

学号											
方案号											
数据编号											

题目 2　设计用于简易卧式铣床的传动装置

设计如图 19-2 所示的传动装置。

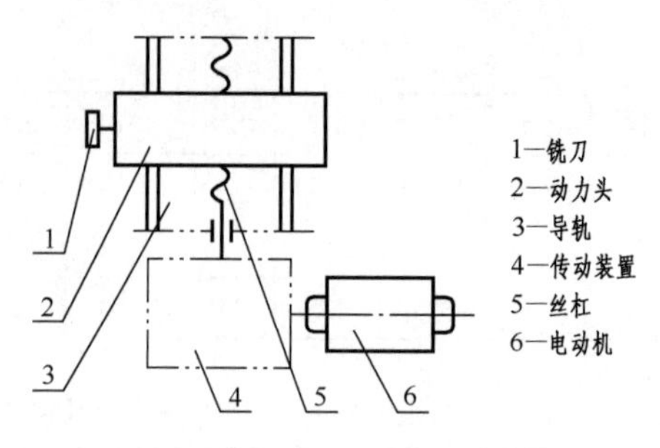

图 19-2　传动装置示意图

1. 原始数据

数据编号	1	2	3	4	5
丝杠直径/mm	25	32	40	50	63
丝杠转矩/(N·m)	140	155	270	500	700
丝杠转速/($r\cdot min^{-1}$)	20	20	20	20	20

2. 工作条件

(1) 室内工作，动力源为三相交流电动机，电动机双向运转，载荷较平稳，间歇工作。

(2) 使用期限 设计寿命为 12 000 h，每年工作 250 天；检修期间隔为三年。

(3) 生产批量及生产条件：中等规模的机械厂，可加工 7、8 级精度的齿轮、蜗轮。

3. 设计任务

(1) 确定传动方案，完成总体方案论证报告。

(2) 设计传动装置。

4. 设计工作量

(1) 机构简图一份。

(2) 减速器装配图一张。

(3) 零件工作图二张（输出轴及输出轴上的传动零件）。

(4) 设计说明书一份。

题目 3　设计用于爬式加料机的传动装置

设计如图 19-3 所示的传动装置。

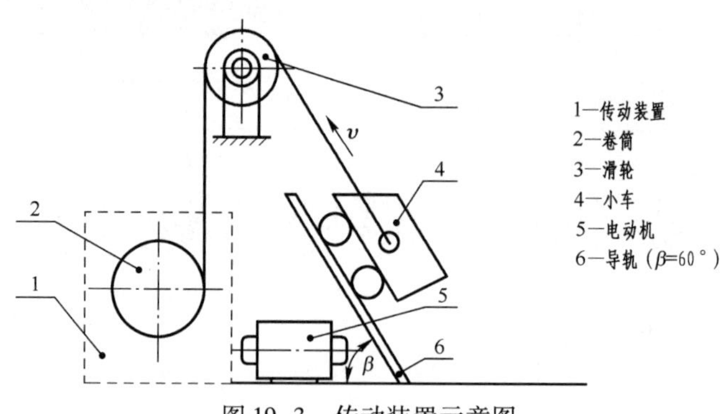

图 19-3　传动装置示意图

1. 原始数据

数据编号	1	2	3	4	5
小车重量/N	3 150	4 000	5 000	6 300	8 000
小车速度/($m \cdot s^{-1}$)	0.4	0.4	0.4	0.4	0.4
轨距/mm	662	662	662	662	662
轮距/mm	500	500	500	500	500

2. 工作条件

（1）单班制工作，间歇运转，工作中有轻微振动，工作环境有较大灰尘。

（2）工作期限为 5 年。

（3）生产批量及加工条件 小批量生产。可加工 7、8 级精度的齿轮、蜗轮。

3. 设计任务

（1）确定传动方案，完成总体方案论证报告。

（2）设计传动装置。

4. 设计工作量

（1）机构简图一份。

（2）减速器装配图一张。

（3）零件工作图二张（输出轴及输出轴上的传动零件）。

（4）设计说明书一份。

题目 4　设计用于搅拌机的传动装置

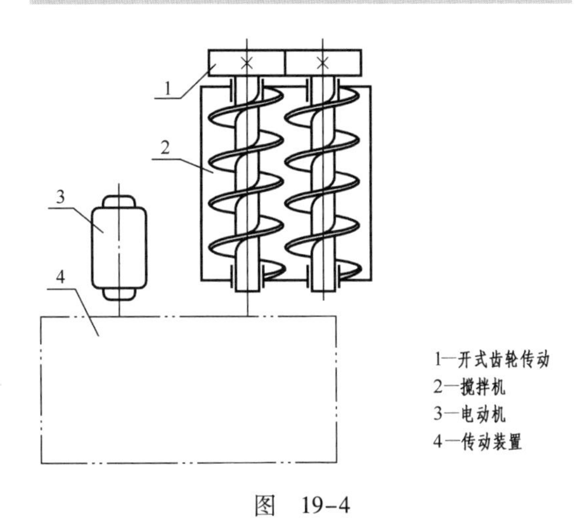

图　19-4

设计如图 19-4 所示的传动装置。

1. 原始数据

（1）传动装置输出转矩 $T = 25.6\ \mathrm{N \cdot m}$。

（2）传动装置输出转速 $n = 200\ \mathrm{r/min}$。

2. 工作条件

（1）单班制工作，空载启动，单向、连续运转，载荷平稳，工作环境灰尘较大。

（2）工作期限为5年。

（3）生产批量及加工条件　小批量生产。

3. 设计任务

（1）选择电动机型号。

（2）设计减速器。

4. 设计工作量

（1）减速器装配图一张。

（2）零件工作图二张（大齿轮，输出轴）。

（3）设计说明书一份。

题目5　设计用于拉削花键孔的简易拉床的传动装置

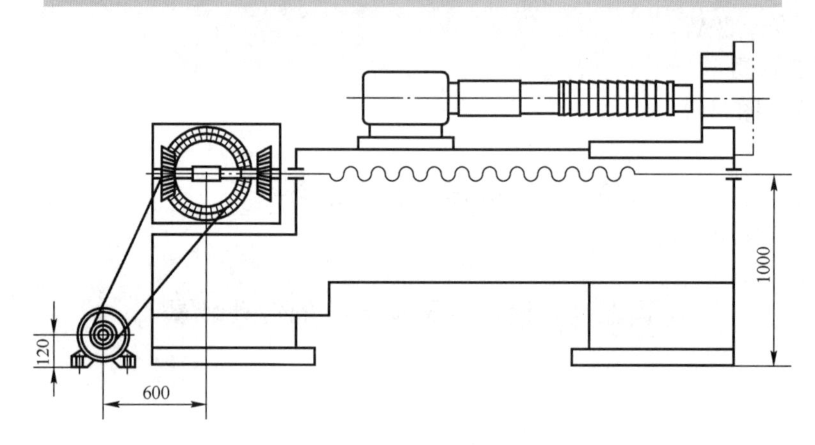

图　19-5

设计如图19-5所示的传动装置。

1. 原始数据

工作时拉刀切削力 $F = 14\,000\text{N}$，拉削速度 $v = 5.42\ \text{m/min}$，丝杠螺距 $p = 12\ \text{mm}$。

2. 工作条件

（1）两班制工作，连续运转，载荷平稳。

（2）工作期限为5年。

（3）生产批量及加工条件：小批量生产。

3. 设计任务

（1）确定传动方案，完成总体方案论证报告。

（2）设计传动装置。

4. 设计工作量

（1）减速器装配图一张；选择电动机型号。

（2）零件工作图二张（大齿轮，输出轴）；设计传动装置。

（3）设计说明书一份。

参 考 文 献

[1] 王大康，高国华．机械设计课程设计［M］．北京：机械工业出版社，2021.
[2] 吴宗泽，罗圣国．机械设计课程设计手册［M］．4 版．北京：高等教育出版社，2012.
[3] 龚溎义．机械设计课程设计指导书［M］．北京：高等教育出版社，1990.
[4] 王之栎，王大康．机械设计综合课程设计［M］．2 版．北京：机械工业出版社，2019.
[5] 吴宗泽．机械设计实用手册［M］．3 版．北京：化学工业出版社，2010.
[6] 成大先．机械设计手册［M］．5 版．北京：化学工业出版社，2010.
[7] 闻邦椿．现代机械师设计手册［M］．北京：机械工业出版社，2012.
[8] 秦大同，谢里阳．现代机械设计手册［M］．5 版．北京：机械工业出版社，2011.
[9] 濮良贵，纪名刚．机械设计［M］．8 版．北京：高等教育出版社，2006.
[10] 吴宗泽，高志．机械设计［M］．2 版．北京：高等教育出版社，2009.
[11] 王大康，李德才．机械设计基础［M］．3 版．北京：机械工业出版社，2020.
[12] 杨可桢，程光蕴，李仲生．机械设计基础［M］．5 版．北京：高等教育出版社，2006.
[13] 朱家诚，王纯贤．机械设计基础［M］．合肥：合肥工业大学出版社，2003.
[14] 金嘉琦．几何量精度设计与检测［M］．北京：机械工业出版社，2012.
[15] 郑文纬，吴克坚．机械原理［M］．7 版．北京：高等教育出版社，2010.

机械工程基础创新系列教材

系列教材主编：吴鹿鸣　王大康

1.《机械设计》　主编：吴宗泽（清华大学）、吴鹿鸣（西南交通大学）

2.《机械设计基础（第二版）》　主编：王大康（北京工业大学）

3.《机械设计课程设计（第二版）》　主编：王大康（北京工业大学）

4.《机械制图（第二版）》　主编：何玉林（重庆大学）、田怀文（西南交通大学）

5.《机械制图习题集（第二版）》　主编：何玉林（重庆大学）、田怀文（西南交通大学）

6.《材料力学》　主编：范钦珊（清华大学）

7.《传感与测试技术》　主编：焦敬品（北京工业大学）